Uni-Taschenbücher 1561

D1703365

Eine Arbeitsgemeinschaft der Verlage

Wilhelm Fink Verlag München
Gustav Fischer Verlag Stuttgart
Francke Verlag Tübingen
Paul Haupt Verlag Bern und Stuttgart
Dr. Alfred Hüthig Verlag Heidelberg
Leske Verlag + Budrich GmbH Opladen
J. C. B. Mohr (Paul Siebeck) Tübingen
R. v. Decker & C. F. Müller Verlagsgesellschaft m. b. H. Heidelberg
Quelle & Meyer Heidelberg · Wiesbaden
Ernst Reinhardt Verlag München und Basel
F. K. Schattauer Verlag Stuttgart · New York
Ferdinand Schöningh Verlag Paderborn · München · Wien · Zürich
Eugen Ulmer Verlag Stuttgart
Vandenhoeck & Ruprecht in Göttingen und Zürich

Mikrobiologie

Von Wolfgang Fritsche, Jena

unter Mitarbeit von   Frank Laplace, Jena

Mit 211 Abbildungen und 31 Tabellen

Miriam Rißler
Bahnhofstr. 11
8011 Hohenbrunn
08102 / 3391

Gustav Fischer Verlag Jena

Prof. Dr. sc. nat. Wolfgang Fritsche
Friedrich-Schiller-Universität Jena,
Sektion Biologie, WB Technische Mikrobiologie

Dr. rer. nat. Frank Laplace
Zentralinstitut für Mikrobiologie und Experimentelle
Therapie der Akademie der Wissenschaften der DDR
Jena (Teil III, Genetik)

Fritsche, Wolfgang:
Mikrobiologie/von Wolfgang Fritsche unter
Mitarb. von Frank Laplace.—1. Aufl.—Jena:
Gustav Fischer Verl., 1990. 497 S.: 211 Ill.,
31 Tab.
UTB für Wissenschaft/Uni-Taschenbücher

ISBN 3-334-00236-5

1. Auflage
Alle Rechte vorbehalten
© Gustav Fischer Verlag Jena, 1990
Lizenznummer 261 700/185/90
LSV 1344
Zeichnungen Lothar Wittstock, Leuna
Lektoren Johanna Schlüter, Ina Koch
Printed in the German Democratic Republic
Gesamtherstellung Druckhaus „Thomas Müntzer" GmbH,
DDR-5820 Bad Langensalza
Bestellnummer 534 5117

Vorwort

In der Mikrobiologie vollzieht sich ein schneller Erkenntniszuwachs. Mikroorganismen haben als Modelle der molekularbiologischen Forschung wesentlich zum Verständnis biologischer Grundphänomene beigetragen. Aus diesen Untersuchungen ging die Gentechnik hervor. Die vertiefte Erforschung der verschiedenen Mikroorganismengruppen führt ständig zu neuen Einsichten über die Mannigfaltigkeit des mikrobiellen Leistungspotentials. In den letzten Jahren haben vor allem die mit Archaebakterien und Anaerobiern durchgeführten Untersuchungen wesentlich dazu beigetragen. Die Anwendung mikrobieller Leistungen in der Biotechnologie und im Umweltschutz wirkt sich sehr fruchtbar auf die disziplinäre Entwicklung der Mikrobiologie aus.

Um die Mikrobiologie in überschaubarer und anwendbarer Weise zu vermitteln, ist es notwendig, die Stoffülle zu systematisieren und zu verdichten, denn erst durch die Herausarbeitung von kausalen Beziehungen wird ein Stoffgebiet zur Wissenschaftsdisziplin. Mit diesem Buch wird das Ziel angestrebt, einen breiten Interessentenkreis in das Gesamtgebiet der Mikrobiologie einzuführen. Es richtet sich an Studierende, Wissenschaftler und Lehrer der Biologie, Chemie, Pharmazie, Biotechnologie, Nahrungsgüterwirtschaft, Agrarwissenschaften, Wasserwirtschaft und des Umweltschutzes.

Im Mittelpunkt steht das mikrobielle Leistungspotential. Ihm liegen die Cytologie, Taxonomie, Physiologie, Biochemie und Genetik zugrunde. Die Behandlung der Ökologie und Biotechnologie der Mikroorganismen erfolgt vor allem unter dem Aspekt, ihren Beitrag zur disziplinären Entwicklung der Mikrobiologie zu verdeutlichen. Daher sind die Kapitel dieser Teile kürzer gefaßt und beschränken sich auf eine exemplarische Wissensvermittlung. Wer die Grundlagen beherrscht, dem wird die Anwendung leichter fallen. Das Ziel, Prinzipien der Mikrobiologie zu verdeutlichen, führte dazu, daß die Bakterien in diesem Buch im Vordergrund stehen. Da die Algen in Botaniklehrbüchern ausführlich behandelt werden, wurden sie nicht berücksichtigt. Viren sind keine Mikroorganismen. Sie werden jedoch unter dem Aspekt vorgestellt, ihr Wesen zu verdeutlichen. Auf methodische Belange wurde nicht eingegangen. Methoden lernt man mit Hilfe einer Praktikumsanleitung im Labor.

Eigenen Lehrveranstaltungen habe ich vor allem die Lehrbücher von H.-G. Schlegel und G. Gottschalk zugrunde gelegt. Viele Betrachtungsweisen, Informationen und Anregungen gehen daher auf diese Lehrbücher zurück, wofür ich den Autoren sehr verbunden bin. Herzlich danken möchte ich meiner Frau für die Dokumentation, die Aufbereitung der Literatur und die Anfertigung des Manuskriptes. Frau Dr. B. Schubert danke ich für die Mitarbeit bei der Ausführung der Abbildungsentwürfe, Herrn L. Wittstock für die graphische Gestaltung der Reinzeichnungen. Den Mitarbeitern des Gustav Fischer Verlages Jena, Frau J. Schlüter und Frau I. Koch, gilt mein besonderer Dank für die freundliche Unterstützung und verständnisvolle Zusammenarbeit. Allen Lesern bin ich für kritische Hinweise dankbar.

W. Fritsche

Häufig gebrauchte Abkürzungen

ADP	Adenosin-5'-diphosphat
AMP	Adenosin-5'-monophosphat
ATP	Adenosin-5'-triphosphat
cAMP	cyclisches Adenosin-3', 5'-monophosphat
CoA	Coenzym A
Cyt	Cytochrom
DNA	Desoxyribonucleinsäure
EMP-Weg	Embden-Meyerhof-Parnas-Weg
$FAD/FADH_2$	Flavinadenindinucleotid (ox. u. red. Form)
FDP	Fructose-1,6-di(bis)phosphat
$FMN/FMNH_2$	Flavinmononucleotid (ox. u. red. Form)
KDPG	2-Keto-3-desoxy-6-phosphogluconsäure
mRNA	messenger-Ribonucleinsäure
$NAD^+/NADH$	Nicotinsäureamid-adenin-dinucleotid (ox. u. red. Form)
$NADP^+/NADPH$	Nicotinsäureamid-adenin-dinucleotidphosphat (ox. u. red. Form)
P_i	anorganisches Phosphat
P	$-PO_3H_2$, Phosphat
PEP	Phosphoenolpyruvat
RNA	Ribonucleinsäure
rRNA	ribosomale Ribonucleinsäure
TPP	Thiaminpyrophosphat
TCC	Tricarbonsäurecyclus
tRNA	transfer-Ribonucleinsäure
UQ	Ubichinon

Inhaltsverzeichnis

1. Einleitung: Entwicklung und Bedeutung der Mikrobiologie

1.1. Mikrobiologie als Wissenschaftsdisziplin

Die Mikrobiologie befaßt sich mit den Organismen, die auf Grund ihrer geringen Dimensionen dem bloßen Auge nicht sichtbar sind. Für sie ist die Lebensweise als **Einzeller** oder als Organismen, die aus wenigen Zellen bestehen, charakteristisch. Damit unterscheiden sie sich von den Pflanzen und Tieren, deren Zellen unter natürlichen Bedingungen nur im Verband mit dem vielzelligen Organismus lebensfähig sind. Mit der einzelligen Lebensweise der Mikroorganismen oder Mikroben sind **geringe Dimensionen, ausgeprägte Umweltkontakte** und **hohe Stoffwechselaktivitäten** verbunden. Die Evolution des miniaturisierten organismischen Systems hat zu einer geringen morphologischen, aber hohen **biochemischen Mannigfaltigkeit** geführt.

Die Mikroorganismen stellen zwar eine funktionelle, aber keine taxonomische Einheit dar. Zu ihnen gehören die **Bakterien** einschließlich der Actinomyceten und Cyanobakterien, die zu den Prokaryoten (Kap. 2) zusammengefaßt werden. Weiterhin werden diejenigen Gruppen der Eukaryoten (Kap. 2) zu den Mikroorganismen gestellt, die als ein- oder wenigzellige Organismen leben. Es sind dies ein großer Teil der **Pilze** einschließlich der Hefen, die **Algen** und die **Protozoen**.

Unterhalb der Organisationsstufe von Organismen befinden sich die **Viren**. Ihnen fehlen entscheidende Eigenschaften eines Organismus. Sie können nicht selbständig leben, sondern bedürfen lebender Zellen zur Vermehrung. Sie werden meist im Rahmen der Mikrobiologie behandelt, da sie mit Hilfe mikrobiologischer Methoden bearbeitet werden.

Die Bedeutung der Mikroorganismen für Natur und Gesellschaft hat maßgeblich zur Entwicklung der Mikrobiologie beigetragen. Ihre Rolle in der Medizin, Landwirtschaft und im Gärungsgewerbe führte am Anfang dieses Jahrhunderts zunächst zur Etablierung angewandter Lehrdisziplinen. Erkenntnisse über die Einheit und Mannigfaltigkeit mikrobieller Systeme bestimmten die weitere disziplinäre Entwicklung. Unlösbar damit verbunden ist die methodische Entwicklung, die die Mikroorganismen sichtbar und handhabbar macht und das Studium der ihnen eigenen Leistungen und Gesetzmäßigkeiten ermöglicht.

1.2.   Historische Entwicklung

Mikrobielle Aktivitäten sind eng mit der Menschheitsgeschichte verflochten. Das betrifft sowohl ihre Rolle als Krankheitserreger als auch die unbewußte Nutzung bei der Herstellung von alkoholischen Getränken und Nahrungsmitteln sowie deren Konservierung. Die Erforschung der Mikroorganismen setzte erst in historisch jüngerer Zeit ein, da dazu eine anspruchsvolle Methodik erforderlich war. Triebkräfte dieser Entwicklung sind der Drang nach Erkenntnis und deren Nutzung zum Wohle des Menschen. Grundlagen- und angewandte Forschung stellen eine Einheit dar, die bereits Pasteur mit der Bemerkung charakterisierte, daß es nicht zwei Wissenschaften gibt, sondern nur eine Wissenschaft und ihre Anwendung.

Tab. 1.1. Auswahl wichtiger Ereignisse aus der Entwicklung der Mikrobiologie

1684	Erste Beschreibung von Bakterien durch A. Van Leeuwenhoek
1798	Erste Immunisierung gegen eine Infektionskrankheit: Kuhpocken gegen Pocken (E. Jenner)
1837	Th. Schwann und F. Kützing erkennen unabhängig voneinander, daß die alkoholische Gärung durch Hefen verursacht wird
1846	M. S. Berkeley weist nach, daß die Kraut- und Knollenfäule der Kartoffel auf eine Pilzinfektion zurückzuführen ist
1847	J. P. Semmelweis erkennt „Leichengift" als Ursache des Kindbettfiebers. Einführung der Desinfektion durch Chlorwaschung der Hände
1852/53	A. de Bary weist Infektionsprozeß der Rost- und Brandpilze nach
1861	Widerlegung der Urzeugungshypothese durch L. Pasteur
1864	J. Lister führt die aseptische Operation ein
1866	Erstes Lehrbuch der Mykologie von A. de Bary (Morphologie und Physiologie der Pilze, Flechten und Myxomyceten)
1866	L. Pasteur beweist, daß Gärungen durch Mikroorganismen bewirkt werden
1866	E. Haeckel führt den Begriff Protisten (Erstlinge, Urwesen) für die Organismen ein, die nicht Pflanzen oder Tieren zuzuordnen sind
1867	Erkennung der Flechten als Symbiose von Algen und Pilzen durch S. Schwenderer
1870	A. de Bary und O. Brefeld entwickeln die Reinkultur der Pilze
1874	Antagonismus von Pilzen gegen Bakterien erstmalig durch W. Roberts beschrieben
1876	R. Koch weist nach, daß der Milzbrand durch ein Bakterium (*Bacillus anthracis*) verursacht wird
1876	F. Cohn stellt erstes System der Bakterien und Pilze auf. Nachweis der Hitzestabilität der Endosporen von *Bacillus subtilis*

Tab. 1.1. (Fortsetzung)

1876/77	I. Tyndall entwickelt Methoden der Hitzesterilisation, Nachweis der Hitzeresistenz von Bacillen
1879	A. de Bary erkennt das Wesen der Symbiose, in die er mutualistische und antagonistische Beziehungen (Parasitismus) einbezieht
1881	F. Loeffler führt Fleischextrakt als bakterielles Nährmedium ein
1884	Die von H. Ch. Gram entwickelte Gram-Färbung wird als Differenzierungsfärbung eingeführt
1885	Erste erfolgreiche Tollwutimpfung durch L. Pasteur
1886	Erkennung der Luftstickstoffbindung durch H. Hellriegel und H. Wilfarth
1887	Petri-Schale eingeführt
1888	Konzept der Chemoautotrophie durch S. Winogradski
1888	Isolierung der Rhizobien durch M. Beijerinck
1889	S. Winogradski und V. L. Omelianski erkennen die Nitrifikation
1892	D. Iwanowski weist nach, daß die Tabakmosaikerkrankung durch einen Virus verursacht wird
1897	F. Loeffler weist nach, daß die Maul- und Klauenseuche eine Viruserkrankung ist
1897	Gärung durch zellfreies System (Hefepreßsaft) nachgewiesen (E. Buchner)
1900	Mykorrhiza als Symbiose von Pilzen und Pflanzen erkannt (E. Stahl)
1906	N. L. Soehngen erkennt die Methanogenese
1917	F. D'Herelle entdeckt Bacteriophagen
1926	Konzept der Einheit der Biochemie von A. J. Kluyver
1928	Antibiotikabildung (Penicillin) durch A. Fleming erkannt
1931	Photolyse des Wassers als Quelle des O_2 bei der Photosynthese bewiesen (C. B. van Niel)
1935	Kristallisation des Tabakmosaik-Virus durch W. M. Stanley
1941	Bacteriophagen als Systeme molekularbiologischer Forschung eingeführt (M. Delbrück und S. Luria)
1944	Streptomycin mit Streptomyces griseus gewonnen (S. Waksman)
1947	G. W. Beadle und E. L. Tatum stellen mit Neurospora crassa die Ein-Gen-ein-Enzym-Hypothese auf
1952	Transduction von genetischer Information (DNA) bei Bakterien (J. Lederberg)
1957	Erste mikrobielle Aminosäureproduktion (Glutaminsäure) durch S. Kinoshita
1961	F. Jacob und J. Monod erkennen die Prinzipien der Stoffwechselregulation auf molekularer Ebene
1968	Einsatz von Restrictions-Endonucleasen zur Gentechnik durch W. Arber
1970	Unterscheidung von Pro- und Eukaryoten (Y. Stanier)
1977	Archaebakterien als spezielle Bakteriengruppe erkannt (C. R. Woese)

Die Entwicklung der Mikrobiologie und ihre Auswirkungen auf die gesamte Wissenschaftsgeschichte lassen sich in fünf Phasen einteilen. Die im folgenden Text hervorgehobenen Persönlichkeiten markieren Meilensteine der Mikrobiologie. Ohne die Leistungen zahlreicher weiterer Wissenschaftler (Tab. 1.1.) wäre der Fortschritt nicht möglich gewesen.

1. Phase: Die frühe Phase — Entdeckung der Mikroorganismen (1680—1860)

Die Entdeckung der Mikroorganismen verdanken wir dem Niederländer Antonie van Leeuwenhoek (1632—1723). Er untersuchte mit selbst konstruierten Mikroskopen, die nur eine Linse enthielten, zahlreiche biologische Systeme. Obwohl diese Mikroskope nur eine dreihundertfache Vergrößerung ermöglichten, erkannte und beschrieb er um 1684 verschiedene **einzellige Mikroorganismen**, Protozoen, Hefen und Bakterien, die er als „kleine Tierchen" ansprach. Aus seinen außerordentlich sorgfältigen Beobachtungen schloß er bereits, daß sie sehr verbreitet sind. Seine Annahme, daß im Zahnbelag mehr Mikroorganismen als Menschen in einem Königreich vorkommen, war völlig zutreffend.

Van Leeuwenhoek drang mit seinen Beobachtungen in die Dimension der Mikrobenwelt ein. Wesen und Herkunft dieser Organismen blieben über ein Jahrhundert unklar. Die Hypothese, daß sie durch Urzeugung aus toter Materie entstehen, war trotz dagegen sprechender Versuche (Spallanzani 1785) die vorherrschende Auffassung. Auch die Rolle der Mikroorganismen für die grassierenden Infektionskrankheiten wurde trotz mancher Hinweise dazu (Tab. 1.1.) nicht erfaßt. Zur Durchsetzung dieser Erkenntnisse bedurfte es überzeugender Experimente großer Persönlichkeiten.

2. Phase: Die klassische Periode — Gärungs- und Medizinische Mikrobiologie (1860—1910)

In dieser Periode wurden die entscheidenden Methoden der Mikrobiologie entwickelt und Mikroorganismen als Verursacher von Gärungen und Erreger von Infektionskrankheiten erkannt. Die Zeit wird durch zwei Persönlichkeiten geprägt, Louis Pasteur und Robert Koch.

Von den Leistungen Louis Pasteurs (1822—1895), der von Haus aus Chemiker war, seien drei hervorgehoben: erstens die **Widerlegung der Urzeugungshypothese** durch Experimente, mit denen er zeigte, daß die Gärungen und Fäulnis verursachenden Mikroorganismen aus der Luft in die Versuchsgefäße gelangen (1861). Dabei entwickelten er und andere Wissenschaftler seiner Zeit (Tab. 1.1.: Tyndall, Lister) Methoden der Sterilisation und Desinfektion. Die zweite Leistung betrifft das Wesen der **Gärungen**: Die Milchsäuregärung und die alkoholische Gärung werden durch Mikroorganismen verursacht und ermöglichen Leben ohne Sauerstoff.

Die dritte Leistung beinhaltet Beiträge zur medizinischen Mikrobiologie, vor allem zur Bekämpfung von Infektionskrankheiten durch **Impfung**. Aufbauend auf den Erkenntnissen von Jenning wies er nach, daß Stämme von Krankheitserregern (z. B. Geflügelcholera, Tollwut), die ihre Virulenz verloren haben, nach Impfung Immunität gegen virulente Stämme bewirken.

Robert Koch (1843—1910) zeigte als erster, daß bestimmte Bakterienarten Infektionskrankheiten verursachen. Die entscheidenden Versuche führte er 1876 als Landarzt am Milzbranderreger der Rinder und Schafe durch. Zur Beweisführung stellte er die vier „Kochschen Postulate" auf: 1. Bakterien müssen im erkrankten Organismus nachweisbar sein, 2. diese müssen isoliert und in Reinkultur gebracht werden, 3. durch Infektion mit einer Mikroorganismenart der Reinkultur wird die Krankheit bei gesunden Wirtsorganismen hervorgerufen und 4. der gleiche Erreger ist erneut aus dem infizierten Wirtsorganismus isolierbar. Koch entwickelte mikrobielle **Nährmedien**, z. B. die Fleischextraktbrühe und mit Gelatine verfestigte Medien, die eine Isolierung von Einzelkolonien ermöglichten (Kochscher Plattenguß). Die Gelatine wurde später durch Agar ersetzt. Weiterhin führten er und seine Schüler Färbemethoden für Bakterien auf Objektträgern ein.

Pasteur und Koch schufen mit ihren Schülern Institutionen, die das Zeitalter der Medizinischen Mikrobiologie und Hygiene einleiteten.

Parallel zur Bakteriologie entwickelte sich im Rahmen der Botanik die Mykologie. 1866 legte Anton de Bary das erste Lehrbuch der Mykologie vor, in dem grundlegende Erkenntnisse über parasitäre Pilzerkrankungen enthalten sind.

3. Phase: Entwicklung der Allgemeinen und Ökologischen Mikrobiologie (1885—1930)

In dieser Periode wurden die Leistungen der Mikroorganismen in den Stoffkreisläufen der Natur sowie die Einheit und Mannigfaltigkeit des mikrobiellen Stoffwechsels erkannt. Die Aufklärung der Rolle der Mikroorganismen im Kohlenstoff-, Stickstoff- und Schwefelkreislauf sowie die Entwicklung der dazu notwendigen Anreicherungskultur sind mit den Namen Winogradsky und Beijerinck aufs engste verbunden. Bei der Anreicherungsmethode werden spezifische Bedingungen geschaffen, die von den vielen Mikrobenarten, die nebeneinander in einem Ökosystem wie dem Boden vorkommen, nur einer Art die Vermehrung ermöglichen.

S. Winogradsky (1856—1953) zeigte, daß Bakterien befähigt sind, reduzierte Schwefelverbindungen, wie Schwefelwasserstoff, und reduzierte Stickstoffverbindungen, z. B. Ammonium, zu oxidieren und mit der dabei gewonnenen Energie Kohlendioxid der Luft zum Aufbau der Zellsubstanz zu assimilieren. Auf dieser Grundlage stellte er 1887 das Konzept der **Chemoautotrophie** auf. Mit dem Nachweis von spezifischen Bodenmikroorganismen, die er als autochthone Arten bezeichnete, trug er maßgeblich zur Begründung der Bodenmikrobiologie bei.

M. Beijerinck (1851—1931) befaßte sich zunächst mit den Luftstickstoff bindenden Bakterien. Er isolierte 1888 die Knöllchenbakterien, die in Symbiose mit Leguminosen Stickstoff binden, und freilebende *Azotobacter*-Arten. Mit Hilfe der Anreicherungskultur gelang es ihm, die Sulfat zu Schwefelwasserstoff reduzierenden Bakterien aus anaeroben Gewässersedimenten zu isolieren. Sie nutzen den im Sulfat gebundenen Sauerstoff zu einer anaeroben Atmung. Damit wurden grundlegende mikrobielle Stoffwechselreaktionen erkannt, die entscheidende Reaktionen in den biogeochemischen Cyclen der Elemente katalysieren.

Der Nachfolger Beijerincks in Delft war A. J. Kluyver (1888—1956). Er untersuchte mit seinen Mitarbeitern ein breites Spektrum aerober, anaerober und chemoautotropher mikrobieller Stoffwechselprozesse. Aus der Mannigfaltigkeit leitete er das Konzept der „**Einheit der Biochemie**" (1926) ab. Es besagt, daß Grundphänomene des Stoffwechsels bei allen Organismen gleich sind, z. B. das Prinzip der Energiegewinnung durch Wasserstoff- bzw. Elektronenübertragung. Die Gärungen und die Atmung sind Prozesse, bei denen Oxidationen mit Reduktionen gekoppelt sind (Redoxprozesse). C. B. van Niel, ein Schüler Kluyvers, untersuchte den Stoffwechsel **phototropher Bakterien**, die H_2S zu Schwefel oxidieren. Durch die vergleichende Betrachtungsweise gelangte er zu dem Schluß, daß hierbei H_2S die gleiche Rolle wie H_2O bei der Photosynthese der Pflanzen spielt. Beide Verbindungen sind Wasserstoff-Donatoren, die durch Photolyse gespalten werden. Der Wasserstoff dient der CO_2-Reduktion zu Kohlenhydraten, Schwefel bzw. Sauerstoff bleiben als oxidierte Wasserstoff-Donatoren übrig. Mit der Erkenntnis, daß der bei der Photosynthese gebildete Sauerstoff aus dem Wasser, nicht aus dem CO_2 stammt, trug die Mikrobiologie maßgeblich zur Aufklärung dieses grundlegenden biologischen Prozesses bei.

4. Phase: Die Antibiotikaphase — Beginn der Biotechnologie (ab 1928)

Antibiotika sind niedermolekulare mikrobielle Stoffwechselprodukte, die in geringer Konzentration die Vermehrung anderer Mikroorganismen hemmen. Ihre Entdeckung und Gewinnung löste zwei Entwicklungen aus, eine neue Ära der Therapie von Infektionskrankheiten und den Aufbau der mikrobiologischen Industrie. Am Anfang stand die Beobachtung des Arztes A. Fleming, daß der Schimmelpilz *Penicillium* einen Wirkstoff ausscheidet, der das Wachstum eines pathogenen Bakteriums hemmt (1928). Fleming erkannte sofort die Bedeutung dieser Zufallsbeobachtung, da er sich bereits intensiv mit der Suche nach Mitteln zur Bekämpfung von Infektionskrankheiten beschäftigt hatte. Auf einem langen Weg wurde aus dem in äußerst geringer Menge gebildeten Antibiotikum die **Penicillinproduktion** entwickelt, die 1940 zur Anwendung der ersten Präparate führte.

Die begrenzte Wirkung des Penicillins auf Gram-positive Bakterien löste die Suche nach weiteren Antibiotika mit breiterem Wirkungsspektrum aus. Hierbei war der Bodenmikrobiologe S. A. Waksman besonders erfolgreich. Er wies 1944 nach, daß die im Boden verbreiteten Streptomyceten zahlreiche Antibiotika bilden. **Streptomycin** wurde als zweites Antibiotikum produziert, weitere schlossen sich an. Zur Gewinnung dieser Wirkstoffe wurde die Fermentationstechnik geschaffen, die die industrielle Sterilkultur und Aufarbeitung großer Massen von Mikrobenkulturen ermöglichte. Damit ging die Mikrobiologie von der Dimension der Petrischale in die der Fermentatoren mit Volumen von 100 m³ über, gleichzeitig wurden Mutagenese- und Selektionsstrategien sowie Bioteste geschaffen, die zur Züchtung von Hochleistungsstämmen führten.

An die Stelle des Gärungsgewerbes trat die industrielle Mikrobiologie, deren methodisches Instrumentarium heute zur Gewinnung eines breiten Spektrums von Produkten (1.3.) eingesetzt wird.

5. Phase: Herausbildung der molekularen Mikrobiologie — Grundlage der Gentechnik (ab 1960)

Das Adaptationsvermögen der Mikroorganismen, d. h. die Fähigkeit einer Art, auf verschiedenen Nährstoffen zu wachsen, hatte schon in den dreißiger Jahren Aufmerksamkeit erregt. Es wurde festgestellt, daß diese Flexibilität mit einer unterschiedlichen Enzymausstattung der Zellen verbunden ist. Die Aufklärung der Adaptation begann mit Wachstumsuntersuchungen von J. Monod, der feststellte, daß eine Kultur von *Escherichia coli*, die auf einem Mischsubstrat wächst, zunächst Glucose, nach einer Zwischenphase Galactose zum Wachstum nutzt (Diauxie-Phänomen 1942). J. Monod und F. Jacob leiteten durch tiefgründige genetische und biochemische Untersuchungen daraus die **Grundprinzipien der Stoffwechselregulation** ab, die Regulation der Enzymsynthese (Operon-Modell 1961) und der Enzymaktivität (Allosterie-Prinzip 1961).

Parallel zu den am Bakterium *Escherichia coli* durchgeführten Forschungen führten G. W. Beadle und E. L. Tatum den Pilz *Neurospora crassa* in die genetische Forschung ein (ein Gen-ein Enzym-Konzept 1947) M. Delbrück und S. E. Luria zogen die Bacteriophagen in den Kreis der Untersuchungsprojekte ein (1941). Die gute Handhabbarkeit mikrobieller Systeme, ihre schnelle Vermehrung und einfache Struktur trugen maßgeblich zu den Erkenntnissen der **Molekularbiologie** und -**genetik** bei. Sie stellt die Grundlage der **Gentechnik** dar, welche die Konstruktion neuer mikrobieller Leistungen ermöglicht (Einsatz von Restrictionsendonucleasen, Arber 1962).

Die gegenwärtige Entwicklung der Mikrobiologie wird einmal durch Beiträge zur interdisziplinären Entwicklung der Biowissenschaften und Biotechnologie bestimmt, zum anderen durch die Isolierung neuer Mikroorganismen, z. B. aus anaeroben und extremen Biotopen, die sich durch neue Leistungen auszeichnen. Das Spektrum mikrobieller Leistungen erweitert sich schnell. Die molekularbiologische Forschung hat die Methodologie für das Studium der Phylogenie der Mikroorganismen und ihrer Verwandtschaftsbeziehungen geschaffen. Bisher hat sich die Mikrobiologie vorwiegend mit Reinkulturen befaßt. Jetzt geht sie zur Erforschung der Interaktionen von Mikroorganismen verschiedener Arten und mit pflanzlichen und tierischen Organismen über. Neue Dimensionen liegen in der Erforschung von Mischkulturen, Mikrobengesellschaften, Aktivitäten am natürlichen Standort.

1.3.   Bedeutung der Mikrobiologie

Wesentliche Beiträge der Mikrobiologie zum Erkenntnisfortschritt der Biowissenschaften wurden im vorhergehenden Abschnitt angeführt. Daher beziehen sich die folgenden Ausführungen vor allem auf die Bedeutung der Mikrobiologie für Natur und Gesellschaft.

In den **Stoffkreisläufen** der Natur spielen die Mikroorganismen eine entscheidende Rolle. Biogeochemische Cyclen wären auch ohne Pflanzen und Tiere denkbar, jedoch nicht ohne Mikroorganismen. Ihnen kommen Schlüsselstellungen bei der **Mineralisierung** des breiten Spektrums organischer Stoffe zu, die durch Pflanzen und Tiere synthetisiert werden. In den Stoffkreisläufen wirken die Pflanzen als Produzenten, die Tiere als Konsumenten, die Mikroorganismen als **Destruenten**. Im Stickstoffkreislauf führen die Bakterien neben Abbauleistungen eine entscheidende Assimilationsfunktion aus, die der **Luftstickstoffbindung**. Ausführlicher werden die Funktionen der Mikroorganismen in den biogeochemischen Cyclen im Kapitel 27. behandelt.

Durch die industrielle Produktion werden eine große Zahl von organischen Stoffen synthetisiert, die in der Natur nicht vorkommen. Diese **Fremdstoffe** (Xenobiotika) gelangen als Produkte und Abprodukte in die Umwelt und führen zu Umweltbelastungen. Mikroorganismen können eine beachtliche Zahl dieser Fremdstoffe teilweise oder vollständig abbauen und tragen damit maßgeblich zum **Umweltschutz** bei. Vor allem die Fremdstoffe, deren Struktur Naturstoffen ähnlich ist, können metabolisiert werden. Sehr davon abweichende Strukturen werden nicht oder nur sehr langsam metabolisiert, sie sind widerstandsfähig (persistent). Dazu gehören polychlorierte aromatische Kohlenwasserstoffe, halogenierte Alkane und polymere Kunststoffe. Für die Realisierung der Potenzen zum Fremdstoffabbau sind bestimmte Umweltbedingungen erforderlich. Die meisten Abbauprozesse sind Oxidationsreaktionen, sie erfordern Sauerstoff. Aber einige Dehalogenierungen erfolgen nur unter anaeroben Bedingungen. Die Konzentration der Fremdstoffe darf nicht zu niedrig sein, da vielfach die zum Abbau befähigten Arten selektiert werden müssen. Für den Umweltschutz ist die genaue Kenntnis der Möglichkeiten und Grenzen mikrobieller Abbauleistungen notwendig (14.6.).

Mikroorganismen werden zunehmend für die Belange der menschlichen Gesellschaft eingesetzt. Ihr **Nutzen** überwiegt bei weitem den Schaden, den sie als Krankheitserreger sowie durch Nahrungsmittelverderb und Korrosionen hervorrufen. Das in der Öffentlichkeit noch vorherrschende Bild von Mikroorganismen als Schädlingen, als Feinden des Menschen, ist falsch, es ist historisch bedingt. Neben ihrer Rolle in der Natur werden sie in zunehmendem Maße als Produktivkräfte eingesetzt. Wir erleben gerade in unserer Zeit, wie zu den Nutzpflanzen und -tieren die Nutzmikroben kommen, die durch die Möglichkeiten der Gentechnik in kurzer Zeit zu Hochleistungsstämmen herangezüchtet werden. Das Nützlings-Schädlings-Denken ist insgesamt fragwürdig und muß durch eine komplexere und ökologische Betrachtungsweise ersetzt werden. Die gleichen Abbauleistungen, die im Haushalt zum Lebensmittelverderb führen, sind für den Haushalt der Natur unentbehrlich. Thiobacillen, die Korrosionsschäden verursachen, werden für die Metallaugung genutzt und für die Kohleentschwefelung erprobt. Selbst Stoffwechselprodukte von Krankheitserregern, z. B. das Toxin der Diphtheriebakterien, sind für die Entwicklung von Tumortherapeutika in Verbindung mit monoklonalen Antikörpern von Interesse.

In den folgenden Ausführungen werden wichtige Beispiele für die gesellschaftliche Nutzung mikrobieller Aktivitäten angeführt. Eine Übersicht dazu enthält Tabelle 1.2.

Für die **Ernährung** der Menschen spielen Mikroorganismen eine mittel- und unmittelbare Rolle. Mittelbar werden sie in der Pflanzenproduktion durch die Steigerung der **Bodenfruchtbarkeit** wirksam, z. B. durch die Mineralisierung der organischen Substanzen, die Boden- und Humusbildung und die Luftstickstoffbindung. Zur Bekämpfung von Pflanzenschädlingen werden in zunehmendem Maße mikrobielle **Schädlingsbekämpfungsmittel** eingesetzt, z. B. als Insektizide (*Bacillus thuringiensis*- und Virus-Präparate),

Tab. 1.2. Gesellschaftliche Nutzung mikrobieller Aktivitäten (Auswahl)

Gesellschaftliche Belange	Volkswirtschaftsbereich	Produkte
Gesundheit	Pharmazeutische Industrie	Antibiotika Steroidpräparate Hormone Immunregulatoren Antikörper Diagnostika
Ernährung	Nahrungsmittel- und Getränkeindustrie	Enzyme Aminosäuren Aromastoffe Starterkulturen
	Futtermittelindustrie	Einzellerproteine Aminosäuren nutritive Antibiotika
	Agrochemische Industrie und Landwirtschaft	Biopestizide Pfl. Wachstumsregulatoren N_2-bindende Bakterien
Rohstoff- und Energiegewinnung	Chemische Industrie u. Abproduktnutzung	Ethanol Aceton-Butanol Organische Säuren Biogas
	Bergbau	Metallaugung Kohleentschwefelung
Umweltschutz	Abwasserreinigung	Phosphatrückgewinnung Metallrückgewinnung Nitrateliminierung sauberes Wasser

Fungizide und Herbizide (bestimmte Antibiotika, 31.4.). In der Tierproduktion kommen mikrobielle Produkte als **Futterzusätze** zur Anwendung, z. B. Aminosäuren (Lysin) und Einzellerproteine (Futterhefe). Für die effektivere Futterverwertung wurden spezielle nutritive Antibiotika entwickelt. In der Silofutterherstellung strebt man den Einsatz von Leistungsstämmen an. Schließlich geht die Verwertung der Cellulose durch Wiederkäuer auf die Mikrobenflora des Pansens zurück. In der **Lebensmittel- und Getränkeherstellung** für den Menschen werden neben den weiter entwickelten traditionellen, mit Mikrozellen durchgeführten Prozessen, wie der Herstellung von Backwaren (Bäckerhefe), alkoholischen Getränken (Bier, Wein, Alkoholika) sowie Käse- und Sauermilcherzeugnissen, mikrobielle **Enzyme** eingeführt. Amylasen werden zur Stärkehydrolyse in der Brauereiindustrie, beim Backprozeß, und zur Glucosegewinnung eingesetzt. Mittels Glucose-isomerase wird Glucose in die süßere Fructose umgewandelt. Nachdem man zunächst mikrobielle Proteasen bei der Käseherstellung einsetzte, erlaubt die Gentechnik jetzt die Herstellung eines Labenzyms, dessen Aminosäure-zusammensetzung dem Enzym aus dem Kälbermagen identisch ist. Die mikrobielle Aminosäureproduktion ermöglicht die Bereitstellung von essentiellen L-Aminosäuren. Glutaminsäure und 5'-Nucleotide wie Inosin werden als **Aromastoffe** eingesetzt. Mikrobiell gewonnene Zitronensäure ist ein wesentlicher Bestandteil nichtalkoholischer Getränke.

Im **Gesundheitswesen** hat sich durch die Erkenntnisse der Mikrobiologie ein tiefgreifender Fortschritt vollzogen, der weiter anhält. Am Anfang dieses Jahrhunderts waren es die Maßnahmen der Hygiene und die Gewinnung von Impfstoffen mit Hilfe der tierischen Antikörpersynthese, die den ersten Wandel bewirkten. Mit der Entwicklung der **Antibiotika** wurde eine neue Ära eingeleitet, die zu einem breiten Spektrum hochwirksamer Pharmaka zur Bekämpfung von Infektionserkrankungen geführt hat. Durch den Einsatz werden aber Mikrobenstämme selektiert, die gegen bestimmte Antibiotika resistent werden. Die Antibiotikaforschung steht daher immer wieder erneut vor der Aufgabe, neue und strukturell abgewandelte Wirk-stoffe zu entwickeln, gegen die keine Resistenz besteht. Ungelöste Probleme gibt es bei der Therapie von Virus- und Krebserkrankungen. Mit der Gen-technik werden Möglichkeiten geschaffen, Abwehrstoffe des menschlichen Körpers, die als **Immunstimulatoren** wirken (z. B. Interferone, Interleukine), mit Hilfe von Mikroorganismen zu produzieren. Von diesen und weiteren Wirkstoffen erwartet man neue therapeutische Ansätze zur Viren- und Krebsbekämpfung. **Antikörper** werden mit genetisch bearbeiteten Mi-kroorganismen erzeugt, z. B. zur Therapie der Gelbsucht (Hepatitis B). Das Spektrum mikrobiell gewinnbarer Wirkstoffe wird durch die Verfahren der Gentechnik, bei denen Mikroorganismen die genetische Information für neue Leistungen erhalten, in ganz entscheidendem Maße erweitert. Die gentechnische Gewinnung menschlicher **Hormone** wie Insulin stellt einen Anfang dar. Auch der Zugang zu Enzymen, die bei der Pharmakasynthese bedeutsam sind, wird durch die Gentechnik wesentlich ökonomischer ge-staltet. Heute sind es wenige stereochemische Umsetzungen, die mit Hilfe von mikrobiellen Zellen hergestellt werden, z. B. **Steroidwirkstoffe** wie Prednison (32.2.). Mikrobielle und enzymatische Biotransformationen werden in der pharmazeutischen und chemischen Industrie schnell an Be-deutung gewinnen.

Ein weiteres globales Problem ist das der **Rohstoffgewinnung.** Die Begrenzt-heit der fossilen organischen Rohstoffe wie Erdöl und Erdgas erfordert zukünftig eine weitaus stärkere Nutzung der regenerierbaren Rohstoffe. Das sind vor allem die Komponenten der pflanzlichen Biomasse, die durch die Photosynthese gebildet werden. Zur Nutzung der verschiedenen pflanzlichen Polysaccharide und des Lignins müssen sie in ihre niedermolekularen Bausteine wie Zucker und Aromaten zerlegt werden, die dann weiteren mikrobiellen und chemischen Stoffwechslungen zugängig sind. Mikrobielle Prozesse sind sowohl für die **enzymatische Depolymerisation** der pflanzlichen Makromoleküle (enzymatischer Abbau) als auch für die **Vergärung zu Industriechemikalien** wie Ethanol, Aceton und Butanol bedeutsam. Während die Ethanolproduktion in großem Umfang betrieben wird, befinden sich andere Prozesse im Entwicklungsstadium. Aber auch für die Optimierung der Ethanolgewinnung ergeben sich neue Möglichkeiten. So wurden thermophile Bakterien gefunden, die Polysaccharide zu Ethanol vergären. Anorganische Rohstoffe, vor allem Kupfer und Uran, werden bereits in großtechnischem Maße mit Hilfe chemoautotropher Bakterien aus erzarmen Gesteinen und Abraumhalden gewonnen. Mikroorganismen sind nicht nur zur **Erzlaugung** (engl. leaching) von Gesteinen befähigt, sondern auch zur **Akkumulation von Metallen** aus Industrieabwässern, z. B. von Silber und Quecksilber. Bei der Abwasserreinigung lassen sich Phosphate bakteriell anreichern und rückgewinnen.

Die zuletzt genannten Anwendungen tragen zum **Umweltschutz** bei. Ein Prinzip des Umweltschutzes ist die Rezirkulation, d. h. die Schaffung geschlossener Kreisläufe. Dieses in der Natur wirksame Prinzip muß in die gesellschaftlichen Prozesse integriert werden (Kap. 34.) Zur mikrobiellen **Wertstoffgewinnung aus Abprodukten** werden die Biogasgewinnung aus landwirtschaftlichen und kommunalen Abwässern sowie die mikrobielle Eiweißproduktion aus Abprodukten der Celluloseindustrie (Sulfitablauge) eingesetzt. Bisher führt die mikrobielle **Abwasserreinigung** vor allem zu einer Mineralisierung der organischen Inhaltsstoffe. Da die Mineralstoffe zur Eutrophierung der Gewässer führen, müssen in diesem Bereich neue Wege zur Wertstoffgewinnung intensiv erforscht werden.

Die Ausführungen zeigen, daß wir bei aller Bedeutung, die die Mikrobiologie bereits für Ernährung, Gesundheit, Rohstofferschließung und Umweltschutz hat, am Anfang einer Entwicklung stehen. Bisher wird von der Fülle mikrobieller Aktivitäten erst ein geringer Teil genutzt. Viele Prozesse sind zu wenig erforscht. In den letzten Jahren wurde eine Vielzahl neuer Mikroorganismen mit neuen Leistungen isoliert. So bestehen Möglichkeiten zur Wasserstoffgewinnung durch photoautotrophe Bakterien. In diesen wie in vielen anderen Fällen erlaubt der Erkenntnisstand noch keine Aussagen über eine ökonomisch vertretbare Anwendung. Die Lösung der globalen Probleme erfordert eine tiefgründige Erforschung des mikrobiellen Leistungspotentials, um es umfassend zum Wohle von Mensch und Natur anwenden zu können. Dafür genügt es nicht, die Einzelprozesse zu kennen. Erst wenn wir das Zusammenwirken der einzelnen Prozesse verstehen, können wir der Gefahr begegnen, natürliche Gleichgewichte zu stören.

Teil I. Cytologie und Taxonomie: Einheit und Mannigfaltigkeit

2. Wesen der Mikroorganismen

Die geringen Dimensionen der Mikroorganismen und die Lebensweise als ein- oder wenigzellige Organismen bedingen einander. Sie haben zu den in den Abschnitten 2.2. bis 2.4. beschriebenen Eigenschaften geführt, die die Mikroorganismen als Ganzes charakterisieren. Haeckel hatte 1866 die Gliederung in drei Organismenreiche vorgenommen, Tiere, Pflanzen und **Protisten**. Die Protisten wurden von Haeckel als die ursprünglichen Organismen (Urwesen, Erstlinge) angesehen. In weiten Bereichen entsprechen sie dem Reich der Mikroorganismen. Heute ist eine differenziertere Betrachtung notwendig. In der Zellorganisation der Mikroorganismen gibt es grundlegende Unterschiede, die zur Einteilung in Pro- und Eukaryoten geführt haben.

2.1. Pro- und Eukaryoten

Die um 1930 entwickelte Elektronenmikroskopie ermöglichte Untersuchungen der zellulären Substruktur. Mit dieser Methode wurde die Auflösungsgrenze für biologische Präparate vom Mikrometerbereich (μm) des Lichtmikroskopes auf den Nanometerbereich (1—3 nm) erweitert. Es zeigte sich, daß es Organismen mit einfacher und komplexer Zellstruktur gibt. Die Organismen mit einfacher Zellstruktur werden als **Prokaryoten** bezeichnet, ihre Zelle als Protocyte. Zu ihnen gehören die Bakterien einschließlich der früher als „Strahlenpilze" bezeichneten Actinomyceten und die Cyanobakterien, die früheren Blaualgen. Eine komplexere Zellstruktur besitzen die **Eukaryoten**, zu denen die Protozoen, Pilze einschließlich der Hefen sowie die Pflanzen und Tiere gehören. Die Zelle der Eukaryoten wird als Eucyte bezeichnet.

Wesentliche Unterscheidungsmerkmale sind die Zellkompartmentierung und der genetische Informationsgehalt. In Abbildung 2.1. sind die Strukturen der pro- und eukaryotischen Zelle in schematischer Weise gegenübergestellt. Neben dem Größenunterschied wird die Kompartmentierung der Eukaryotenzelle deutlich, d. h. die strukturelle Aufgliederung in Funktionsräume, welche von inneren Membranen umgeben sind. Die kleinere Prokaryotenzelle bildet nur in wenigen Fällen innere Kompartmente aus,

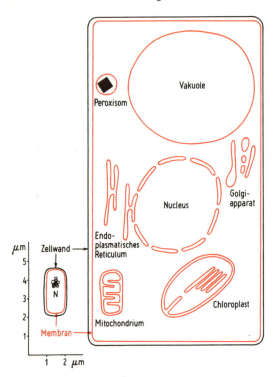

Abb. 2.1. Schema einer pro- und eukaryotischen Zelle. Größenvergleich und Kompartmentierung. Membranen sind rot dargestellt. Als Beispiel für die eukaryotische Zelle wurde eine junge Pflanzenzelle gewählt.

z. B. die Thylakoide der phototrophen Bakterien. Ein wesentliches Unterscheidungsmerkmal ist der Bau des **Zellkerns**. Der Kern der Prokaryoten, der auch als Kernregion oder Nucleoid bezeichnet wird, ist ein zirkuläres geknäultes DNA-Molekül, das nicht von einer Membran umgeben ist. Die Eukaryoten besitzen einen „echten" Kern, der von einer Membran umgeben ist.

Die Eukaryotenzelle enthält weitere Zellkompartmente, die zugleich **Organellen** darstellen, die Mitochondrien, Chloroplasten und das endoplasmatische Reticulum. Zwischen Pro- und Eukaryoten gibt es bei rezenten Lebewesen keine Übergänge. Nach der heute allgemein akzeptierten **Endosymbiontenhypothese** haben sich die Mitochondrien aus Vorläufern aerober

Bakterien, die Chloroplasten aus phototrophen Bakterien entwickelt. Sie wurden wahrscheinlich vor mehr als drei Millionen Jahren von größeren Zellen als interzelluläre Symbionten aufgenommen und haben sich im Verlauf der Evolution zu Organellen differenziert.

Neben den strukturellen Besonderheiten gibt es zwischen den Proto- und Eucyten wesentliche Unterschiede im Gehalt an **genetischer Information**. Die Prokaryoten haben einen Informationsgehalt von $2-8 \cdot 10^6$ Basenpaaren (bp). Bei *Escherichia coli* liegt der Gehalt etwas unter $4 \cdot 10^6$ Basenpaaren. Nach einer Faustregel codieren 1000 bp ein Protein mittlerer Größe, 1000 bp entsprechen also etwa einem Gen. *Escherichia coli* würde demnach etwa 4000 Gene besitzen. Die Eukaryoten enthalten das 10—1000fache an genetischer Information. Die Bäckerhefe enthält etwa $20 \cdot 10^6$ bp, damit etwa 20000 Gene. Der Pilz *Aspergillus niger* hat etwa $40 \cdot 10^6$ bp. Die Säugetiere und der Mensch besitzen mit $3 \cdot 10^9$ bp ein etwa 1000 mal größeres Genom als die Bakterien. Dem Vergleich ist das haploide Genom zugrunde gelegt. Die Vergleichszahlen bedeuten jedoch nicht, daß die genetische Information auch proportional größer ist. Die codierenden Sequenzen sind auf der chromosomalen DNA der Eucyten locker verteilt und durch nichtcodierende Sequenzen (Introns) unterbrochen. Sequenzwiederholungen (repetitive Sequenzen) sind häufig, beim Menschen liegt der Anteil um 30%. Die genetische Information des Menschen ist jedoch sehr groß, es werden etwa 50000 verschiedene Proteine codiert. Neben der genetischen Information im Zellkern besitzen die Eukaryoten extrachromosomale Information in den Mitochondrien und Chloroplasten. Bei der Bäckerhefe enthalten die

Tab. 2.1. Unterschiede zwischen pro- und eukaryotischen Zellen. Die Angaben sind Durchschnittszahlen, die Größenordnungen verdeutlichen sollen

	Bakterien	Hefen	Pflanzliche und tierische Zellen
Durchmesser (μm)	1	10	100
Volumen (μm^3)	1	1000	>10000
Oberfläche/Volumen (μm^{-1})	1	0,1	Gewebe
Atmungsrate (QO_2)	1000	100	10
Generationszeit (h)	0,3—1	2—10	etwa 20
DNA (Basenpaare)	$4 \cdot 10^6$	$20 \cdot 10^6$	$500-5000 \cdot 10^6$
„Gene"	4000	20000	>50000
Ribosomengröße	70S	80S	80S

$QO_2 = \mu l\, O_2 \cdot mg\, Trockensubstanz^{-1} \cdot h^{-1}$

Mitochondrien 78000 bp. Auf die Plasmide, die als Träger genetischer Information bei Bakterien und Hefen vorkommen, wird in 3.2. eingegangen. Weitere Unterschiede der pro- und eukaryotischen Zellen sind der Tabelle 2.1. zu entnehmen. Hervorgehoben seien die Unterschiede im Zellvolumen. Ein 10 mal größerer Zelldurchmesser bedeutet, daß das Zellvolumen etwa 1000 mal größer ist.

Die natürliche Evolution der Organismen ist offensichtlich in zwei Richtungen gegangen, in die der Miniaturisierung und die der Komplexität. Beide Evolutionsstrategien haben sich bewährt, wie die Koexistenz der Pro- und Eukaryoten in den natürlichen Ökosystemen zeigt. Man sollte daher nicht von niederen und höheren Organismen sprechen, sondern von Organismen mit einfacher und mit komplexer Organisation. **Der miniaturisierte prokaryotische Organismus** erfüllt mit hoher Effektivität alle Lebenskriterien: Selbstreproduktion, Stoffwechsel und Stoffaustausch, Signalrezeption und -reaktion, Beweglichkeit.

2.2.   Kleine Zelldimensionen — große Leistungen

Auch wenn die Größenordnung der pro- und eukaryotischen Mikroorganismen sehr differieren kann, so ist doch die **kleine Zelldimension** die charakteristische Eigenschaft. Von ihr leiten sich folgende weitere Charakteristika ab: großes Verhältnis von Oberfläche zu Volumen, hohe Leistungen, Anpassungsfähigkeit.

Die Bakterien, welche in den folgenden Ausführungen als typische Mikroorganismen behandelt werden, haben einen Zelldurchmesser um 1 Mikrometer (μm). Ein μm ist ein Tausendstel mm (Abb. 2.2.). Größere Bakterien, wie die Cyanobakterien, erreichen Zelldimensionen um 10 μm. In der Größenordnung von 10 μm liegt der Zelldurchmesser der Pilze und Hefen. Die eukaryotischen Mikroben haben im Durchschnitt einen 10 mal größeren Durchmesser als die Prokaryoten. In Abbildung 2.2. sind die Dimensionen des mikrobiellen, subzellulären und molekularen Bereiches zusammengefaßt.

Es fällt uns schwer, in den Dimensionen des μm-Bereiches zu denken. Da das aber zum Verständnis der Mikroorganismen notwendig ist, seien einige Größenvergleiche angeführt. Eine Bakterienzelle von 1 μm Durchmesser (z. B. *Staphylococcus aureus*) wird mit Hilfe des Lichtmikroskopes auf das 1000fache vergrößert, um von unseren Augen als 1 mm großes Gebilde gesehen zu werden. Würde ein Kind von 1 m Größe um das 1000fache vergrößert werden, würde es uns als 1000 m großer Riese erscheinen, selbst eine 1 cm lange Fliege würde bei 1000facher Vergrößerung zu einem 10 m großen Monster werden. Das Volumen eines Bakteriums liegt in der Größenordnung von 1 μm³. Eine Milliarde Zellen würden 1 mm³ Volumen einnehmen, fünf Milliarden Bakterien (das entspricht der Zahl der Menschen auf der Erde) würden in 5 mm³ Platz finden. Das ist etwa das Volumen der Glaskügelchen, die am Kopf mancher Stecknadeln angebracht sind. Ein cm³ Komposterde enthält etwa eine Milliarde Bakterien. Trotzdem nehmen sie nur ein Tausendstel dieses cm³ ein. Auch im Belag eines Zahnes lassen sich eine Milliarde Bakterien nachweisen. Das Vorkommen in dieser **hohen Individuenzahl** trägt maßgeblich zu den hohen Aktivitäten in der Natur bei.

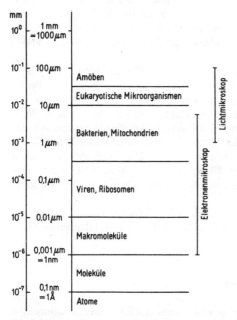

Abb. 2.2. Dimensionen des mikrobiellen, subzellulären und molekularen Bereiches.

Die geringe Zelldimension bedingt ein sehr großes Verhältnis von **Oberfläche zu Volumen.** Deutlich wird diese Beziehung in einem von Schlegel (1985) angeführten Gedankenexperiment. Zerteilt man einen Würfel von 1 cm³ und 6 cm² Oberfläche in Würfel der Größenordnung von Bakterien (1 μm³), so erhält man 10^{12} kleinere Würfel, deren gesamte Oberfläche 10000mal größer als die des Ausgangswürfels ist. Die Relationen für eine Bakterien- und Hefezelle sind in Tabelle 2.1. angegeben. Bei einem 10 mal größeren Zelldurchmesser ist das Verhältnis von Oberfläche zu Volumen 10 mal geringer.

Das große Verhältnis von Oberfläche zu Volumen ermöglicht intensive Wechselwirkungen mit der Umwelt. Mikroorganismen haben eine „extrovertierte" Lebensweise. In Zusammenhang mit den relativ geringen Transportwegen in der Zelle führt das zu hohen Stoffwechselleistungen. Die Atmung ist ein Maß für den Stoffumsatz. Bei Bakterien liegt die Atmungsrate ($QO_2 = \mu l\ O_2$ pro 1 mg Zelltrockensubstanz $\cdot\ h^{-1}$) um 1000, bei Hefen um 100, bei tierischen und pflanzlichen Geweben um 1—10. Für den bakteriellen Stoffumsatz gibt Thimann (1964) ein anschauliches Bild. Ein Lactose vergärendes Bakterium setzt in einer Stunde das 1000 bis 10000fache seines Eigengewichtes an Substrat um, ein Mensch würde für den 1000fachen Zuckerumsatz seines Eigengewichtes ungefähr 250000 Std., etwa die Hälfte seines Lebens, benötigen.

Ein weiterer Ausdruck des hohen mikrobiellen Leistungspotentials ist das Wachstum. Bakterien, wie Escherichia coli, haben unter günstigen Bedingungen eine Generationszeit von 20 min, Hefen von 2 Std. In dieser Zeit verdoppelt sich jeweils die Biomasse. Das setzt sich in exponentieller Weise fort, wie in Kapitel 16 erläutert wird. Aus Kalkulationen zur mikrobiellen Eiweißproduktion stammt der Vergleich, daß in einer Futterhefefabrik mit 500 kg Proteinausgangsbiomasse in 24 Std. 50000 kg Protein produziert werden können, ein Rind von 500 kg bildet dagegen in 24 Std. 0,5 kg Protein. Die Biomasse von jungen Rindern verdoppelt sich in 1—2 Monaten, d. s. etwa 2000 Stunden.

Zusammenfassend ist festzustellen, daß Mikroorganismen, bezogen auf die Biomasse, etwa 100—1000fach höhere Leistungen als Pflanzen und Tiere vollbringen.

2.3.   Anpassungsfähigkeit

Eine Mikrobenart kann sich an sehr unterschiedliche Umweltbedingungen schnell anpassen. Diese Flexibilität stellt eine der Überlebensstrategien der Mikroorganismen dar, mit denen sie bei ihrer „extrovertierten" Lebensweise wechselnde Umweltbedingungen überleben können. Die Kleinheit der Bakterienzelle bietet jeweils nur für einen Teil der Enzyme, die in der genetischen Information codiert sind, Platz. Eine für den Grundstoffwechsel notwendige Garnitur von Enzymen ist immer vorhanden, sie werden als konstitutiv bezeichnet. Andere Enzyme werden bei Bedarf gebildet. Die Zellen besitzen dafür ein hoch entwickeltes System der Regulation der Enzymsynthese, das im Abschnitt 15.5. behandelt wird. Es ermöglicht eine sehr ökonomische Substratverwertung. Zunächst werden Nährstoffe verwertet, die direkt in den Zellstoffwechsel eingehen, z. B. Aminosäuren. Sind sie verbraucht, so vermögen viele Mikroben aus Ammonium und Zuckern Aminosäuren zu synthetisieren. Dazu sind zusätzliche Enzyme notwendig, die unter diesen Bedingungen synthetisiert werden. Viele Bakterien können ein **breites Substratspektrum** assimilieren. *Pseudomonas putida* vermag mehr als 80 Substrate als einzige C- und Energiequelle zu nutzen. Es umfaßt Fettsäuren, Alkohole, Kohlenhydrate, Kohlenwasserstoffe, Aminosäuren, Amine und Amide. Anpassungen erfolgen auch an die **Substratkonzentration**. Viele Bakterien verfügen über zwei Systeme zur Ammoniumassimilation, ein energiesparendes für höhere, ein energieaufwendigeres für niedere Konzentrationen. Auch die Zellform wird der Substratkonzentration angepaßt. Bei Nährstofflimitation und dadurch verlangsamter Wachstumsrate nimmt das Verhältnis von Oberfläche zu Volumen zu.

Einige Bakterien sind in der Lage, sowohl **aerob** als auch **anaerob** zu wachsen. So vermag *Escherichia coli* den Stoffwechsel bei Sauerstoffmangel von Atmung auf Gärung umzustellen. Noch breitere Anpassungsfähigkeiten besitzt *Paracoccus denitrificans*. Unter aeroben Bedingungen und bei Vorhandensein organischer Substrate erfolgt die Energiegewinnung durch Atmung, anaerob in Gegenwart von Nitrat durch anaerobe Atmung (Denitrifikation, 9.3.). Bei Abwesenheit organischer Substrate kann *Paracoccus denitrificans* Wasserstoff als Energiequelle, CO_2 als C-Quelle nutzen. Es besitzt also sowohl die Fähigkeit zur **auto- wie zur heterotrophen Lebensweise** (Begriffserklärung (Tab. 2.2.).

2.4. Mannigfaltigkeit biochemischer Leistungen

Mikroorganismen haben im Verlaufe der Evolution ein außerordentlich breites Spektrum an Lebensräumen erschlossen. Durch ihre Stoffwechselleistungen haben sie neue Lebensbedingungen geschaffen. So führte die Photosynthese der Cyanobakterien zur Entstehung einer Sauerstoff enthaltenden Erdatmosphäre. Die Entwicklung des Mikrobenreiches ist durch eine **biochemische Evolution** geprägt. Bei den Pflanzen und Tieren erfolgte eine weitaus stärkere morphologisch-anatomische Differenzierung.

Die Mikroorganismen, vor allem die Bakterien, haben Stoffwechselprozesse entwickelt, die ihnen ein Leben ohne Sauerstoff ermöglichen. Das wird auf sehr unterschiedlichen Wegen erreicht, durch die Vielzahl der Gärungen und die anaeroben Atmungen (Kap. 9.). Neben der Fähigkeit, die Fülle der Naturstoffe als C- und Energiequelle zu nutzen, haben die Bakterien ein breites Spektrum oxidierbarer anorganischer Verbindungen, wie Wasserstoff, Ammonium, reduzierte Schwefel- und Eisenverbindungen, als Ener-

giequelle erschlossen. Dieser als **Lithotrophie** (*lithos* gr. — Stein, *trophe* gr. —
Nahrung) bezeichnete Energiewechsel ist mit der Fähigkeit zur CO_2-Assi-
milation verbunden. Die **autotrophe** (*autos* gr. — selbst) C-Versorgung finden wir auch bei den Licht (*photos*) als Energiequelle nutzenden **phototrophen**
Bakterien. Beeindruckend ist ihre Fähigkeit zur Besiedlung **extremer Standorte**, seien es heiße Quellen, schwelende Kohlehalden, arktische Böden,
Salzseen oder heiße Tiefseequellen. Durch **Symbiosen** mit Tieren und Pflanzen wurde das Spektrum der Biotope erweitert. *Agrobacterium tumefaciens*
hat eine Art von genetischem Parasitismus (Abb. 5.4.) entwickelt, bei dem
durch die Einschleusung bakterieller Gene Pflanzen zur Synthese von speziellen bakteriellen Substraten (Opinen) veranlaßt werden. In Tabelle 2.2. sind
wichtige Milieubedingungen, unter denen Mikroorganismen leben können,
mit dem Terminus für die mikrobielle Lebensweise zusammengestellt. Den

Tab. 2.2. Auswahl von Lebensbedingungen, die von Mikroorganismen genutzt werden.
Die einzelnen Bedingungen treten miteinander kombiniert auf

Lebensbedingung	Mikrobielle Lebensweise
Energiequelle	
organische Verbindungen	organotroph
anorganische Verbindungen	lithotroph
Licht	phototroph
C-Quelle	
organische Verbindungen	heterotroph
CO_2	autotroph
Organismen als Substrat	
kooperative Interaktionen	symbiontisch, mutualistisch
antagonistische Interaktionen	parasitisch
abgestorbene organische Substanz	saprophytisch
Sauerstoff	
vorhanden	aerob
nicht vorhanden	anaerob
geringer Partialdruck	microaerophil
Temperatur	
mittlerer Bereich (20°—40 °C)	mesophil
hoher Bereich (50°—100 °C)	thermophil
tiefer Bereich (0—20 °C)	psychrophil
pH-Bereich	
tief	acidophil
hoch	alkalophil
Osmotischer Druck und Wassergehalt	
hoher Salzgehalt	halophil
hoher Zuckergehalt	saccharophil

Mikroorganismen ist es durch die biochemische Evolution gelungen, alle Räume der Erde zu besiedeln und damit zu Lebensräumen zu machen. Für die Energiequellen wird das in Abbildung 2.3. verdeutlicht. Der Kreis der Energiequellen wurde durch die Spezialisierung der physiologischen Gruppen vollständig erschlossen. In der Natur schließt sich ein mikrobieller Lebensraum an den anderen an, oft sind sie miteinander verflochten. Die

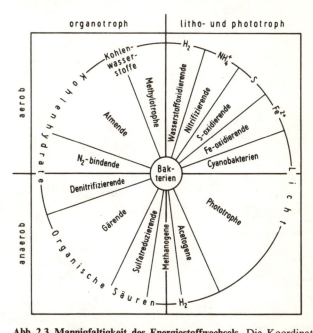

Abb. 2.3. Mannigfaltigkeit des Energiestoffwechsels. Die Koordinaten zeigen die vier Hauptformen der Lebensbedingungen, an die sich die Bakterien durch spezifische Stoffwechselleistungen angepaßt haben. Auf dem Kreis ist eine Auswahl von Energiequellen angeführt.

Lebensräume haben häufig die Dimensionen von **Mikrohabitaten** (mm^3-Bereich). Aus den Bedingungen des Lebensraumes und aus mannigfaltigen Aktivitäten ergibt sich ein **mikrobielles Leistungssystem.** Dieses theoretische Gerüst der Mikrobiologie ist weiter auszubauen. Neue Forschungen an spezifischen Ökosystemen, z. B. heißen Quellen und anaeroben Sedimenten, haben zur Entdeckung einer beachtlichen Zahl bisher unbekannter Mikroben geführt. Dabei wurden neue Wege des Energiestoffwechsels gefunden, z. B. die Carbonatatmung der acetogenen Bakterien. Weiterhin werden immer wieder neue Abbauleistungen erkannt, z. B. der anaerobe Aromatenabbau und neue Syntheseleistungen für biologisch aktive Substanzen (Kap. 31.). Diese Erkenntnisse stellen wesentliche Grundlagen für die Entwicklung der Biotechnologie dar.

3. Struktur und Funktion der prokaryotischen Zelle

3.1. Aufbau und Zusammensetzung

Die prokaryotische Zelle oder Protocyte hat die Dimension um 1 μm. Allerdings unterscheiden sich die einzelnen Bakterienarten in ihrer Größe beachtlich, wie Abbildung 3.1. zeigt. Auch die Zellgröße einer Art kann je nach Wachstumsbedingungen variieren. Ein Zelldurchmesser von 0,5 μm wird nicht unterschritten. Die in Abbildung 3.1. zum Vergleich eingezeichneten Mycoplasmen mit 0,3 μm Durchmesser sind zellwandlose Prokaryoten, die in der Regel in eukaryotischen Zellen parasitieren. Sie stellen die kleinsten bisher gefundenen Zellen dar.

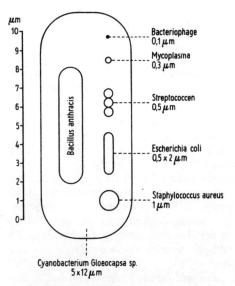

Abb. 3.1. Größenvergleich verschiedener Bakterien. Der zum Vergleich eingezeichnete Bacteriophage gehört zu den großen Viren.

Es ist wahrscheinlich, daß das Volumen der kleinen Bakterienarten gerade ausreicht, um alle Funktionen einer Zelle zu erfüllen. Eine weitere Miniaturisierung dürfte nicht möglich sein, die kleinen Bakterienarten stellen die **Minimalzelle** dar.

Der **Aufbau** einer typischen Bakterienzelle ist in Abbildung 3.2. dargestellt. Essentielle Bestandteile sind der Kern, das Cytoplasma mit den Ribosomen, die Zellmembran und die Zellwand. Die Zellform ist bei den einzel-

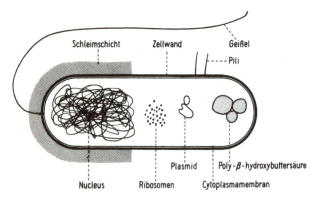

Abb. 3.2. Schematischer Aufbau einer Bakterienzelle. Die Ribosomen füllen die gesamte Zelle aus (sie sind nur an einer Stelle eingezeichnet). Poly-β-Hydroxybuttersäure-Granula, Plasmide, Schleimschicht, Pili und Geißeln sind nicht immer vorhanden.

nen Arten sehr verschieden. Die drei **Grundformen** Kugel (Coccen), Stäbchen und Schrauben sind in Abbildung 3.3.a wiedergegeben. Nicht alle Arten sind begeißelt: diese Arten werden als atrich bezeichnet. Die Haupttypen der Begeißelung sind aus Abbildung 3.3.b zu ersehen.

Die **Zusammensetzung** der Protocyte ist in Tabelle 3.1. erfaßt. Die Angaben beziehen sich auf das Zelltrockengewicht. Es muß uns bewußt sein, daß die Zelle zu 70% aus **Wasser** besteht. Dieses liegt vor allem als Hydratationswasser der Proteine vor und ist für die Zellfunktionen eine unabdingbare Voraussetzung. Würde man der Zusammensetzung das Feuchtgewicht zugrunde legen, würden sich die prozentualen Angaben auf etwa ein Drittel reduzieren.

Zur Interpretation der Angaben von Tabelle 3.1. sei gesagt, daß in einer schnell wachsenden Zelle in der Regel 2 oder 4 Kerne vorliegen, daher schwankt der DNA-Gehalt sehr. Von der RNA sind etwa 80% ribosomale

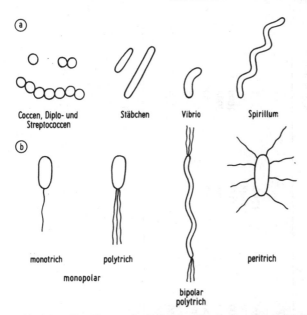

Coccen, Diplo- und Streptococcen   Stäbchen   Vibrio   Spirillum

monotrich   polytrich   peritrich

monopolar

bipolar
polytrich

Abb. 3.3. a. Grundformen der Bakterienzelle. b. Grundtypen der Begeißelung.

RNA. Die Zelle enthält 5000—50000 Ribosomen, die aus 60% RNA, und 40% Proteinen bestehen. Sie liegen dicht gepackt überwiegend als Polysomen (3.3.) im Cytoplasma, das vor allem aus hydratisierten Enzymproteinen besteht. Die im Cytoplasma vorliegenden RNA-Moleküle haben entsprechend der unterschiedlichen Funktion verschiedene Molekülgrößen. Die Angabe der Moleküle pro Zelle (Tab. 3.1.) ist eine statistische Augenblicksangabe. Die Zelle ist ein **dynamisches System**. Viele Moleküle unterliegen einem Umsatz, einem Auf- und Abbau (Turnover). Bei den Messenger-Ribonucleinsäuren (mRNA) ist er sehr hoch, ihre durchschnittliche Lebensdauer beträgt 5% der Generationszeit. Das bedeutet, daß bei einem augenblicklichen Gehalt an 1000 mRNA-Molekülen pro Generation 20000 Moleküle synthetisiert werden. Auch die niedermolekularen Bausteine, wie die Aminosäuren und organischen Säuren, werden schnell synthetisiert und verbraucht. In besonderem Maße trifft das für Cofaktoren wie ATP zu.

Die Hauptelemente sind in der Zellsubstanz mit folgendem prozentualen Anteil enthalten: C:50, O:20, N:14, H:8, P:3, S:1, K:1, Ca:0,5, Fe:0,2. Alle Angaben sind Durchschnittswerte, die bei den einzelnen Arten und verschiedenen Lebensbedingungen beachtlich variieren können.

Tab. 3.1. Hauptbestandteile einer Bakterienzelle. Die Angaben beziehen sich weitgehend auf eine schnell wachsende **Escherichia** *coli*-Zelle. Frischgewicht 10^{-12} g. Volumen 10^{-12} ml

Komponente	Prozentualer Anteil am Trockengewicht	Durchschnittliches Molekulargewicht	Zahl pro Zelle	Anzahl verschiedener Molekülarten
DNA	3—4	$2,5 \cdot 10^9$	2	1
RNA	15—20			
rRNA	13—18	150 000[1]	12 000	1
tRNA	2	25 000	200 000	60
mRNA	1	1 000 000	1 000	1000
Proteine	50	40 000	1 000 000	3000
Lipide	5	750	2 000 000	50
Zellwandpolymere	20	nicht angebbar		
Niedermolekulare Bausteine	5	150	3 000 000	200
Anorganische Ionen	1	40	10 000 000	20

[1]) besteht aus mehreren Untereinheiten (s. 3.3.)

3.2.   Kern und Plasmide

Der Kern und die in vielen Bakterien vorkommenden Plasmide sind Träger der genetischen Information. Die genetische Information des Kernes ist lebensnotwendig, die der Plasmide kann fehlen. Für das Überleben unter natürlichen Bedingungen sind die Plasmide notwendig.

Der **Kern** (Nucleus), vielfach auch als **Kernregion** oder Kernäquivalent (**Nucleoid**) bezeichnet, stellt ein cyclisches DNA-Makromolekül dar, das geknäuelt in der Zelle vorliegt. Funktionell entspricht es einem Chromosom. Das Molekül hat bei *Escherichia coli* eine Länge von mehr als 1200 µm, es ist etwa 500 mal länger als die Zelle. Das zeigt, wie dicht geknäuelt es in der Zelle liegt. Die **DNA** des Kerns ist ein doppelsträngiges Makromolekül, das aus Nucleotidpaaren aufgebaut ist, wie Abbildung 3.4. zeigt. Ein Nucleotid besteht aus einer Stickstoffbase (den Purinen Adenin oder Guanin bzw. den Pyrimidinen Thymin oder Cytosin), die glycosidisch mit dem C_1-Atom einer Desoxypentose verknüpft ist. Die Nucleotide sind durch Phosphordiester-brücken miteinander verbunden. Die Verknüpfung erfolgt zwischen der 3'- und 5'-OH-Gruppe der Pentosen. Am einen Ende des einen Doppelstrang-moleküls liegt eine 3'-, am anderen Ende eine 5'-OH-Gruppe der Pentose frei. Dadurch erhalten die Nucleinsäuremoleküle eine Polarität, die für die Replikation und andere genetische Prozesse (3.3., Kapitel 18 und 19.) wichtig ist. Die DNA hat eine feste Grundstruktur, die in Abbildung 3.4. durch das Band angedeutet ist, das aus der alternierenden Folge von Phos-phat—Pentose—Phosphat besteht. Variationsmöglichkeiten sind durch die Anordnung der Stickstoffbasen gegeben, die mit der Pentose verbunden sind. In der Basenfolge der Purine Adenin (A) und Guanin (G) und der Pyrimidine Cytosin (C) und Thymin (T) ist die genetische Information ver-schlüsselt. Die Basen stellen zwei komplementäre Paare dar, A und T sowie G und C. A und T sind durch zwei, G und C durch drei Wasserstoffbrücken miteinander verbunden. Durch die Bindung entsteht die bekannte Sekundär-struktur, die Doppelhelix (Abb. 3.4.).

Der genetische Code kommt durch die Reihenfolge von jeweils drei Nucleotiden zustande. Bei vier verschiedenen Basen und drei Kombinations-möglichkeiten ergeben sich $4^2 = 64$ verschiedene Codewörter. Das reicht sowohl aus, um die Sequenz der 20 verschiedenen Aminosäuren zu bestim-men, aus denen die Proteine aufgebaut sind, als auch für weitere Signale, z. B. Start- und Stopcodonen. Die Aufklärung des universell im Organismen-reich gültigen Triplettcodes ist eines der großen Ergebnisse der Molekular-biologie.

Auf der gesamten Länge des Kerns von über 1000 µm finden $4 \cdot 10^6$ Basenpaare (bp) Platz. Wie bereits in Kapitel 2 gesagt wurde, codieren etwa

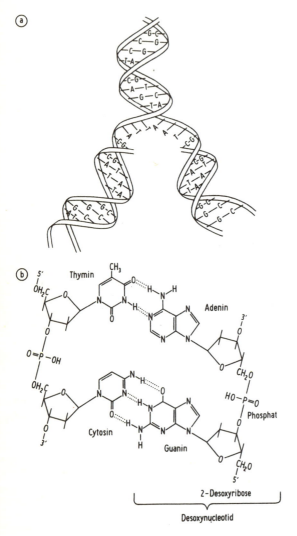

Abb. 3.4. Struktur und Bausteine der DNA. a. Doppelhelixstruktur und Prinzip der Replikation. b. Grundbausteine und Art der Basenpaarung sowie Nucleotid-verknüpfung.

1000 bp für ein Proteinmolekül, für das ein durchschnittlicher Gehalt von 350 Aminosäuren angenommen werden soll. Selbstverständlich ist die Größe der Polypeptide sehr verschieden, sie bestehen auch wieder aus Untereinheiten. Im Kern eines Bakteriums wie *Escherichia coli* wäre Platz für 4000 Gene. Bisher sind etwa 1000 verschiedene Enzymproteine von *E. coli* bekannt. Viele Gene codieren für regulatorische Funktionen, die über Regulatorproteine (z. B. Repressorproteine, 15.5.) wirken.

Die morphologisch stärker differenzierten Actinomyceten (5.2.9.) mit ausgeprägtem Sekundärstoffwechsel haben ein 2—4 mal größeres Genom als *E. coli*. Bei den sehr kleinen Mycoplasmen dürfte eine Codierungskapazität für 700 verschiedene Polypeptide vorhanden sein.

Plasmide sind kleine zirkuläre doppelsträngige DNA-Moleküle, die genetische Information für einige bis zu vierzig und mehr Gene tragen. So liegt z. B. die genetische Information für die Knöllchenbildung der Rhizobien auf einem Plasmid von 20000 bp. Für die Kultur unter Laborbedingungen sind Plasmide nicht notwendig. Durch UV-Strahlung oder Agenzien, wie Mitomycin C oder Akridinfarbstoffe, können Plasmide aus der Zelle eliminiert werden (engl. *curing*), ohne daß die Lebensfähigkeit beeinträchtigt wird. Unter natürlichen Umweltbedingungen bewirkt die genetische Information der Plasmide Selektionsvorteile. Es gibt Plasmide verschiedener Art, die in einer oder mehreren Kopien in der Zelle vorliegen können.

Nach der genetischen Information lassen sich folgende Plasmide unterscheiden. **Resistenzplasmide**, die Gene für die Resistenz gegenüber bis zu acht verschiedenen Antibiotika und anderen Therapeutika enthalten. Da diese Resistenzplasmide (R-Plasmide) durch Konjugation (19.3.) leicht auf Bakterienstämme der gleichen, aber auch anderer Arten übertragen werden können, kommt es auf diese Weise zur Ausbreitung der Antibiotikaresistenz. Das ist für die Therapie von Infektionserkrankungen ein ernstes Problem. Da durch die Therapie mit Antibiotika eine Selektion von Bakterien mit Resistenzgenen erfolgt, wird sie nur in notwendigen Fällen durchgeführt. In der Human- und Veterinärtherapie angewandte Antibiotika dürfen nicht für die Tierernährung (nutritive Antibiotika) eingesetzt werden. Zu den Resistenzplasmiden sind auch die Plasmide zu stellen, die Quecksilberresistenz codieren. Sie tragen die Information für eine Reductase, durch die Hg-Ionen zu flüchtigem metallischem Hg reduziert werden.

Abbauplasmide (Degradative Plasmide) tragen die genetische Information für Enzyme, die den Abbau von Kohlenwasserstoffen und Aromaten, z. B. Toluol, katalysieren. Sie sind für die Fremdstoffeliminierung aus der Umwelt von Bedeutung. Zu **Virulenz-Plasmiden** sind neben den aus der medizinischen Mikrobiologie bekannten Plasmiden, die Virulenzfaktoren wie Enterotoxinbildung codieren, auch die für die pflanzliche Gentechnik

bedeutsam gewordenen Tumor induzierenden (Ti) Plasmide des phytopathogenen Bakteriums *Agrobacterium tumefaciens* zu rechnen, die Teil-
regionen ihres Plasmides in das Genom der Pflanze einbauen. Auch die
Plasmide der Stickstoffbindung (Nif-Gene) sind hier einzuordnen.

Bei der Übertragung genetischer Information aus dem Kern sind **Fertili-
täts-(F)-Plasmide** beteiligt. Sie tragen Gene, die die F-Pili codieren. Das
sind Strukturen der Zelloberfläche, die den für die Übertragung genetischer
Information notwendigen Zellkontakt herstellen. Den F-Plasmiden sehr
nahe stehen die Bacteriocine codierenden Plasmide. Bacteriocine sind Proteine, die den Produzenten verwandte Arten töten. Sie haben antibiotische
Eigenschaften. Zu ihnen gehören die von *Escherichia coli* gebildeten Coli-
cine und die von *Pseudomonas* gebildeten Pyocine. Die codierenden Plasmide
können sehr groß sein und auch F-Faktoren enthalten.

Abschließend sei darauf verwiesen, daß die Plasmidforschung durch die
Gentechnik einen großen Aufschwung erfahren hat. Plasmide werden als
Vektoren, d. h. Überträgersysteme für fremde genetische Information, eingesetzt. Der Vervielfältigung der genetischen Information dienen Multi-
copy-Plasmide, die 40—300 Kopien pro Zelle bilden. Für die pflanzliche
Gentechnik ist das schon genannte Ti-Plasmid (Abb. 5.4.) einer der wichtigsten Vektoren. In der bakteriellen Evolution spielen die Plasmide eine
große Rolle, da sie einen Gentransfer zwischen Arten und Gattungen bewirken, den horizontalen Gentransfer.

3.3.   Cytoplasma und Ribosomen

Das Cytoplasma, in das der Kern eingebettet ist und welches von der Zellmembran begrenzt wird, stellt keine homogene Proteinlösung dar. Es besteht aus zwei Fraktionen. Die lösliche Fraktion enthält Enzymproteine,
Ribonucleinsäuren und die niedermolekularen Intermediären des Stoffwechsels. Die Ribosomen stellen die unlösliche Partikelfraktion dar. Das
Wesen der **Enzymproteine** als Katalysatoren des Stoffwechsels wird als
bekannt vorausgesetzt. Auf Grund ihrer polaren Gruppen sind sie hydratisiert, d. h. von Wasserhüllen umgeben. Eine *Escherichia coli*-Zelle enthält
etwa 4 000 000 Enzymproteine. Dabei handelt es sich um ungefähr 1000
verschiedene Arten von Enzymen. Von einigen Arten liegen nur wenige
Moleküle, von anderen mehrere tausend vor.

Die **Ribonucleinsäuren** unterscheiden sich von der unter 3.2. behandelten
DNA durch folgende Eigenschaften: 1. statt des Thymins (T) enthalten sie
Uracil (U). 2. An Stelle der Desoxyribose enthalten sie Ribose. 3. Die RNA
liegt in der Zelle überwiegend einsträngig vor, zur Basenpaarung kommt es

nur abschnittsweise. In der löslichen Cytoplasmafraktion befinden sich zwei Arten von RNA. Die höher molekulare **Messenger- oder Boten-RNA (mRNA)** überträgt Teilbereiche der genetischen Information, die von der DNA durch die Transscription in RNA „umgeschrieben" wurde, an die Orte der Proteinsynthese, die Ribosomen. Die niedermolekularen **Transfer-RNAs (tRNA)** aktivieren die Aminosäuren und bringen diese am Polysom in die für die Synthese eines spezifischen Proteins erforderliche Sequenz (Kap. 18). Von der gesamten RNA der Zelle sind 15% tRNA, etwa 200000 Moleküle), 2% mRNA, über 80% **ribosomale RNA (rRNA)**.

Die **Ribosomen** sind die Orte der Proteinsynthese. Bei Prokaryoten haben sie eine Größe von 20—24 nm und eine Sedimentationsgeschwindigkeit von 70 S (SVEDBERG-Einheiten) in der Ultrazentrifuge. Die 70 S-Ribosomen sind charakteristisch für Prokaryoten, die Eukaryoten haben 80 S-Ribosomen. Dieser Unterschied ist für die spezifische Bekämpfung der Organismengruppen durch Antibiotika bedeutsam (15.4.2.). Die Ribosomen bestehen aus zwei Untereinheiten, der 50 S- und 30 S-Komponente (Abb. 3.5.).

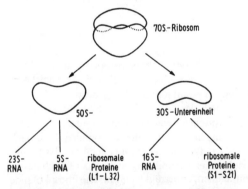

Abb. 3.5. Aufbau der Ribosomen prokaryotischer Organismen.

Die Sedimentation wird durch Form und Gewicht der Partikel bestimmt, daher ergibt die Einheit aus der 50 S- und 30 S-Komponente 70. Die Untereinheiten lassen sich in weitere RNA-Bausteine zerlegen. Von diesen hat der 16 S-Teil der kleineren Untereinheit besondere Bedeutung für die phylogenetische Forschung erlangt, wie im Abschnitt 5.1. ausgeführt wird. Die Ribosomen bestehen aus RNA und einer großen Zahl von Proteinen. Der Ribosomenaufbau führt zu einer Struktur, die für die Bindung der mRNA und die Translation, d. h. die Übersetzung des Nucleinsäurecodes in die Aminosäuresequenz der Proteine, notwendig ist.

Die Zahl der Ribosomen pro Zelle steigt mit der Wachstumsrate. Langsam wachsende Zellen enthalten etwa 5000, schnell wachsende 50000 Ribosomen. Das ist ein Ausdruck für das Anpassungsvermögen der Bakterien. Zur Proteinsynthese verbinden sich die Ribosomen mit der mRNA. Die an die mRNA gebundenen Ribosomen (etwa 5), stellen das eigentliche Proteinsynthesesystem dar. Es wird als **Polysom** oder Polyribosom bezeichnet.

Durch das in Kapitel 18 behandelte Zusammenwirken von DNA, den RNAs und den Ribosomen kommt es zur codierten Proteinsynthese und zum Wachstum. Die Enzyme des Intermediärstoffwechsels stellen die Bausteine bereit. Die für die Synthese notwendige Energie wird an den Membranen erzeugt.

Intercytoplasmatische Membranen, die vor allem bei den nitrifizierenden und phototrophen Bakterien vorkommen, werden bei diesen Bakteriengruppen (5.2.) behandelt. In elektronenmikroskopischen Bildern wurden wiederholt Membraneinstülpungen nachgewiesen, die eine zwiebelscheibenförmige oder spiralige Gestalt haben. Sie wurden als **Mesosomen** bezeichnet. Es ist wahrscheinlich, daß es sich dabei um Präparationsartifakte handelt.

3.4.   Zellmembran

Das Cytoplasma wird durch die Zell- oder Cytoplasmamembran umschlossen. Diese Membran ist aus zwei Schichten von **Phospholipidmolekülen** aufgebaut. Sie bestehen aus einem polaren und daher hydrophilen Kopfteil und einem lipophilen Schwanzteil, der durch die zwei Fettsäureketten gebildet wird (Abb. 3.6.). In der typischen **Einheitsmembran** sind die lipophilen Teile von beiden Seiten nach innen gerichtet, die hydrophilen Teile nach außen. In Abbildung 3.10. ist das für die Cytoplasmamembran der Gram-negativen Bakterien dargestellt. Dieser Abbildung ist auch der Durchmesser der Einheitsmembran zu entnehmen, er beträgt 5—8 nm. Die Phospholipide der Bakterien enthalten im Kopfteil überwiegend **Phosphatidylethanolamin**, daneben Phosphatidylglycerol (Formel Abb. 3.6.). Bei *E. coli* beträgt das prozentuale Verhältnis 75 zu 20, daneben treten 5% Cardiolipin auf. **Fettsäurebausteine** des Schwanzteils sind überwiegend C_{16}-C_{18} gesättigte (Palmitin- und Stearinsäure) und ungesättigte Fettsäuren (Öl-, Linol-, und Linolensäure). Auch verzweigte Fettsäuren treten auf, bei dem Gram-positiven *Micrococcus lysodeicticus* liegt der Anteil bei 90%. Die Fettsäurezusammensetzung ist bei einigen Arten temperaturabhängig, bei niederer Temperatur nehmen die ungesättigten Fettsäuren zu, um die Fluidität der Membran zu gewährleisten. Thermophile Bakterien enthalten vor allem gesättigte, psychrophile ungesättigte Fettsäuren in der Membran. Früher

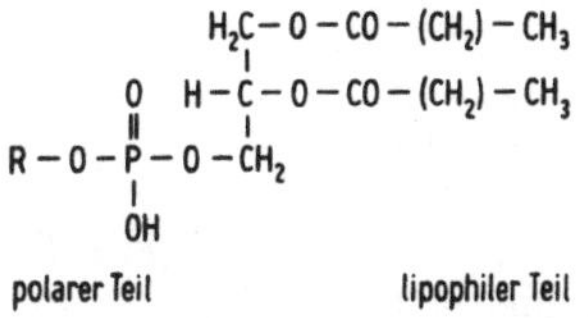

$$H_2C - O - CO - (CH_2) - CH_3$$
$$O \quad H - C - O - CO - (CH_2) - CH_3$$
$$R - O - P - O - CH_2$$
$$OH$$

polarer Teil   lipophiler Teil

R = H   Phosphatidsäure
R = CH_2- CHOH - CH_2OH   Phosphatidylglycerol
R = CH_2- CH_2- NH_2   Phosphatidylethanolamin

Phospholipide

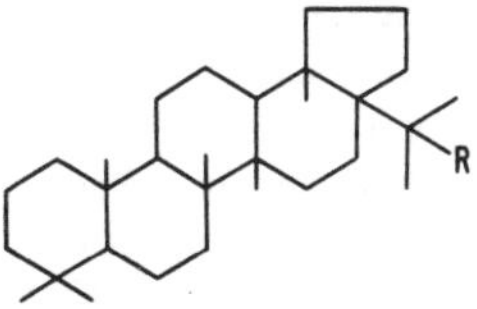

R = H   Hopane
R = OH   Hopan-22-ol

Hopanoide

Abb. 3.6. Bausteine der Lipiddoppelschicht der bakteriellen Zellmembran.

nahm man an, daß die Prokaryoten keine Sterole in den Membranen enthalten. In den letzten Jahren wurden bei einer Anzahl von Bakterien geringe Mengen von Steroiden und steroidähnlichen Verbindungen nachgewiesen, die **Hopanoide** (Abb. 3.6.). Diese aus Isoprenoiden aufgebauten Ringsysteme wurden u. a. bei phototrophen Bakterien gefunden (*Rhodomicrobium*, *Rhodopseudomonas*), aber auch bei heterotrophen Arten wie *Pseudomonas syringae* und *Zymomonas mobilis*. Als Membranbausteine sind sie anstelle eines Phospolipidmoleküls in die Membran integriert.

Der zweite Baustein der Einheitsmembran sind **Proteine**. Ihr Gewichtsanteil überschreitet in der Regel den der Lipide. Sie sind meist in die Membran integriert. Einige reichen durch die Membran hindurch, andere tauchen in sie ein. Periphere Proteine liegen der Membran an.

Die Membran erfüllt zwei wesentliche Funktionen. Auf Grund der **Semipermeabilität** stellt sie eine Diffusionsbarriere dar, die den Stoffaustausch und die **Transportprozesse** reguliert. Sie enthält Permeasesysteme, die verschiedene Arten des Stofftransportes katalysieren (15.1.). Weiterhin sind in der Membran die Systeme der **Energiegewinnung** lokalisiert. Durch die an und in ihr angeordneten Komponenten der Atmungskette wird ein elektronischer Protonengradient aufgebaut, der durch die in der Membran lokalisierte ATP-Synthetase in chemische Energie (ATP) umgesetzt wird.

3.5.   Zellwand

Die Zellwand bewirkt Festigkeit und Form der Zellen. Sie ist der Lederhülle eines Fußballes vergleichbar, die Cytoplasmamembran würde der Gummiblase entsprechen. Die Bakterien besitzen eine nur ihnen eigene Wandstruktur, die eine spezifische Hemmung des Wachstums mit Penicillinen ermöglicht (15.4.1.).

Die der Zellwand Festigkeit verleihende Komponente ist das **Peptidoglykan** oder **Murein**. Es ist ein makromolekulares Heteropolymer, das aus Zuckerderivaten und Peptiden besteht. In Varianten kommt dieser Grundbaustein bei allen Eubakterien vor. Die Archaebakterien haben einen davon abweichenden Zellwandaufbau (5.3.). Die Komponenten der Peptidoglykangrundstruktur sind in der Abbildung 3.7.a (Dreieck) dargestellt. Die Zuckerderivate sind in alternierender Folge **N-Acetylglucosamin** und **N-Acetyl-Muraminsäure**, die β-1,4-glycosidisch miteinander verknüpft sind. Die N-Acetylmuraminsäure ist mit einem Tetrapeptid verbunden. Diese Peptidkette ist bei den Gram-negativen Bakterien direkt, bei den Gram-positiven Bakterien über eine Peptidkette mit dem Tetrapeptid der nächsten Kette verknüpft. Die makromolekulare Struktur des Mureins kommt durch zwei Arten der Verknüpfung zustande, durch die Glycosidbindungen zwischen den Zuckerderivaten und den Peptidbindungen zwischen den Aminosäuren der Peptidseitenketten (Abb. 3.7.b, schwarze und rote Verbindungen).

Die Mureingrundstruktur wie auch der weitere Zellwandaufbau ist bei den einzelnen Bakteriengruppen verschieden. Die Eubakterien lassen sich in zwei Gruppen differenzieren, in die Gram-positiven und Gram-negativen Bakterien. Die Differenzierung beruht auf der von Gram (1884) eingeführten Färbung. Die im folgenden behandelten Unterschiede im Wandaufbau bewirken, daß beim Färben mit Kristallviolett und anschließender Iod-Fixierung ein Komplex entsteht, der bei den Gram-negativen Bakterien mit Ethanol herauslösbar ist, bei den Gram-positiven nicht. Die Gram-negativen Bakterien werden durch die Ethanolbehandlung farblos und können mit einer „Gegenfärbung" mit Fuchsin oder Safranin wieder deutlich sichtbar gemacht werden. Die **Gram-positiven Bakterien** haben im Vergleich zu den Gram-negativen einen relativ einfachen Wandaufbau (Abb. 3.8.). Die Wand besteht aus einer mehrschichtigen Peptidoglykanstruktur, in die Teichoinsäuren eingelagert sind. Die Art der Querverbindung der Tetrapeptidketten ist artspezifisch, ebenso die Aminosäurebausteine. In Abbildung 3.7. ist die Struktur für *Staphylococcus aureus* wiedergegeben. Charakteristisch ist das Vorkommen von D-Aminosäuren in der bakteriellen Wand. Alanin, Glutaminsäure und Lysin sind für Gram-positive Bakterien charakteristisch, ebenso die Quervernetzung durch eine Peptidkette, die bei

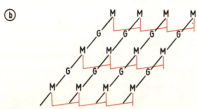

Abb. 3.7. a. Peptidoglycanstruktur der Zellwand Gram-positiver Bakterien (Staphylococcus aureus). Die Zuckerderivate sind schwarz, die Peptide rot eingezeichnet. Die Grundeinheit ist von einem Dreieck umgeben. b. Vernetzung der Grundeinheiten zum Makromolekül.

4*

Gram-positiv ·········· Schleimschicht ·········· Gram-negativ

-------- äußere Membran --------

-------- Peptidoglykan --------

-------- innere Membran --------

Abb. 3.8. Vergleich des Aufbaus der Zellwand Gram-positiver und Gram-negativer Bakterien.

Abb. 3.9. Bausteine der Teichoinsäuren. Teichoinsäuren sind Polymere aus Glycerol- oder Ribitolphosphat. R = verschiedene Zucker oder D-Alanin.

Staphylococcus aureus aus 5 Glycinmolekülen besteht. Feststehend ist auch die Position der Querverbindung, deren Knüpfung bei der Zellwandsynthese im Abschnitt 15.4.1. besprochen wird. Die Zellwand der Gram-positiven Bakterien besteht zu 90% aus Peptidoglykan. **Teichonsäuren** (*teichos* — griech Wand) als weitere Bausteine sind kettenförmige Makromoleküle aus Glycerol- oder Ribitolphosphat (Abb. 3.9.). An dieser Kette können Aminosäuren, z. B. D-Alanin, substituiert sein. Die Teichonsäuren sind mit der Zellmembran und dem Peptidoglykan verbunden und reichen bis zur Wandoberfläche. Sie haben Antigeneigenschaften. Eine Funktion für die Regulation der Autolysine, die beim Zellwandwachstum die Wandstruktur teilweise auflösen, wird diskutiert.

Die **Gram-negativen Bakterien** haben eine komplexere Wandstruktur (Abb. 3.8. und 3.10.). Über der meist einschichtigen Peptidoglykanschicht liegt eine zweite, **äußere Membran.** Das Peptidoglykan der Gram-negativen Bakterien ist relativ einheitlich aufgebaut (Abb. 5.13.b). Typisch ist die Tetrapeptidkette aus L-Alanin, D-Glutaminsäure, Meso-Diaminopimelinsäure (m-DMP) und D-Alanin. Das endständige D-Alanin-Molekül ist stets direkt mit der m-DMP der benachbarten Tetrapeptidkette verbunden. Die **Meso-Diaminopimelinsäure**, eine Vorstufe des Lysins, ist ein charakteristischer Baustein der Gram-negativen Zellwand. Zwischen der Peptidoglykanschicht und den Membranen befindet sich der periplasmatische Raum, in

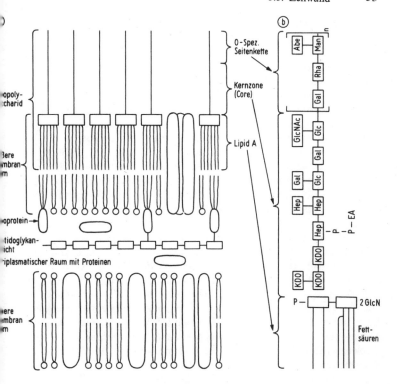

Abb. 3.10. a. Schema des Zellwandaufbaus Gram-negativer Bakterien (Salmonella typhimurium). Die innere Membran besteht aus Phopspholipiden und Proteinen. Der Aufbau der Außenschicht der äußeren Membran ist in b. dargestellt. GlcN = Glucosamin, P = Phosphat, KDO = 2-Keto-3-desoxyoctonsäure, Hep = Heptulose, EA = Ethanolamin, Gal = Galactose, Glc = Glucose, GlcNAc = N-Acetylglucosamin, Rha = Rhamnose, Man = Mannose, Abe = Abequose, n etwa 40.

dem sich Enzymproteine befinden. Der Aufbau der äußeren Membran weicht sehr von dem der inneren Cytoplasmamembran ab. Die nach innen gerichtete Schicht der äußeren Membran besteht im wesentlichen aus Phospholipiden, die äußere Schicht aus **Lipopolysacchariden** (LPS). Sehr gut ist das Lipopolysaccharid von *Salmonella typhimurium* untersucht. Sein Aufbau ist typisch für die großen Gruppen der Enterobakterien und Pseudomonaden.

Das Molekül (MG 10000—15000) hat drei Bereiche (Abb. 3.10.b): 1. das Lipid A, in dem bis zu sechs Fettsäuren mit einem Disaccharid ester- oder amidartig verbunden sind, 2. die Kernzone (Core), ein Oligosaccharid konstanter Größe mit Ketodesoxyoctansäure als typischem Zuckerbaustein, 3. das O-Antigen, eine in der Länge variable Kette aus identischen Tetra- oder Pentasacchariden, die sich bis 40 mal wiederholen können. Dieses O-Antigen ist in der Zusammensetzung der Zuckerbausteine und der Länge stammspezifisch. Es bewirkt Antigeneigenschaften und wird zur Stammdiagnose z. B. der Salmonellen herangezogen. Die bei der Autolyse freigesetzten Lipopolysaccharide von Enterobakterien (z. B. *E. coli*, Salmonellen, Shigellen) wirken als **Pathogenitätsfaktoren**. Sie werden als Endotoxine bezeichnet und lösen beim Menschen Fieber, Blutdrucksenkung und Gefäßkollaps aus.

Bei phytopathogenen Pseudomonaden spielt das Lipopolysaccharid bei der Erkennungsreaktion durch die Pflanze eine Rolle. Virulente Stämme werden auf Grund der O-Antigenstruktur von der Wirtspflanze nicht erkannt, sie reagiert nicht mit schnellen Abwehrreaktionen, die Bakterien können sich im Pflanzengewebe vermehren. Die Lipopolysaccharide sind stark hydrophil, sie tragen eine Wasserhülle. Stämme mit intaktem O-Antigen haben daher glatte Kolonien, sogenannte S-Formen (S = smooth, engl. glatt). Spontan oder durch Einwirkung von Mutagenen können die Stämme zur R-Form der Kolonien (R = rough, engl. rauh) übergehen. Dabei gehen Außenregionen des Lipopolysaccharides verloren. Auch bei human- und tierpathogenen Stämmen ist dieser Verlust vielfach mit einem Virulenzverlust verbunden, d. h. die Stämme verlieren die Fähigkeit zur Krankheitsauslösung.

In die äußere Membran sind Proteine integriert, von denen die **Porine** von besonderem Interesse sind. Sie schaffen durch die Proteinanordnung (Abb. 3.10.) Poren von 1 nm Durchmesser, durch die kleine Moleküle in den periplasmatischen Raum gelangen können. Der **periplasmatische Raum** stellt einen enzymatischen Reaktionsraum dar, in dem Enzymmoleküle fixiert sind, und zu dem niedermolekulare Substanzen Zugang haben. Aus dem Cytoplasma kommende kleine Moleküle werden hier zu größeren Strukturen zusammengefügt. Von außen eindringende Antibiotika können inaktiviert werden. Weiterhin wurden Proteasen und Nucleasen nachgewiesen. Auch die Rezeptoren für chemotaxische Reize, die an den Geißelapparat weitergegeben werden, sind hier lokalisiert.

Zellwandlose Formen

Für Gram-positive Bakterien wurde nachgewiesen, daß sie ohne Zellwand in isotonischer Lösung lebens- und vermehrungsfähig sind. Mit Hilfe von **Lysozym**, einem in der Tränenflüssigkeit, im Schweiß und im Eiklar vorkommenden Enzym, welches die glycosidische Bindung zwischen dem C1 der N-Acetylmuraminsäure und dem C4 des N-Acetylglucosamins löst, kann die Peptidoglycanschicht von den Zellen entfernt werden. Das von Fleming 1922 entdeckte Lysozym wirkt bakteriozid (Bakterien abtötend) und gehört zum körpereigenen Abwehrmechanismus des Menschen und der Tiere. Normalerweise führt die Lysozymeinwirkung zum Platzen der Zellen. In isotonischer Lösung entstehen **Protoplasten**. Protoplasten sind zellwandlose Zellen. Bei Gram-negativen Bakterien läßt sich die Zellwand nur unvollkommen entfernen, es entstehen **Sphäroplasten**, die noch die Teile der äußeren Membran besitzen. Die Protoplasten können in isotonischer Nährlösung wachsen und mehr- oder einkernige Protoplasten bilden, die als **L-Formen** (L. von Lister) bezeichnet werden. L-Formen sind vermehrungsfähige Proto- oder Sphäroplasten. Sie können nach Entfernung des Agens, das die Zellwand ablöste, zu Formen mit Zellwand revertieren (instabile L-Formen), oder die Fähigkeit zur Zellwandbildung verlieren (stabile L-Formen). Der gleiche Effekt wie mit Lysozym kann mit Penicillin (15.4.1.) erreicht werden. Der Durchmesser der stabilen L-Formen, die kugelig oder pleomorph sind, schwankt zwischen 0,3 und 20 μm. Die Vermehrung kann durch Zweiteilung oder Abschnürung erfolgen. L-Formen sind für die Erforschung der Zellwandfraktionen und für die Gentechnik (Zellfusion) von Interesse. Sie geben Anhaltspunkte für die Phylogenie der **Mycoplasmen** (5.2.11.). Sie werden als eine aus den Gram-positiven Bakterien hervorgegangene Gruppe angesehen, welche die Fähigkeit zur Zellwandbildung verloren hat. Die Mycoplasmen leben als intrazelluläre Parasiten unter isotonischen Bedingungen.

3.6.   Kapseln und Schleime

Bei vielen Bakterien liegt über der Zellwand eine Schleimschicht. Ist sie scharf abgegrenzt, so wird sie als **Kapsel** bezeichnet. Geht das Kapselmaterial in das umgebende Medium über, so spricht man von **Schleimen**. Die Bezeichnung Mikrokapsel sollte nicht mehr gebraucht werden, da sie dem Lipopolysaccharid der Zellwand entspricht.

Die chemische Zusammensetzung der Kapseln und Schleime ist sehr vielfältig. Zum überwiegenden Teil sind es Polysaccharide, aber auch Polypeptide werden gebildet.

Wichtige **extrazelluläre Polysaccharide** sind in Tabelle 3.2. zusammengestellt. Die Molekülgröße ist sehr unterschiedlich. Ausgeprägte **Kapseln** besitzt *Streptococcus pneumoniae*, der Erreger der Pneumonie. Am Aufbau sind mehrere Bausteine beteiligt, deren Anteil nach Pathotyp verschieden ist. Die Kapseln sind Virulenzfaktoren. Sie bewirken einen Schutz vor Phagocytose, d. h. vor dem Verdauen durch weiße Blutkörperchen. Die Pseudopodien der Phagocyten gleiten an den bekapselten Zellen ab. Kapselfreie Zellen werden von den Pseudopodien umflossen und von den Phagocyten verdaut. Für Kolonien aus kapselfreien Zellen wird der im Abschnitt 3.5. erläuterte Begriff R-Formen verwendet, für Zellen mit Kapsel S-Formen.

Tab. 3.2. Bakterielle extrazelluläre Polysaccharide (EPS)

Bezeichnung	Aufbau	Organismen
Glucan	β-Glucose 1-2β-Glucose	*Agrobacterium tumefaciens*
Cellulose	β-Glucose 1-4-β-Glucose	*Acetobacter xylinum*
Dextran	α-Glucose 1-6 α-Glucose	*Leuconostoc*-Arten
		Streptococcus-Arten
Laevan	α-Fructose 2-6-α-Fructose	*Pseudomonas*-Arten
		Xanthomonas-Arten
		Bacillus-Arten
		Streptococcus-Arten
Polyuronid (Alginat)	Mannuronsäure 1-4-guluronsäure	*Pseudomonas*-Arten
Xanthan	Verzweigtes Molekül aus Glucose, Mannose, D-Glucuronsäure, acetyliertes Pyruvat	*Xanthomonas campestris*
Pneumococcen-Polysaccharide	verschiedene Typen aus Glucose, Rhamnose, Glucuronsäure, Essigsäure, N-Acetyl-D-Mannosamin	*Streptococcus pneumoniae*

Eine ausgeprägte **Schleimbildung** hat *Leuconostoc mesenteroides* auf saccharosereichen Medien. Die Dextrane haben eine praktische Bedeutung als Blutplasmaersatzmittel. Durch die Möglichkeit, aus Dextranen vernetzte Systeme verschiedener Porengröße herzustellen, werden sie zur Herstellung von Molekularsieben (Sephadex) verwendet. Der Zahnbelag besteht zum großen Teil aus Laevan, in dem die diesen Schleim bildenden *Streptococcus*-Arten (24.1.1.) eingebettet sind. Mit der Schleimbildung setzen sie sich in einem für sie günstigen Habitat fest. Ihre Stoffwechselprodukte führen zur Karies. Auch mehrere Arten von Schleimen werden von einer Bakterienart gebildet. So synthetisiert das phytopathogene Bakterium *Pseudomonas syringae* Laevane und Alginate. Einige Essigsäurebakterien (*Acetobacter*)

scheiden Cellulosefasern aus, aus denen die feste Kahmhaut auf ethanol-
haltigen Lösungen entsteht (bakterielles Papier).

Die Kapseln von *Bacillus anthracis* und *B. megaterium* bestehen aus Polypeptiden, vor allem Polyglutaminsäure.

Die Kapsel- und Schleimbildung ist nicht lebensnotwendig. Unter Laborbedingungen können sich die dazu befähigten Bakterien vermehren, ohne
diese Makromoleküle zu bilden. Die angeführten Beispiele zeigen, daß
Kapseln und Schleime für die Existenz am natürlichen Standort einen
Selektionsvorteil haben, sie besitzen eine **ökologische Funktion.**

3.7.   Geißeln, Fimbrien und Pili

Geißeln oder Flagellen bewirken durch Rotation eine aktive Bewegung.
Anordnung und Zahl der Geißeln ist bei den einzelnen Arten verschieden
(Abb. 3.3. b). **Geißeln** sind 10—20 µm lange helikale Gebilde, die in der
Cytoplasmamembran verankert sind (Abb. 3.11.). Sie sind also länger als
die Bakterien. Das eigentliche Filament ist aus Molekülen einer Protein-
species, dem Flagellin, aufgebaut, die sich zu einem Hohlzylinder von 20
nm Durchmesser anordnen. Der Haken und die Basalringe (Abb. 3.11.)
bestehen aus anderen Proteinen. Die Rotationsbewegung wird durch den in
der Membran aufgebauten Protonengradienten in noch ungeklärter Weise
bewirkt.

Die Bakterien reagieren auf verschiedene Reize durch gerichtete Bewegungen, sogenannte **Taxien.** Es sind Chemotaxis, Aerotaxis, Phototaxis und
Magnetotaxis bekannt. Für die Chemotaxis wurden in der Membran Che-
morezeptoren nachgewiesen. Die Magnetotaxis, die Orientierung nach den
Feldlinien des Erdmagnetfeldes, wird durch ferromagnetisches Eisenoxid
vermittelt, das in der Nähe der Geißelansätze lokalisiert ist. Die Magnetotaxis kommt bei anaeroben und microaerophilen Bakterien vor und orien-
tiert sie in die sauerstoffarmen Tiefenschichten und Sedimente der Gewässer.

Die anderen Taxien können die Zellen zu einem Reizort hin oder davon
weg orientieren. Für die peritrich begeißelten *E. coli*-Zellen ist die Bewegungs-
art aufgeklärt. Die Zellen haben nur zwei **Bewegungszustände**, das gezielte
Schwimmen (S) und das ungerichtete Taumeln (T). Beim Schwimmen
rotieren die zu einem Bündel vereinten Geißeln synchron, die Zelle bewegt
sich vorwärts. Beim Taumeln stehen die einzelnen Geißeln von der Zelle ab
und bewegen sich nicht synchron. Die Folge ist das ungerichtete Taumeln.
Ohne taktischen Reiz alternieren in einem autonomen Rhythmus etwa 1
Sekunde Schwimmen und 0,1 Sekunde Taumeln. Kommt die Zelle in einen
chemotaktisch wirkenden Stoffgradienten, der als Lockstoff (Attraktans)

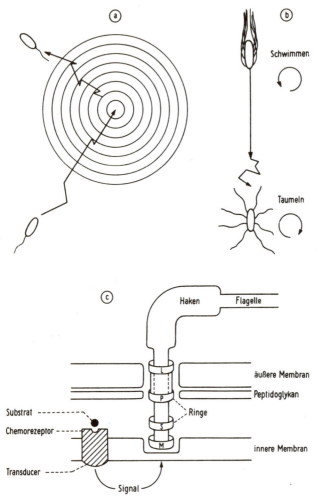

Abb. 3.11. Geißelbewegung und -aufbau. a. Gezielte Bewegungen durch den Konzentrationsgradienten zu einem Attraktans und von einem Repellent. b. Bewegungsarten. c. Aufbau der Geißelbasis, Verankerung in der Zellbegrenzung Gram-negativer Bakterien und Übertragung des chemischen Signals. L, P, S, M: Ringbezeichnungen

wirkt, so wird die Schwimmphase auf mehrere Sekunden verlängert, die Taumelphase bleibt 0,1 Sekunde kurz. Daraus resultiert eine gerichtete Bewegung zum Attraktans. Für abschreckend wirkende Stoffe (Repellent) gilt sinngemäß das Umgekehrte, die Zelle bewegt sich vom Repellent weg (Abb. 3.11.). Begeißelte Bakterien können relativ hohe Geschwindigkeiten erreichen. *Bacillus megaterium* erreicht 1—2 mm pro min. Das ist etwa das 200fache der Körperlänge pro min.

Die bei einigen Enterobakterien (*E. coli*, *Salmonella*, *Klebsiella*) vorkommenden zahlreichen (10—1000) **Fimbrien** sind starre 0,2 bis zu 12 µm lange Fäden (Durchmesser 3—14 nm), die der Anheftung an tierische und menschliche Zellen dienen und wahrscheinlich beim Infektionsprozeß eine Rolle spielen. Die **Pili**, von denen z. B. *E. coli* 1—2 besitzt, bewirken die Adhäsion an Bakterien der gleichen Art. Als Sex-Pili haben sie eine Funktion bei der Übertragung von Teilen der genetischen Information des Chromosoms (Transformation). Andere Typen von Pili wirken als Rezeptoren für Bacteriophagen.

3.8.   Reservestoffe

Unter bestimmten Milieubedingungen, z. B. in nicht ausbalancierten Medien, bilden Bakterien Reservestoffe, die unter Mangelbedingungen wieder verbraucht werden können. Der bei Bakterien verbreitetste Reservestoff ist die **Poly-β-hydroxybuttersäure**, die aus etwa 60 Einheiten besteht (Abb.

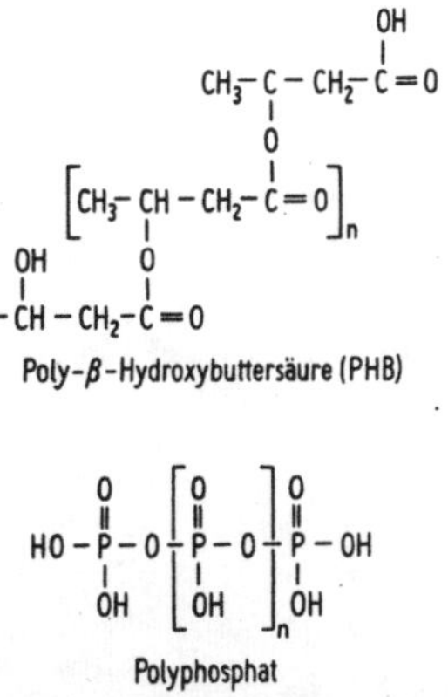

$$CH_3-C-CH_2-\overset{\overset{\displaystyle OH}{|}}{C}=0$$

$$\left[CH_3-CH-CH_2-\overset{\overset{\displaystyle O}{|}}{C}=0\right]_n$$

$$CH_3-\overset{\overset{\displaystyle OH}{|}}{CH}-CH_2-\overset{\overset{\displaystyle O}{|}}{C}=0$$

Poly-β-Hydroxybuttersäure (PHB)

$$HO-\overset{\overset{\displaystyle O}{||}}{\underset{\underset{\displaystyle OH}{|}}{P}}-O\left[\overset{\overset{\displaystyle O}{||}}{\underset{\underset{\displaystyle OH}{|}}{P}}-O\right]_n\overset{\overset{\displaystyle O}{||}}{\underset{\underset{\displaystyle OH}{|}}{P}}-OH$$

Polyphosphat

Abb. 3.12. Bakterielle Speicherstoffe.

3.12.). Sie stellt eine Art von Speicherfett dar, das von aeroben Bakterien bei Sauerstoffmangel angelegt wird. Sie wird als große, im Lichtmikroskop sichtbare Granula abgelagert und kann bis zu 80% der Zelltrockensubstanz erreichen. Die Poly-β-hydroxybuttersäure hat als „biologischer Kunststoff" Interesse gefunden, z. B. für Operationsfäden (30.2.). **Glycogen**, der bei Eukaryoten verbreitete Reservestoff, wird nur von wenigen Bakterien gebildet, z. B. von *Bacillus*-Arten und Enterobakterien. Eine Art von Energiespeicherung für anaerobe Bedingungen stellt die **Polyphosphatakkumulation** dar. *Acinetobacter* bildet unter aeroben Bedingungen Polyphosphat-Granula (bis zu 10% des P-Gehaltes der Trockensubstanz). Unter anaeroben Bedingungen wird durch den enzymatischen Polyphosphatabbau, an dem die Polyphosphat-AMP-phosphotransferase und Adenylatkinase beteiligt sind, ATP für Energie verbrauchende Prozesse bereitgestellt. Ob diese Energiespeicherung auch für andere Bakterien eine Rolle spielt, ist unklar. Der Prozeß ist für die Phosphateliminierung aus Abwasser bedeutsam (34.3.).

4. Struktur und Funktion der eukaryotischen Mikrobenzelle

4.1. Wesen der Pilze

Für die Mikrobiologie sind die Pilze die wichtigste Gruppe der Eukaryoten. Daher werden sie als Beispiel für eukaryotische Mikroorganismen behandelt. Die im Vergleich zu den Prokaryoten für die eukaryotischen Pilze wichtigen Charakteristika wurden bereits im Abschnitt 2.1. angeführt: größere Zelldimensionen, Zellkompartmentierung, größeres Genom, geringere Stoffwechselleistungen.

Die Pilzzelle tritt in zwei Hauptformen auf, als einzellige **Hefe** oder als Bestandteil der mehrzelligen Hyphe. **Hyphen** sind fädige verzweigte Vegetationsorgane, die unseptiert oder durch perforierte Querwände septiert sein können. Die Gesamtheit der Hyphen wird als **Mycel** bezeichnet. Da zwischen den Zellen ein reger Stoff-, Cytoplasma- und Organellentransport stattfinden kann, wird ein Mycel auch als ein System, als **Coenocytium**, angesehen. Das Cytoplasma ist weniger viskös als das der Prokaryoten, daher ist auch eine Protoplasmaströmung möglich.

Die Pilze zeigen eine **morphologische Differenzierung**. Die Hyphen wachsen an der Spitze (apical). Die sexuelle Fortpflanzung, eine der im Vergleich zu den Prokaryoten phylogenetisch neuen Leistungen, bringt eine weitere Differenzierung mit sich. Es werden Geschlechtszellen oder Gameten gebildet, die in morphologisch differenzierten Gametangien entstehen. Bei der asexuellen und sexuellen Vermehrung treten verschiedene Sporenarten auf. Asexuell werden durch Abschnürung Konidiosporen, durch Zerbrechen der Hyphen Oidiosporen gebildet. Als Teilstücke von Hyphen werden dickwandige Chlamydosporen abgeschnürt. In feuchten Habitaten lebende Pilze bilden begeißelte Plano- oder Zoosporen. Bei der sexuellen Fortpflanzung entstehen je nach Pilzgruppe Asco- oder Basidiosporen. Der morphologischen Differenzierung steht eine **biochemische Einheitlichkeit** gegenüber. Alle Pilze brauchen als C- und Energiequelle durch andere Organismen gebildete organische Substanz, sie sind **heterotroph**. Viele Pilze sind **Saprophyten**, ein beträchtlicher Teil fakultative oder obligate **Parasiten** (Tab. 2.2.). Zum aktiven Eindringen bilden sie Appressorien und Infektionshyphen aus. Energie gewinnen sie durch Veratmung organischer Substrate, sie leben

chemoorganotroph. Das Licht hat als Energiequelle keine Bedeutung. Viele Pilze reagieren jedoch auf Lichtreize, sie besitzen Photorezeptoren. Durch Gärung können Pilze nur zeitweilig Energie gewinnen, da für die Synthese essentieller Membranbausteine (Hydroxyfettsäuren, Steroide) Sauerstoff erforderlich ist. Sind diese Bausteine oder Derivate im Medium enthalten, ist eine anaerobe Lebensweise möglich, z. B. im Pansen oder Sedimenten von Seen.

4.2.   Bau der Pilzzelle

Die wesentlichen Komponenten der Zelle einer Hyphe sind in Abbildung 4.1. dargestellt. Der **Kern** ist von einer zweischichtigen Membran umgeben, die Poren hat. Er ist mit dem weit verzweigten **endoplasmatischen Reticulum** verbunden. Als zweites tubuläres Membransystem ist der **Golgi-Apparat** zu nennen, der Vesikel abschnürt. **Vesikel** verschiedener Art liegen vor allem in der Hyphenspitze dicht gedrängt vor. Die Mitochondrien stellen die Organellen der Atmung dar. Die Vakuole ist in der jungen Spitzenzelle klein, in älteren Zellen kann sie das Zellinnere ausfüllen. Die Organellen liegen dann in einem Cytoplasmastreifen längs der Zellwand. Die Pilzzelle hat wie jede Zelle eine Membran, an die sich nach außen die mehrschichtige Zellwand anschließt. Bei septierten Hyphen haben die Querwände verschieden gestaltete Poren. Die Hefezellen haben grundsätzlich den gleichen Aufbau.

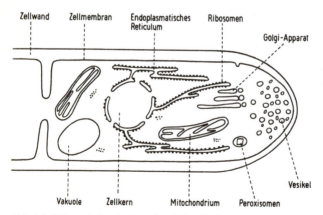

Abb. 4.1. Schematischer Aufbau einer Pilzzelle (Hyphenspitze). Die im Cytoplasma vorkommenden Ribosomen sind nicht eingezeichnet.

4.3.   Zellkern

Für den eukaryotischen Kern ist aus cytologischer Sicht die Membranumhüllung charakteristisch, aus funktioneller die Rolle bei der sexuellen Fortpflanzung. Bei Eukaryoten ist das größere **Genom** auf Untereinheiten, die **Chromosomen**, verteilt. Sie enthalten die genetische Information in Form einer linearen Doppelstrang-DNA, die eng mit basischen Proteinen (Histonen) verbunden ist. *Saccharomyces cerevisiae* hat 17, *Aspergillus nidulans* 8, *Neurospora crassa* 7, *Phycomyces blakesleeanus* 4 Chromosomen. Die Fortpflanzung erfüllt zwei Funktionen, die der Vermehrung und der Neukombination des genetischen Materials.

Entscheidend für die Zellvermehrung ist die identische Replikation des Genoms. Dazu liegen die Chromosomen in der vegetativen Zelle vieler Eukaryoten doppelt vor, das Genom ist diploid (Chromosomenzahl = 2 n). Die vegetative Vermehrung durch Zellteilung wird von der Kernteilung eingeleitet. Die Chromosomenpaare werden durch den Spindelapparat auf zwei Tochterzellen aufgeteilt (Abb. 4.2.). Der Spindelapparat besteht aus **Mikrotubuli**, die von den Chromosomen zum Spindelpol im Cytoplasma gehen. Die aus dem Protein Tubulin bestehenden Mikrotubuli haben bei Pilzen im Vergleich zu Pflanzen eine spezifische Struktur. Sie sind der spezifische Angriffspunkt für Benzimidazol-Fungizide (z. B. Benomyl, Carbendazim, s. Abb. 4.5.), die Pflanzen mit anders aufgebauten Tubuli nicht schädigen. In der anschließenden Ruhephase erfolgt die Verdoppelung der Chromosomen. Diese Art der Kernteilung wird als **Mitose** bezeichnet (Abb. 4.2.). Bei der **sexuellen Fortpflanzung** erfolgt eine Neukombination des genetischen Materials. Sie ist neben der Mutation und Selektion ein entscheidender Evolutionsmechanismus. Für die Neukombination ist eine Reduzierung des diploiden Chromosomensatzes (2 n) auf den haploiden Satz (n) notwendig. Das erfolgt durch die in mehreren Schritten verlaufende **Reduktionsteilung** oder **Meiose**. Im ersten Schritt lagern sich die homologen Chromosomensätze zusammen. Dabei kann es zum Segmentaustausch von homologen Bereichen kommen. Der sehr komplizierte Prozeß wird als Crossing over bezeichnet. Zur Neukombination des genetischen Materials ist er nicht erforderlich, er stellt eine zusätzliche genetische Komponente dar. Wie aus Abbildung 4.2. zu entnehmen ist, erfolgen bei der Meiose zwei Teilungen hintereinander. Das Ergebnis sind vier haploide Zellen, die die Chromosomen der Elternzelle in verschiedener Kombination enthalten. Durch die Verschmelzung von zwei als **Gameten** bezeichneten haploiden Zellen zu einer **diploiden Zygote** entsteht die Ausgangszelle für die nächste Organismengeneration, deren genetisches Material im Vergleich zur Elterngeneration neu kombiniert ist. Die sexuelle Fortpflanzung ist im einfachen

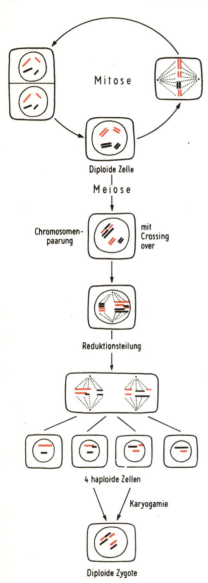

Mitose

Diploide Zelle

Meiose

Chromosomen-
paarung

mit
Crossing
over

Reduktionsteilung

4 haploide Zellen

Karyogamie

Diploide Zygote

Abb. 4.2. Prinzip der Mitose und Meiose. Erklärung s. Text.

Fall eine Aufeinanderfolge von Reduktionsteilung (Meiose) und Kernverschmelzung (**Karyogamie**). Bei einigen Pilzen ist dazwischen die Verschmelzung der beiden Protoplasten (**Plasmagamie**) eingeschoben, die zu einer Zelle mit zwei Kernen (Dikaryon) führt. Dikaryotische Zellen und das sich daraus entwickelnde Paarkernmycel können eine zeitlang wachsen, bevor die Karyogamie erfolgt. Ein Beispiel dafür zeigt Abbildung 6.6.

Zur Realisierung der sexuellen Fortpflanzung haben die Pilze eine fast unübersehbare Fülle von Befruchtungsprozessen entwickelt. Kompliziert gebaute Organe (Gametangien) sind daran beteiligt. An Stelle von Gameten können Gametangien verschmelzen.

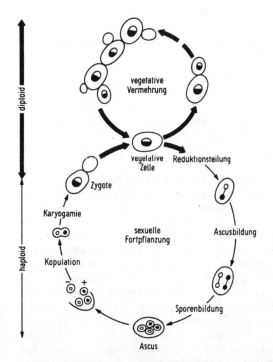

Abb. 4.3. Entwicklungscyclus der Hefe Saccharomyces cerevisiae. Die sich vegetativ durch Sprossung vermehrenden Zellen sind diploid (schwarzweißer Kern, dicke Pfeile). Die mit der Reduktionsteilung eingeleitete sexuelle Fortpflanzung führt zur Ascusbildung mit vier haploiden Sporen. Bei dieser Hefeart verschmelzen die verschieden geschlechtlichen Sporen sofort nach der Bildung der Zygote.

Am Beispiel der Bäckerhefe ist die vegetative und sexuelle Vermehrung in Abbildung 4.3. vereinfacht dargestellt. Diese Hefeart befindet sich bei der vegetativen Vermehrung im diploiden Stadium. Die bei bestimmten Stämmen der Bäckerhefe (mating types) nur unter spezifischen Bedingungen einsetzende sexuelle Fortpflanzung führt zu haploiden Gameten. Diese Situation ist spezifisch für die Bäckerhefe. Bei *Zygosaccharomyces* sind die sich vegetativ vermehrenden Zellen haploid, die diploide Phase ist auf die Zygote beschränkt.

Einen Teil des Genoms enthalten die Mitochondrien. Bei der Hefe *Saccharomyces cerevisiae* und einigen Pilzen (z. B. *Podospora anserina*) wurden Plasmide nachgewiesen, wie sie von Bakterien bekannt sind.

4.4.   Cytoplasma, intrazelluläre Membranen und Mitochondrien

Das Cytoplasma besteht wie bei den Bakterien aus löslichen Enzymproteinen, RNAs, Metaboliten des Intermediärstoffwechsels und Ribosomen. Die Ribosomen haben eine von den Prokaryoten abweichende Größe und Form, es sind 80 S-Ribosomen, die aus je einer 60 S- und 40 S-Untereinheit bestehen. Das Antibiotikum Cycloheximid greift in die Proteinsynthese an den 80 S-Ribosomen ein, Bakterien werden durch diesen Hemmstoff nicht beeinflußt.

Pilze haben ein sehr ausgeprägtes System von intrazellulären Membranen, das man sich wie ein vernetztes Zisternen- und Röhrensystem vorstellen muß. Das **endoplasmatische Reticulum** ist der Syntheseort für Membranlipide (Phospholipide und Sterole), weiterhin enthält es Oxygenasen. Der **Golgi-Apparat** (Dictyosomen) besteht aus flachen Membranzisternen, von denen **Membranvesikel** abgeschnürt werden, die Enzyme enthalten. Sie werden in den Cisternen synthetisiert, in den Vesikeln „abgepackt" und wandern an die Membran. Enthalten sie hydrolytische Enzyme zum Abbau extrazellulärer Makromoleküle, so verschmelzen die Vesikel mit der Membran und schleusen durch **Exocytose** die Enzyme aus der Zelle in das Außenmedium. Die Wand ist für Enzyme durchlässig. Die Vesikel fungieren in diesem Fall als Sekretionssystem. In anderen Vesikeln, die ebenfalls aus dem Golgi-Apparat hervorgehen, sind Synthasen für Zellwandkomponenten enthalten. Die **Chitisomen** enthalten die Chitinsynthetase. Sie wandern zur Hyphenspitze, an der das Wachstum und die Zellwandneusynthese erfolgt. Die Chitinsynthetase wird an der Zellmembran freigesetet, durch Proteasen aktiviert und katalysiert die Polymerisation von N-Acetyl-glucosamin-Molekülen zum Chitin. Das Antibiotikum Polyoxin D (Abb. 4.5.) hemmt die

Chitinsynthase. Polyoxine stellen Strukturanaloga des durch Uridindiphosphat aktivierten N-Acetylglucosamins dar, des Chitinmonomereren.

Auch die **Vakuole** geht wahrscheinlich aus einer Abschnürung des Golgi-Apparates hervor. Ihre Funktion als enzymatischer Raum, Speicher für niedermolekulare Verbindungen und zur Osmoregulation ist unzureichend geklärt. Klarer ist die Funktion der **Peroxisomen**, die bei Methanol verwertenden Hefen große Teile der Zelle ausfüllen. Sie enthalten Oxigenasen, im Falle der Methanol verwertenden Hefen Alkoholoxidase und Katalase. Durch die Katalase wird H_2O_2 „entgiftet", das bei Oxigenasereaktionen entsteht.

Die **Mitochondrien** sind Organellen der Energiegewinnung durch Atmung. Wie in Kapitel 9 ausgeführt wird, enthalten sie in der Membran das Enzymsystem der Atmungskette und die ATP-Synthetase. Durch Einstülpungen (Cristae) wird die Membranfläche wesentlich erweitert.

An der Bäckerhefe wurde festgestellt, daß die Mitochondrien DNA enthalten. Es treten mit einer Häufigkeit von 1—2% Hefekolonien auf, die kleiner sind (peptit-Mutanten). Sie haben durch Verlust oder teilweise Deletion von mitochondrialer DNA eine defekte Atmung und keine normal ausgebildeten Mitochondrien. Der damit verbundene Energiemangel führt aerob zu langsamerem Wachstum und kleineren Kolonien. Die mitochondriale DNA mit 60000—80000 Basenpaaren bei Pilzen codiert nur einen geringen Teil der genetischen Information für die Mitochondrienstruktur und -funktion. Die genetische Information des Kernes und der Mitochondrien wirkt in komplizierter Weise zusammen. Die Mitochondrien enthalten wie Prokaryoten 70 S-Ribosomen.

4.5.   Zellmembran

Die Cytoplasmamembran der Pilze ist eine Einheitsmembran, die die gleiche Grundstruktur wie die der Prokaryoten besitzt (3.4.). Lipide und Proteine sind zu etwa gleichen Anteilen in der Membran enthalten. Neben Phospholipiden (bes. Phosphatidylethanolamin) sind Sterole, vor allem Ergosterol, wichtige Lipidkomponenten. Einige Pilzgruppen, z. B. die Oomyceten, enthalten keine Sterole in der Zellmembran. Das ist der Grund, daß sie gegen Polyenantibiotika unempfindlich sind. Polyenantibiotika wie Amphotericin B (Abb. 4.5.) werden wahrscheinlich an Stelle von Steroiden in die Membran eingebaut und bewirken eine Art von Porenbildung. Die genannten Antibiotika wie auch Candicidin sind wichtige Mittel gegen humanpathogene Pilze, z. B. *Candida albicans* und *Aspergillus fumigatus*. Chemisch synthetisierte Inhibitoren der Sterolsynthese werden vor allem in der Phytopathologie eingesetzt, Imazalil, ein Imidazol, sowie Triforin, ein Piperazin, hemmen die C_{14}-Demethylierung, Tridemorph, ein Morpholin, die Isomerisierung in Position 7 und 8 des Steroidmoleküls.

4.6.   Zellwand

Sie verleiht der Zelle Festigkeit und Form. Die enzymatische Entfernung der Zellwand, z. B. durch Schneckenenzyme, führt zu osmotisch labilen Protoplasten. Bei der Pathogenese spielt die Zellwand eine beachtliche Rolle, sie besitzt Antigeneigenschaften und wirkt bei Erkennungsreaktionen mit. Der Aufbau (Abb. 4.4.) ist mehrschichtig. Im wachsenden Spitzenbereich der Hyphe liegt eine aus Chitin und Protein bestehende elastische Zellwand vor. Chitin, ein Polysaccharid aus N-Acetylglucosamin, wird als Fibrillen in oder an einer Proteinschicht abgelagert. Oomyceten enthalten an Stelle von Chitin Cellulose. Zur weiteren Verfestigung werden eine Glycoprotein- und eine Glucanschicht aufgelagert. Glucane sind Glucosepolymere in $\beta 1$—3, $\beta 1$—6 und $\alpha 1$—3—Verknüpfung. Bei Hefen (*Saccharomyces* und *Candida*) treten neben Glucanen die aus Mannose aufgebauten Mannane, verknüpft mit Proteinen, als Wandbaustein auf. Ihre Antigeneigenschaften sind gut untersucht. Einige Hefen, z. B. *Candida albicans*, wachsen sowohl hefe- als auch mycelartig. Beim Mycel handelt es sich um ein Pseudomycel, das durch Sprossung gebildet wird, nicht durch Zellteilung. Es wird angenommen, daß bei diesem Dimorphismus vom Hefe- zum Mycelwachstum zwischen Cystein-Molekülen der Proteinkomponenten S-S-Brücken aus-

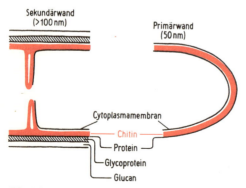

Abb. 4.4. Zellwandaufbau einer Pilzzelle (Ascomycet *Neurospora crassa*). Die Mehrschichtigkeit wird während des Wachstums ausgebildet.

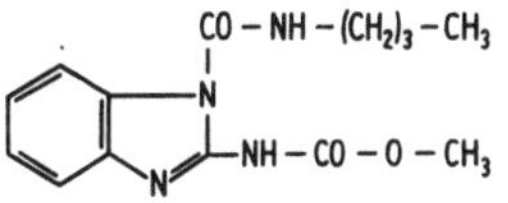

Benomyl

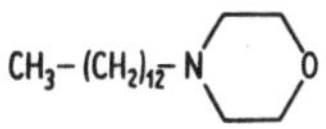

Tridemorph

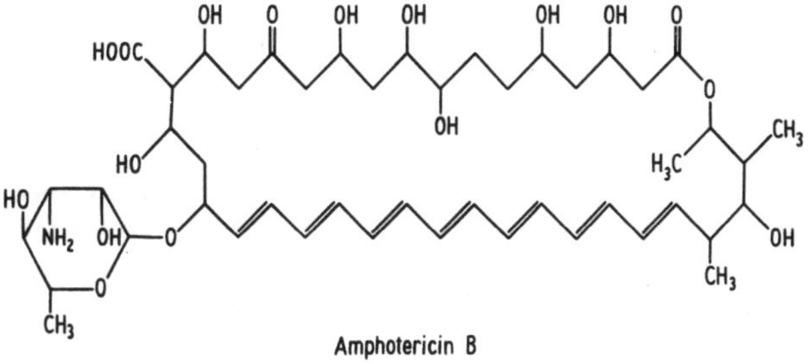

Amphotericin B

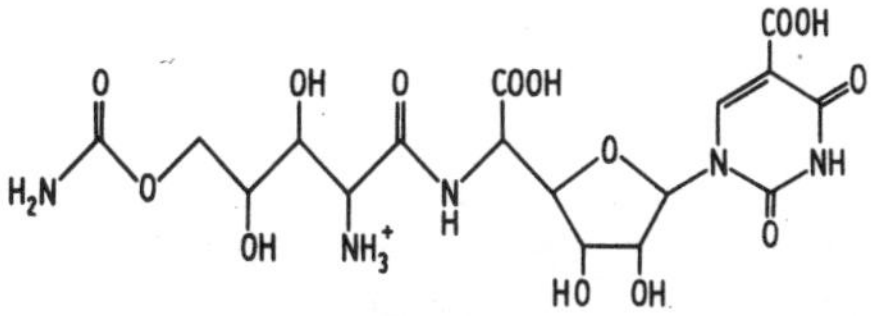

Polyoxin D

Abb. 4.5. Wirkstoffe, die spezifisch das Pilzwachstum hemmen. Das Benzimidazol-Fungizid Benomyl hemmt die Mitose durch Reaktion mit der Mikrotubuli-Struktur. Tridemorph hemmt die Steroidsynthese. Das Antibiotikum Amphotericin B reagiert mit den Sterolbausteinen der Membran und führt zur Porenbildung. Polyoxin D ist ein Inhibitor der Chitinsynthase.

gebildet werden, sodaß es zur Verknüpfung von Mannan-Glycoprotein-Ketten kommt. Auch die Zellwandbildung ist ein Angriffsort für wichtige Antibiotika. Auf die Hemmung der Chitinsynthese durch Polyoxin D wurde bereits im Abschnitt 4.3. hingewiesen. Griseofulvin, welches primär die pilzliche Mitose hemmt, beeinflußt sekundär die Wandbildung. Es kommt zu einem gewundenen (engl. curling) Wachstum. Die Glycoproteinschicht der Wand wird dabei dicker. Die spezifische Wirkung von Antibiotika und Fungiziden ist ein Ausdruck dafür, daß die eukaryotische Pilzzelle Eigenschaften hat, die eine spezifische Pilzbekämpfung in anderen eukaryotischen Organismen, Menschen, Tieren und Pflanzen, ermöglichen (Abb. 4.5.).

5. Hauptgruppen der Bakterien

5.1. Taxonomie und Phylogenie

Ein System, das die etwa 3500 heute bekannten Bakterien (1500 Bakterien, 2000 Cyanobakterien) auf Grund verwandtschaftlicher Beziehungen ordnet, gibt es bisher nicht. Vor allem für die größeren Einheiten, Klassen, Ordnungen und Familien sind die Zuordnungen unklar. Aber auch bei der Zugehörigkeit zu Gattungen (genera) bringt die moderne Forschung neue Erkenntnisse. Die Bakteriologie bedient sich der **binären Nomenklatur**, die ihren Ausdruck im Gattungs- (genus) und Artnamen (species) findet. Für die Namensgebung gibt es seit 1980 neue Regeln, die gültigen Namen werden in Validierungslisten zusammengestellt, die im International Journal of Systematic Bacteriology publiziert werden. Die Abgrenzung einer Art von der anderen macht der Mensch, die Natur hat gleitende Übergänge. Das führt zu einer weiteren Untergliederung der Art, gelegentlich in Unterarten, häufig in Stämme. In der Phytopathologie wird der Begriff pathovar für wirtsspezifische Stämme einer Art gebraucht.

Trotz der offenen Fragen der verwandtschaftlichen Beziehungen ist eine Identifizierung von Bakterienisolaten, z. B. für die medizinische Diagnostik, notwendig. Diese erfolgt nach einer **künstlichen Klassifikation**. Die letzte geschlossene Darstellung darüber erschien 1974 mit der 8. Auflage von Bergey's Manual of Determinative Bacteriology. Das künstliche Identifizierungssystem beruht auf Merkmalen wie Lebensweise, Zell- und Kolonieform sowie -farbe, biochemische Aktivitäten, Zellwand- und Membranzusammensetzung (Gramfärbung, Säurefestigkeit, Zellwandkomponenten (Aminosäuren, Fettsäuren), Phagenempfindlichkeit (Phagotypie), serologische Eigenschaften (Antigen-Antikörper-Reaktion). Es werden möglichst viele Eigenschaften ermittelt, die als gleichwertig angesehen werden. Sie sind so ausgewählt, daß eine Alternativentscheidung (+ oder −) möglich ist. Die Auswertung, d. h. der Vergleich mit Merkmalen anderer Arten, läßt sich mit Computern sehr erleichtern. Diese **numerische Taxonomie** führt zu einem Ähnlichkeitskoeffizienten, der zwischen 1 (100 % Ähnlichkeit) und nahe zu Null (0,02 völlige Unähnlichkeit) liegen kann.

In der **phylogenetischen Forschung** wurden durch neue Methoden der

Gentaxonomie in den letzten Jahren große Fortschritte erzielt. Das Verhältnis der Basen Guanin zu Cytosin (**GC-Verhältnis**) zur Summe aller vier Basen der DNA (in mol %) ist bei den einzelnen Bakteriengruppen und -arten sehr verschieden. Es liegt in der Spanne von 30—70 % und dient als taxonomisches Merkmal. Mit Hilfe der Schmelztemperatur der DNA kann der GC-Gehalt leicht festgestellt werden. Zur Ermittlung der Art und Gattungsverwandtschaft setzt man die DNA-DNA-Hybridisierung ein. Diese Methode beruht darauf, daß sich bei Erwärmung die Einzelstränge der DNA lösen, bei Abkühlung wieder reassoziieren. Die Wasserstoffbrücken zwischen den Sequenzen bilden sich wieder aus. Indem man die DNA verschiedener Arten durch Kultur auf radioaktiven Substraten markiert, Einzelstränge gewinnt und den Grad der Hybridisierung der DNA bzw. von Teilstücken ermittelt, kann man den Anteil der Sequenzhomologie bestimmen. Bei eng miteinander verwandten Arten ist er hoch. Die Einzelstrang-DNA kann auch für Hybridisierungen mit RNAs eingesetzt werden.

Für die Konstruktion von phylogenetischen Stammbäumen mit rezenten Organismen hat die Untersuchung der **Polynucleotidsequenzen der Ribosomenbausteine** große Bedeutung erlangt. Vor allem der 16S-Baustein (Abb. 3.5.) der kleineren Untereinheit ist dafür besonders geeignet. Er besteht aus 1600 Nucleotiden. Bei Eukaryoten nimmt der 18S-Baustein die gleiche Position ein. Diese Struktur hat sich als „molekulares Chronometer" bewährt, weil sie bei allen Organismen vorkommt, überall die gleiche Funktion hat und sehr konservativ ist, d. h. die Sequenz ändert sich in sehr langen Zeiträumen. Sequenzvergleiche zwischen verschiedenen Organismen werden in der Weise angestellt, daß man enzymatisch Oligonucleotide aus sechs und mehr Nucleotiden herstellt, sie elektrophoretisch trennt und katalogisiert. Die Sequenzverwandtschaft zwischen den Organismen A und B läßt sich durch den Ähnlichkeitskoeffizienten S_{AB} feststellen. Das Verhältnis

$$AB = \frac{\text{Summe der A + B gemeinsamen Oligonucleotide}}{\text{Summe aller Oligonucleotide von A + B}}$$

reicht von 1 = identisch bis 0,02 = völlige Unähnlichkeit. Mit dieser Methode stellte C. R. Woese 1977 fest, daß es bei den Bakterien zwei große Reiche gibt, die **Eubakterien** und die **Archaebakterien**. Die Unterschiede zwischen diesen beiden Reichen sind etwa so groß wie zu den Eukaryoten (Drei-Reiche-Hypothese). Inzwischen wurden weitere grundlegende Unterschiede zwischen den Eu- und Archaebakterien festgestellt (5.3.).

Mit der 16S- und neuerdings auch der 5S-RNA-Analyse wurden zahlreiche Bakterien untersucht und auf dieser Grundlage ein phylogenetischer Stammbaum aufgestellt, der zu einer **Revision der Bakterientaxonomie** führen wird. Es zeigt sich, daß physiologisch und morphologisch einheitlich erscheinende Gruppen nicht miteinander verwandt sind. In den neu aufgestellten Phyla stehen phototrophe und heterotrophe Gattungen, z. B. *Rhodomicrobeum* und *Rhizobium*, in einer Subgruppe. Dagegen sind die *Pseudomonas*-arten über verschiedene Phyla verteilt. Wahrscheinlich sind viele physiologisch einheitlich erscheinende Gruppen polyphyletischen Ursprungs.

Für dieses Lehrbuch wird ein Kompromiß aus den neuen phylogenetischen Erkenntnissen und physiologisch einheitlichen Gruppen gewählt, um

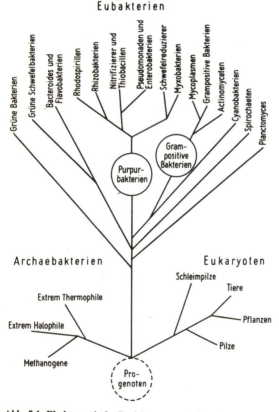

Abb. 5.1. Phylogenetische Beziehungen zwischen den Hauptgruppen der Archaebakterien, Eubakterien und Eukaryoten.

eine übersichtliche Darstellung zu erreichen. Die Beziehungen sind in dem in Abbildung 5.1. dargestellten Stammbaum wiedergegeben. Es wird der taxonomisch wertfreie Begriff Bakteriengruppen gewählt, der sich nur teilweise mit den neu aufgestellten Phyla deckt. Die drei Reiche sind vor mehr als 3 Milliarden Jahren aus hypothetischen Urzellen, Progenoten, entstanden. Mehrere Gram-negative Bakteriengruppen (Abb. 5.1.) sind aus dem Phylum der Purpurbakterien hervorgegangen. Vertreter dieser phototrophen Bakterien kommen in mehreren Gruppen vor. Sie stellen wahrscheinlich eine ursprüngliche Gruppe dar.

5.2.   Eubakterien

Die typischen Merkmale der Zellen der Eubakterien wurden in Kapitel 3. behandelt. In Abschnitt 5.3. werden die Unterschiede zu den Archaebakterien dargestellt.

5.2.1.   Phototrophe anaerobe Bakterien: Grüne und Purpurbakterien

Gemeinsam ist den phylogenetisch heterogenen Gruppen die Fähigkeit, **phototroph** zu leben, d. h. Licht als Energiequelle zu nutzen und CO_2 als C-Quelle zu assimilieren. Von den Pflanzen und Cyanobakterien unterscheiden sie sich durch die überwiegend anaerobe Lebensweise, sie bilden keinen Sauerstoff, da sie nicht Wasser, sondern H_2S, Thiosulfat, H_2 oder organische Stoffe als Wasserstoff- bzw. Elektronen-Donatoren nutzen. Sie betreiben eine **anoxigene Photosynthese**.

Die Grünen und Purpurbakterien kommen in Gewässern vor, die H_2S und organische Stoffe enthalten. Ihre Lichtabhängigkeit bedingt die Verbreitung in Flachgewässern und Meeresschichten, in die der Infrarotanteil des Lichtes eindringt. Die für diese Bakteriengruppen typischen Bacteriochlorophylle und Carotinoide ermöglichen die Nutzung dieses spektralen Bereiches. Daher findet man phototrophe Bakterien in Teichen, z. B. unter einer Wasserlinsendecke, sowie im sogenannten Farbstreifenwatt unter der Cyanobakterienschicht (22.3., Abb. 22.6.).

Wesentliche Merkmale der einzelnen Gruppen phototropher Bakterien sind in Tabelle 5.1. zusammengestellt. Die **Grünen Bakterien** unterscheiden sich von den Purpurbakterien vor allem durch die Art der pigmenttragenden Organellen. Bei den Grünen Bakterien sind es **Vesikel** (Chlorosomen), die eng der Membran anliegen, da eines der Bakteriochlorophylle (Bchl a) in der Membran lokalisiert ist. Sie haben Lichtreaktionen, die effektiver als die der Purpurbakterien sind. Die CO_2-Assimilation erfolgt nicht über den

Tab. 5.1. Charakteristika photosynthetischer Bakterien

(Bchl = Bacteriochlorophyll, Chl = Chlorophyll)

	Grüne Schwefelbakterien	Grüne Bakterien	Schwefel-Purpur-Bakterien	Purpur-Bakterien	Cyanobakterien
Typische Gattung	*Chlorobium*	*Chloroflexus*	*Chromatium*	*Rhodospirillum*	*Anabaena*
H-Donatoren	H_2S, H_2	org. Stoffe, H_2S, H_2	H_2S, S, H_2	org. Stoffe H_2, H_2S	H_2O
S-Ablagerung	extra-zellulär	intra-zellulär	intra-zellulär	—	—
O_2-Bildung im Licht	—	—	—	—	+
Pigmente	Bchl. c, d, e, a,	Bchl. a, c	Bchl. a (b)	Bchl. a, b,	Chl. a. Phycobiline
Photosysteme	1	1	1	1	2
Organellen	Vesikel u. Membran		Thylakoide		Thylakoide
CO_2-Assimilation	Tricarbonsäure-Cyclus		Ribulosebisphosphat-Cyclus		

sonst bei allen photosynthetischen Organismen vorkommenden Ribulose-bisphosphat-Cyclus, sondern über Reaktionen des **reduktiven Tricarbon-säure-Cyclus** (11.23.1.).

Die grünen Bakterien sind sehr vielgestaltig, sie gehören zwei der großen Phyla an (Grüne Schwefelbakterien und Grüne schwefelfreie Bakterien). Ein typischer Vertreter der Grünen Schwefelbakterien ist *Chlorobium limicola*. Diese Art lagert den elementaren Schwefel extrazellulär ab. *Chloroherpeton thalassum* hat eine filamentöse Zellform. Ein Vertreter von *Chlorobium* geht eine symbiontische Assoziation mit dem Schwefel reduzierenden *Desulfuromonas acetoxidans* ein. Die *Chlorobium*-Zellen lagern sich um das chemoorganotroph Acetat nutzende Stäbchen, das den von *Chlorobium* gebildeten elementaren Schwefel als Wasserstoff-Acceptor nutzt und dabei zu H_2S reduziert. H_2S wiederum dient *Chlorobium* als Wasserstoff-Donator, elementarer Schwefel wird gebildet. Diese syntrophe Assoziation aus zwei Bakterienarten besitzt einen Mikrokreislauf des Schwefels.

Der typische Vertreter der Grünen schwefelfreien Bakterien ist *Chloroflexus*. Es ist ein filamentöses gleitendes Bakterium (Abb. 5.2.), das in heißen Quellen vorkommt und vorwiegend photoheterotroph lebt, d. h. organische Verbindungen als H-Donator nutzt. Es vermag jedoch auch Schwefelwasserstoff zu verwerten. Die Bezeichnung Grüne schwefelfreie Bakterien ist irreführend. *Chloroflexus aurantiacus* wie auch einige andere Grüne Bakterien sind durch Carotinoide orange bis braun gefärbt. Sie bilden den orangefarbenen Belag an heißen Quellen.

Die durch Carotinoide rot gefärbten **Purpurbakterien** werden in zwei Gruppen geteilt, Schwefelpurpurbakterien und schwefelfreie Purpurbakterien. Zu den **Schwefelpurpurbakterien** gehören die Riesen unter den Bakterien, *Thiospirillum jenense* (50 µ lang) und *Chromatium okenii* (20 µm lang). Schon bei schwacher mikroskopischer Vergrößerung fallen die stark lichtbrechenden Schwefelkugeln auf, die in den Zellen abgelagert werden. Die vesikulären Thylakoide (Chromatophore) sind nur elektronenmikroskopisch sichtbar. An H_2S-reichen rotgefärbten Standorten, z. B. Meeresbuchten mit organischen Ablagerungen, kommen häufig kleinere *Chromatium*-Arten und Zellpakete von *Thiopedia* vor.

In schwefelwasserstoffärmeren Habitaten (kleinen Waldseen) findet man als typische Vertreter der **schwefelfreien Purpurbakterien** häufig *Rhodospirillum*-Arten (Abb. 5.2.). Weitere Vertreter dieser Gruppe sind *Rhodopseudomonas* und *Rhodomicrobium*. Die letztgenannte Art vermehrt sich über Stiele durch Knospung. Dadurch können Sproßverbände entstehen, aber auch peritrich begeißelte Zellen freigesetzt werden (Abb. 5.2.). Die schwefelfreien Purpurbakterien nutzen organische Verbindungen und H_2 als H-Donator, jedoch auch Schwefelwasserstoff. Allerdings kommt es nicht zur inter-

Intrazelluläre Membranstrukturen

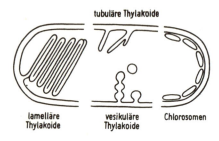

tubuläre Thylakoide

lamelläre Thylakoide   **vesikuläre Thylakoide**   **Chlorosomen**

Purpurbakterien

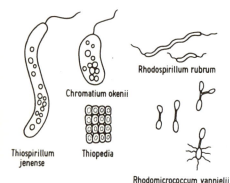

Rhodospirillum rubrum

Chromatium okenii

Thiospirillum jenense

Thiopedia

Rhodomicrococcum vannielii

Grüne Bakterien

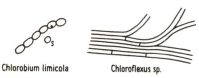

Chlorobium limicola   Chloroflexus sp.

Abb. 5.2. Purpurbakterien und Grüne Bakterien. Oben sind die Typen von Organellen dargestellt, die Bacteriochlorophyll enthalten. Unten ausgewählte Vertreter.

mediären Anhäufung von elementarem Schwefel. Nachts vergären oder veratmen die Purpurbakterien organische Verbindungen.

Abschließend sei nochmals darauf hingewiesen, daß die anoxigene Photosynthese eine Eigenschaft ist, die in vier der zehn großen Entwicklungslinien auftritt. Die einzelnen Gruppen der phototrophen Bakterien haben oft eine höhere Verwandtschaft zu heterotrophen Gattungen als untereinander. Wahrscheinlich ist die anoxigene Photosynthese in einer frühen Phase der Phylogenie entstanden und nicht die Endstufe eines Entwicklungsprozesses.

5.2.2.   Cyanobakterien

Cyanobakterien, die früher als Blaualgen bezeichnet wurden, sind **aerobe phototrophe Bakterien**, die Wasser als H-Donator nutzen und **Sauerstoff bilden**. Sie besitzen Chlorophyll a und für sie und einige Rotalgen typische Pigmente, die Phycobiline. Es sind offenkettige Tetrapyrrole. Sie sind in den Phycobilisomen, Bestandteilen der Thylakoidmembran, lokalisiert und wichtige Komponenten des Photosystems II, während Chlorophyll a im Photosystem I wirksam ist. Cyanobakterien sind weit verbreitet. Sie bilden die Wasserblüten nährstoffreicher Gewässer. Durch das zeitweilige Massenauftreten werden manche Gewässer intensiv grün gefärbt. Viele Vertreter können Luftstickstoff binden (Kap. 13) Phosphat ist der für ihr Wachstum limitierende Nährstoff. Phosphatreiche Abwässer und Phosphatfreisetzung aus Gewässersedimenten sind Ursachen des Massenauftretens, das zur Gewässereutrophierung führt. Einige Cyanobakterienarten bilden human- und tiertoxische Metabolite. Beispiele dafür sind die von *Anabaena flosaquae* gebildeten Anatoxine und das von *Microcystis seruginosa* gebildete Microcystin. Auch feuchte Böden werden von Cyanobakterien besiedelt. Zuweilen entstehen dichte schwarzgrüne Schichten, z. B. in Reisfeldern. Ähnliche Erscheinungen sehen wir in warmen Gewächshäusern. Der Beitrag zur Stickstoffversorgung der Reisfelder durch Stickstoffbindung kann 50 kg N $\cdot$ ha^{-1} $\cdot$ a^{-1} betragen. Cyanobakterien treten weiterhin als Symbionten auf, z. B. im Wasserfarn Azolla und in Flechten.

Der Aufbau einer Cyanobakterienzelle ist in Abbildung 5.3. dargestellt. Neben Glykogen und Polyphosphaten lagern sie Cyanophycingranula als Speicherstoffe in der Zelle ab. Sie bestehen aus einem Copolymer von zwei Aminosäuren, Asparaginsäure und Arginin. Die Gasvakuolen spielen für das Schweben planktischer Arten in einer bestimmten Wassertiefe eine Rolle.

Bei fädigen Arten können im Zellverband verschieden gestaltete Zellen auftreten. Die hellen **Heterocysten** sind auf die Stickstoffbindung spezialisierte Zellen, deren Funktion im Abschnitt 13.1. (Abb. 13.2.) behandelt wird. **Akineten** sind größer und dunkler pigmentiert als die üblichen Trichomzellen, sie dienen der Überdauerung.

Bei Cyanobakterien treten mehrzellige fädige und einzellige Gattungen auf (Abb. 5.3.). Einzellige, meist coccoide Arten, werden vielfach nach der Teilung durch Schleimschichten zu Zellverbänden zusammengehalten. Zu den fädigen Gattungen mit Heterocysten gehören *Anabaena*, *Nostoc* und

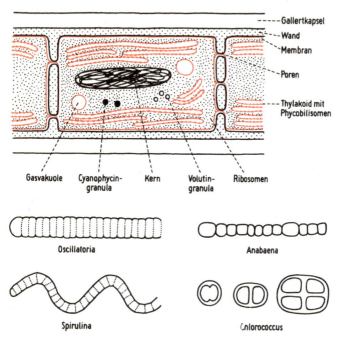

Abb. 5.3. Cyanobakterien: Oben Schema des Zellaufbaus einer fädig wachsenden Art. Unten ausgewählte Vertreter.

Calothrix. Eine fädige Art ohne Heterocysten ist *Spiruline maxima*, die in warmen Klimazonen für die mikrobielle Eiweißproduktion Bedeutung erlangt.

5.2.3.   Rhizobakterien: Agrobakterien, Azospirillen, Rhizobien

Diese in der Rhizosphäre vorkommenden Bakterien gehen enge Wechselwirkungen mit Pflanzen ein. Sie gehören einer phylogenetischen Gruppe an (α-Untergruppe der Purpurbakterien). Bei diesen Bakterien kommen antagonistische und kooperative Interaktionen mit Pflanzen vor. Die beiden Arten der Interaktion sind keine Gegensätze, sondern Phasen eines phylogenetischen Prozesses. Schon A. de Bary (1879) hat Symbiose als Zusammenleben verschiedener Organismenarten definiert, die sowohl einen antagonistischen (Parasitismus) als auch mutualistischen Charakter (Symbiose im engen Sinne von Kooperation) haben können. Es sind Spezialfälle einer Assoziationsentwicklung. *Agrobacterium*-Arten sind pflanzliche Parasiten, *Azospirillum*- und *Rhizobium*-Arten Symbionten.

Agrobakterien sind verbreitete Bodenbakterien. Es sind Gram-negative Stäbchen mit peritricher Begeißelung. *Agrobacterium tumefaciens* ruft krebsartiges Wachstum an zweikeimblättrigen Pflanzen hervor, sogenannte Wurzelhalsgallen, (engl. crown galls). Bei Obstbäumen kommt es dadurch zu Ertragsschäden. *Agrobacterium rhizogenes* bewirkt starke Haarwurzelbildung, z. B. bei der Möhre.

Der **genetische Parasitismus** von *Agrobacterium tumefaciens* ist gut untersucht. Als Beispiel für die tiefgreifenden Wechselwirkungen der Rhizobakterien und der Bedeutung für die Gentechnik wird er ausführlicher dargestellt. Die virulenten Stämme besitzen ein großes (210 000 Basenpaare) Tumor induzierendes (Ti) Plasmid (Abb. 5.4.) Es hat mehrere Regionen, von denen drei von besonderem Interesse sind:

1. die T-Region, die Gene für die Synthese pflanzlicher Wachstumshormone (Auxin und Cytokin) und für die Opine trägt (Opine sind abgewandelte Aminosäuren. Sie werden von der Pflanze normalerweise nicht synthetisiert und können nur von *Agrobacterium* als Substrat genutzt werden),

2. die Virulenz-Region, die Informationen für die Übertragung der T-Region in die Pflanze enthält,

3. die Opin-Region, die Enzyme für die Assimilation dieser C- und N-Quelle codiert.

Die bakterielle Infektion erfolgt über pflanzliche Wunden. Die verwundeten dikotylen Pflanzenzellen bilden phenolische Substanzen (Acetosyringone), die als Signalstoffe auf die Bakterien wirken und die Gene der Virulenzregion des Ti-Plasmids induzieren. Das Bakterium lagert sich an die Pflanze an, dringt jedoch nicht ein, sondern überträgt die DNA des Plasmids in die Pflanze. Die T-Region des bakteriellen Plasmids wird in das pflanzliche Genom eingebaut. Die darauf lokalisierten Gene codieren für Enzyme, die die Synthese pflanzlicher Hormone sowie die Opinsynthese katalysieren. Die Opine werden von der Pflanze ausgeschieden und stellen ein spezifisches Substrat für *Agrobacterium* dar. Nur diese Bakteriengattung kann Enzyme bilden, die zur Assimilation der Aminosäurederivate führen (Abb. 5.4.). Die Bakterien schaffen sich durch diesen Mechanismus eine für ihre Existenz günstige ökologische Nische. Nur die Ti-Plasmid enthaltenden Stämme sind virulent. Die Opine haben noch eine zweite Funktion, sie induzieren die Übertragung einer Kopie des Ti-Plasmids auf plasmidfreie Stämme, die dadurch virulent werden. Trotzdem gibt es im Boden avirulente Stämme. Sie haben die Fähigkeit, den niedermolekularen Wirkstoff Agrocin zu bilden, der das Wachstum virulenter Stämme hemmt. Dadurch haben auch die avirulenten Stämme einen Selektionsvorteil. Die Agrocin bildenden

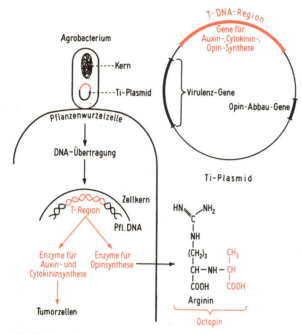

Abb. 5.4. Agrobacterium tumefaciens. Infektionsprozeß, Aufbau des Ti-Plasmids und Struktur eines Opins. Erklärung s. Text.

Stämme werden in Baumschulen zur biologischen Schädlingsbekämpfung von virulenten Stämmen eingesetzt.

Große Bedeutung hat *Agrobacterium tumefaciens* für die pflanzliche Gentechnik erlangt. Dieses natürliche System der Gentechnik wird als Übertragungssystem (Vektor) für den Einbau von Fremdgenen in das pflanzliche Genom in der Pflanzenzüchtung genutzt. So wurde mit Hilfe der T-DNA von *Agrobacterium* das Gen für die Synthese des insektiziden Toxins von *Bacillus thuringiensis* in Tabakpflanzen inkorporiert. Mit Hilfe des von verwundeten zweikeimblättrigen Pflanzen gebildeten phenolischen Signalstoffes ist es auch gelungen, bei der einkeimblättrigen Pflanze *Dioscores* die T-Region in das Genom zu integrieren.

Rhizobien und Azospirillen binden in Symbiose mit Pflanzen Luftstickstoff. Diese Fähigkeit ist nicht auf diese Gruppen beschränkt, sondern unter Prokaryoten verbreitet (Kap. 13.). Die **Stickstoffbindung** der Rhizobien hat eine sehr große ökologische und ökonomische Bedeutung. Der Mechanismus der Stickstofffixierung wird in Kapitel 13 behandelt.

Rhizobien sind Gram-negative Stäbchen, die als Endosymbionten in Zellen Stickstoff fixieren. Als freilebende Bodenbakterien binden sie praktisch keinen Stickstoff. In Tabelle 5.2. sind die wichtigsten Rhizobienarten der Kulturpflanzen zusammengestellt. Wirtspflanzen sind Leguminosen. Aber auch bei einem Ulmengewächs, *Parasponia parviflora*, wurden Wurzelknöllchen mit *Rhizobium* nachgewiesen. Die neue Taxonomie differenziert zwischen schnell wachsenden *Rhizobium*- und langsamer wachsenden *Bradyrhizobium*-Arten. Einige der früheren *Rhizobium*-Arten wie *R. phaseoli* werden als Unterarten oder Biovare eingestuft. Die Wirtsspezifität ist unterschiedlich ausgeprägt.

Tab. 5.2. Rhizobien-Arten der Kulturpflanzen

Rhizobienarten	Wirtspflanzen
Rhizobium leguminosarum	*Pisum sativum* (Erbse)
Rhizobium leguminosarum biovar trifoli	*Trifolium* ssp. (Klee-Arten)
Rhizobium leguminosarum biovar phaseoli	*Phaseolus vulgaris* (Buschbohne)
Rhizobium leguminosarum biovar viceae	*Vicia faba* (Pferdebohne)
	Pisum sativum (Erbse)
Rhizobium meliloti	*Medicago sativa* (Luzerne)
Rhizobium loti	*Lotus corniculotus* (Hornklee)
	Lupinus
Bradyrhizobium japonicum	*Glycine soja* (Sojabohne)

Auf Blättern tropischer Pflanzen, z. B. von *Rubiaceae* kommen Blattknöllchen vor, die von Vertretern der Gattung *Phyllobacterium* gebildet werden. Es ist nicht gesichert, daß in den Blattknöllchen eine Stickstoffbindung erfolgt.

Die Stickstoff bindenden *Azospirillum*-Arten gehen eine lockere Symbiose mit Pflanzen, besonders Gräsern, ein (assoziative Symbiose). Sie befinden sich in der Rhizosphäre auf der Wurzeloberfläche, z. T. auch in den Interzellularräumen. Sie nehmen die von Pflanzenzellen ausgeschiedenen Assimilationsprodukte als C- und Energiequelle auf. Die vor allem in tropischen Regionen nachgewiesene Förderung des Pflanzenwachstums durch Azospirillen hat zwei Ursachen. Azospirillen sind zur Luftstickstoffbindung und zur Synthese wachstumsfördernder Wuchsstoffe, wie Indolylessigsäure, befähigt. Zwei *Azospirillum*-Arten sind bekannt, *A. lipoferum* und *A. brasiliense*. Sie wurden zuerst an tropischen Futtergräsern (*Digitaria*, *Pennisetum*) gefunden. Sie sind jedoch auch in der Lage, in anderen Breiten Assoziationen mit wichtigen Kulturpflanzen, wie Mais, Weizen, Reis und Hirse einzugehen. Die Interaktionen zwischen Azospirillen und Pflanzen werden intensiv mit dem Ziel bearbeitet, Bakterienstämme zur Ertragssteigerung in der Landwirtschaft zu entwickeln. Unter tropischen Bedingungen und bei Stickstoffmangel wurde eine Stickstoffbindung bis zu 50 kg N pro Hektar und Jahr nachgewiesen. Die Reproduktion dieser Werte unter Feldbedingungen ist schwer zu erreichen, in unseren Breiten sind sie geringer.

Azospirillen sind pleomorphe Bakterien, die als Spirillen oder Vibrionen auftreten und bei ungünstigen Lebensbedingungen Cysten bilden, die von dicken Wandstrukturen umgeben sind.

5.2.4. Chemolithotrophe Bakterien: Nitrifikanten, Thiobacillen und Eisen oxidierende Bakterien

Diesen aeroben Gram-negativen Bakterien ist die Fähigkeit gemeinsam, **anorganische Ionen (Ammonium, Nitrit, S-Verbindungen, Eisen) als Wasserstoff- bzw. Elektronendonatoren** zur Energiegewinnung zu nutzen und CO_2 als Kohlenstoffquelle über den Ribulosebisphosphat-Cyclus zu fixieren. Die überwiegende Zahl ist obligat **autotroph**, einige können auch organische Verbindungen nutzen.

Die vier Hauptgruppen und wichtige Vertreter sind in Tabelle 5.3. zusammengestellt. Bei den **Nitrifikanten** sind die Ammonium- und Nitritoxidierer zu unterscheiden. Das von der ersten Gruppe gebildete Nitrit dient der zweiten Gruppe als oxidierbares Substrat. Bei diesem Prozeß wird das bei Düngung im Boden gebundene Ammonium in das leicht auswaschbare Nitrat überführt. In der intensiv betriebenen Landwirtschaft setzt man daher Nitrifikationsinhibitoren (z. B. N-Serve = 2-Chlor-6-(trichlormethyl)-pyridin) ein, um den Stickstoffverlusten durch Auswaschung entgegenzuwirken. Nitrifizierende Bakterien, wie *Nitrosomonas* und *Nitrococcus*, enthalten cytoplasmatische Membranen als Lamellenpakete. Als Überdauerungsform treten bei *Nitrosomonas* Zellaggregationen auf, die von einer Schleimkapsel umgeben sind (Zoogloca).

Die *Thiobacillus*-Arten können Sulfide, elementaren Schwefel und Thiosulfat zu Sulfat oxidieren:

$$S^{2-} + 2\,O_2 \rightarrow 2\,SO_4^{2-}$$
$$S + H_2O + 1{,}5\,O_2 \rightarrow SO_4^{3-} + 2\,H^+$$
$$S_2O_3 + H_2O + 2\,O_2 \rightarrow 2\,SO_4^{2-} + 2\,H^+$$

Die acidophilen Arten säuern das Medium durch Schwefelsäurebildung (pH 1—2) an. *Thiobacillus denitrificans* kann auf Grund der Fähigkeit zur Denitrifikation anaerob leben (Anaerobe Atmung, 9.3.). Thiobacillen kommen im Boden vor. Große praktische Bedeutung haben sie für die Erschließung (Laugung) von Kupfer und Uran aus Abraumhalden und

Tab. 5.3. Hauptgruppen chemolithotropher Bakterien

Nitrifizierende Bakterien: Ammoniumoxidierer

$NH_4 + 1,5\ O_2 \rightarrow NO_2^- + H_2O + 2\ H^+$

Nitrosomonas europaea, Stäbchen, Boden
Nitrosobacter multiformis, pleomorph, Boden
Nitrosococcus mobilis, Coccus
Nitrosococcus oceanus, Coccus, marin

Nitrifizierende Bakterien: Nitritoxidierer

$NO_2^- + 0,5\ O_2 \rightarrow NO_3^-$

Nitrobacter winogradskii, Boden, auch heterotroph
Nitrobacter agilis, Boden
Nitrococcus mobilis, marin
Nitrospira gracilis, marin

Schwefel oxidierende Bakterien

Thiobacillus thiooxidans, acidophil, ox. S^{2-}, S, $S_2O_3^{2-}$
Thiobacillus ferrooxidans, acidophil, ox. Fe^{2+}, S, $S_2O_3^{2-}$
Thiobacillus thioparus, ox. CNS^-, S, $S_2O_3^{2-}$
Thiobacillus denitrificans, microaerophil, ox. CNS^-, S, $S_2O_3^{2-}$
Thiomicrospira pelophila, ox. S^{2-}, S, $S_2O_3^{2-}$
Beggiotoa gigantea, mehrzelliger Faden mit S-Einschlüssen
Thiotrix sp.   Fäden sternförmig angeordnet
Thiofulvum sp.   große Coccen

EisenII-oxidierende Bakterien

Thiobacillus ferrooxidans, s. unter Schwefel oxidierende Bakterien
Gallionella ferruginea   saure Gebirgsbäche, Drainagerohre
Siderocapsa treubii, ox. Mn^{2+}

---

erzarmen Gesteinen erlangt. Der Einsatz zur Kohleentschwefelung wird erprobt (33.1.) Eine extrem thermophile schwefeloxidierende Art (*Sulfolobus*) gehört zu den Archaebakterien.

Beggiatoa und *Thiotrix* sind große filamentöse Arten, die H_2S zu elementarem Schwefel oxidieren und diesen in den Zellen ablagern (Abb. 5.5.) Sie sind, wie schon die Morphologie der Zellen zeigt, nicht mit den Thiobacillen verwandt, besitzen jedoch einen ähnlichen Stoffwechsel. Sie leben wahrscheinlich sowohl chemolitho- als auch chemoorganotroph. Häufig kommen sie als weiße spinnwebartige Gebilde in H_2S-reichen Abwassergräben vor.

Eisen-II-oxidierende Bakterien gehören ebenfalls verschiedenen Gruppen an. *Thiobacillus ferrooxidans* ist eine Art, die sowohl Schwefel als auch zwei-

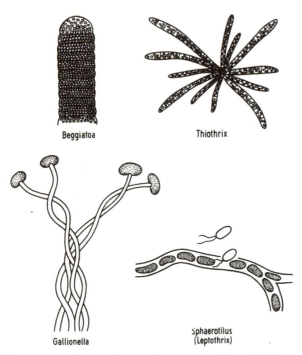

Beggiatoa

Thiothrix

Gallionella

Sphaerotilus
(Leptothrix)

Abb. 5.5. Oben **Schwefel oxidierende Bakterien,** die filamentös wachsen. Unten **Eisen-II-oxidierende Bakterien,** die Stiele oder Scheiden bilden.

wertiges Eisen zur Energiegewinnung oxidiert: $4\,Fe^{2+} + 4\,H^{+} + O_2 \rightarrow 4\,Fe^{3+} + 2\,H_2O$. Sie ist für die Erzlaugung von besonderer Bedeutung.

Das gestielte Eisenbakterium *Gallionella* (Abb. 5.5.) hat einen unzureichend aufgeklärten Stoffwechsel. Es lagert Eisen in den Stielen ab. Ob bzw. in welchem Maße Oxidationsenergie im Zellstoffwechsel genutzt wird, ist unklar. Für *Gallionella* wurde das CO_2-fixierende Enzym des autotrophen Stoffwechsels, die Ribulosebisphosphat-Carboxylase nachgewiesen. Dieses Bakterium ist in den „rostigen" Sedimenten von Gräbern und Drainagerohren reichlich zu finden. Es kann Verstopfungen von Wasserleitungen bewirken. Ob die Fähigkeit einiger Bakterien zur Manganoxidation eine Rolle bei der Entstehung der Manganknollen der Meeressedimente gespielt hat, bedarf weiterer Untersuchungen.

Bei dem von Winogradsky als Eisenbakterium angesprochenem Scheiden bildendem Bakterium *Leptothrix* (Abb. 5.5.) handelt es sich wahrscheinlich um eine Unterart des heterotrophen Bakteriums *Sphaerotilus*. *Leptothrix ochracea* (Ockerbakterium) kommt in nährstoffärmeren eisenhydroxidhaltigen Gewässern vor und lagert Eisenoxid an der Scheide ab, ohne daraus Energie zu gewinnen. *Sphaerotilus natans*, der sogenannte „Abwasserpilz", ist ein Indikatororganismus für stark verschmutzte Gewässer. Die Bündel von langen flutenden grauweißen Fäden sind mit dem bloßen Auge sichtbar.

5.2.5. Pseudomonaden und Enterobakterien

Bei beiden Gruppen handelt es sich um Gram-negative Stäbchen. Die Pseudomonaden sind aerob, die Enterobakterien können aerob und anaerob durch Gärung leben. Eine große Zahl der bekannten Eubakterien gehört zu diesen Gruppen.

Pseudomonaden sind polar begeißelte, schwach gekrümmte Kurzstäbchen, die den aeroben Zuckerabbau in der Regel über den 2-Keto-3-desoxy-6-phosphogluconat-Weg (9.1.5.) einleiten. Die Gattung *Pseudomonas* nutzt

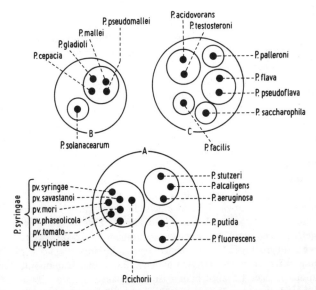

Abb. 5.6. Verwandtschaftliche Beziehungen zwischen Vertretern der Gattung Pseudomonas auf Grund von rRNA- (große Kreise) und DNA- (kleine Kreise) Homologien. Nach N. J. Palleroni et. al, Int. J. Syst. Bacteriol. **23** (1973) 333.

ein sehr breites Substratspektrum. Zu ihr gehören Abbauspezialisten und fakultativ autotrophe Arten, die Wasserstoff als Energiequelle verwerten. Sie sind in Boden und Gewässern weit verbreitet.

Nach neuen taxonomischen Untersuchungen mit molekularbiologischen Methoden wird die Gattung in drei Artenkreise unterteilt (Abb. 5.6.). Zum Kreis A gehören drei in der Natur weit verbreitete Arten, *P. putida*, *P. fluorescens* und *P. aeruginosa*. Die zwei erstgenannten Arten besitzen ausgeprägte Abbaupotenzen u. a. auch für Kohlenwasserstoffe und Fremdstoffe. *P. aeruginosa* tritt bei Wundinfektionen im Eiter auf (blaugrüner Eiter, Farbstoff Pyocyanin). Dem Verwandtschaftskreis A gehören weiterhin phytopathogene Arten an, vor allem *P. syringae* mit mehreren Pathovars. Offensichtlich ist hier durch die Spezialisierung auf verschiedene Wirtspflanzen eine Mikroevolution erfolgt, bei der verschiedene Pathogenitätsfaktoren (23.1.) entwickelt wurden. Die Pathovarietät (pv.) *phaseoli cola* ruft die Fettfleckenkrankheit der Bohne, die pv. *glycinea* den Bakterienbrand der Sojabohne, pv. *syringae* den Bakterienbrand des Kernobstes hervor. Auch zum Kreis B gehören einige phytopathogene Arten. Im Verwandtschaftskreis C treten neben Abbauspezialisten Wasserstoff verwertende Arten wie *P. facilis* auf, die fakultativ chemolithotroph sind.

Pseudomonas sehr nahe stehen die *Xanthomonas*-Arten, zu denen wiederum pflanzenpathogene Vertreter gehören, z. B. *Xanthomonas çampestris* pv. *phaseoli*, der Erreger des Bohnenbrandes. *Xanthomonas* wird zur Produktion des extrazellulären Polysaccharides Xanthan eingesetzt.

Ähnlich wie *Pseudomonas* besitzt auch die Gattung *Acinetobacter* mit coccoiden Zellen ausgeprägte Abbaupotenzen. *Acinetobacter calcoaceticus* läßt sich auf einem acetathaltigen Medium leicht anreichern. *Acinetobacter* ist nicht mit der Gattung *Azotobacter* zu verwechseln, die sich durch die Fähigkeit zur aeroben Stickstoffbindung auszeichnet. *Azotobacter chroococcum* und *A. vinelandii* sind in unseren Böden verbreitet, in sauren Böden der Tropen treten N_2-bindende *Beijerinckia*-Arten auf. Von der Form her, nicht von der Aktivität, ist hier *Neisseria gonorrhoe*, der Erreger der venerischen Infektionserkrankung Gonorrhoe (Tripper), einzuordnen.

Den Pseudomonaden verwandt sind auch die Essigsäure bildenden *Acetobacter*- und *Gluconobacter*-Arten. Sie oxidieren Ethanol zu Essigsäure. *Acetobacter aceti* und *A. pasteurianum* können Essigsäure weiter oxidieren (Überoxidierer), bei *Gluconobacter oxidans* kommt es zur Essigsäureanhäufung (9.2.). *Acetobacter*-Arten bilden z. B. auf Bier Kahmhäute. Eine Art, die aus Zucker Ethanol bildet, ist *Zymomonas mobilis*. Dieses microaerophile und anaerobe Bakterium, das in tropischen Gebieten die Fruchtsaftvergärung verursacht (Agavensaft zu Pulque), ist für die industrielle Ethanolproduktion von Interesse.

Die **Enterobakterien** sind als Darmbewohner (*enteron*-gr. Eingeweide) bekannt geworden. Es gehören dazu jedoch auch im Boden, in Gewässern und auf Nahrungsmitteln vorkommende Gattungen. Einige Vertreter rufen Darmerkrankungen hervor. Eine Übersicht über wichtige Gattungen und ihre Verwandtschaftsbeziehungen ist im Dendrogramm auf Abbildung 5.7. dargestellt. Zu *Erwinia* gehören pflanzenpathogene Arten, die z. B. die Naßfäule der Möhre durch Pectinasebildung bewirken. *Erwinia amylovora* ist der Feuerbranderreger des Kernobstes, der sich in Europa stark ausbreitet und wie verbrannt wirkende Blatttriebe z. B. an Apfel- und Birnenbäumen verursacht.

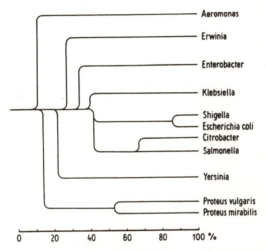

Abb. 5.7. Verwandtschaftliche Beziehungen zwischen den Enterobakterien auf Grund des prozentualen Anteils der DNA-Sequenzhomologie (Dendrogramm).

Enterobacter wie auch andere Enterobakterien sind fakultativ anaerobe Arten, die eine Vielzahl von Gärungen durchführen. Für *Enterobacter* (früher *Aerobacter*) ist die 2,3-Butandiolgärung typisch, für *Escherichia coli* die Ameisensäuregärung. Ameisensäure ist nicht das Hauptprodukt dieser Mischgärung, sondern charakterisiert den Gärungstyp (10.4.). *Klebsiella pneumoniae* kann eine gefährliche Form der Pneumonie (Lungenentzündung) hervorrufen. Klebsiellen kommen auch im Darm vor. Einige Arten binden Luftstickstoff. *Escherichia coli* (von Escherich 1885 aus Säugerfäces isoliert; *coli*-gr. Darm) ist vor allem als Modellsystem der Molekularbiologie bekannt geworden. *E. coli* ist die häufig gebrauchte Abkürzungsform. Als Darmbewohner kommt er mit anderen Darmbakterien ins Abwasser. Bei Verunreinigungen von Trinkwasser durch Abwässer dient *E. coli* als leicht nachweisbarer Indikatorkeim für fäkale Verunreinigungen. Bestimmte Stämme (Serotypen) von *E. coli* sind fakultativ pathogen, sie rufen Darminfektionen hervor. (Enteritis, Coliruhr). Als pathogene Faktoren spielen Enterotoxine eine Rolle.

Shigella ist *E. coli* sehr verwandt (Abb. 5.7.). *S. dysenteriae* verursacht die Bakterienruhr (Dysenteria, Diarrhöe). Die Übertragung erfolgt wie bei den verbreiteten Salmonellen über Lebensmittel. *Salmonella paratyphi* und *S. typhi* rufen unterschiedlich schwer verlaufende Typhusformen hervor. Es gibt eine Vielzahl von Serotypen, die sich durch die Struktur des o-Antigens der Zellwand unterscheiden. Pathogenitätsfaktoren sind Lipopolysaccharide der Zellwand. Eine noch schwerer verlaufende Darmerkrankung, die Cholera, wird durch *Vibrio cholerae* hervorgerufen, eine den Enterobakterien nahestehende Gattung. *Yersinia pestis* (früher *Pasteurella pestis*), der Erreger der Pest, ist in Europa ausgerottet, in anderen Erdteilen flackert die Krankheit gelegentlich wieder auf. Durch Nagetiere (Schiffsratten) kann sie verbreitet und durch Flöhe auf den Menschen übertragen werden. *Proteus*-Arten sind Fäulniserreger, u. a. von Fleisch, und vermögen noch bei Kühlschranktemperaturen zu wachsen. *Proteus* ist Bestandteil der Darmflora und im Boden und Gewässern verbreitet. *Serratia marcescens*, der durch den Farbstoff Prodigiosin rot gefärbte sogenannte „Hostienpilz", bevorzugt kohlenhydratreiche Medien, die roten Kolonien entwickeln sich z. B. auf Grießpudding. Weitere gefärbte Arten gehören zu *Chromobacterium* (z. B. *violaceum*).

Den Enterobacteriaceen verwandt sind die **Vibrionen** und **Spirillen**. *Vibrio cholerae*, der Cholera-Erreger, wurde schon erwähnt. Auf *Bdellovibrio*, ein für Bakterien parasitischer Vibrio, wird im Abschnitt 22.2. (Abb. 22.3.) eingegangen. Die Spirillen besitzen mehrere Windungen; eine sehr verbreitete Art ist *Spirillum volutans*, die in Jauche und Gülle zu finden ist.

Als marine Enterobakterien werden die **Leuchtbakterien** angesehen. *Photobacterium*, *Beneckea* und *Vibrio*-Arten können lumineszieren. Einige Vertreter leben saprophytisch auf toten Seefischen. Andere sind eine Symbiose mit Fischen eingegangen, die in dunklen Meerestiefen leben, z. B. mit dem im Roten Meer lebenden *Photoblepharon palpebratus*. Dieser Fisch hat unter den Augen Leuchtorgane (Photophoren), in denen Milliarden von Leuchtbakterien leben. Mit dem Blutstrom werden sie mit Nährstoffen und Sauerstoff versorgt. Der Leuchtprozeß ist ein Oxidationsvorgang. Die Luciferase ist eine Monooxygenase, die folgende Reaktion katalysiert:

Red. FMN + O_2 + Tetradecanal $\rightarrow$ FMN + H_2O + Tetradecanol + Licht

Die Lichtemission geht von einem durch Reduktion (NADH) angeregten

Flavinmononucleotid aus, das bei der Lichtausstrahlung wieder in den oxidierten Zustand zurückgeht. An diese taxonomische Einheit der Pseudomonaden und Enterobakterien seien die Namen von Gram-negativen Gattungen angeschlossen, die einen phylogenetisch eigenen Tribus darstellen, *Bacteroides*, *Fusibacterium*, *Flavobacterium*, *Cytophaga* und *Flexibacter*. Der anaerobe *Bacteroides* ist das vorherrschende Bakterium im menschlichen Darm. In 1 g frischem Fäces sind 10^{12} *Bacteroides*-Zellen nachweisbar. *Fusibacterium*, ein Buttersäuregärer, kommt ebenfalls im Darm vor. *Cytophaga* und *Flexibacter* sind sehr langgestreckte Formen, die in kurze Zellen zerfallen können. Beide Gattungen sind Polysaccharidabbauer. Sie können auch das in der Mikrobiologie zur Nährbodenverfestigung eingesetzte Polysaccharid Agar, das von Algen (z. B. *Gelidium*-Arten) gewonnen wird, hydrolysieren. Agar besteht aus Agarose und Agaropectin. Hauptbausteine sind D-Galactose und 3,6-Anhydrogalactose, die alternierend durch β-1,4- und 1,3-Bindungen linear verknüpft sind. Im Agaropectin sind zusätzlich Uronsäuren und Sulfat enthalten.

5.2.6.   Sulfat reduzierende Bakterien

Sie stellen eine physiologisch und phylogenetisch einheitliche Gruppe dar. In der Morphologie zeigen sie beachtliche Unterschiede. Die Sulfat reduzierenden Bakterien, die auch als **Desulfurikanten** oder **sulfidogene Bakterien** bezeichnet werden, sind **obligat anaerob** und vorwiegend **chemoorganotroph**. Diese Gram-negativen überwiegend begeißelten Bakterien nutzen die in Gewässersedimenten aus dem Celluloseabbau anfallenden organischen Säuren, wie Lactat, Propionat, Butyrat, Acetat, und auch Ethanol als Energie- und Kohlenstoffquelle. Der im Sulfat gebundene Sauerstoff dient als Wasserstoffacceptor. Sulfat wird dabei zu Sulfid reduziert, das als H_2S freigesetzt werden kann. Sie führen eine anaerobe Atmung (**Sulfat-Atmung**) durch, an der Cytochrome (Cyt. c und b) beteiligt sind. Durch diese Art des Stoffwechsels ist es ihnen möglich, Gärungsprodukte als Energiequelle anaerob zu veratmen. Die Oxidation ist bei vielen Arten unvollständig. *Desulfovibrio*-Arten (*desulfuricans*, *vulgaris*, *thermophilus*, *gigas*, *baarsii*) und *Desulfotomaculatum*-Arten (*nigricans*, *ruminis*, *orientalis*) oxidieren die organischen Verbindungen bis zum Acetat. Eine zweite Gruppe, die ein breiteres Substratspektrum nutzt (u. a. höhere Fettsäuren und Aromaten) oxidiert Acetat und andere Verbindungen vollständig. Zu dieser zweiten Gruppe gehören *Desulfotomaculatum acetoxidans* (ein Sporenbildner) sowie *Desulfobacter postgatei*, *Desulfococcus multivorans*, *Desulfosarcina variabilis* und die gleitenden Arten von *Desulfonema*. Viele Desulfurikanten nutzen auch elementaren Wasserstoff, sie leben jedoch nicht autotroph, sondern mixotroph. CO_2 wird nicht als einzige C-Quelle genutzt, sondern nur in Verbindung mit anderen organischen Substraten. Die Sulfatatmung der dissimilatorischen Sulfatreduktion (9.4.) läßt sich folgendermaßen zusammenfassen:

$$8 (H) + SO_4^{2-} \rightarrow H_2S + 2 H_2O + 2 OH^-$$

Die Sulfat reduzierenden Bakterien richten beachtliche Korrosionsschäden bei unterirdisch verlegten Rohrleitungen und Öltanks durch kathodische Depolarisation des Eisens an (33.3.). In Gegenwart von Metallen kommt es zur Bildung von Sulfiden (z. B. FeS), die zur Schwarzfärbung der Gewässersedimente führen und auch dem Schwarzen Meer den Namen gegeben haben. Schwefelwasserstoff, der aus Gewässern und Kläranlagen entweicht, entsteht vor allem durch die Desulfurikanten. Die sulfidischen Kupfererze des Zechsteins sind durch die Tätigkeit dieser Bakterien gebildet worden.

5.2.7.   Myxobakterien

Diese Bakteriengruppe ist durch die **gleitende Bewegung** und **Fruchtkörperbildung** charakterisiert. Es sind aerobe **chemoorganotrophe** (heterotrophe) Bakterien, die entweder von eiweißreichem Material einschließlich lebender Bakterien oder von Cellulose leben. Die Gattungen *Myxococcus* und *Corallococcus* nutzen eiweißhaltige Medien, *Sorangium*, *Chondromyces* und *Stigmatella* sind Celluloseabbauer. Einige typische Fruchtkörperformen sind in Abbildung 5.8. dargestellt.

Die Myxobakterien sind im Boden auf Cellulose (verwesende Blätter, Rinde, Holz) und Dung herbivorer Tiere weit verbreitet. Es sind relativ große Stäbchen (3—8 µm lang), die als Schwärme (Kolonien) auftreten. Unter bestimmten Umweltbedingungen kommt es zur **Fruchtkörperbildung**, bei der **Myxosporen** entstehen. Die Fruchtkörperbildung wird vor allem durch Mangelbedingungen ausgelöst. Die Zellen finden sich zu Schwärmen zusammen. Dabei finden noch nicht aufgeklärte Interaktionen zwischen den Zellen statt. Die in Abbildung 5.8. dargestellte kooperative Morphogenese führt zu Fruchtkörpern, die einen artspezifischen Aufbau haben. Der Stiel der Fruchtkörper besteht aus Schleimstoffen. Die Myxobakterien stellen ein interessantes Objekt zur Erforschung der Zellinteraktionen und der Morphogenese dar. In den Fruchtkörpern kommt es zur Myxosporenbildung, die mit weiteren morphologischen Veränderungen verbunden ist (Kugel- oder Kurzstäbchenform). Die gelb oder orange gefärbten Fruchtkörper sind etwa einen halben mm groß. Sie sind also wesentlich kleiner als die Fruchtkörper der Myxomyceten (6.1.). Bei günstigen Bedingungen kommt es zur Myxosporenfreisetzung und -keimung. Für die ökologische

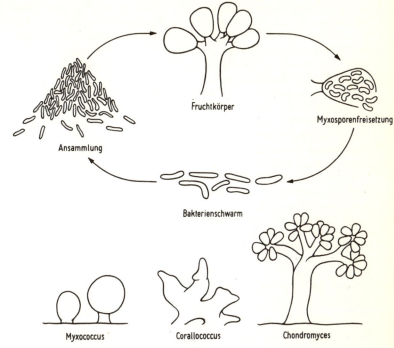

Fruchtkörper

Myxosporenfreisetzung

Ansammlung

Bakterienschwarm

Myxococcus   Corallococcus   Chondromyces

Abb. 5.8. Myxobakterien. Cyclus von zellulärer Vermehrung und Fruchtkörperbildung. Unten Fruchtkörperformen ausgewählter Vertreter.

Bedeutung der Fruchtkörperbildung hat Reichenbach eine interessante Hypothese aufgestellt. Zum Abbau der organischen Makromoleküle, von denen die Myxobakterien leben, scheiden sie hydrolytische Enzyme aus, die zu niedermolekularen leicht diffundierenden Produkten führen. Eine große Zellpopulation kann die Enzymausscheidung und Substrataufnahme effektiver einsetzen als Einzelzellen, denen die Substratmoleküle „weg diffundieren". Dies kann der Schlüssel zur sozialen Organisation der Myxobakterien sein.

5.2.8.   Gram-positive Coccen und Stäbchen

Die Gram-positiven Bakterien bilden einen großen Zweig des phylogenetischen Stammbaums (Abb. 5.1.). Er spaltet in zwei Untergruppen auf. Die erste hat einen niedrigen GC-Gehalt (5.1.), die zweite, Coryneforme und Actinomyceten, einen hohen. Zu der ersten Gruppe mit niedrigem GC-Gehalt gehören die in diesem Abschnitt behandelten **Coccen, Lactobacillen,** *Bacillus-* **und** *Clostridium-***Arten.** Aus dieser Gruppe sind auch die im Abschnitt 5.2.11. besprochenen Mycoplasmen hervorgegangen.

Wichtige Gattungen der Gram-positiven Coccen und Stäbchen sind in Tabelle 5.4. aufgelistet. Die Mannigfaltigkeit ist sehr groß. Gemeinsame Merkmale dieser Gram-positiven Gattungen sind der **chemoorganotrophe** Energiestoffwechsel und die **heterotrophe** Ernährung. Die Energie kann durch Atmung oder durch verschiedene Gärungen gewonnen werden. Zu den **Micrococcen** werden nach den neuen taxonomischen Kriterien die pigmentierten Luftkeime gerechnet, die früher als *Sarcina lutea* und *S. flava* bezeichnet wurden (Abb. 5.9.). Die haufenförmig angeordneten Zellen von *Staphylococcus aureus* (*staphylos* — gr. Traube) sind in Hautgeschwüren (Furunkel, Schweißdrüsenabszesse) zu finden. Dieser Gram-positive Pathogen ist durch Penicillin gut hemmbar. Die Penicillintherapie hat aber dazu

Tab. 5.4. Gram-positive Coccen und Stäbchen ohne und mit Endosporenbildung

Micrococcus luteus	häufiger Luftkeim, gelbe Kolonien
Micrococcus lysodeicticus	hohe Lysozymempfindlichkeit
Micrococcus aurantiacus	Starter für Milchsäurebildung in Rohwurst
Staphylococcus aureus	Krankheitserreger, Geschwüre
Streptococcus mutans	Karies-Verursacher
Streptococcus pyogenes	Rheumatisches Fieber, Scharlach
Streptococcus pneumoniae	Kruppöse Lungenentzündung
Streptococcus lactis	Milchsäurebildner, Harzer Käse
Streptococcus thermophilus	Schweizer-Käse-Starter, Proteolyse
Pediococcus cerevisiae	Sauerkraut, Saure Gurken, Silage
Pediococcus pentosaceus	Sauerkraut, Saure Gurken, Silage
Leuconostoc mesenteroides	Dextranproduzent
Lactobacillus plantarum	Silage, Sauerkraut, Saure Gurken
Lactobacillus acidophilus	Sauermilch
Lactobacillus helveticus	Schweizer-Käse-Starter
Lactobacillus bulgaricus	Joghurt u. Sauermilchgetränke
Lactobacillus brevis	Rohwurstaroma, Sauerteig
Bacillus subtilis	Enzyme, Antibiotikum Bacitracin
Bacillus brevis	Antibiotikum Gramicidin
Bacillus polymyxa	Antibiotikum Polymyxin B, 2,3-Butandiol
Bacillus thuringiensis	Insektizid gegen Lepidopteren
Bacillus sphaericus	Pathogen von Mückenlarven
Bacillus popillae	Pathogen von Käferlarven
Bacillus anthracis	Milzbranderreger

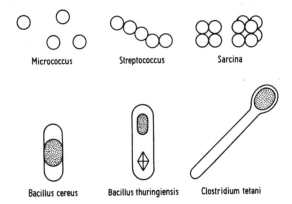

Microccocus   Streptococcus   Sarcina

Bacillus cereus   Bacillus thuringiensis   Clostridium tetani

Abb. 5.9. Gram-positive Coccen (verschiedene Arten der Zellanordnung) **und Sporen bildende Stäbchen.**

geführt, daß mehr als die Hälfte der in Kliniken isolierten Stämme gegen Penicillin G resistent sind. Die perlschnurartig wachsenden **Streptococcen** sind ein Beispiel dafür, daß in einer Gattung sowohl Arten vorkommen, die zur Lebensmittelherstellung angewendet werden, als auch solche, die human- und tierpathogen sind. In der Lebensmittelindustrie werden Streptococcen als **Starterkulturen** für Milch- und Fleischprodukte eingesetzt. Starterkulturen sind in Reinkultur gezüchtete Leistungsstämme, die den gewünschten Prozeß schnell starten, sodaß unerwünschte Nebenprozesse durch spontane Infektionen unterdrückt werden. Es kommen vor allem Milchsäurebildner zum Einsatz, die den Gattungen *Pediococcus, Leuconostoc* und *Lactobacillus* angehören. Haupteinsatzgebiete zur Herstellung von Molkereiprodukten, Wurstwaren, Sauerkraut und Sauren Gurken sowie Silagefutter sind in Tabelle 5.4. zusammengefaßt. Die Hauptfunktion ist die mit der Milchsäurebildung verbundene konservierende Wirkung, die das Aufkommen von säureempfindlichen Fäulniserregern unterdrückt. Daneben spielt auch die Aroma- und Enzymbildung eine Rolle. Im Sauerteig, der neben Lactobacillen vor allem Bäckerhefe enthält, wurde ursprünglich die Hefekultur durch Lactobacillen frei von Fremdinfektionen gehalten. Heute schätzen wir das durch Milchsäure bewirkte Brotaroma. Unter den vielen Einsatzgebieten in der Käse- und Sauermilchherstellung sei auf die Joghurt-Bereitung hingewiesen, die durch eine Mischkultur von *Streptococcus thermophilus* und *Lactobacillus bulgaricus* erfolgt.

Zu den humanpathogenen Streptococcen gehört *Streptococcus pyogenes.* Er tritt in vielen Serotypen auf und verursacht Wundinfektionen, rheumatisches Fieber und Scharlach. *Streptococcus mutans* ist der Hauptverursacher der im Abschnitt 24.1. behandelten Karies.

Die *Bacillus*-Arten sind als besonders hitzeresistente Bakterien bekannt geworden, da sie als Sporenbildner den Kochprozeß (100 °C) überleben (Sporenbildung Abschnitt 16.2.). *Bacillus subtilis*, der Heubacillus, läßt sich durch das Kochen eines Heuaufgusses isolieren. Nur die als Sporen vorliegenden Arten überstehen die Erhitzung auf 100 °C. *Bacillus*-Arten sind weit verbreitete Bodenbakterien, z. B. *B. megaterium*. *B. cereus* breitet sich mycelartig auf Agarnährböden aus. *Bacillus*-Arten gewinnen als Enzymproduzenten (Amylasen, Proteasen) zunehmende Bedeutung. Einige Arten bilden Antibiotika. Als biogenes Insektizid kommen Präparate von *Bacillus thuringiensis* zum Einsatz, die sich im Vergleich zu chemischen Präparaten durch hohe Spezifität und Umweltunbedenklichkeit auszeichnen (24.1.2., Abb. 24.3.).

Die **Clostridien** stellen eine einheitliche Gruppe unter den Gram-positiven Stäbchen dar. Es sind überwiegend chemoorganotrophe, obligat **anaerobe** oder aerotolerante **Sporenbildner**. Die Sporen haben bei vielen Arten einen größeren Durchmesser als das Stäbchen und liegen häufig endständig, dadurch kommt die „Trommelschlägerform" zustande (Abb. 5.9.). In den letzten Jahren sind eine Anzahl neuer Arten entdeckt worden, die aus Sedimenten heißer Quellen stammen. Diese Arten sind für biotechnologische Belange von Interesse, da sie **thermophil** sind (60 °C), ein breites Spektrum von Gärungen durchführen und mit hoher Aktivität Polysaccharide wie Stärke, Cellulose und Hemicellulose abbauen. Sie bilden thermostabile Amylasen, Cellulasen und Proteasen und verwerten neben Hexosen auch Pentosen. Die bei der Flachsröste erfolgende Auflösung der Mittellamellen wird durch *Clostridium* bewirkt. In Tabelle 5.5. sind eine Reihe wichtiger Arten zusammengestellt. Von den **Gärungen** ist die Aceton-Butanol-Gärung von besonderem praktischen Interesse. Auch die Ethanol- und Essigsäurebildung werden mit biotechnologischen Zielstellungen bearbeitet. Es sind Mischgärungen, bei denen eine breite Palette von Gärungsprodukten anfällt (10.5.). Nicht alle Arten sind obligat chemoorganotroph. Einige können mit H_2 und CO_2 auch chemolithotroph wachsen. Dazu gehören *Cl. aceticum* und *Cl. thermoaceticum*, die aus Wasserstoff und CO_2 Acetat bilden. Der Stoffwechsel dieser **acetogenen Bakterien**, die eine Art von anaerober Carbonat-Atmung mit Wasserstoff als Substrat durchführen, wird in Abschnitt 12.1.1. behandelt. Ein weiterer Ausdruck der Stoffwechselmannigfaltigkeit ist die Fähigkeit von *Cl. pasteurianum*, **Luftstickstoff** zu binden.

Cl. botulinum verursacht sehr gefährliche **Nahrungsmittelvergiftungen** (Botulismus). Der obligate Anaerobier kann sich in unzureichend sterilisierten Konservenbüchsen entwickeln. Durch die Gasbildung werden Dek-

Tab. 5.5. Clostridien und ihre Bedeutung

Arten	Substrate und Vorkommen	Bedeutung, Produkte
Cl. acetobutylicum	Stärke, Pentosen	Aceton-Butanol-Gärung Vit. B_{12}, Riboflavin- und Amylasengewinnung
Cl. kluyveri	Ethanol, Acetat	Butter- und Capronsäuregärung
Cl. propionicum	Milchsäure, Aminosäuren	Propion- und Acrylsäurebildung
Cl. butyricum	Kohlenhydrate, Pectin	Buttersäure, Methan
Cl. cellobioparum	Pansen, Cellulose	Ethanol, Formiat
Cl. thermocellum	60 °C, Cellulose, Hemicellulose	Ethanol, Cellulase
Cl. thermohydrosulfuricum	60 °C, Stärke, Pentosen	Ethanol, Glucamylase
Cl. thermosaccharolyticum	60 °C, Hexosen, Pentosen	Ethanol
Cl. thermosulfurogenes	60 °C, Pectin	Pectinasebildung
Cl. thermoaceticum	60 °C, Zucker, H_2, CO_2	Essigsäure
Cl. thermoautotrophicum	60 °C, Kohlenhydrate, H_2, CO_2	Essigsäure
Cl. pasteurianum	Stärke, Inulin	N_2-Bindung, Buttersäure
Cl. botulinum	Proteine, Aminosäuren	Botulismus
Cl. tetani	Wunden	Tetanuserreger
Cl. perfringens	Wunden	Gasbranderreger
Butyribacterium methylotropicum	Kohlenhydrate, H_2, CO, CO_2	Essigsäure Buttersäure

kel und Böden aufgewölbt, „bombiert". Jede bombierte Konserve ist zu vernichten. Auch in Gemüse, vor allem in Bohnensalat, kann *Cl. botulinum* wachsen und Toxin bilden, wenn die Nahrungsmittel zu schwach angesäuert sind. Die Ursache der Vergiftung ist das Botulismustoxin, das zu den giftigsten Substanzen überhaupt gehört. 200 g des gereinigten Toxins würden genügen, die gesamte Menschheit zu vernichten. Das Toxin ist hitzelabil, 30 min. Kochen denaturiert das Protein. Die Hitze muß an allen Stellen des Nahrungsmittels einwirken. Eine Therapie des Botulismus ist nicht möglich, da das Neurotoxin, nicht das Bakterium, die tödliche Intoxikation bewirkt. Auch die Pathogenität von zwei Clostridien geht auf Toxine zurück. Das im Boden vorkommende *Cl. tetani*, der Erreger des Wundstarrkrampfes (**Tetanus**), entwickelt sich langsam in Wunden (2—14 Tage Inkubationszeit). Drei hochwirksame Toxine verursachen die nicht durch

Antibiotika bekämpfbare Erkrankung. Auf die Bedeutung der vorbeugenden Tetanusschutzimpfung schon im frühen Kindesalter sei nachdrücklich hingewiesen, da schon Bagatellverletzungen Tetanus auslösen können. Auf eine Mischinfektion mit *Cl. perfringens* und anderen Clostridien geht der Gasbrand zurück, der sich in tiefer liegenden Verwundungen entwickelt. Bis zu zehn verschiedene Toxine werden von verschiedenen Typen von *Cl. perfringens* gebildet. Das Haupttoxin ist eine Phospholipase, die phospholipidhaltige Membranen, z. B. der Erythrozyten, zerstört.

5.2.9.   Coryneforme Bakterien und Actinomyceten

Diese zweite große Gruppe der Gram-positiven Bakterien umfaßt chemoorganotrophe überwiegend aerobe Bakterien, die einen hohen GC-Gehalt in der DNA haben, vielfach säurefeste Zellwände besitzen und eine aufsteigende morphologische Differenzierung bis zur Mycelbildung zeigen. Auch diese Gruppe enthält sowohl medizinisch als auch biotechnologisch wichtige Vertreter, wie aus Tabelle 5.6. zu entnehmen ist. *Propionibacterium* ist eine fakultativ anaerobe Gattung, die Lactat zu Propionsäure vergärt. Vertreter kommen im Pansen vor, die gebildete Propionsäure wird von den Wiederkäuern verwertet. Bei der Herstellung von Schweizer Käse tragen *Propionibacterium*-Arten maßgeblich zur Aromabildung bei.

Arthrobacter-Arten sind weit verbreitete Bodenbakterien, die eine vielgestaltige (pleomorphe) Zellform mit Ansätzen zur Mycelbildung und Zerfall in Glieder (*arthron* — gr. Glied) zeigen. Sie stehen den **Corynebakterien** sehr nahe, deren Name von der keuligen Gestalt (*coryne* — gr. Keule) der Diphtheriebakterien abgeleitet wurde. Das V-förmige Aussehen der Zellen kommt durch das einseitige Auflösen der Zellwand bei der Teilung zustande, die Zellen klappen wie ein Zollstock auf. Die Corynebakterien haben als Überproduzenten von Glutaminsäure, Lysin und anderen Aminosäuren große wirtschaftliche Bedeutung erlangt (30.1.). Eine Reihe von Pflanzenkrankheiten werden durch *Corynebacterium* verursacht (Tab. 5.6.). *C. fasciens* bildet Indolylessigsäure, die die sogenannte Verbänderung (Fasciation) von Pflanzen bewirkt. *C. diphtheriae* ist der Erreger der Diphtherie.

Zu den aeroben *Mycobacterium*-Arten gehören Erreger der Tuberkulose und Lepra, die als Infektionskrankheiten in einigen Regionen der Welt weiterhin auftreten. Sie sind **säurefest**. Darunter versteht man die Eigenschaft, daß die mit basischem Fuchsin gefärbten Bakterien bei Behandlung mit angesäuertem Ethanol die Farbe nicht abgeben. Dieses Verhalten beruht auf dem Mycolsäuregehalt der Zellwände, die dadurch schwer durchlässig werden. **Mycolsäuren** sind verzweigte 3-Hydroxy-Fettsäuren

Tab. 5.6. Coryneforme Bakterien und Actinomyceten: Wichtige Vertreter und ihre Bedeutung

Propionibacterium freudenreichii	Schweizer-Käse-Aroma
Arthrobacter spec.	Bodenbakterien, Glucoseisomerase
Cornynebacterium glutamicum	Aminosäureproduzenten
Corynebacterium simplex	Steroidtransformationen (Prednison)
Corynebacterium michiganense	Bakterienwelke der Tomate
Corynebacterium sepedonicum	Bakterienringfäule der Kartoffel
Corynebacterium fasciens	Verbänderungen von Zier- u. Wild-pflanzen
Corynebacterium diphtheriae	Diphtherie-Erreger
Mycobacterium tuberculosis	Tuberkulose-Erreger
Mycobacterium leprae	Lepra-Erreger
Rhodococcus corallina	Abbau von Alkanen u. a. Kohlen-wasserstoffen
Rhodococcus calceareus	Abbau von chlorierten aromatischen Kohlenwasserstoffen
Nocardia mediterranea	Antibiotikum Rifamycin
Micromonospora-Arten	Antibiotika — Gentamycine
Thermoactinomyces vulgaris	Amylasen- u. Proteasen-Bildner
Actinoplanes-Arten	Antibiotika — Vancomycine
Streptomyces griseus	Streptomycin, Cycloheximid
Streptomyces aureofaciens	Tetracycline
Streptomyces erythreus	Erythromycin
Streptomyces nodosus	Amphothericin B
Streptomyces clavuligerus	Clavulansäure (Penicillinase-Inhibitor)
Streptomyces avermitilis	Avermectine (Anthelmintika)
Streptomyces cinamonensis	Monensin (nutritives Antibiotikum)
Frankia spec.	Symbiontische Stickstoffbindung mit Nichtleguminosen

folgender Grundstruktur: R_1-CHOH-CHR$_2$-COOH. Die Substituenten R_1 und R_2 sind langkettige aliphatische Kohlenwasserstoffe. Bei den Coryne-bakterien liegt die Kettenlänge um C_{30}, bei den Mycobakterien um C_{80}. Die Zellwände erhalten dadurch wachsartige Eigenschaften. Die Gattung *Rhodococcus*, die früher *Mycobacterium* zugeordnet war, enthält ausge-sprochene Abbauspezialisten für Kohlenwasserstoffe und Fremdstoffe, z. B. chlorierte aromatische Kohlenwasserstoffe. Sie spielen bei der Reini-gung von Industrieabwässern eine große Rolle.

Bei der Gattung *Nocardia* tritt die **Mycelbildung** auf, die die **Actinomyceten** (früher Strahlenpilze) charakterisiert. Wie in Abbildung 5.10. dargestellt ist, läßt sich eine Reihe zunehmender Differenzierung bis zu den Strepto-

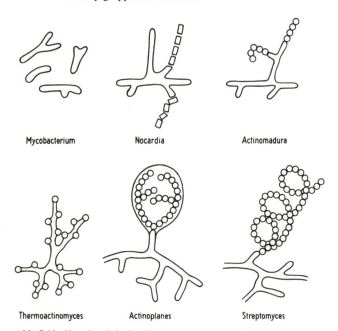

| Mycobacterium | Nocardia | Actinomadura |

| Thermoactinomyces | Actinoplanes | Streptomyces |

Abb. 5.10. Charakteristische Gattungen der coryneformen Bakterien und Actinomyceten.

myceten konstruieren, die im Nährboden Substratmycel, darüber Luftmycel bilden. Aus dem Luftmycel bilden sich durch Einschnürung Sporenketten, die in sehr artspezifischer Weise angeordnet sind. Bei *Actinoplanes* treten eine Art von Sporangien auf. Die Umhüllung der Sporen geht auf die äußere Zellwand zurück. Mit Ausnahme der aquatischen Gattung *Actinoplanes* sind die Actinomyceten Bodenbewohner, die auch den Erdgeruch durch einen höheren Alkohol (Geosmin) hervorrufen. Sie bilden ein sehr breites Spektrum art- und stammspezifischer Metabolite, die als Sekundärstoffe (Kap. 31) bezeichnet werden. Zu diesen vielfach biologisch aktiven Stoffen gehören wichtige antibakterielle und antifungizide **Antibiotika**, Enzyminhibitoren, Insektizide und Herbizide (Beispiele Tab. 5.6.) Die Actinomyceten bauen makromolekulare Naturstoffe wie Cellulose und Chitin ab. Die Gattung *Frankia* bindet in Endosymbiose mit Nichtleguminosen Luftstickstoff. Die bei Erlen an Bachläufen gut sichtbaren Wurzelknollen werden durch *Frankia* verursacht. Vertreter dieser Gattung bewirken auch die Stickstoffbindung von Pionierpflanzen auf nährstoffarmen Standorten, z. B. beim Sanddorn und der Ölweide (*Eleagnus*).

Zu der Bakteriengruppe mit hohem GC-Gehalt gehören einige weitere Gattungen, die nur namentlich genannt sein sollen: *Selenomonas*, *Megasphaera* und das phototrophe *Heliobacterium*.

5.2.10.   Spirochaeten

Die charakteristische Gestalt der Vertreter dieses Phylums ist in Abbildung 5.11. dargestellt. Es sind sehr lange (5—500 µm) und dünne (0,2—0,6 µm) schlangenartige Formen, die keine starre Zellform haben, sondern flexibel sind. Die schlängelnde Bewegung geht sehr wahrscheinlich auf die Achsialfilamente zurück, die die Zelle umwinden. Sie sind einem Geißelbüschel vergleichbar, das sich um das Bakterium geschlungen hat. Die Achsial-

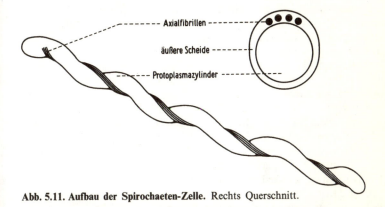

Abb. 5.11. Aufbau der Spirochaeten-Zelle. Rechts Querschnitt.

filamente bestehen wie Geißeln aus Flagellin, einem Protein. Die Zahl ist artspezifisch. Bei *Treponema pallidum*, dem Erreger der venerischen Krankheit Syphilis, sind es vier, bei dem apathogenen schwer züchtbaren Mundspirochaeten mehr als 30. Spirochaeten kommen in Gewässern und im Darm vieler Tiere vor. Nur wenige Arten sind pathogen. Neben dem Syphiliserreger ist noch *Borrelia recurrentis* zu nennen, der Erreger des durch Insekten übertragbaren Rückfallfiebers. Neuerdings breitet sich in Mitteleuropa die durch *Borrelia burgdorferi* hervorgerufene Lyme-Krankheit aus. Die durch Holzböcke (Schildzecken) von Tieren auf Menschen übertragbare Krankheit verursacht gefährliche Entzündungen der Hirnhaut, des Herzmuskels und des Rückenmarks.

5.2.11.   Chlamydien, Rickettsien und Mycoplasmen

Gemeinsam ist diesen Gruppen die Lebensweise als **Zellparasiten**. **Chlamydien** stellen ein eigenständiges Phylum dar. Sie sind sphärische 0,3 µm kleine Gebilde, die als intrazelluläre Parasiten leben. Sie besitzen DNA, RNA und eine Zellwand, aber einen unvollständigen Stoffwechsel. Das Genom hat ein Viertel der Größe des von *E. coli*. Wahrscheinlich nehmen sie ATP, Coenzyme und andere Metabolite von den Wirtszellen auf („Energieparasiten"). *Chlamydia trachomatis* ruft das in tropischen und subtropischen Ländern sehr verbreitete Trachom hervor, das auch als Körnerkrankheit oder ägyptische Augenkrankheit bezeichnet wird. Eine Bindehautentzündung (Konjunktivitis) greift auf die Hornhaut über und führt häufig zur Erblindung. Die Psittacose oder Papageienkrankheit, eine Vogelerkrankung, die beim Menschen eine atypische Lungenentzündung verursachen kann, wird durch *Chlamydia psittaci* hervorgerufen.

Rickettsien sind ebenfalls sehr kleine obligate Zellparasiten mit unklarer taxonomischer Stellung. Ihren Namen haben sie von dem Entdecker des amerikanischen Felsengebirgsgebietes H. T. Ricketts. In Mitteleuropa tritt *Rickettsia prowazekii*, der Erreger des epidemischen Fleckfiebers, gelegentlich auf. Die durch Läuse und Flöhe übertragene Erkrankung ist dem Typhus ähnlich und wird daher auch als Flecktyphus bezeichnet.

Die **Mycoplasmen** sind phylogenetisch aus Vorläufern der Clostridien hervorgegangen. Sie bilden keine Zellwand und sind osmotisch sehr labil, wie das für die L-Formen (3.5.) beschrieben wurde. Sie können in isotonischen Medien, die Purine, Pyrimidine, Lipide, Steroide und weitere Nährstoffe enthalten, kultiviert werden. Von Natur aus sind die um 0,3 µm kleinen Organismen Zellparasiten, die bei Pflanzen, Tieren und Menschen Krankheiten verursachen. Bei Pflanzen treten 10 µm lange helikale Formen auf, die daher auch Spiroplasmen genannt werden. *Spiroplasma citri* verursacht die Vergilbungskrankheit von Citrus-Arten. Bei Mais, Opuntien, Astern und Salat wurden ähnliche Organismen nachgewiesen, die Vergilbungen (engl. yellows) verursachen. Sie werden durch Insekten übertragen, die wahrscheinlich auch Wirte sind. Beim Menschen tritt *Mycoplasma pneumoniae* als Erreger einer leichten Lungenentzündung auf. Als Erreger einer schwerer verlaufenden Lungenseuche der Rinder wurden sie entdeckt und zunächst als PPLO (pleuro pneumonia like organisms) beschrieben.

5.2.12.   Extrem thermophile Eubakterien

Als extrem thermophil werden Bakterien bezeichnet, die ein Temperaturoptimum um 70 °C haben. Dazu gehört die Gattung *Thermus* mit *T. aquati-*

cus und *T. thermophilus* als Vertreter. Ursprünglich wurde sie von Th. Brock aus heißen Quellen isoliert. Weiterführende Untersuchungen ergaben, daß *Thermus* weit verbreitet ist und in Durchlauferhitzern von Industrie- und Wäschereianlagen vorkommt. Das aerob mit geringen Konzentrationen organischer Stoffe wachsende filamentöse Bakterium hat ein Temperaturoptimum von 70 °C, unter 40 und über 79 °C wächst es nicht mehr. Taxonomisch steht es mit einigen anderen Vertretern isoliert da, wahrscheinlich ist es phylogenetisch früh vom Stammbaum der Eubakterien abgezweigt worden. Das trifft auch für das aus geothermisch aufgeheizten Meeressedimenten isolierte Bakterium *Thermotoga maritima* mit einem Temperaturoptimum von 80 °C und einem Maximum von 90 °C zu. Eine weitere thermophile Art ist *Isacystis pallida*. Nicht thermophil, aber durch ungewöhnliche Eigenschaften ausgezeichnet, sind radioresistente Micrococcen, z. B. *Deinococcus radiodurans*.

5.3.   Archaebakterien

Die Einführung gentaxonomischer Methoden (5.1.) führte zu der Erkenntnis, daß es unter den Prokaryoten eine Gruppe gibt, die phylogenetisch den Eubakterien so fern steht wie den Eukaryoten. Diese als **Archaebakterien** bezeichnete Gruppe lebt unter extremen Umweltbedingungen, wie sie in ähnlicher Weise auch in früheren „archaischen" Entwicklungsphasen auf der Erde geherrscht haben können. Zu diesen biochemisch wie morphologisch sehr mannigfaltigen Archaebakterien gehören einige seit längerer Zeit bekannte Arten, andere wurden in neuester Zeit aus extremen Stand-

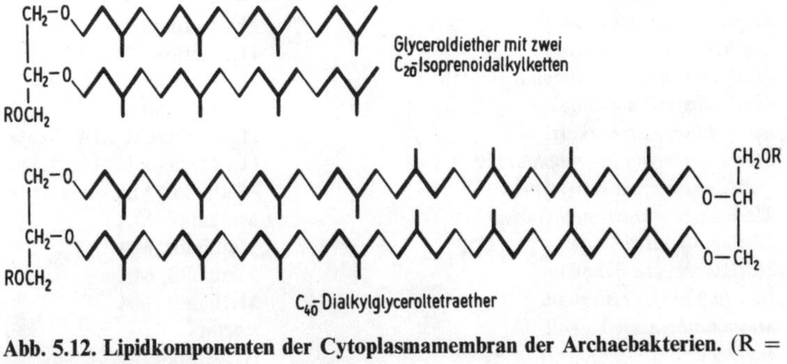

Abb. 5.12. Lipidkomponenten der Cytoplasmamembran der Archaebakterien. (R = H oder Zucker).

orten isoliert. Zu den Archaebakterien gehören die Methanogenen, die Extrem-Halophilen und die Extrem-Thermophilen.

Merkmale der Archaebakterien, die von denen der Eubakterien grundsätzlich abweichen, sind die Zusammensetzung der **Ribosomen** (16S- und 5S- RNASs und Proteine), die aus vielen Untereinheiten aufgebaute **RNA-Polymerase**, die Art des Translationssystems und das Auftreten nicht codierender Sequenzen in der DNA. Bei diesen Eigenschaften gibt es Ähnlichkeiten zu den Eukaryoten. Die **Lipidstruktur** der Archaebakterien weicht sehr

Abb. 5.7. Verteter methanogener Bakterien und genutzte Substrate
(MA = Methylamin)

Methanobacteriales: Überwiegend Stäbchen, Zellwand aus Pseudomurein	
Methanobacterium formicium	H_2, Formiat
Methanobacterium thermoautotrophicum (65 °C)	H_2
Methanobacterium thermoalcaliphilum (60 °C)	H_2
Methanobrevibacter ruminantium	H_2, Formiat
Methanosphaera stadtmaniae	H_2, Methanol
Methanothermus fervidus (83 °C)	H_2
Methanococcales: Coccen, Zellwand aus Protein	
Methanococcus vannielii	H_2, Formiat
Methanococcus thermolithotrophicus	H_2, Formiat
Methanococcus jannaschii (85 °C)	H_2
Methanomicrobiales, Coccen und Stäbchen, Zellwände aus Protein, Glycoprotein oder Heteropolysacchariden	
Methanomicrobium mobile	H_2, Formiat
Methanogenium limicola	H_2, Formiat
Methanogenium thermophilicum (55 °C)	H_2, Formiat
Methanospirillum hungatei	H_2, Formiat
Methanosarcina barkeri	H_2, Methanol, MA, Acetat
Methanosarcina thermophila (50 °C)	H_2, Methanol, MA, Acetat
Methanosarcina acetivorans	Methanol, MA, Acetat
Methanococcoides methylutens	Methanol, MA
Methanolobus tindarius	Methanol, MA
Methanococcus halophilus	Methanol, MA
Halomethanococcus mahi	Methanol, MA
Methanothrix soehngenii	Acetat
Methanothrix sp. (60 °C)	H_2, Acetat

von der der Eubakterien und Eukaryoten ab. Nicht aus Fettsäureestern des Glycerols, sondern aus Glycerolethern mit Isoprenoidalkoholen aus 20, 25 und 40 C-Atomen sind die Lipide aufgebaut (Abb. 5.12.). Die **Zellwand** ist von der der Eubakterien sehr abweichend. Bei den einzelnen Gattungen

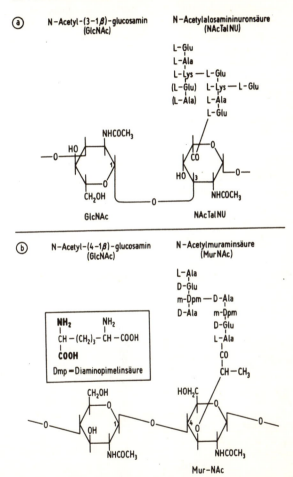

Abb. 5.13. Grundbausteine des Pseudomureins der Zellwand der Archaebakterien (a) im Vergleich zum Mureinbaustein der Gram-negativen Bakterien (*Escherichia coli*) **(b).**

gibt es große Unterschiede. Bei *Methanobacterium* tritt eine vom Murein
abweichende Struktur auf, die als Pseudomurein bezeichnet wird (Abb. 5.
13.). Anstelle der Muraminsäure tritt die L-Talosaminuronsäure auf, die
über β-1,3-Bindung mit dem N-Acetylglucosamin verknüpft ist. Die Pep-
tidkomponenten enthalten nur L-Aminosäuren. Noch abweichender ist der
Zellwandaufbau weiterer Archaebakterien. *Methanosarcina* besitzt eine
Zellwand aus Heteropolysacchariden (u. a. Uronsäuren, Galactosamin),
Methanococcus aus Glycoprotein, *Methanospirillum* besitzt eine Protein-
scheide. Auch die Halobakterien und *Sulfolobus* haben Glycoproteine als
zellbegrenzende Strukturen. Weitere Besonderheiten des Stoffwechsels sind
gruppenspezifisch und werden bei der folgenden Vorstellung der Hauptgruppen angeführt.

Die **methanogenen Bakterien** stellen die größte Gruppe dar. Diese streng
anaeroben Bakterien gewinnen Energie durch Wasserstoffoxidation, wobei
sie CO_2 als H-Acceptor nutzen und zu CH_4 reduzieren. Dieser Prozeß stellt
eine Art „anaerobe Carbonat-Atmung" dar, an der aber keine Cytochrome,
sondern für diese Gruppe spezifische Cofaktoren beteiligt sind, auf die im
Kapitel 12 ausführlicher eingegangen wird. Auch der Acetyl-CoA-Weg der
autotrophen CO_2-Assimilation wird dort behandelt. Methanogene Bakterien leben in anaeroben Seensedimenten und bewirken die Methanbildung.
Bei der Biogasproduktion aus Abwasser spielen sie eine entscheidende
Rolle. Ein Biogasreaktor besonderer Art ist der Pansen der Wiederkäuer.
Die Hauptgruppen methanogener Bakterien und die von ihnen nutzbaren
Substrate sind in Tabelle 5.7. zusammengestellt. Die Gruppe zeichnet sich

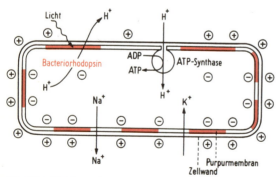

Abb. 5.14. Halobacterium halobium. Funktion der Purpurmembran als lichtgetriebene Protonenpumpe. Licht bewirkt die Protonenemission aus Bacteriorhodopsin. Der Protonengradient wird beim Protoneneinstrom durch die ATP-Synthase in chemische Energie (ATP) umgesetzt.

durch eine große Formenmannigfaltigkeit aus. Auch der Aufbau der Zellwand ist sehr verschieden. Einige Gattungen sind extrem thermophil.

Die **Extrem-Halophilen** leben aerob und sowohl chemoorganotroph als auch phototroph in Salzseen, wie dem Toten Meer, aber auch auf gepökeltem Fisch. Die Besiedlung des Extrembiotops gesättigter Salzlösungen (3—5 M NaCl) hat zur Entwicklung von zwei Besonderheiten geführt, zur Halophilie und zur Nutzung von **Licht als Energiequelle durch Bacteriorhodopsin.** Bacteriorhodopsin ist ein Chromoproteid, das dem tierischen und menschlichen Sehfarbstoff des Auges, Rhodopsin, sehr ähnlich ist. Es ist der Bestandteil großer Areale (etwa 50 %) der Zellmembran (Purpurmembran). Bei Lichteinwirkung gibt das Bacteriorhodopsin Protonen (H^+) an das Außenmedium ab (Abb. 5.14.). Es wirkt als lichtgetriebene Protonenpumpe. Den elektrochemischen Protonengradienten nutzt die Zelle als Energiequelle. Beim Protoneneinstrom wird die Ladungsdifferenz durch ein in der Membran lokalisiertes Enzym, die ATP-Synthetase, in chemische Energie (ATP) umgewandelt. Natriumionen stellen die Hauptkomponenten des natürlichen Milieus dieser Bakterien dar. Zur Stabilisierung der Zellproteine benötigt die Zelle Kalium. Sie hat daher ein Na^+-Exportsystem, das wie die Energiegewinnung durch den Protoneneinstrom angetrieben wird. Zur Osmoregulation und Ladungsneutralisierung erfolgt ein selektiver Kalium-Einstrom, bei dem wahrscheinlich kaliumselektive Membrankanäle beteiligt sind. Bei Anwesenheit hoher Konzentrationen von KCl besitzen Halobakterium-Enzyme hohe Stabilität.

Zwei Gattungen von Extrem-Halophilen sind bekannt, *Halobacterium* und *Halococcus*. Licht stellt für sie eine zusätzliche Energiequelle dar, sie nutzen organische Substrate. CO_2 wird nicht assimiliert.

Unter der dritten Gruppe der Archaebakterien, den **Extrem-Thermophilen**, die zugleich **acidophil** sind, gibt es sowohl chemolithotrophe als auch chemoorganotrophe Vertreter. Einige Arten können sich auto- und heterotroph ernähren. *Sulfolobus acidocaldarius* und *S. solfatarius* leben bei 80 °C in Solfataren (vulkanischen Schwefelquellen). Sie oxidieren wie die Thiobacillen Schwefel zu Schwefelsäure. Das ebenfalls thermoacidophile Bakterium *Thermoplasma acidophilum* wurde aus schwelenden Kohleabraumhalden bei 60 °C und pH um 2 isoliert. Es ist auf Hefeextrakt kultivierbar. *Pyrobaculum islandicum* lebt bei 100 °C extrem anaerob durch Sulfatatmung mit organischen Substraten und H_2. Die höchste Temperatur, bei der Archaebakterien noch leben, dürfte 105—110 °C sein. Stämme von *Pyrodictium occultum* leben anaerob chemolithotroph bei dieser Temperatur. Es ist die Temperatur, bei der vegetative Eubakterienzellen in Sekunden abgetötet werden.

6. Hauptgruppen der Pilze und Hefen

Es werden die für die Mikrobiologie wichtigen Organismengruppen berücksichtigt. Auch bei den Pilzen gibt es bisher kein natürliches System. Sie stellen keine phylogenetisch einheitliche Gruppe dar. Besonders groß sind die Unterschiede zwischen den Schleimpilzen (*Myxomycota*) und Pilzen (*Eumyceta*), die sich entwicklungsgeschichtlich früh getrennt haben (Abb. 5.1.). Auch die Grenzen zwischen Abteilungen, Klassen und Ordnungen sind umstritten. Das zeigen die verschiedenen Systeme in den Lehrbüchern der Mykologie und Botanik. Es werden daher wie auch bei den Bakterien nur die Hauptgruppen und wichtige Vertreter behandelt.

6.1. Myxomycota (Schleimpilze)

Die *Myxomycota* sind **zellwandlose Organismen** mit **amöboider Bewegung**, die in bestimmten Entwicklungsphasen **Sporangien** bilden, welche mit einer Cellulose- oder Chitinwand umgebene Sporen enthalten. Die *Myxomycota* lassen sich in drei Gruppen gliedern.

Die *Acrasiomycetes* (**zelluläre Schleimpilze**) sind einzellige terrestrische Organismen, die auf feuchten Böden von Bakterien und anderen Nährstoffen leben. Von der etwa 20 Arten umfassenden Gruppe ist *Dictyostelium discoideum* ein wichtiges Objekt zur Erforschung der Differenzierungsprozesse vom ein- zum vielzelligen Organismus. Wie aus dem Entwicklungscyclus (Abb. 6.1.) zu ersehen ist, aggregieren die **amöboiden Zellen** bei Nahrungsmangel zu einem Pseudoplasmodium. Die Aggregation wird durch Zellen ausgelöst, die zuerst Nahrungsmangel registrieren. Sie beginnen, rhythmisch cAMP (cyclisches Adenosin-3,5′-monophosphat) abzugeben, was von benachbarten Amöben registriert wird. Es löst die gezielte Bewegung auf ein Zentrum und Stoffwechselumstellungen aus. An der Aneinanderlagerung der Zellen sind Lectine (Kohlenhydrate bindende Proteine) beteiligt. Bei der weiteren Entwicklung kann sich das **Pseuoplasmodium** wie eine Schnecke weiterbewegen. Es erfolgt anschließend die Bildung eines etwa 2 mm hohen Fruchtkörpers, der aus einem Cellulosestiel und einem Köpfchen besteht, das mit Sporen gefüllt ist. Unter günstigen

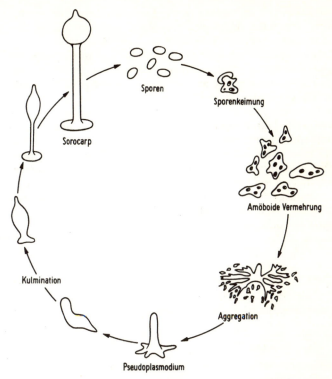

Abb. 6.1. Entwicklungscyclus des Myxomyceten Dictyostelium discoideum. Erklärung s. Text.

Entwicklungsbedingungen keimen die Sporen direkt wieder zu Amöben aus.

Die *Myxomycetes* **(Echte Schleimpilze)** sind vielkernige nackte Protoplasmakörper. Sie leben auf verrottendem Holz und Laub und ernähren sich von Bakterien und anderen organischen Stoffen durch Phagocytose. Das intensiv gelbe *Physarum polycephalum* bildet bei Nahrungsmangel das **Plasmodium** in eine schwarze Sporangienmasse um. Viele Vertreter der 400 Arten umfassenden Gruppe bilden morphologisch differenziertere Fruchtkörper, in denen die Sporen in einem netzartigen Capillitium liegen. Sie werden durch Wind verbreitet und keimen zu Myxamöben aus. Die Myxamöben durchlaufen vielfach ein begeißeltes Stadium (Myxoflagellaten). Bei Feuchtigkeit fallen die großen schaumigen, zitronengelb gefärbten Fruchtkörper der Gerberlohe (*Fuligo septica*) ins Auge. Die bizarren Formen der netzartigen Sporangien z. B. von *Cribaria rufa* findet man auf der dem Licht abgewandten Seite umgestürzter Baumstämme.

Die Zuordnung der dritten Gruppe, der *Plasmodiophoromycetes* (**Endoparasitische Schleimpilze**), zu den *Myxomycota* ist umstritten. Einige Autoren sehen sie als Schleimpilze an, die zu **obligaten intrazellulären Parasiten** von höhereren Pflanzen, Algen und Pilzen geworden sind. Der bekannteste Vertreter dieser etwa 20 Arten umfassenden Gruppe ist *Plasmodiophora brassicae*, der Erreger der Kohlhernie. An Kohl und anderen Cruciferen verursacht er Wurzelanschwellungen, tumorartiges Wachstum. Die Wurzelhaare werden von zweifach begeißelten Zoosporen infiziert, und in der Zelle entwickelt sich ein Plasmodium. Es zerfällt in Zoosporen, die erneute Infektionen verursachen. Zur Überwinterung wird ein interzelluläres Sporangium mit Dauersporen gebildet. Im Frühjahr keimen diese mit einer Chitinwand umgebenen Dauersporen (Aplanosporen) zu begeißelten Zoosporen aus.

6.2.   Eumycota (Echte Pilze)

Diese große Gruppe bildet Hyphen, die von einer **Zellwand** umgeben sind. Einige Untergruppen wachsen als Hefen einzellig.

6.2.1.   Oomycetes und Chytridiomycetes

Charakteristisch für diese zwei Gruppen ist die Fähigkeit zur Zoosporenbildung in bestimmten Entwicklungsphasen. Sie werden daher auch als *Mastigomycotina* (Zoosporenbildende Pilze) zusammengefaßt. Die *Oomycetes* bilden Zoosporen mit zwei, die *Chytridiomycetes* mit einer Geißel. Beide Gruppen haben **Hyphen ohne Querwände.**

Die *Oomycetes* sind aquatische und terrestrische Pilze, die sich ungeschlechtlich durch Zoo- oder Planosporen vermehren. Die beiden Geißeln sind heterokont, eine kürzere Flimmergeißel ist nach vorn, eine längere Peitschengeißel nach hinten gerichtet. Die Zellwände enthalten **Cellulose**, nicht Lignin. Viele der 900 Arten haben keine Steroide in der Membran

▶

Abb. 6.2. Fortpflanzungscyclen von Phytophthora infestans. Oben ungeschlechtliche Vermehrung des diploiden Mycels, das zur massenweisen Ausbreitung führt. Unten geschlechtliche Neukombination der genetischen Information durch Meiose. Sie setzt das Vorkommen weiblicher und männlicher Mycelien auf einer Pflanze voraus.

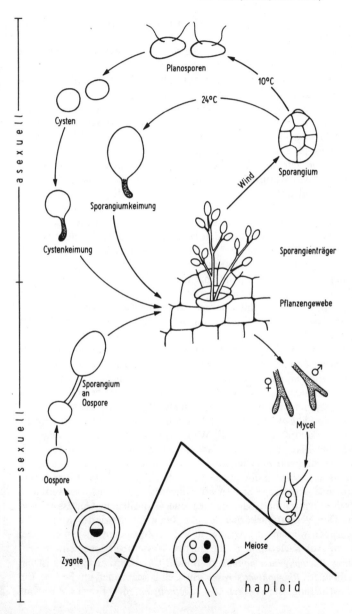

Planosporen

10°C

Cysten

24°C

Sporangium

Sporangiumkeimung

Wind

Cystenkeimung

Sporangienträger

Pflanzengewebe

Sporangium
an
Oospore

♀ ♂

Mycel

Oospore

♀
♂

Meiose

Zygote

h a p l o i d

a s e x u e l l

s e x u e l l

und sind daher gegen Fungizide, die in den Steroidstoffwechsel eingreifen, unempfindlich.

Von den aquatischen Arten sind die *Saprolegnia*-Arten zu nennen, die an toten Insekten und Pflanzen den Wasserschimmel bilden. *Aphanomyces astaci* hat zum starken Rückgang des Edelkrebses beigetragen (Krebs-Pest). Große Bedeutung als phytopathogene Pilze haben *Phytophthora-*, *Plasmopara-* und *Peronospora*-Arten. *Phytophthora infestans* ist der Erreger der Kraut- und Knollenfäule der Kartoffel, der besonders in feucht-kühlen Jahren große Schäden verursacht. Die Entwicklung dieses Pilzes wird als Beispiel eines Oomyceten ausführlicher dargestellt.

Phytophthora infestans vermehrt sich überwiegend ungeschlechtlich (Abb. 6.2.). Die in den Kartoffeln überwinternden Mycelien gelangen mit der sich entwickelnden Pflanze in die Interzellularräume der Blätter und bilden Sporangien aus, die durch die Spaltöffnungen an der Blattunterseite nach außen wachsen. Die Sporangien werden durch Wind verbreitet. Bei tiefen Temperaturen (unter 10 °C) werden bei Feuchtigkeit (Tautropfen) bewegliche Zoo- oder Planosporen freigesetzt, die encystieren können. Keimende Cysten infizieren über Spaltöffnungen oder aktives Eindringen mittels Appressorien erneut Kartoffelpflanzen. Bei höherer Temperatur reagiert das Sporangium wie eine Konidiospore. Sie keimt aus und infiziert weitere Pflanzen. In kühlen feuchten Jahren erfolgt eine besonders starke Vermehrung. Die sexuelle Fortpflanzung setzt voraus, daß in einer Pflanze männliche und weibliche Mycelien vorkommen. *Phythophthora* ist also diözisch. Aus den diözischen Mycelien gehen männliche und weibliche Gametangien hervor. Das weibliche Oogonium durchwächst das männliche Antheridium, die haploiden Kerne verschmelzen zur Zygote, es folgt die Reduktionsteilung. Aus der Zygote geht die Oospore hervor. Sie keimt zu einem Sporangium aus, das in der Regel Planosporen freisetzt.

Plasmopara viticola, der Falsche Mehltau des Weines, wird mit Kupfer-kalkbrühe bekämpft, durch die die Weinberge blau erscheinen. *Peronospora tabacina*, der Blauschimmel des Tabaks, hat seinen Namen von den bläu-lichen Sporen. *Pythium*-Arten sind Erreger von Keimlingserkrankungen. Im Abwasser ist *Leptomitus lacteus* verbreitet. Dieser Pilz baut Fettsäuren, Glycerol und organische Säuren ab. Glucose kann er nicht verwerten.

Chytridiomycetes sind Saprophyten oder Parasiten in Gewässern und Böden. Der Vegetationskörper ist ein wenig differenziertes Mycel, die Hyphenenden werden zu Sporangien, welche Zoosporen mit einer Geißel freisetzen. Auf Kiefernpollen, die an der Wasseroberfläche schwimmen, ist häufig *Rhizophydium pollinis* zu finden. *Chytriomyces hyalinus* ist ein Chitinabbauer, *Rhizophlyctis rosea* ein Celluloseabbauer im Boden. Ein Pflanzenschädling ist *Synchytrium endobioticum*, der Erreger des Kartoffelkrebses. *Olpidium brassicae* ruft die Schwarzbeinigkeit des Kohls hervor. *Coelomomyces*-Arten sind Parasiten der Mücken.

6.2.2.   Zygomycetes (Jochpilze)

Die Zygomyceten sind Landbewohner. Sie bilden keine begeißelten Sporen wie die im vorhergehenden Abschnitt behandelten Gruppen. Die in einem Sporangium gebildeten Sporen sind unbeweglich. Das Mycel ist nicht septiert, einige Arten (z. B. *Mucor*) wachsen bei Sauerstoffmangel hefeartig. Die Zellwand enthält Chitin. Zu der 300 Arten umfassenden Gruppe gehören so verbreitete Schimmelpilze wie der Köpfchenschimmel *Mucor mucedo* und der Brotschimmel *Rhizopus nigricans*. Diese Pilze erscheinen schnell auf feucht gelagerten Brotscheiben und anderen Nahrungsmitteln. Sie bilden ein grauweißes verzweigtes Mycel, das sich 1—2 cm hoch in den Luftraum erhebt und kleine schwarze Köpfchen trägt, die Sporangien. Im Substrat bilden sich kurze, verzweigte Hyphen (Rhizoide).

Den Namen Zygomyceten = Jochpilze hat diese Gruppe von der bei der sexuellen Vermehrung auftretenden Jochbildung der Gametangien. Der Entwicklungscyclus ist in Abbildung 6.3. dargestellt. Das vegetative Mycel von *Rhizopus* ist haploid. Es gibt zwei sexuell verschiedene Typen (+ und — Stämme), die morphologisch gleich aussehen. Zur sexuellen Fortpflanzung wachsen diese Stämme aufeinander zu, wobei vielfach Sexualhormone beteiligt sind (Abb. 6.4.). Die +- und —-Stämme bilden leicht voneinander abweichende Hormonvorstufen, die durch die Luft diffundieren. Sie werden vom Partner in das aktive Hormon umgewandelt, die Trisporsäure. Sie induziert auch die Zygosporenbildung. Mehrkernige Gametangien werden gebildet, die zur Zygospore verschmelzen. Dabei findet die Karyogamie statt. Unter günstigen Bedingungen keimt die Zygospore, dabei erfolgt die Reduktionsteilung, es werden im Sporangium haploide +- und —-Sporen gebildet. Diese Sporen wachsen zu heterothallischen Mycelien aus, die ebenfalls Sporangien bilden, aus denen durch Aufreißen der Hülle die Sporen freigesetzt werden.

Mucor und nahe verwandte Zygomyceten wie *Rhizopus* und *Phycomyces* werden in der Industrie zur Produktion organischer Säuren und zu Steroidtransformationen eingesetzt (32.2.). *Blakeslea*-Arten sind für die β-Carotinbildung von Interesse.

Zu den Zygomyceten gehören die sehr verbreiteten und für die pflanzliche Ernährung wichtigen endotrophen *Mycorrhiza*-Bildner *Endogone*, *Glomus* und *Gigaspora* (23.2., Abb. 23.8.). Sie sind bisher nur in Verbindung mit Pflanzenwurzeln zur Vermehrung gebracht worden.

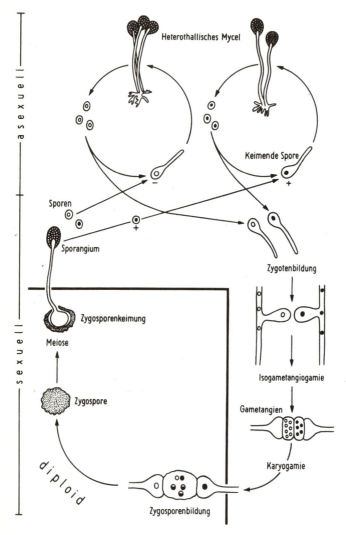

Abb. 6.3. Fortpflanzungscyclen von Rhizopus nigricans. Oben asexuelle Massen-vermehrung der heterothallischen haploiden Mycelien. Unten sexuelle Neukom-bination durch Zygosporenbildung und Meiose bei der Sporenkeimung.

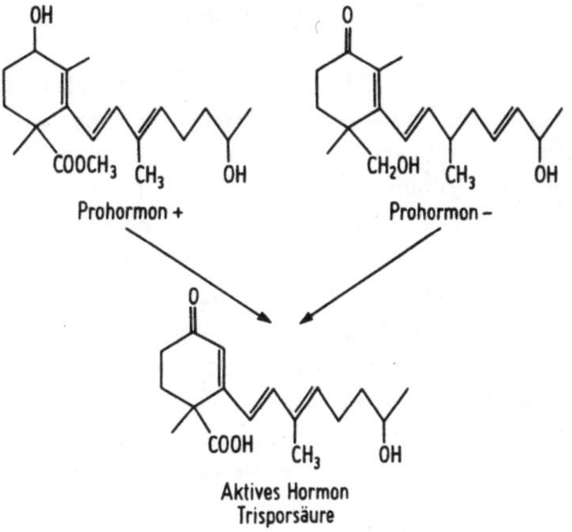

Abb. 6.4. Sexualhormone der Zygomyceten. Die verschieden geschlechtlichen Mycelien bilden flüchtige Prohormone, die vom Partner in das aktive Hormon Trisporsäure umgewandelt werden. Diese induziert die Zygosporenbildung (Abb. 6.3.).

Ein verbreiteter Insektenpathogen ist *Entomophthora*. *E. muscae* befällt die Hausfliege. Im Herbst findet man an Fensterscheiben tote Fliegen, die von einem hellen Hof von abgeschleuderten Konidiosporen umgeben sind. Auch bei Blattläusen treten *Enteromophthora*-Arten als Pathogene auf. Diese Stämme sind für die biologische Schädlingsbekämpfung von Interesse (24.1.2., Tab. 24.2.).

Phycomyces blakesleeanus ist ein wichtiges Forschungsobjekt für die Reiz- und Entwicklungsphysiologie. Die Sporangiophoren (Sporangienträger) reagieren auf Lichtreize und ermöglichen das Studium von Lichtrezeptoren. Der auf Pferdedung vorkommende *Pilobolus* hat unterhalb der Sporocyste eine Blase entwickelt, die auf Grund des Turgors als Sporocysten-Abschußmechanismus die Sporocyste bis zu 2 m weit dem Licht entgegen schleudert.

6.2.3. Ascomycetes (Schlauchpilze)

Diese 60 000 Arten umfassende Gruppe hat septierte Hyphen. Eine Ausnahme davon stellen die einzelligen Hefen dar. Die sexuellen Sporen werden in Asci (Schläuchen) gebildet. Die Zahl der Ascosporen beträgt 8, seltener 4. Die asexuelle Vermehrung erfolgt durch Konidiosporen. Diese unbeweglichen Sporen werden exogen an Konidienträgern gebildet, nicht endogen in Sporangien.

Die zur Ascosporenbildung befähigten Hefen (**ascosporogene Hefen**) werden zu einer Untergruppe zusammengefaßt, den **Proascomyceten** oder *Endomycetales*. Hierzu gehört die Bäcker- und Bierhefe *Saccharomyces cerevisiae*, von der es mehrere physiologische Rassen für die Herstellung verschiedener alkoholischer Getränke gibt (29.1.). Die Entwicklung dieser Hefe wurde bereits im Kapitel 4 (Abb. 4.3.) dargestellt. Zum überwiegenden Teil vermehren sich diese Hefen asexuell durch Sprossung. An einer Zelle können mehrere Knospen, die zu Tochterzellen führen, gebildet werden. Bei einigen Rassen bleiben sie als Sproßverbände zusammen (obergärige Hefen), andere trennen sich (Bruchhefen). Die sexuelle Vermehrung setzt nur zwischen bestimmten Zelltypen ein, hierbei spielt die chemische Kommunikation eine Rolle. *Saccharomyces* und andere ascosporogene Hefen bilden 4 Ascosporen. *Schizosaccharomyces* teilt sich nicht durch Sprossung, sondern durch Querteilung (z. B. *S. pombe*, Arrak-Gewinnung). *Yarrowia lipolytica* ist eine Alkane verwertende Hefe, die auch zur Citronensäuregewinnung herangezogen wird. Diese auf ölreichen Früchten und im Boden von Tankstellen vorkommende Hefe ist unter den früheren Namen *Saccharomycopsis* und *Candida lipolytica* in die Literatur eingegangen. Weitere Ascosporen bildende Hefen sind: *Kluyveromyces*, *Cryptococcus*, *Pichia*, *Hansenula* sowie einige Arten von *Rhodotorula* und *Pullularia* (*Pullularia pullulans* — schwarze Hefe auf Blättern). Den Hefen nahestehend sind die Riboflavin produzierenden Pilze *Ashbya* und *Eremothecium*. *Endomyces lactis* (syn. *Oospora lactis*, *Geotrichum candidum*), der Milchschimmel, nutzt u. a. Milchsäure und entwickelt sich auf länger stehender Milch. Die Hyphen zerfallen in relativ rechteckige Arthrosporen.

Die typischen **Ascomyceten** bilden die Ascosporen in Schläuchen. Als mikrobiologisch wichtiger Vertreter, der auch makroskopisch sichtbar ist, wird der Mutterkornpilz *Claviceps purpurea* ausführlicher vorgestellt. Dieser Pilz bildet die an Getreide- und Wildgräserähren vorkommenden Mutterkörner, die Überwinterungsform, und er produziert die als Arzneimittel genutzten Mutterkornalkaloide (31.3.). Der Entwicklungscyclus ist in Abbildung 6.5. dargestellt. Im Frühjahr entwickeln sich aus dem 2—3 cm langen Mutterkorn etwa 1 cm hohe Fruchtkörper, in denen die sexuelle Fortpflanzung und Ascosporenbildung vor sich geht. Das Mycel ist haploid. Es bilden sich männliche und weibliche Gametangien (Antheridien und Archegonien), die miteinander verschmelzen (Plasmogamie). Die Kernverschmelzung (Karyogamie) schließt sich an, gefolgt von der Meiose. Im Ergebnis der Reduktionsteilung werden 8 langgeformte Ascosporen im Ascus gebildet. Sie stecken wie Pfeile in einem Köcher. Die Asci sind

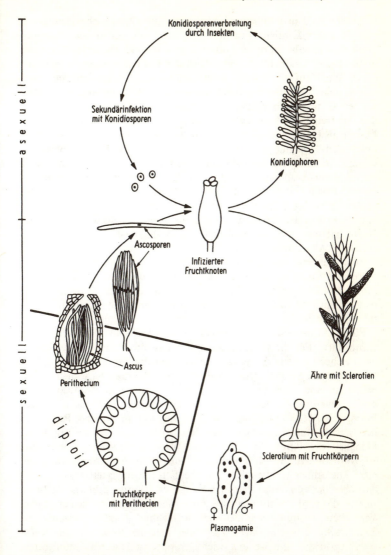

Abb. 6.5. Fortpflanzungscyclen des Mutterkornpilzes Claviceps purpurea. Oben asexuelle Massenvermehrung durch Konidiosporenbildung, unten sexuelle Vermehrung durch Ascosporenbildung.

in großer Zahl in Perithecien eingebettet. Das sind flaschenförmige nur mikroskopisch sichtbare Fruchtkörper, die wiederum in den makroskopisch wahrnehmbaren Fruchtkörper eingebettet sind. Dieser stellt gewissermaßen einen Ständer für die Perithecien dar. Die reifen Ascosporen werden durch Wind auf die Fruchtknoten von Gräsern übertragen. Sie durchwuchern den Fruchtknoten und leiten die asexuelle Vermehrung ein. Dazu werden Konidiophoren gebildet, von denen die Konidien abgeschnürt werden. Sie treten zu Millionen zusammen mit einer viskösen zuckerhaltigen Lösung als Honigtautropfen aus der blühenden Ähre aus. Insekten werden durch den Honigtau angelockt und übertragen die Konidiosporen auf weitere Ähren. Diese Sekundärinfektion trägt weit mehr als die Primärinfektion zur Ausbreitung bei. Mit der Ährenreife entwickelt sich im infizierten Fruchtknoten ein verdichtetes Mycelgeflecht, ein **Plectenchym**. Daraus geht das Sklerotium hervor. **Sklerotien** sind mehrzellige Dauerorgane. Früher wurden die Sklerotien zur Arzneimittelgewinnung genutzt. Heute hat man Stämme gezüchtet, die im Fermenter die therapeutisch wichtigen Alkaloide bilden.

In konzentrischen Kreisen wächst auf infizierten Äpfeln und Birnen *Sclerotinia fructigena*. Die Kreise werden durch die asexuelle Nebenfruchtform *Monilia* verursacht, die auf den täglichen Licht-Dunkel-Wechsel reagiert. Im Frühjahr treten auf den Fruchtmumien die sexuellen Vermehrungsorgane auf.

Einige Arten von *Penicillium* und *Aspergillus* sind den Ascomyceten zuzuordnen. Für die Gattungen insgesamt ist die taxonomische Stellung unzureichend geklärt. Sie werden daher unter den *Deuteromycetes* (6.2.5.) behandelt. Ein Beispiel dafür, wie durch die Aufklärung der sexuellen Fortpflanzung eine Pilzgattung aus den Deuteromyceten in die Ascomyceten übernommen wurde, stellt *Fusarium moniliforme* dar. Es ist die imperfekte Form von *Gibberella fujikuroi*. Der Pilz wurde als pflanzlicher Parasit isoliert, der das Längenwachstum von Reis auslöst. Das Wirkprinzip ist die Fähigkeit des Pilzes, die pflanzlichen Wachstumshormone Gibberelline zu synthetisieren. Er wird industriell zur Gibberellinproduktion eingesetzt. Die echten Mehltaupilze sind ebenfalls Ascomyceten. Das bemehlte Aussehen der von diesen Parasiten befallenen Pflanzen geht auf das Mycel zurück, das an der Blattoberfläche große Mengen von Konidien abschnürt. Verbreitete Vertreter sind der Getreidemehltau *Erysiphe graminis*, der Eichenmehltau *Microsphaera alphitoides* und der Rosenmehltau *Sphaerotheca pannosa*. Ein weiterer wichtiger phytopathogener Ascomycet ist *Ceratocystis ulmi*, der Erreger des Ulmensterbens. Dieser durch Insekten verbreitete Pilz hat die Ulmenbestände Mitteleuropas sehr stark geschädigt. *Ceratocystis picea* ist ein Pilz, der die Blauverfärbung des Kiefernholzes bewirkt (Bläuepilze). Die schwarzen Flecken auf Ahornblättern gehen auf *Rhytisma acerinum* zurück. Abschließend sei auf *Neurospora crassa* verwiesen. Dieser rote Brotschimmel, der früher in nicht richtig durchgebackenem Brot wuchs, hat als Modellsystem der genetischen Forschung große Bedeutung erlangt. Ein weiteres wichtiges Modellsystem der Pilzgenetik ist *Podospora anserina*, ein auf Dung wachsender Pilz.

6.2.4.   Basidiomycetes (Ständerpilze)

Wie die Ascomyceten haben auch die Basidiomyceten septiertes Mycel. Die bei der Fortpflanzung gebildeten vier Sporen werden als Basidiosporen an Ständern, Basidien, exogen gebildet. Zu dieser 30 000 Arten umfassenden Gruppe gehört die überwiegende Zahl der makroskopischen Pilze. Einige Arten werden bei der Behandlung der ectotrophen *Mykorrhiza* (23.2.) genannt. Phytopathologisch sehr bedeutsam sind die Rost- und Brandpilze. Sie leben als obligate Parasiten auf vielen Kultur- und Wildpflanzen. Die Rostpilze durchlaufen eine komplizierte sexuelle Fortpflanzung, bei der der Kernphasenwechsel mit einem Wirtswechsel verbunden ist. Ein wichtiger Vertreter ist der Schwarzrost, *Puccinia graminis*, der zunächst auf der Berberitze, dann auf Getreide wächst.

Die Entwicklung der Brandpilze ist einfacher. Sie wird am Flugbranderreger des Weizens, *Ustilago tritici*, erläutert (Abb. 6.6.). Die diploide Brandspore keimt im Herbst oder Frühjahr zu einer Basidie aus. Dabei erfolgt die Meiose. Vier Basidiosporen werden an der mikroskopisch kleinen Basidie abgeschnürt. Sie können sich kurze Zeit saprophytisch durch Knospung wie Hefen vermehren. Die +- und —-Linien angehörenden Zellen kopulieren anschließend durch eine Plasmabrücke zu einem dikaryotischen Mycel. Es ist ein Mycel, welches in einer Zelle zwei haploide Kerne enthält. Dieses dikaryotische Mycel infiziert die Pflanzen. Es durchwächst die Pflanze bis zur Ähre. Mit der Ährenentwicklung kommt es zu einer massiven Mycelentwicklung, die Fruchtstände werden von Millionen von dikaryotischen Sporen erfüllt, die aus dem Mycel abgeschnürt werden (Abb. 6.5.). Durch die dunkle Färbung der Sporangienwand wirken die Ähren wie verbrannt. Kurz vor der Sporenfreisetzung erfolgt die Kernverschmelzung zu einem diploiden Kern, der in der Brandspore liegt.

Die außerordentlich hohen Vermehrungszahlen der Brand- und Rostpilze bewirken, daß immer wieder neue Rassen entstehen. Die Züchtung auf Resistenz bewirkt, daß es in Pflanzenbeständen zur Selektion der Rassen kommt, die Mechanismen zur Überwindung der pflanzlichen Abwehrreaktionen „erfunden" haben. Diese Erkenntnisse haben dazu geführt, daß

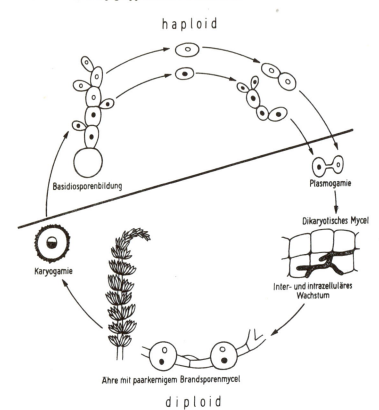

Abb. 6.6. Vermehrungscyclus des Brandpilzes Ustilago tritici. Erklärung s. Text.

die Resistenzzüchtung nicht mehr auf vollkommene Resistenz ausgerichtet wird, um den dadurch erzeugten Selektionsdruck zu mindern.

Der Weißfäuleerreger *Phanerochaete chrysosporium* zeichnet sich durch ein sehr aktives Lignin abbauendes Enzymsystem (Ligninase) aus. Durch den Abbau des Lignins bleibt die helle Cellulose des Holzes (Weißfäule) zurück. Ein weiterer Weißfäuleerreger ist *Coriolus* (*Polystictus*) *versicolor*, der Schmetterlingsporling. Er wird zur Herstellung von weichem Holz eingesetzt. Die Braunfäulepilze bauen bevorzugt Cellulose ab, Lignin bleibt zurück. Ein Vertreter der Braunfäulepilze ist der Hausschwamm *Serpula lacrymans*.

6.2.5.   Deuteromycetes (Fungi imperfecti)

Diese Gruppe stellt ein Sammelbecken für Pilze dar, deren sexuelle Fortpflanzung nicht bekannt ist oder die sie nicht besitzen. Die hier eingeord-

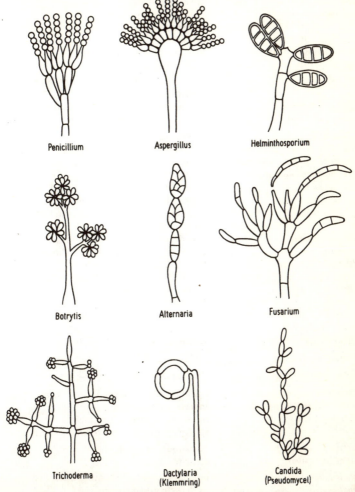

Abb. 6.7. Deuteromyceten. Konidienträger typischer Vertreter, Mycelschlinge des Nematoden fangenden Pilzes *Dactylaria* und Pseudomycel der Hefe *Candida*.

Tab. 6.1. Deuteromycetes (fungi imperfecti) = Auswahl wichtiger Arten und ihre Bedeutung

Penicillium chrysogenum	Penicilline (antibakterielle Antibiotika)
Penicillium griseofulvum	Griseofulvin (antifungales Antibiotikum)
Penicillium emersonii	Glucanase-Bildung
Penicillium roquefortii	Käseherstellung
Penicillium camembertii	Käseherstellung
Penicillium citrinum	Mycotoxinbildner (Citrinin)
Penicillium islandicum	Mycotoxinbildner (Islanditoxin)
Cephalosporium acremonium	Cephalosporine, antibakt. Antibiotika
Aspergillus niger	Citronensäure, Gluconsäure, Amylasen, Pectinasen
Aspergillus oryzae	Amylasen- und Proteasengewinnung
Aspergillus flavus	Mycotoxinbildner (Aflatoxine)
Helminthosporium maydis	Blattfleckenkrankheit des Mais
Helminthosporium sacchari	Augenfleckenkrankheit des Zuckerrohrs
Helminthosporium gramineum	Streifenkrankheit der Getreide
Verticillium albo-atrum	Welkekrankheit der Luzerne u. a. Pflanzen
Verticillium lecanii	Bioinsektizid gegen Blatt- und Schildläuse
Cercospora beticola	Blattfleckenkrankheit der Rübe
Botrytis cinerea	Grauschimmel auf Erdbeeren u. a. Pflanzen, Edelfäule der Weinbeere
Alternaria solani	Dürrfleckenkrankheit der Kartoffel
Alternaria tenuis	Blattnekrosen bei Rüben u. a. Pflanzen
Alternaria brassicae	Blattflecken bei Kohl und Raps
Alternaria kikuchiana	Blattfleckenkrankheit der Japanischen Birne
Fusarium solani	Trockenfäule der Kartoffel
Fusarium lycopersici	Tomatenwelke
Gaeumannomyces graminis	Fußkrankheiten der Getreide
Pseudocercosporella herpotrichoides	Halmbruchkrankheit der Getreide
Trichoderma viride	Cellulase- und Glucanasegewinnung
Trichophyton mentagrophytes	Humanpathogene Fußmykosen
Beauveria bassiana	Insektenpathogen gegen Kartoffelkäfer
Aschersonia ssp.	Insektenpathogen gegen weiße Fliege
Paecilomyces farinosus	Insektenpathogen gegen Apfelwickler
Metarhizium anisopliae	Insektenpathogen gegen Schaumzikaden
Dactylaria lysipaga	Nematoden fangender Pilz
Arthrobotrys oligispora	Nematoden fangender Pilz
Candida albicans	humanpathogene Hefe, Lungeninfektion
Candida utilis	Futterhefeproduktion
Rhodotorula gracilis	Hefe zur Fettsynthese

neten Pilze haben ein septiertes Mycel und vermehren sich asexuell durch Konidiosporen, die an Konidienträgern gebildet werden. Einige Vertreter bilden nur sterile Hyphen. Arten, deren sexuelle Fortpflanzung erkannt wird, werden in phylogenetisch verwandte Ordnungen eingefügt, vor allem in die der Ascomyceten. Es ist jedoch anzunehmen, daß viele Vertreter dieser großen Gruppe, der ein Drittel der heute bekannten 100 000 Eumycetenarten angehören, keinen sexuellen Entwicklungscyclus besitzen. Sie können jedoch durch parasexuelle Prozesse genetische Information übertragen. Auch dabei kommt es über Hyphenverbindungen zur Plasmogamie (heterokaryontisches Mycel) und Karyogamie. Durch Karyogamie entstehen diploide Kerne, die im Verlaufe von Mitosen wieder haploidisiert werden können. Diese Vorgänge sind selten.

In Tabelle 6.1. sind wichtige Vertreter der imperfekten Pilze und Hefen zusammengestellt. Abbildung 6.7. zeigt eine Auswahl typischer Konidienträger. Die *Penicillium*- und *Aspergillus*-Arten haben für biotechnologische Prozesse große Bedeutung. Die wichtigsten antibakteriellen Antibiotika werden durch *Penicillium*- und *Cephalosporium*-Arten gebildet. Aspergillen sind Produzenten von Citronen- und Gluconsäure sowie von Enzymen. In beiden Gattungen kommen jedoch Arten vor, die die hochtoxischen Mycotoxine bilden. Die von *Aspergillus flavus* und anderen Arten gebildeten Aflatoxine (bes. B_1 und G_1) können im tierischen und menschlichen Körper zu Verbindungen oxidiert werden, die karzinogene und mutagene Eigenschaften besitzen. Aflatoxine bildende Pilze kommen vor allem auf fettreichen Samen (z. B. Erdnüssen) vor. Verpilzte Nahrungsmittel sollten daher nicht gegessen werden. Davon ausgenommen sind die mit Penicillien hergestellten Käsesorten (Tab. 6.1.).

Es folgen in der Aufstellung von Tabelle 6.1. eine kleine Auswahl phytopathogener Pilze, die als unspezifische oder spezifische Parasiten zahlreiche Pflanzenkrankheiten hervorrufen. Pflanzen stellen für viele Pilze spezifische Mikrohabitate dar. Als Pathogene des Menschen spielen sie eine untergeordnete Rolle, abgesehen von den Hautmykosen und Candidamykosen der Bronchien. Ein wichtiger Cellulaseproduzent ist *Trichoderma viride*. Verwandte dieser Art werden auch zur biologischen Schädlingsbekämpfung als Antagonisten von Pilzschädlingen erprobt. *Beauveria*-Arten und einige andere Pilze (Tab. 6.1.) sind bereits als Sporenpräparate zur Bekämpfung von Schadinsekten im Einsatz (24.1.2.). Die von ihnen gebildeten insektentoxischen Wirkstoffe werden auf Anwendungsmöglichkeiten als insektizide Wirkstoffe geprüft. Ein biologisch sehr interessantes Phänomen stellen die Nematoden fangenden Pilze dar. *Dactylaria*-Arten bilden Hyphenschlingen, die bei Kontakt mit Nematoden schlagartig ihr Volumen an der Innenseite verändern, so daß das Tier eingeklemmt wird. Das *Arthrobotrys*-Mycel stellt ein Netzwerk dar, in dem Nematoden durch ein klebriges Sekret festgehalten werden (Abb. 6.7.).

Eine große Zahl von Hefen sind imperfekt. Darunter gibt es schwer kultivierbare Arten, die mit Insekten in Endosymbiose leben. So wurden aus Käfern, die in Holz leben (Anobiiden), Hefen isoliert, die als *Torulopsis*-Arten identifiziert wurden. Sie versorgen wahrscheinlich die Insekten mit Vitaminen und Aminosäuren, die im Holz weitgehend fehlen. Die *Candida*-Arten stellen eine große Hefegruppe dar, die bei Nährstoffmangel Pseudomycel bildet. Die knospenden Zellen strecken sich und bleiben in scheinbaren Hyphenverbänden zusammen. Es wird jedoch stets eine unseptierte Zellwand gebildet. *Candida utilis* (Futterhefe) wird auf Sulfitablauge, einem Nebenprodukt der Zellstoffindustrie, für die Tierernährung in großem Umfang produziert. Durch Carotinoide rot gefärbt sind die *Rhodotorula*-Arten, die bei C-Überschuß Lipide bis zu 50% der Trockensubstanz in der Zelle ablagern.

7. Viren: Struktur, Vermehrung und Hauptgruppen

7.1. Wesen der Viren

Viren sind infektiöse Partikel, die nur **eine Art von Nucleinsäuren (DNA oder RNA)** als genetische Information enthalten und von einer **Proteinhülle (Capsid)** umgeben sind. Nucleinsäure und Capsid stellen das Nucleocapsid dar. Einige Viren besitzen eine weitere **Hülle** aus Lipiden und Polysacchariden. Viren sind **keine Lebewesen**, da sie sich nicht selbständig reproduzieren können. Sie sind zur Vermehrung auf die Stoffwechselleistungen der Zellen angewiesen, die sie infizieren. Ein Virologe formulierte einmal sehr zutreffend, daß Viren nicht leben, sondern gelebt werden.

Die Viren sind sehr vielgestaltig in Form und Größe. In Abbildung 7.1. sind Formen und die relativen Größen einiger Viren zusammengestellt. Die genetische Information liegt entweder als DNA oder RNA vor. In einigen Fällen sind diese Nucleinsäuren ein-, in anderen doppelsträngig. Der entscheidende Prozeß der Vermehrung ist die **Replikation** (Verdopplung der Nucleinsäuren). Sie erfolgt in der Wirtszelle nach verschiedenen Mechanismen. DNA wird durch DNA-Polymerasen repliziert, RNA durch RNA-abhängige RNA-Polymerasen. Bei RNA-enthaltenden Tumorviren, deren Genom in das der Wirtszelle eingebaut wird, erfolgt die Übersetzung der RNA in DNA durch ein spezielles Enzym, die reverse Transcriptase. Das Genom eines der kleinsten Viren, des Phagen Phi X (ΦX) 174, codiert 9 Proteine. Die Information liegt auf einer einsträngigen DNA aus 5386 Basen. Normalerweise würde diese kurze Basensequenz nicht ausreichen, um die Information für Proteine zu tragen. Die DNA dieses Phagen enthält jedoch überlappende Gene. Das bedeutet, daß eine Nucleotidsequenz zwei oder sogar drei verschiedene Proteinsequenzen codieren kann. Die Ablesung beginnt durch spezielle Startcodons an verschiedenen Stellen, es wird also mit verschiedenem Raster abgelesen.

Die **Proteinhülle, das Capsid**, besteht aus Untereinheiten (Capsomeren). Nach ihrer Anordnung lassen sich zwei Grundformen unterscheiden, die helikale und die polyedrische Struktur (Abb. 7.2.). Einige Viren (Phagen, Pockenviren) sind komplexer aufgebaut. Ein Beispiel für die helikale Struktur stellt das Tabakmosaikvirus dar. Das 300 nm lange Hohlstäbchen mit

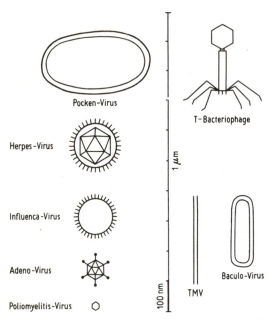

Abb. 7.1. Größenverhältnisse und Formen der Viren. Links der Skala humanpathogene Viren. Das Herpesvirus zeigt die Polyederform, die von einer Hülle umgeben ist. Das Adeno- und das Poliomyelitis-Virus sind Polyederformen ohne Hülle. Rechts oben Bakterienvirus, unten Tabakmosaikvirus (TMV) und insektenpathogener Baculo-Virus.

einem Durchmesser von 18 nm besteht aus 2130 Capsomeren, die sich in 130 Windungen aneinanderlagern und die RNA einschließen. Die identischen Capsomeren bestehen aus 158 Aminosäuren. Eine Polyederstruktur besitzen viele kugelig erscheinende Viren. Vorherrschend ist die in Abbildung 7.2. dargestellte Eikosaeder-Form (Zwanzigflächner = 20 gleichseitige Dreiecke.). Im einfachsten Fall wird diese Form aus 12 Capsomeren aufgebaut. Häufiger ist der Aufbau aus wesentlich mehr Capsomeren, z. B. 162 beim Herpes-Virus, 252 beim Adenovirus.

Die bei einigen Viren vorhandenen **Hüllen** werden aus Lipiden und Polysacchariden aufgebaut, die als Bausteine der Membran der Wirtszelle vorkommen.

Die **Bedeutung** der Viren ist unter unterschiedlichen Aspekten zu sehen. Viren verursachen eine Reihe von Infektionserkrankungen bei Menschen.

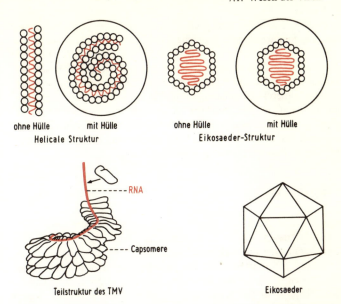

ohne Hülle   mit Hülle   ohne Hülle   mit Hülle
    Helicale Struktur   Eikosaeder-Struktur

RNA

Capsomere

Teilstruktur des TMV   Eikosaeder

Abb. 7.2. Aufbau der Viren. Nucleinsäuren rot, Proteinhülle (Capsid) und weitere Hüllstrukturen schwarz. Es sind zwei Grundformen zu unterscheiden: Helicale Anordnung der Bausteine (Capsomeren) des Capsids und kubische Anordnung, bei der das Capsid als Polyeder, meist als Eikosaeder (Zwanzigflächner) ausgebildet ist. Nach Schlegel 1985.

Tieren und Pflanzen, auf die in den folgenden Abschnitten eingegangen wird. Die Bekämpfung ist sehr schwierig, da ihre Vermehrung mit dem Stoffwechsel der Wirtszelle aufs Engste verbunden ist. Der Eingriff in diesen Stoffwechsel schädigt auch den Wirtsorganismus. Die Bacteriophagen (7.2.) haben als Objekte der Molekularbiologie wesentlich zu den Erkenntnissen dieses Wissenschaftszweiges beigetragen. Phageninfektionen können bei biotechnologischen Prozessen, die mit Bakterien durchgeführt werden, ernste Produktionsstörungen auslösen. Die Insektenviren erlangen als Mittel zur biologischen Schädlingsbekämpfung Bedeutung.

Über die Evolution der Viren gibt es nur Hypothesen. Die Abhängigkeit der Vermehrung von Zellen spricht dafür, daß sie nach diesen entstanden sind. Es wird angenommen, daß sie als „vagabundierende Gene" aus genetischem Material der Zellen hervorgegangen sind.

Die **Viroide** sind nicht mit Viren identisch. Viroide sind sehr kleine nackte RNA-Moleküle, die bei Pflanzen Krankheiten auslösen. Das RNA-Mole-

kül ist einsträngig zirkulär und nimmt durch eine streckenweise intra-
molekulare Basenpaarung eine längliche Gestalt an (30 · 2 nm). Vom Erreger der Kartoffelspindelkrankheit (PSTV = Potato Spindle Tuber Viroid),
der ein längliches Wachstum der Kartoffeln bewirkt, wurde die RNA-Zu-
sammensetzung ermittelt. Die RNA besteht aus 359 Nucleotiden, die nicht
für ein Protein codieren. Es müssen also die für die Vermehrung notwendigen Mechanismen in der Wirtszelle vorhanden sein. Die Viroid-RNA greift
wahrscheinlich in die Genexpression der Wirtspflanze ein. Weitere Viroid-
arten verursachen die Gelbfrüchtigkeit der Gurke und die sich sehr ausbreitende Cocospalmen-Erkrankung Cadang-Cadang.

7.2.   Bacteriophagen

Als **Phagen** werden die Viren bezeichnet, die in Prokaryoten vermehrt
werden. Die Bakterien gehen dabei zugrunde. Phagen kommen an den
natürlichen Standorten der Bakterien vor. Versetzt man Bodenbakterien
mit einer keimfrei filtrierten Bodenaufschwemmung und plattiert diese
Suspension auf einer Nährbodenplatte aus, so treten in der Regel Löcher,
sogenannte **Plaques**, im Bakterienrasen auf, die auf die Vermehrung der
Phagen zurückzuführen sind.

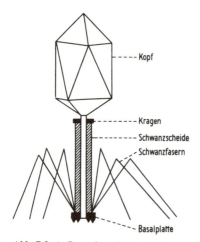

Abb. 7.3. Aufbau eines Bacteriophagen der T-Serie. Der polyedrische Kopf enthält die DNA. Der Schwanz besteht aus der kontraktilen Scheide mit Anhangs-
strukturen zur Anheftung.

Es wurden bisher mehr als 800 Bacteriophagen nachgewiesen. Sie sind, wie auch andere Viren, sehr wirtsspezifisch. Mit Hilfe von Phagen kann man Bakterienstämme typisieren (Lysotypie). Eine Bakterienart kann von verschiedenen Phagen infiziert werden, in der Regel aber nicht gleichzeitig. Der Aufbau der Phagen ist vielgestaltig. Neben dem in Abbildung 7.3. gezeigten Phagen, der den Typ der T-Phagen von *E. coli* mit Kopf und Schwanzteil charakterisiert, gibt es auch Polyedertypen ohne Schwanz. Die T-Phagen enthalten Doppelstrang-DNA. Bei dem Phagen T2 von *E. coli* enthält sie 170 000 Basenpaare (etwa 150 Gene). Es wurden auch Phagen mit Einstrang-DNA und -RNA isoliert. Die Funktion der Phagenbausteine (Abb. 7.3.) wird beim Infektionsprozeß erläutert.

Der **Vermehrungscyclus** beginnt mit der **Adsorption** der Schwanzfasern an spezifische Rezeptoren der Zellwand. Sie bestehen aus Lipoprotein- und Lipopolysaccharidkomponenten. An ein Bakterium können viele Phagen der gleichen Art adsorbieren. Resistenz gegen Phagen geht wahrscheinlich auf das Fehlen oder den Verlust von Rezeptoren zurück. Nach der Adsorption erfolgt die **Injektion der DNA** in das Bakterium. Dazu wird die Schwanzscheide kontrahiert, die Basalplatte in der Wand verankert und der innere Hohlstift des Schwanzes durch die Zellwand und Membran gestochen. Nur die DNA dringt in die Zelle ein und löst die **Phagensynthese** und den Zelltod aus. Die Phagen-DNA wird sehr schnell in mRNA umgeschrieben (Abb. 7.4.). Mit dieser Information werden an den bakteriellen Ribosomen phagenspezifische Enzyme synthetisiert. Schon nach einer Minute sind Phagen-Proteine in der Bakterienzelle nachweisbar. Die bakterielle DNA wird abgebaut, die Bausteine dienen der Synthese der Phagen-Nucleinsäuren. Die „Maschinerie" der Bakterienzelle arbeitet jetzt nach Informationen der Phagen-DNA. Nach 8—10 min tauchen die ersten Strukturproteine auf, die getrennt synthetisiert werden (Abb. 7.4.). Die Phagen-DNA wird in die Köpfe eingeführt, anschließend erfolgt eine Selbstmontage der Bausteine zum reifen Phagen. 15 min nach Infektion treten die ersten reifen Phagen auf, nach 25 min enthält die Zelle 100 bis 1000 Bacteriophagen. Durch ein von der Phagen-DNA codiertes Lysozym kommt es zur **Freisetzung** der Phagen. Sie ist mit dem Tod der Wirtszelle verbunden. Die freigesetzten Phagen können sofort benachbarte Zellen infizieren. Dadurch kommt es auf Bakterienrasen zu den schon erwähnten Plaques. Der skizzierte Prozeß (Abb. 7.4.) wird als lytischer Cyclus bezeichnet.

Temperente Phagen, zu denen der Phage Lambda (λ) von *E. coli* gehört, infizieren die Zelle, ohne sogleich vermehrt zu werden und zu lysieren. Dieses temperente (gemäßigte) Verhalten beruht darauf, daß die Phagen-DNA in das Bakterienchromosom integriert wird (19.3.1.). Die integrierte Phagen-DNA wird als **Prophage**, das Bakterium als **lysogen** bezeichnet.

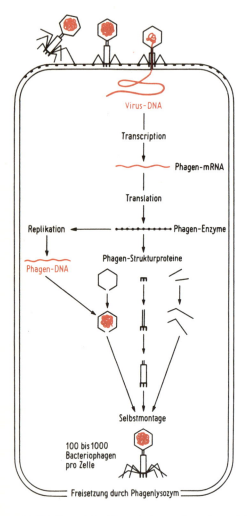

Abb. 7.4. Prozeß der Bacteriophagenadsorption und Biosynthese in der Bakterienzelle. Die Anordnung zeigt den zeitlichen Ablauf.

Mit der Replikation und Zellteilung werden alle Zellen der Population lysogen. Durch äußere Einflüsse, wie UV-Strahlen oder in geringer Rate auch spontan, kommt es zur Ausgliederung (Excision) des Prophagen mit anschließender Phagenvermehrung und Lyse.

Auf den Bacteriophagen Phi X (*ΦX*) 174 von *E. coli* wurde bereits im Abschnitt 7.1. hingewiesen. Dieser Phage enthält eine einsträngige ringförmige DNA. Zur Phagenvermehrung wird sie aufgeschnitten und mit Hilfe bakterieller DNA-Polymerasen ein komplementärer Strang synthetisiert. Weitere Replikationen folgen, bis nach einiger Zeit jeweils ein Einzelstrang von den gleichzeitig synthetisierten Hüllproteinen umschlossen und freigesetzt wird. Die DNA dieses Phagen war das Objekt für das erste Experiment, mit dem außerhalb der Bakterienzelle auf enzymatischem Wege infektiöse Kopien einer Virus-DNA hergestellt wurden.

7.3.   Pflanzenviren

Bei den Pflanzenviren (etwa 600 Arten) herrschen stäbchenförmige Nucleocapside mit Einstrang-RNA vor. Sie sind bei Kulturpflanzen weit verbreitet und stehen nach den Pilzen an zweiter Stelle unter den Schadensursachen in der Pflanzenproduktion. Die Infektion erfolgt passiv (z. B. durch kleine Wunden) oder durch übertragende Systeme (Vektoren), besonders Insekten. Die Infektion kann einzelne Zellbereiche betreffen und zur Abtötung der Zellen (Nekrosen) führen. Viel häufiger ist ein **systemischer Befall**, eine sich über das Gesamtsystem Pflanze ausbreitende Infektion durch Virustransport über Plasmodesmen und Leitbündel. Häufige systemische Symptome sind Chlorosen (Vergilbungen) und Wachstumsstörungen, vor allem Blattkräuselungen.

Die Tabakmosaikkrankheit kommt durch mosaikartige Schädigung einiger Gewebebereiche zustande, die vergilben und heller wirken. Sie wird durch das Tabakmosaikvirus (TMV), eines der klassischen Objekte der Virusforschung, verursacht. Bereits 1892 fand Iwanowski, daß die Mosaikkrankheit durch einen Preßsaft ausgelöst wird, der bakteriendichte Filter passiert. 1935 wurde das TMV von Stanley isoliert und kristallisiert. Zunächst nahm man an, daß es aus Protein besteht. 1956 zeigten Gierer und Schramm, daß die darin enthaltene RNA allein infektiös ist. Das war der erste Beweis dafür, daß RNA genetische Information überträgt.

Große Schäden rufen die verschiedenen **Kartoffelviren** hervor, z. B. der Kartoffelblattrollvirus. Durch Viren kommt es zu den Abbaukrankheiten. Die Sorten „bauen ab", da sie mit der Zeit immer mehr von Viren durchseucht werden. Bei Rüben treten virusbedingte Nekrosen und Vergilbungen auf. Die Rübenkräuselkrankheit wird durch einen Rhabdovirus verursacht, der durch die Rübenblattwanze übertragen wird. Die stäbchenförmigen Rhabdoviren enthalten RNA und eine Lipoproteinhülle. Sie treten auch als Insektenviren auf. Im Obstbau wird die Sauerkirsche stark durch den Virus der Ringelfleckenkrankheit (Nekrosen) geschädigt. Die Früchte der Hauspflaume werden durch den Befall mit dem Scharkavirus nicht ausgebildet. Auch Zierpflanzen leiden durch Virusbefall. So ist die frühere Buntstreifigkeit der Tulpen, die auf alten Gemälden häufig zu sehen ist, virusbedingt. Einzelne Zuchtexemplare von Zierpflanzen können durch kurze Hitzebehandlung virusfrei gemacht werden. Insgesamt ist die Virusbekämpfung außerordentlich schwierig. Die Züchtung virusfreier Sorten sowie die Diagnose und Eliminierung befallener Pflanzen sind die Mittel der Wahl.

Auch **Pilze** werden von Viren befallen (Mykoviren). In Champignonkulturen verursachen Viren anormales Wachstum. *Penicillium* wird durch Viren mit Doppelstrang-RNA befallen.

7.4.   Insektenviren

Die für Insekten pathogenen Viren sind nicht mit den Viren zu verwechseln, die nur durch Insekten übertragen werden. Die Insektenviren haben als Mittel zur biologischen Schädlingsbekämpfung Bedeutung erlangt. Durch die Möglichkeit der Zellkultur von Insektenzellen wird die biotechnologische Herstellung möglich. Von besonderem Interesse sind dafür die **Baculoviren**, die auch als Kernpolyeder- oder Granulose-Viren bezeichnet werden. Diese Doppelstrang-DNA-Viren sind einzeln oder zu mehreren in Proteinkapseln eingelagert, die von einer Kohlenhydrathülle umgeben sind. Es sind Stäbchen folgender Größenordnung: $200 \cdot 20$ nm. Baculoviren infizieren Darmepithel- sowie Fettkörperzellen und verursachen den Tod der Insekten. Der erste großflächige Einsatz zur Schädlingsbekämpfung erfolgte mit dem Baculovirus gegen die Kiefernblattwespe (*Neodiprion sertifer*). Inzwischen sind wirksame Präparate gegen den Schwammspinner (*Lymantria dispar*) und die Kohleule (*Mamestra brassicae*) im Einsatz. Die Spezifität der eingesetzten Viren ist hoch, so daß toxische und umweltbelastende Nebenwirkungen unwahrscheinlich sind.

7.5.   Viren des Menschen

Virusinfektionen bereiten in der Human- und Tiermedizin ernste Probleme. Grippe, Schnupfen, Gürtelrose, Masern, Röteln, Hepatitis, Kinderlähmung, Tollwut, Maul- und Klauenseuche u. a. Krankheiten werden durch Viren verursacht. Die Pocken sind bisher die einzige Seuche, die nach Angaben der WHO ausgerottet ist. Neue Viren, wie der AIDS-Erreger, sind dazugekommen. Für einige Tumoren wurde nachgewiesen, daß sie durch Viren ausgelöst werden.

Viele der humanpathogenen Viren sind RNA-Viren. Dazu gehört das **Influenza-Virus**, das immer wieder Grippe-Epidemien auslöst. Dieses Virus ist mit einer Membran umgeben, die verschiedene stachelförmige Fortsätze trägt. Einige dienen der Adsorption, andere enthalten das Enzym Neuraminidase. Grenzschichten der Wirtszelle werden damit abgebaut. Die Oberflächenantigene können variieren und mit Virusstämmen anderer Wirte ausgetauscht werden. Dadurch entstehen neue Stämme, gegen die der Mensch keine Immunität besitzt. So tauchte 1968 die Hongkong-Grippe auf.

Ebenso wie die Influenza-Viren können auch die Viren der Hepatitis B (Infektiöse Gelbsucht) durch direkten Kontakt übertragen werden. Diese Viren sind so stabil, daß auch Übertragungen durch Trinkwasser vorgekommen sind. Nur durch Insekten wird das in Mitteleuropa selten auftretende Virus der Zeckenencephalitis übertragen. Der Rötelnvirus löst eine an sich harmlose Erkrankung aus. Bei schwangeren Frauen werden jedoch durch diesen Virus 10—20% der Embryonen schwer geschädigt. Er löst Mißbildungen aus.

Unter der Bezeichnung AIDS (Acquired Immune Deficiency Syndrome = Erworbene Immunschwäche) breitet sich seit 1980 eine Virusinfektion aus, die durch sexuelle Kontakte und intravenösen Drogenmißbrauch übertragen wird. Das der Gruppe der HTL (Humane T-Zellen-Leukämie)-Viren zugeordnete Virus greift die T-Helferzellen des Immunsystems an, die eine Schlüsselstellung bei der Immunabwehr einnehmen. Für das AIDS-verursachende Virus wird der Name **HIV (Human Immundeficiency-Virus)** vorgeschlagen.

Oncogene Viren (Tumorviren) induzieren bei Tieren und möglicherweise auch beim Menschen Veränderungen im Zellgenom, die zu Tumoren führen. Bereits 1911 wurde eine virusbedingte Leukämie der Hühner, das Rous-Sarkom, nachgewiesen. Die beim Menschen vorkommenden Adenoviren und das Simian-40-Virus (SV40) der Affen kann bei Versuchstieren wie dem Hamster Krebs bewirken. Es ist wahrscheinlich, daß von diesen Viren Teile der DNA in das Zellgenom aufgenommen werden. Die oncogene Transformation ist bisher nicht aufgeklärt.

Zur Prophylaxe gegen einige Virusinfektionen (z. B. Masern und Kinderlähmung) gibt es hochwirksame Antikörper, die als Impfstoffe zur Anwendung kommen. Virusinfektionen induzieren auch die Interferonbildung

der Zellen. Interferone sind hochwirksame Glycoproteine, die die Virus-
vermehrung in der Zelle hemmen. Sie wirken gegen eine Vielzahl von Virus-
arten. Es sind jedoch nur die Interferone des jeweiligen Wirtsorganismus
wirksam, im Falle des Menschen also nur Humaninterferone. Die Gentechnik hat Voraussetzungen geschaffen, diese Wirkstoffe des Menschen
mit Mikroorganismen herzustellen (20.5.).

Teil II. Physiologie und Biochemie: Stoffwechselaktivitäten

## 8.	Grundprozesse des mikrobiellen Stoffwechsels

### 8.1.	Katabolismus, Anabolismus und Wachstum

Die überwiegende Zahl der Mikroorganismen nutzt Zucker und andere organische Stoffe als Kohlenstoff- und Energiequelle. Die organischen Substrate erfüllen zwei Funktionen, sie sind **Bausteine für die Zellsubstanz** und sie dienen der **Energiegewinnung**. Die Energiegewinnung ist die Voraus-

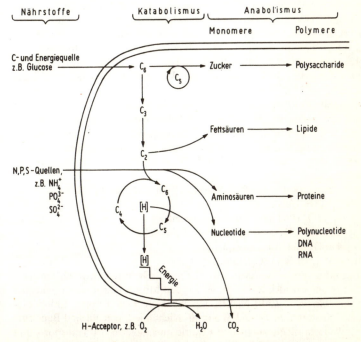

Abb. 8.1. Schema des mikrobiellen Gesamtstoffwechsels. Der Zahlenindex von C gibt die Zahl der C-Atome im Molekül an.

setzung für die Synthese von Zellsubstanz aus niedermolekularen Bausteinen. Im **Stoffwechsel** oder Metabolismus sind der Energiewechsel und die Stoffwandlungen aufs Engste miteinander verflochten. Zum Verständnis des mikrobiellen Stoffwechsels ist eine Gliederung in Teilbereiche angebracht (Abb. 8.1.).

Beim **Katabolismus** oder Abbau werden die Substrate in Bruchstücke zerlegt. Dabei wird Energie gewonnen und Bausteine für Synthesen bereitgestellt. Glucose wird etwa zur Hälfte für die Energiegewinnung genutzt, Endprodukte des Energiestoffwechsels sind das energiereiche Adenosintriphosphat (ATP) sowie CO_2 und Wasser als „Verbrennungsprodukte". Der andere Teil dient der Bereitstellung von niedermolekularen Bausteinen, die im **Intermediärstoffwechsel** gebildet werden. Durch den **Anabolismus** oder **Synthesestoffwechsel** werden die niedermolekularen Intermediärstoffwechselprodukte (intermediären **Monomeren**) mit Hilfe von Energie zu **Polymeren** oder Makromolekülen zusammengefügt. Die Trockensubstanz der Zelle besteht zu etwa 95 % aus Makromolekülen. Mit der Synthese der Makromoleküle vergrößert sich die Zellsubstanz. Die individuelle Zelle wächst, nach einer bestimmten Größenzunahme teilt sie sich, die Zahl der Individuen nimmt zu. In der Mikrobiologie werden **Wachstum und Vermehrung** gleichgesetzt. Unter Wachstum versteht man die irreversible Zunahme der lebenden Substanz, die mit der Zellvergrößerung und Teilung verbunden ist.

Die Zelle benötigt neben einer C- und Energiequelle noch andere Substrate als Stickstoff-, Phosphor- und Schwefelquelle. Diese und weitere Elemente können in anorganischer oder organisch gebundener Form zugeführt werden. Eine einfache Nährlösung für *E. coli* enthält pro 1 l Wasser folgende Komponenten, in denen die 10 Hauptelemente der Zellsubstanz enthalten sind:

10 g Glucose (Kohlenstoff-, Wasserstoff- u. Sauerstoffquelle)
1 g NH_4Cl (N-Quelle)
0,5 g K_2HPO_4 (Phosphor- u. Kaliumquelle)
0,2 g $MgSO_4 \cdot 7 H_2O$ (Magnesium- u. Schwefelquelle)
0,01 g $FeSO_4 \cdot 7 H_2O$ (Eisenquelle)
0,01 g $CaCl_2 \cdot 7 H_2O$ (Calciumquelle)
Für den Energiestoffwechsel besitzt der mit der Belüftung zugeführte Sauerstoff eine entscheidende Funktion. Zu den Mikro- oder Spurenelementen gehören Mangan, Zink, Nickel, Molybdän, Kobalt, Kupfer, Chlor, Natrium, Vanadium, Selen und Wolfram. Nicht alle Elemente sind Bausteine der Zellsubstanz, Natrium- und Chloridionen spielen bei Transport- und Ladungsprozessen eine Rolle. Soweit die Spurenelemente nicht als Verunreinigungen der Makroelemente vorliegen, werden sie als Spurenelement-

lösung dem Nährmedium zugegeben. Der Spurenelementbedarf der einzelnen Mikrobenarten ist sehr verschieden.
Die Hauptwege des Intermediärstoffwechsels sind schematisch in Abbildung 8.1. dargestellt. Die C- und Energiequelle wird über die in Abbildung 9.1. angeführten Hauptwege des Katabolismus über die C_3-Verbindung Pyruvat zu der aktivierten C_2-Verbindung Acetyl-Coenzym A abgebaut, welches über eine Kondensation mit der C_4-Verbindung Oxalacetat in den Citrat- oder Tricarbonsäurecyclus eingeschleust wird. Dieser cyclische Abbauprozeß stellt zugleich das Zentrum des Intermediärstoffwechsels dar. Intermediäre dieses Cyclus sowie Pyruvat und Acetyl-CoA sind wichtige Ausgangsprodukte für die Synthese der Monomeren (Aminosäuren, Nucleotide und Fettsäuren), aus denen die polymeren Eiweiße, Nucleinsäuren und Lipide aufgebaut werden. Zucker gehen mehr oder weniger direkt in die Polysaccharidsynthese ein. Polysaccharide kommen vor allem als Zellwandbestandteile vor. Enthält das Nährmedium keine Zucker, so müssen sie aus Acetyl-CoA und Pyruvat aufgebaut werden (Gluconeogenese, 15.2.). Dem Tricarbonsäurecyclus werden Intermediäre für Synthesen entnommen. Um den Ablauf zu gewährleisten, sind **Auffüllreaktionen** oder **anaplerotische Sequenzen** notwendig. Sie werden im Abschnitt 15.3. behandelt. Für die Energiegewinnung werden bei den Abbaureaktionen des Tricarbonsäurecyclus **Reduktionsäquivalente** in Form von reduzierten Pyridinnucleotiden wie $NADH^+$ bereit gestellt. Sie dienen reduktiven Synthesen, vor allem jedoch der Energiegewinnung in Form von ATP. Die Reduktionsäquivalente werden dazu als Protonen bzw. Elektronen über die Atmungskette auf den Sauerstoff übertragen, es entsteht Wasser. Wasserstoff- und Elektronentransport sind äquivalente Prozesse. Wasser und das bei Abbaureaktionen anfallende CO_2 haben für den Zellstoffwechsel keine Bedeutung.

8.2.   Energieumwandlung

Der Katabolismus der Glucose und anderer organischer Substrate ist generell oxidativ und exergon. Bei biologischen Reaktionen sind Oxidationen mit einer Abgabe von Wasserstoff bzw. Elektronen verbunden. Sie werden auf einen Acceptor übertragen, der dabei reduziert wird. Oxidationen sind immer mit Reduktionen gekoppelt: Eine reduzierte Verbindung DH_2 gibt Wasserstoff ab, eine oxidierte Verbindung A nimmt sie auf:

$$DH_2 + A \rightarrow D + AH_2$$

D fungiert als **Wasserstoff- oder Elektronen-Donator**, A als **Wasserstoff- oder Elektronen-Acceptor**.

DH_2/D und A/AH_2 stellen Redoxsysteme dar. Zwischen Elektronen-Donator und Elektronen-Acceptor besteht ein Energiegefälle, dessen Potential durch den Elektronendruck und die Elektronenaffinität der Partner bestimmt wird, oder, anders ausgedrückt, durch die Tendenz, Elektronen abzugeben und aufzunehmen. Ein Maß für die Elektronenabgabe ist das **Redoxpotential**. Es wird auf die Standard-Wasserstoff-Elektrode bezogen, bei der Wasserstoffgas sich bei einem Druck von 0,981 bar in Kontakt mit Wasserstoffionen (Protonen) und Platin als Katalysator befindet. Definitionsgemäß hat das Wasserstoff-Halbelement

$$H_2 \rightarrow 2\,H^+ + 2\,e^-$$

bei pH 0 das Potential Null. Bei einem pH-Wert von 7, wie er in biologischen Systemen vorherrscht, hat die Wasserstoffelektrode ein Potential von $E'_0 = -0,42$ Volt. E'_0 ist das Symbol für die in der Biologie verwendete Standardbedingung. Ein System mit geringem Redoxpotential hat die Tendenz, Reduktionsäquivalente an ein System mit hohem Redoxpotential abzugeben. Das System

$$1/2\,O_2 + 2\,H^+ + 2\,e^- \rightarrow H_2O$$

nimmt Reduktionsäquivalente auf und hat ein Redoxpotential von $E' = +0,82$ V.

Der Wasserstoff- bzw. Elektronentransport ist mit der Freisetzung von freier Energie verbunden. **Das Redoxpotential ist daher ein Maß für die freie Energie**. Exakter ist der Begriff **freie Enthalpie**. Darunter wird die Energieform verstanden, die Arbeit verrichten kann. Aus der Redoxpotentialdifferenz, die zwischen zwei Redoxsystemen besteht, läßt sich die freie Enthalpie nach folgender Gleichung berechnen:

$$\Delta G^{\circ\prime} = -n \cdot F \cdot \Delta E_0$$

n ist die Zahl der übertragenen Elektronen, F die Faraday-Konstante $96,5 \times$ $\Delta G^{\circ\prime}$ hat die Dimension von kJ pro mol. Für die Oxidation von Wasserstoff zu Wasser ergibt sich aus der Redoxpotentialdifferenz von Wasserstoff $-0,42$ zu Sauerstoff $+0,81$ der Wert von 1,23 V, die entsprechende freie Enthalpie ist $\Delta G^{\circ\prime} = -237,4$ kJ/mol. Das ist die bei der chemischen Knallgasreaktion explosionsartig frei werdende Energie. Die biologischen Systeme haben Mechanismen entwickelt, die Energie schrittweise freizusetzen und sie in biologisch verwertbare Energie zu überführen. Die biologisch bedeutsamsten Redoxsysteme sind die Komponenten der Atmungskette. Es sind pyridin- und flavinhaltige Dehydrogenasen, Eisen-Schwefel-Proteine, Chinone und Cytochrome (9.1.4.). Sie sind in einer Kette angeordnet. Die Redoxpotentiale wichtiger Glieder der Atmungskette sowie die dabei auf-

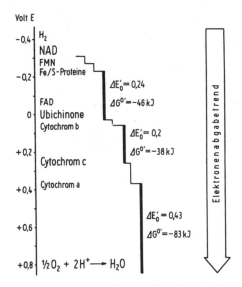

Abb. 8.2. Redoxpotentiale der Hauptkomponenten der Atmungskette. Die Größe der Stufen verdeutlicht die unterschiedlichen Potentialdifferenzen. Es treten drei große Potentialsprünge auf. Ein auf der Skala höher stehendes Redoxsystem kann ein tieferes reduzieren, unabhängig davon, ob das Redoxpotential negativ oder positiv ist.

tretenden drei größeren Potentialsprünge sind in Abbildung 8.2. dargestellt. Vom Redoxpotential kann auf die freie Enthalpie umgerechnet werden. Ein Anstieg des Redoxpotentials von $E'_0 = 0,1$ V entspricht einer freien Enthalpie von $\Delta G^{\circ\prime} = -19,2$ kJ ($-4,6$ kcal). Bei Redoxpotential-Sprüngen von $-0,2$ V wird ein $-\Delta G^{\circ\prime}$ von fast 40 kJ/mol erreicht. Diese Energiebeträge genügen, um die energiereiche Phosphoresterbindung zwischen Adenosindiphosphat (ADP) und anorganischem Phosphat zu knüpfen.

Die Struktur von ADP ist in Abbildung 9.3. dargestellt. ADP besteht aus dem Nucleosid Adenosin und zwei Phosphatgruppen. Zum Aufbau des energiereichen ATP aus ADP und Phosphat müssen etwa 34 kJ/mol aufgewendet werden. Es ist der Energiebetrag, der bei der Spaltung der energiereichen Bindung auch wieder freigesetzt wird. **ATP** ist die wesentlichste energiereiche Verbindung, welche die bei den Redoxprozessen frei werdende Enthalpie in eine für die Zellen **nutzbare chemische Energie** überführt. ATP ist der universelle Überträger von Energie zwischen energieerzeugenden und -verbrauchenden biologischen Reaktionen. Es gibt zwei Hauptwege der

Bildung, die Elektronentransportphosphorylierung und die Substratphosphorylierung.

Bei der **Elektronentransportphosphorylierung** werden durch die Redoxsysteme der Atmungskette (9.1.4.) Protonen durch die Zellmembran nach außen transportiert. Dadurch entsteht ein Protonengradient, wie er schematisch in Abbildung 8.3.a dargestellt ist. Die Energie dieses Gradienten

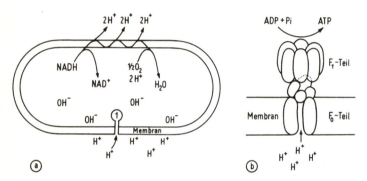

Abb. 8.3. Prinzip der ATP-Synthese durch die Elektronentransportphosphorylierung. a. Durch den Protonenexport wird ein elektrochemischer Gradient zwischen Innen- und Außenseite der Zellmembran ausgebildet. Die Potentialdifferenz wird beim Rückfluß der Protonen durch die ATP-Synthase (1) in ATP umgewandelt. b: Aufbau der ATP-Synthase aus Untereinheiten.

wird zur ATP-Bildung verwendet. In der Zellmembran ist die **ATP-Synthase** (ATPase) lokalisiert. Die Struktur dieses kompliziert aufgebauten Enzyms ist schematisch in Abbildung 8.3.b wiedergegeben. Der zum Ladungsausgleich eintretende Protonenrückstrom erfolgt durch die ATP-Synthase, wobei die Energie des elektrochemischen Gradienten in die chemische Energie der energiereichen Phosphatbindungen überführt wird. Früher nahm man an, daß eine direkte Kopplung zwischen Reaktionen der Atmungskette, bei denen große Enthalpiesprünge auftreten, und der ATP-Bildung erfolgt. Diese Auffassung trifft nicht zu. Auf die zweite Form der ATP-Bildung, die Substratphosphorylierung wird bei der Behandlung der Behandlung der Atmung im folgenden Abschnitt (9.1.) eingegangen.

Die hohe molekulare Ordnung, die Lebewesen auszeichnet, wird durch Energiezufuhr erreicht. Die Hauptenergiequelle, die die Organismen aufnehmen, ist die Strahlungsenergie der Sonne. Sie wird durch die Photosynthese der Pflanzen in chemische Energie umgesetzt. Die dabei gebildeten Kohlenhydrate dienen den heterotrophen Organismen als Energiequelle.

Sie oxidieren diese durch die Atmung schrittweise zu CO_2 und Wasser. Nur durch die ständige Zufuhr der dabei gebildeten freien Enthalpie kann der Ordnungszustand der Zelle, der Aufbau der Zellstrukturen und das Wachstum, erreicht werden.

In der Zelle müssen daher nebeneinander energieliefernde und -verbrauchende Prozesse ablaufen. Die katabolen Prozesse liefern Energie, ihr ΔG ist negativ, sie sind **exergon**. Die anabolen Syntheseprozesse benötigen eine Energiezufuhr, ΔG ist positiv, sie sind **endergon**. Durch die ATP-Bildung und den Verbrauch werden energieliefernde und verbrauchende Prozesse miteinander gekoppelt. Es gibt noch andere Reaktionen der Energiekopplung.

Energie wird weder geschaffen noch verbraucht, sie geht von einer in eine andere Form über (Erster Hauptsatz der Thermodynamik). Das ist zu bedenken, wenn man von energieverbrauchenden Prozessen redet, Energieumwandlungen sind gemeint. Letztlich geht alle Stoffwechselenergie in Wärme über, die für die Organismen nicht mehr nutzbar ist. Das biologische System der phototrophen Pflanzen und der chemoorganotrophen Organismen ist zwischen die Umwandlung von Strahlungsenergie in Wärme geschaltet und führt zu einer Verlangsamung der Entropiezunahme.

8.3.   Haupttypen des Stoffwechsels

Die Mikroorganismen haben sehr verschiedene Prozesse der Energieumwandlung entwickelt. Sie gehen in zwei Richtungen, die der autotrophen und heterotrophen Ernährungsweise entsprechen. Bei der autotrophen Ernährung wird CO_2 als C-Quelle assimiliert. Die zum Aufbau der organischen Substanz notwendige Energie wird entweder durch Nutzung der Lichtenergie **(Phototrophie)** oder durch Oxidation anorganischer Wasserstoffdonatoren gewonnen **(Chemolithotrophie)**. Diese zwei Wege der Energieumwandlung sind **endergone Prozesse**. In Abbildung 8.4. ist das schematisch dargestellt. Die zweite Richtung ist mit der heterotrophen Ernährungsweise verbunden. Diese Mikroorganismen nutzen organische Substrate, die durch die pflanzliche Photosynthese gebildet werden. Sie verwenden die in den Photosyntheseprodukten gespeicherte chemische Energie. Vielfach ist diese chemische Energie durch die Nahrungsketten umgewandelt worden, z. B. in tierische Eiweiße. Die Energiegewinnung der heterotrophen Mikroorganismen ist ein **exothermer Prozeß** (Abb. 8.4.). Dabei können die Substrate durch die **Atmung** vollständig bis zu CO_2 und Wasser oxidiert werden. Bei den **Gärungen** ist die Oxidation unvollständig, die Endprodukte sind reduzierte Verbindungen wie Ethanol, die noch chemische Energie enthalten.

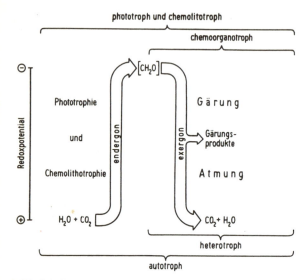

Abb. 8.4. Grundprozesse der Energiewandlung und des C-Stoffwechsels. Die autotrophen Organismen führen Auf- und Abbauprozesse durch, die heterotrophen nur die Abbauprozesse.

Zum Verständnis des mikrobiellen Stoffwechsels ist eine Trennung von Energiewechsel und C-Stoffwechsel angebracht. Der Begriff Energiewechsel wird bewußt angewendet, um ihn vom übergreifenden Stoffwechsel gedanklich zu trennen. Welche Typen des Energiewechsels bei Mikroorganismen vorkommen, ist aus Tabelle 8.1. zu ersehen. Bei den chemoorganotrophen Mikroorganismen haben die organischen Substrate die schon erwähnten zwei Funktionen als Wasserstoff-Donator und als C-Quelle. An den Beispielen für die Chemolithotrophie wird deutlich, daß Substrate verschiedene Funktionen haben. Für viele Organismen ist Ammonium die Stickstoffquelle, für die nitrifizierenden Bakterien ist es gleichzeitig die Energiequelle, der Elektronen-Donator. CO_2 fungiert nicht nur als C-Quelle für die autotrophen Organismen, sondern dient den Methanogenen (Kap. 12) als Elektronen-Acceptor.

Aus der Fülle verschiedener Wege des Energiestoffwechsels, von der Tabelle 8.1. nur eine Auswahl zeigt, lassen sich **fünf Haupttypen** ableiten (Abb. 8.5.). Die **Atmung** und Gärung sind die zwei Haupttypen der Chemo-

Tab. 8.1. Typen der mikrobiellen Energiewandlung
org. S. = organische Substanz

Typ	Elektronen-Donator	Elektronen-Acceptor	C-Quelle
Phototrophie			
Photolithotrophie	H_2O, H_2S	NAD^+, CO_2	CO_2
Photoorganotrophie	org. S.	NAD^+	org. S.
Chemotrophie			
Chemoorganotrophie			
Atmung	org. S.	O_2	org. S.
Nitratatmung	org. S.	NO_3^{2-}	org. S.
Sulfatatmung	org. S.	SO_4^{2-}	org. S.
Gärung	org. S.	org. S.	org. S.
Methylotrophie	CH_4	O_2	CH_4, CO
Chemolithotrophie			
Nitrifikation	NH_3, NO_2	O_2	CO_2
Schwefel-Oxidation	H_2S, S	O_2	CO_2
Eisen-Oxidation	Fe^{2+}	O_2	CO_2
Wasserstoff-Oxidation	H_2	O_2	CO_2
Methanogenese	H_2	CO_2	CO_2
Acetogenese	H_2	CO_2	CO_2

organotrophie. Für die **Gärungen** ist die unvollständige Oxidation der Substrate charakteristisch. Sie erfolgt bei Sauerstoffmangel. Die **fakultativ anaeroben Mikroorganismen** gären bei Sauerstoffmangel, in Gegenwart von Sauerstoff atmen sie. Die **obligat anaeroben Gärungsorganismen** besitzen keine Fähigkeit zur Atmung. Die **Phototrophie** tritt in mehreren Arten auf, wie die in Abbildung 8.5. angeführten Elektronen-Donatoren zeigen. Charakteristisch ist die Nutzung der Lichtenergie zur Schaffung eines Protonenpotentials, mit dem ATP synthetisiert wird. Als Elektronendonatoren werden von Cyanobakterien Wasser, von den Purpurbakterien reduzierte Schwefelverbindungen oder organische Säuren verwendet. Die Cyanobakterien führen eine Photolyse des Wassers durch, die Reduktionsäquivalente dienen vor allem der CO_2-Reduktion zu Kohlenhydraten. Im Dunkeln veratmen oder vergären die phototrophen Bakterien Assimilationsprodukte zur Energiegewinnung. Bei der **Chemotrophie** wird die Energie durch die Oxidation anorganischer reduzierter Verbindungen wie Schwefelwasserstoff, zweiwertiges Eisen oder Wasserstoff gewonnen. Diese exergonen

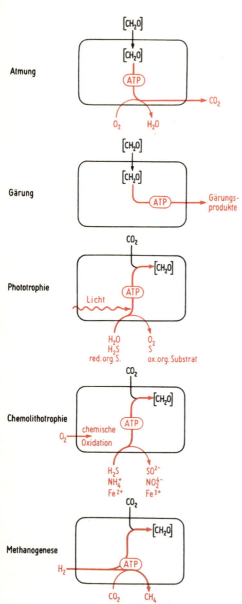

Reaktionen sind mit der ATP-Bildung verbunden. Der fünfte Haupttyp, die **Methanogenese**, ist eine Art von anaerober Atmung, bei der Wasserstoff über ein spezifisches Transportsystem (Kap. 12) auf CO_2 übertragen wird. Dieses wird dabei zu Methan reduziert. Die gewonnene Energie wird zur CO_2-Fixierung über den Acetyl-CoA-Weg genutzt. In den folgenden Kapiteln werden diese fünf Hauptprozesse und einige Variationen erläutert.

◄

Abb. 8.5. Haupttypen des mikrobiellen Stoffwechsels. Die Energiewandlungsprozesse sind rot, die C-Assimilation schwarz dargestellt.

9. Atmungsprozesse

Bei der Atmung findet eine **vollständige Oxidation** organischer Substrate zu CO_2 und Wasser statt, Sauerstoff fungiert dabei als Elektronen-Acceptor. Durch den Elektronentransport über die Atmungskette mit **Cytochromen** als charakteristischen Elektronen-Carriern wird eine hohe Energieausbeute erzielt. Das vorhandene Substrat wird sehr ökonomisch verwertet. Bei den Gärungen, die ein Leben ohne Sauerstoff ermöglichen, wird ein wesentlich geringerer Energiegewinn erzielt. Einige Bakterienarten haben die Fähigkeit entwickelt, Nitrat als Elektronen-Acceptor zu verwerten. Damit erreichen sie in Abwesenheit von freiem Sauerstoff eine hohe Energieausbeute. Dieser Prozeß wird als Nitratatmung, eine Form der **anaeroben Atmung**, bezeichnet. Die folgenden Gleichungen zeigen den Energiegewinn der Prozesse:

Atmung:

$$C_6H_{12}O_6 + 6\,O_2 \rightarrow 6\,CO_2 + 6\,H_2O, \Delta G^{\circ\prime} = -2870 \text{ kJ}$$

Ethanolgärung:

$$C_6H_{12}O_6 + 6\,O_2 \rightarrow 2\,C_2H_5OH + 2\,CO_2, \Delta G^{\circ\prime} = -197 \text{ kJ}$$

Nitratatmung:

$$C_6H_{12}O_6 + 4{,}8\,HNO_3 \rightarrow 6\,CO_2 + 8{,}4\,H_2O + 2{,}4\,N_2, \Delta G^{\circ\prime} = -2669 \text{ kJ}.$$

Einen Sonderfall der anaeroben Atmung stellt die **Sulfatreduktion** dar. Bei diesem Prozeß dient Sulfat als Wasserstoff-Acceptor. Die Sulfat reduzierenden Bakterien sind jedoch obligat anaerob, die Oxidation ist vielfach unvollständig, die gewonnene freie Energie gering. Cytochrome als charakteristische Elektronen-Carrier von Atmungsprozessen sind daran beteiligt.

9.1. Atmung

Mikroorganismen haben verschiedene enzymatische Systeme zur vollständigen Substratoxidation mit Sauerstoff entwickelt. Bei den einleitenden Reaktionsfolgen des Glucoseabbaus bis zum Pyruvat werden drei Hauptwege begangen, der EMBDEN-MEYERHOF-PARNAS-Weg (Fructose-

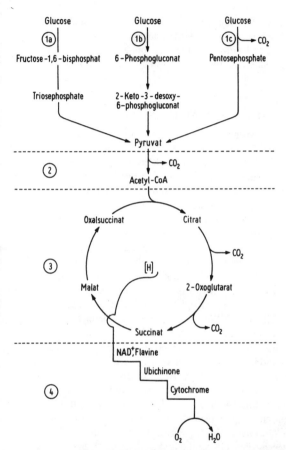

Abb. 9.1. Hauptphasen der Atmungsprozesse. 1. Phase: Glucoseabbau zu Pyruvat über (1a) Fructose-1,6-bisphosphat-Weg, (1b) 2-Keto-3-desoxy-6-phosphogluconat-Weg, (1c) Pentosephosphat-Weg. 2. Phase: Oxidative Pyruvat-decarboxylierung. 3. Phase: Tricarbonsäure-Cyclus. 4. Phase: Atmungskette.

1,6-bisphosphat-Weg), der ENTNER-DOUDOROFF-Weg (2-Keto-3-desoxy-6-phosphogluconat-Weg) und der Pentose-phosphat-Weg. Die anschließenden Reaktionen lassen sich in folgende Komplexe untergliedern:

— Oxidative Pyruvatdecarboxylierung
— Tricarbonsäure-Cyclus
— Atmungskette

In Abbildung 9.1. sind die Hauptphasen der Atmung zusammengestellt. In den anschließenden Ausführungen wird zunächst der über den Fructose-1,6-biphosphat-Weg eingeleitete Atmungsweg bis zur vollständigen Oxidation behandelt. Anschließend folgt die Darstellung der davon abweichenden Wege.

9.1.1.   Embden-Meyerhof-Parnas-Weg (Fructose-1,6-bisphosphat-Weg)

Der abgekürzt als **EMP-Weg** bezeichnete Abbau der Glucose zu Pyruvat ist sehr verbreitet. Von eukaryotischen Mikroorganismen wird überwiegend dieser Weg beschritten. Viele Bakterien nutzen ebenfalls diesen Weg, durch den auch zahlreiche Gärungsprozesse eingeleitet werden. Er wurde zuerst am Muskelgewebe erforscht und unter der Bezeichnung **Glykolyse** bekannt. Die einleitende Reaktion ist die mit der **Glucoseaufnahme** gekoppelte Phosphorylierung der Glucose zu Glucose-6-phosphat. Der Mechanismus des Aufnahme- und Phosphorylierungsprozesses ist organismenspezifisch. Bei der Bäckerhefe erfolgt er in der in Abbildung 9.2. dargestellten Weise. Bakterien wie *E. coli* besitzen ein spezielles Transportsystem für Glucose, das Phosphoenolpyruvat-Glucose-Phosphotransferase-System. Das in der Membran lokalisierte Enzymsystem aus drei Komponenten, u. a. einem Protein mit lipophilen Bereichen, phosphoryliert Glucose mittels Phosphoenolpyruvat (PEP). PEP enthält Phosphat in einer energiereichen Bindung, deren Potential auf die Glucose übertragen wird. Nach einer Isomersisierung erfolgt eine zweite **Phosphorylierung** der Hexose in Position 1 mittels ATP, es entsteht **Fructose-1,6-bisphosphat**, das charakteristische Zwischenprodukt dieses Abbauweges. Diese Verbindung wird durch die Aldolase in zwei C_3-Komponenten zerlegt, Glyceraldehyd-3-phosphat und Dihydroxyacetonphosphat. Beide Verbindungen stehen durch eine Isomerase im Gleichgewicht. Durch die anschließende Dehydrogenierung des Glyceraldehyd-3-phosphats wird das Gleichgewicht zugunsten des Aldehyds verschoben.

Die **Dehydrogenierung** des Glyceraldehyd-3-phosphats leitet die **ATP-Synthese durch Substratphosphorylierung** ein. Die Energiebereitstellung ist die wesentliche Funktion des Fructose-1,6-bisphosphat-Weges. Die Oxidation der Aldehydgruppe des Glyceraldehyd-3-phosphats zur Carboxylgruppe des 3-Phosphoglycerates ist in Abbildung 9.3. detaillierter dargestellt.

▶

Abb. 9.2. Fructose-1,6-bisphosphat-Weg. (1) Hexokinase, (2) Glucosephosphat-Isomerase, (3) 6-Phosphofructokinase, (4) Fructosebisphosphat-Aldolase, (5) Triosephosphat-Isomerase, (6) Glyceraldehyd-Dehydrogenase, (7) Phosphoglycerat-Kinase, (8) Phosphoglycerat-Mutase, (9) Enolase, (10) Pyruvat-Kinase.

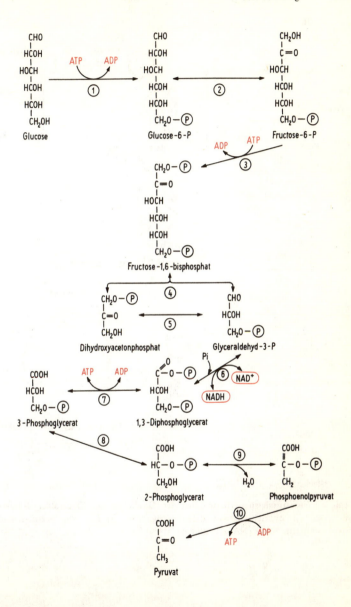

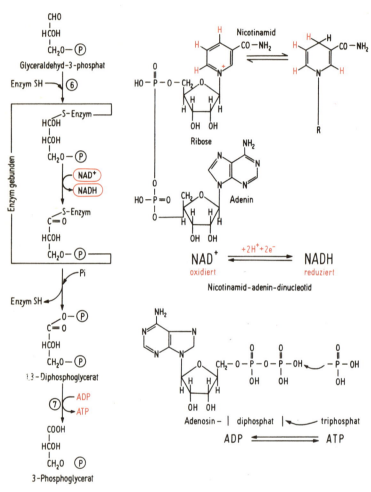

Abb. 9.3. Substratphosphorylierung bei der Oxidation von Glyceraldehyd-3-phosphat. (6) Glyceraldehydphosphat-Dehydrogenase, (7) Phosphoglycerat-Kinase. Strukturen von NAD (NADH) und ADP (ATP).

Glyceraldehyd-3-phosphat wird an die SH-Gruppe der Glyceraldehydphosphat-Dehydrogenase unter gleichzeitiger Reduktion des enzymgebundenen NAD^+ zu NADH angelagert. NAD^+ (Abb. 9.3.) fungiert als H-Acceptor. Das reduzierte Pyridinnucleotid wird freigesetzt, an seiner Stelle wird am Enzym die oxidierte Form NAD^+ gebunden. Die bei dieser Oxidation gebildete Thioesterbindung zwischen der Acylgruppe und dem Enzym ist energiereich. Bei der Lösung des Substrates vom Enzym wird die Energie zur Bindung von anorganischem Phosphat (Pi) genutzt, es entsteht 1,3-Diphosphoglycerat. Die freie Energie der Phosphatbindung in Position 1 ist hoch genug ($\Delta G^{\circ\prime} = -67$ kJ), um bei der nachfolgenden **Phosphoglycerat-Kinase-Reaktion** die Phosphatgruppe auf ADP zu übertragen. Dies ist die erste Substratphosphorylierung dieses Abbauweges, die zweite folgt nach der Übertragung der Phosphatgruppe von Position 3 zur Position 2 des Pyruvats. Nach der Isomerasereaktion wird durch die Enolase Wasser abgespalten. Diese Reaktion ist mit der Bildung der energiereichen Enolphosphatbindung ($\Delta G^{\circ\prime} = -54$ kJ) des Phosphoenolpyruvats (PEP) verbunden. Bei der anschließenden **Pyruvatkinase-Reaktion** erfolgt die **zweite Substratphosphorylierung**, es entsteht ATP und Pyruvat. Hiermit wurden die zwei Typen der Substratphosphorylierung vorgestellt:

Substrat-P + ADP → Substrat + ATP

Substrat-E + ADP + Pi → Substrat +E + ATP

E steht in diesem Fall für die Thioesterbindung mit einem Enzym. Neben den genannten zwei Verbindungen, die eine energiereiche Phosphatbindung enthalten, 1,3-Bisphosphoglycerat und Phosphoenolpyruvat, gibt es nur noch eine dritte (Acetylphosphat), die an anderer Stelle behandelt wird (10.2.).

9.1.2.   Oxidative Pyruvat-Decarboxylierung

Pyruvat steht im Zentrum des Intermediärstoffwechsels. Es dient der Synthese zahlreicher Metabolite und kann auf verschiedenen Wegen weiter oxidiert werden. In der Atmung erfolgt die Oxidation durch den Multienzymkomplex der **Pyruvat-Dehydrogenase** zu Acetyl-Coenzym A (Acetyl-CoA), einem weiteren zentralen Intermediärmetabolit. Die Reaktionsschritte der oxidativen Decarboxylierung sind in Abbildung 9.4. vereinfacht dargestellt. Das Multienzymsystem besteht aus drei Enzymen (s. Bildunterschrift zu Abb. 9.4.), von denen vom Enzym 1 und 2 jeweils 24, vom Enzym 3 12 Moleküle zu einem System zusammengefügt sind, an dem das Substrat während der Reaktionsfolge gebunden ist. Pyruvat wird an den Thiazolring des Thiaminpyrophospats (TPP) gebunden und decarboxyliert. Der Hy-

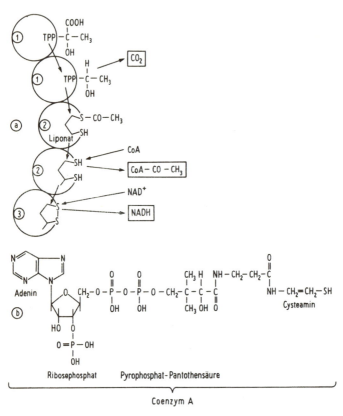

Abb. 9.4. a. Reaktionen des Pyruvat-Dehydrogenase-Multienzymkomplexes. (1) Pyruvat-Dehydrogenase, (2) Dihydrolipoyl-Transacetylase, (3) Dihydrolipoyl-Dehydrogenase. b. Aufbau des Coenzym A.

droxyethylrest wird auf den Liponatring des zweiten Enzyms übertragen, dessen Disulfidgruppe dabei reduziert wird. Die entstehende Acetylgruppe wird durch Reduktion mit Coenzym A als Acetyl-CoA freigesetzt. Das verbleibende Dihydroliponat wird durch NAD^+ reduziert, die Disulfidbindung des Liponatringes wird geschlossen und NADH freigesetzt. Mit dieser Reaktion beträgt die Abbaubilanz:

Glucose → 2 Acetyl-CoA + 2 CO_2 + 4 ATP + 4 $NADH^+$

Das an dieser Reaktionsfolge beteiligte **Coenzym A** ist eines der wichtigsten Transportmetaboliten, es fungiert vor allem als Acetylgruppenüberträger. Die Acylthioesterbindung ist relativ energiereich ($\Delta G^{\circ\prime} = -34$ kJ).

9.1.3.   Tricarbonsäure-Cyclus

Der **Tricarbonsäure-Cyclus (TCC)**, der auch als **Citronensäure-Cyclus oder Krebs-Cyclus** bezeichnet wird, hat zwei Funktionen. Erstens dient er dem Abbau der Acetyl-Gruppe zur Gewinnung von Reduktionsäquivalenten ($NADH^+$, $FADH_2$) und ATP unmittelbar oder durch die anschließende Oxidation der Reduktionsäquivalente in der Atmungskette. Zweitens stellt er Intermediäre für Synthesen bereit. Im folgenden wird nur die erste Funktion behandelt.

Die einleitende Reaktion des cyclischen Prozesses (Abb. 9.5.) ist die **Synthese von Citrat** aus Acetyl-CoA und Oxalacetat. Es folgen Isomerisierungen durch die Aconitat-Hydratase und die **erste Dehydrogenierung**, die mit einer Decarboxylierung zu 2-Oxoglutarat verbunden ist. Beide Reaktionsschritte werden durch ein Enzym, die Isocitrat-Dehydrogenase, katalysiert. Bei einigen Mikroorganismen ist es NAD^+-, bei anderen (z. B. *E. coli*) $NADP^+$-spezifisch. Der Mechanismus der anschließenden **zweiten Dehydrogenierung** durch die 2-Oxoglutarat-Dehydrogenase ist ähnlich der in Abschnitt 9.1.2. beschriebenen oxidativen Decarboxylierung. Auch in diesem Fall katalysiert ein Multienzymsystem mit gleichen Cofaktoren die CO_2-Abspaltung, CoA-Übertragung und NADH-Bildung. Es folgt eine **Substratphosphorylierung**, bei der die Energie der Thioesterbindung des Succinyl-CoA zur ATP-Synthese genutzt wird. Durch die **dritte Dehydrogenierung** wird Succinat zu Fumarat oxidiert. Hierbei wird $FADH_2$ gebildet, nicht NADH, da das Redoxpotential dieser Reaktion mit $E'_0 = +0,03$ V nicht ausreicht, um NAD^+ mit einem Redoxpotential von $E'_0 = -0,32$ V zu reduzieren. Fumarat wird in der folgenden Reaktion zu Malat hydratisiert und dieses durch die **vierte Dehydrogenierung** zu Oxalacetat umgesetzt. Damit wird das für den erneuten Durchlauf des Cyclus notwendige Ausgangsprodukt regeneriert. Eine C_2-Einheit wurde während des Cyclus oxidativ decarboxyliert, zwei CO_2 freigesetzt. Die Gesamtbilanz des Glucoseabbaus lautet:

$$\text{Glucose} \rightarrow 10\ \text{NAD(P)H} + 2\ \text{FADH}_2 + 4\ \text{ATP} + 6\ \text{CO}_2$$

CO_2 ist für die Zelle ohne Bedeutung, die Reduktionsäquivalente (10 NAD-$(P)H^+$; 2 $FADH_2$ = 24 H) dienen der weiteren Energiegewinnung. Dabei werden sie regeneriert, ohne diese Regeneration würde der Stoffwechsel aus Mangel an Wasserstoff-Acceptoren schnell zum Stillstand kommen.

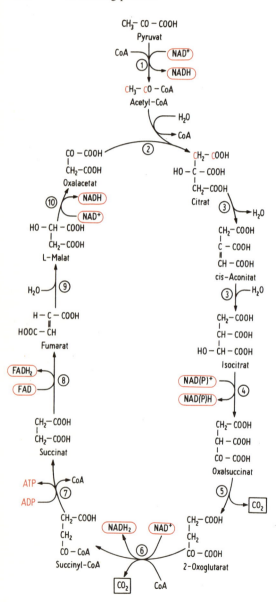

9.1.4.   Atmungskette

Wie bei der Behandlung des Redoxpotentials (8.2.) schon ausgeführt wurde, besteht die Atmungskette aus **Wasserstoff- und Elektronen-Carriern**, die in den Membranen der Bakterienzelle oder der Mitochondrien so angeordnet sind, daß die Reduktionsäquivalente vom NADH bzw. $FADH_2$ zum Sauerstoff schrittweise über ein steigendes Redoxpotential transportiert werden (Abb. 8.2.). Dabei werden Protonen durch eine Membran transportiert und ein Protonengradient geschaffen, der der ATP-Bildung dient. Als **Wasserstoff-Carrier** fungieren **Flavoproteine** und **Ubichinone (Coenzym Q)**. Die prosthetischen Gruppen dieser an Proteine gebundenen Redoxsysteme sind in Abbildung 9.6. dargestellt. Sie können zwei Wasserstoffatome übertragen. **Elektronen-Carrier** sind **Eisen-Schwefel-Proteine** und **Cytochrome**, deren Grundstruktur ebenfalls aus Abbildung 9.6. zu ersehen ist. Die Eisen-Schwefel-Proteine enthalten Eisenatome, die untereinander über Sulfidschwefel und mit dem Protein über den Cystein-Schwefel verbunden sind. Sie sind wie die Cytochrome Redoxsysteme, die durch den Wertigkeitswechsel des Eisens Elektronen übertragen. In den Cytochromen liegt das Eisen im Zentrum des Porphyrinringsystems. Es gibt eine große Zahl verschiedener Cytochrome, die sich durch die Seitenketten des Porphyrinringsystems und die Proteinbindung unterscheiden. Dadurch sind die verschiedenen Redoxpotentiale bedingt. Sie reichen von geringen Werten ($E_0' = -0,2$ V) bis zu dem hohen Redoxpotential des Cytochrom a ($E_0' = +0,4$ V). Die Cytochrome des a-Typs sind endständige Oxidasen, die mit dem Sauerstoff reagieren. Die bakterielle Atmungskette zeigt eine größere Mannigfaltigkeit als die der Eukaryoten. Es werden vier Typen von Cytochromen unterschieden, a, b, c und d. Das später angeführte Cytochrom o ist ein b-Typ Cytochrom mit Endoxidase-Aktivität.

Die Anordnung der Wasserstoff- und Elektronen-Carrier ist in Abbildung 9.7. in stark vereinfachter Weise dargestellt. Wasserstoff- und Elektronen-Carrier sind alternierend angeordnet, die Wasserstoff-Carrier befinden sich überwiegend an der Innenseite, die Elektronen-Carrier an der Außenseite. Die **Protonentranslokation** erfolgt wahrscheinlich in der Weise, daß von den Wasserstoff-Carriern Wasserstoff aus dem Cytoplasma aufgenommen und auf die Elektronen-Carrier übertragen wird. Diese nehmen

◄

Abb. 9.5. Tricarbonsäure-Cyclus. (1) Pyruvat-Dehydrogenase-Komplex, (2) Citrat-Synthase, (3) Aconitat-Dehydrase, (4) u. (5) Isocitrat-Dehydrogenase, (6) Oxoglutarat-Dehydrogenase-Komplex, (7) Succinat-Thiokinase, (8) Succinat-Dehydrogenase, (6) Oxoglutarat-Dehydrogenase-Komplex, (7) Succinat-Thiokinase, (8) Succinat-Dehydrogenase, (9) Fumarase, (10) Malat-Dehydrogenase.

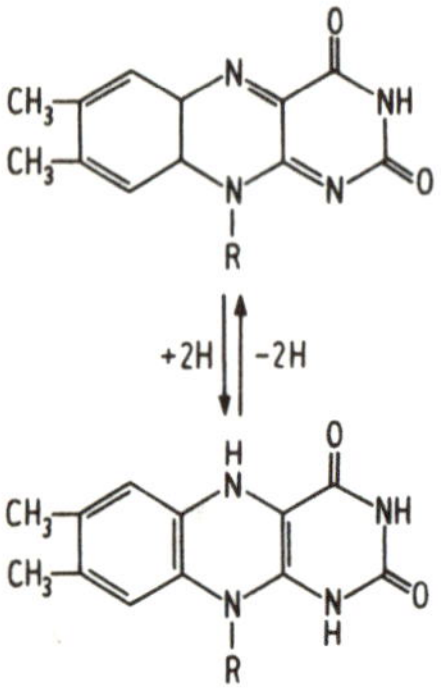

Flavinmononucleotid (FMN)

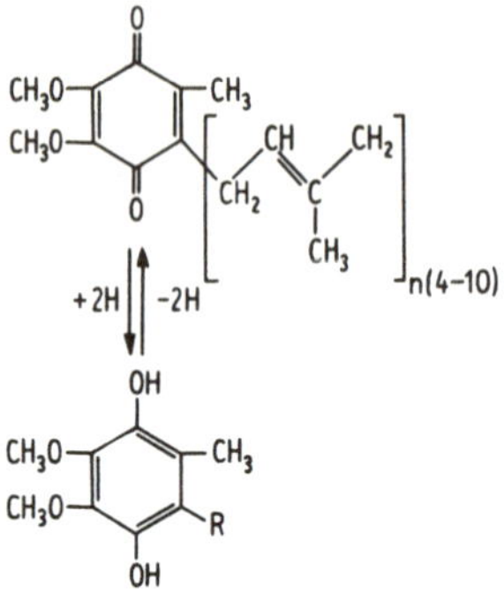

Coenzym Q (Ubichinon)

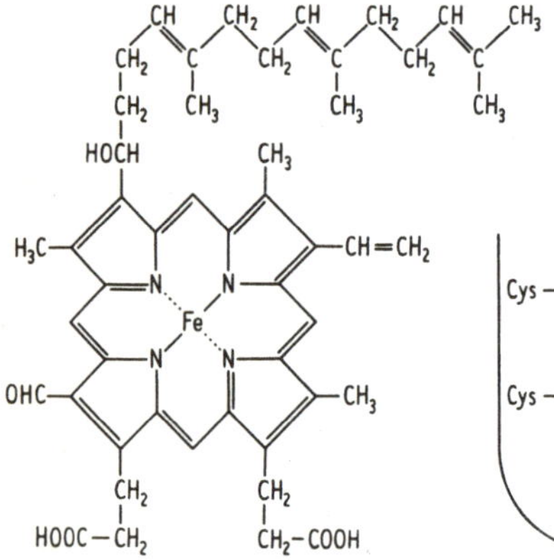

Cytochrom a

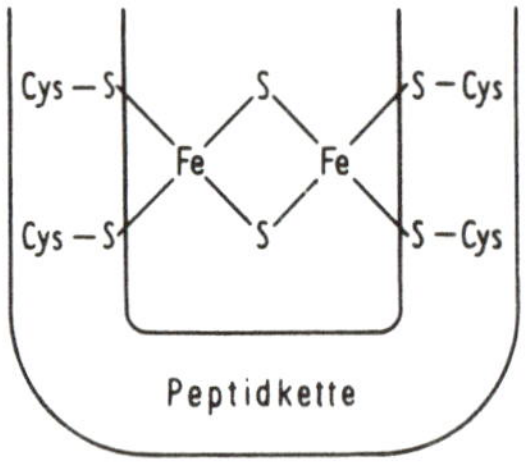

Eisen-Schwefel-Protein

Abb. 9.6. Redoxsysteme der Atmungskette. Formeln wichtiger Systeme des Wasserstoff- und Elektronentransports.

die Elektronen (e^-) auf und geben die Protonen (H^+) an der Außenseite ab. Die Elektronen werden auf Wasserstoff-Carrier mit höherem Redoxpotential übertragen, die dabei und durch die gleichzeitige Protonenaufnahme aus dem Cytoplasma reduziert werden. Dieser in Abbildung 9.7. dargestellte Schlaufenmechanismus wiederholt sich, bis die Elektronen beim letzten Schritt auf den Sauerstoff unter Wasserbildung übertragen werden.

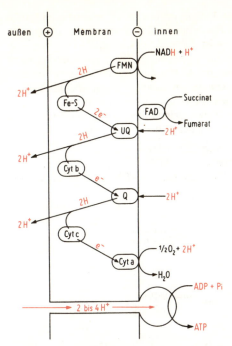

Abb. 9.7. Vereinfachtes Schema des Wasserstoff- und Elektronentransports in der Bakterien- und Mitochondrienmembran.
H^+ und e^--Carrier sind alternierend angeordnet. Fe-S: Eisen-Schwefel-Proteine, UQ: Ubichinone, Q: Chinon.

Die Protonentranslokation ist die Grundlage der **Chemiosmotischen Theorie**. Diese von MITCHELL aufgestellte Theorie besagt, daß die Cytoplasmamembran für H^+ und OH^- undurchlässig ist und durch die Atmungskette ein Protonengradient und Membranpotential zwischen Innen- und Außenseite aufgebaut wird. Das Prinzip der Elektronentransportphosphorylierung besteht darin, daß energieliefernde Redox-Reaktionen mit dem Protonentransport aus der Zelle verbunden sind. Man spricht daher auch von einer **Protonenpumpe**. Der elektrochemische Gradient, das Membranpotential, ist die treibende Kraft für die ATP-Synthese mittels der ATP-Synthase (Abb. 8.3. b)

Das gebildete ATP steht in der Membran für Transportprozesse und die Geißelbewegung sowie für Biosynthesen im Cytoplasma zur Verfügung.

Man geht davon aus, daß die Atmungskette zwei bis maximal drei Oxidationsschritte hat, die so hohe Redoxpotentialdifferenzen haben (Abb. 8.2.), daß eine ATP-Bildung möglich ist. Es sind dies die NADH-Dehydrogenierung, die Cytochrom b- und die Cytochrom a-Oxidation. Dabei können drei Moleküle Orthophosphat im ATP gebunden werden. Experimentell läßt sich das durch den **P/O-Quotienten** nachweisen, mit dem die Zahl der ATP-Moleküle pro Atom Sauerstoff erfaßt wird. Geht man davon aus, daß durch zwei Wasserstoffäquivalente maximal drei ATP gebildet werden, so ergibt sich folgende Energiebilanz der Glucose-Veratmung:

— Fructose-1,6-bisphosphat-Weg: 2 NADH = 4 H
— 2 Pyruvat-Dehydrogenierungen: 2 NADH = 4 H
— 2 Tricarbonsäure-Cyclus-Durchgänge: 6 NADH + 2 FADH$_2$ = 16 H

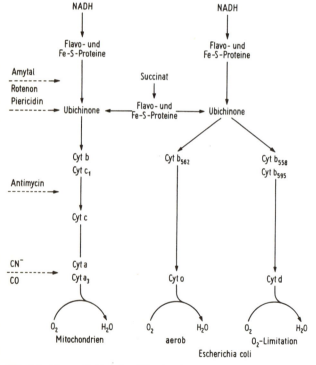

Abb. 9.8. Atmungsketten der Mitochondrien eukaryotischer Organismen und von Escherichia coli. Bakterien haben in der Regel eine verzweigte Atmungskette mit mehreren endständigen Oxidasen. Cyt c fehlt bei einigen Bakterien (s. Abb. 9.14.).

Aus 24 Reduktionsäquivalenten könnten maximal $12 \cdot 3 = 36$ ATP gebildet werden. Da das Redoxpotential des $FADH_2$ jedoch nur zwei ATP-Bildungsreaktionen ermöglicht, reduziert sich der Wert auf 34 ATP. Rechnet man die durch Substratphosphorylierungen beim Fructose-1,6-bisphosphat-Weg und dem Tricarbonsäure-Cyclus gebildeten 4 ATP dazu, so ergibt sich eine Gesamtbilanz von **38 ATP pro Molekül Glucose**.

Die **Atmungsketten der Bakterien** weichen von denen der Mitochondrien z. T. beachtlich ab. Mitochondrien sind in das konstante Milieu der Eukaryotenzelle eingebettet, Bakterien müssen sich mit vielfältigen und wechselnden Umwelteinflüssen auseinandersetzen. Darauf ist wahrscheinlich die Vielfältigkeit bakterieller Atmungsketten zurückzuführen. In der Regel sind **bakterielle Atmungsketten verzweigt**, sie haben mehrere Endoxidasen. Als Beispiel dafür ist in Abbildung 9.8. die Atmungskette von *E. coli* der von Mitochondrien gegenüber gestellt. Bei *E. coli* spielt unter aeroben Bedingungen der Cytochrom o-Komplex eine größere Rolle, bei microaerophilen Bedingungen der Cytochrom d-Komplex.

Der verschiedene Aufbau der Atmungsketten hat auch eine verschiedene Empfindlichkeit gegen **Hemmstoffe** zur Folge. Angriffsorte einiger Hemmstoffe sind in Abbildung 9.8. eingezeichnet. **Entkoppler** der Atmungskette wie 2,4-Dinitrophenol (2,4-DNP) und Tetrachlorsalicylanilid (TCS) hemmen die ATP-Bildung, nicht den Elektronenfluß. Sie bewirken, daß die Membran für Protonen permeabel wird, so daß kein Protonengradient aufgebaut werden kann. In entsprechender Weise wirken die Antibiotika Gramicidin und Valinomycin. Als Ionophoren machen sie die Membran für bestimmte Ionen durchlässig. Das Antibiotikum Oligomycin hemmt direkt die ATP-Synthase.

Sauerstoff ist in höherer Konzentration auch für aerobe Mikroorganismen **toxisch**. Durch Flavin- und Eisen-Schwefel-Enzymproteine kann es zur H_2O_2-Bildung kommen:

$$FADH_2 \rightarrow FAD + 2\,H^+ + 2\,e^-$$
$$O_2 + 2\,e^- + 2\,H^+ \rightarrow H_2O_2$$

Catalase verhindert die Accumulation von H_2O_2:

$$2\,H_2O_2 \rightarrow 2\,H_2O + O_2$$

Wesentlich toxischer als H_2O_2 wirken Superoxidradikale, die ebenfalls durch Wasserstoff- und Elektronen-Carrier in Gegenwart von Oxidasen gebildet werden. Dabei wird nur ein Elektron übertragen:

$$2\,O_2 + 2\,e^- + 2\,H^+ \rightarrow 2\,O_2^- + 2\,H^+$$

Eine Schutzfunktion geht von der **Superoxiddismutase** aus, die viele aerobe Mikroorganismen besitzen. Sie katalysiert die Reaktion:

$$2 \, O_2^- + 2 \, H^+ \rightarrow H_2O_2 + O_2.$$

9.1.5.   Entner-Doudoroff-Weg (2-Keto-3-desoxy-6-phosphogluconat-Weg)

Nicht alle Bakterien bauen Glucose nach dem in Abschnitt 9.1.1. dargestellten EMP- oder Fructose-1 6-bisphosphat-Weg zu Pyruvat ab. Vor allem unter den aeroben Gram-negativen Bakterien ist der von Entner und Doudoroff entdeckte Abbauweg verbreitet. Viele *Pseudomonas-*, *Xanthomonas-* und *Rhizobium*-Arten nutzen diesen Weg, ebenso Vertreter der Gattung *Thiobacillus*. *E. coli* baut über diesen Weg Gluconat ab.

Wesentliche Unterschiede zum Fructose-1,6-bisphosphat-Weg bestehen in den einleitenden Reaktionen der Aktivierung und Spaltung der C_6-Verbindung. Wie aus Abbildung 9.9. zu ersehen ist, wird Glucose nach der Phosphorylierung zu **6-Phosphogluconat** dehydrogeniert. Durch eine Dehydratase wird daraus **2-Keto-3-desoxy-6-phosphogluconat (KDPG)** gebildet, die diesen Weg charakterisierende Verbindung. Sie wird durch eine KDGP-spezifische Aldolase zu Pyruvat und Glyceraldehyd-3-phosphat gespalten. Nur eine der zwei C_3-Verbindungen, Glyceraldehyd-3-phosphat, wird über die gleichen Reaktionen wie beim Fructose-1,6-bisphosphat-Weg unter zweimaliger ATP-Bildung zu Pyruvat abgebaut. Die zweite C_3-Verbindung fällt bei der Spaltung bereits als Pyruvat an. Dadurch ist der **ATP-Gewinn dieses Weges geringer**. Da ein ATP zur Phosphorylierung von Glucose benötigt wird, ist die Bilanz dieses Weges:
Glucose → 2 Pyruvat + 1 ATP + 2 NAD(P)H.

Bei einigen Pseudomonaden verlaufen die Dehydrogenierungen der Glucose zu Gluconat und 2-Ketogluconat an der Membran, die freigesetzten Reduktionsäquivalente gehen direkt in die benachbarte Atmungskette ein. Gluconat oder 2-Ketogluconat werden in das Cytoplasma aufgenommen und in den Entner-Doudoroff-Weg eingeschleust.

9.1.6.   Pentosephosphat-Cyclus

Reaktionen dieses dritten Abbauweges der Glucose zu Pyruvat haben mehrere Funktionen. Die Einschleusung von Glucose in den Intermediärstoffwechsel ist bei vielen Mikroorganismen von untergeordneter Bedeutung. Wichtiger ist die Bildung von Ribosen für den Aufbau von Nucleotiden und Nucleinsäuren und die Bildung von NADPH für Synthesen. Die Dehydro-

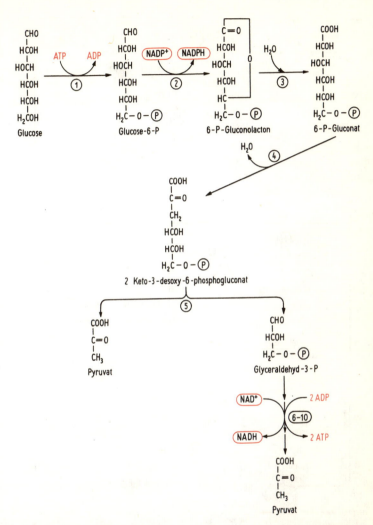

Abb. 9.9. Entner-Doudoroff-Weg. (1) Hexokinase, (2) Glucose-6-phosphat-Dehydrogenase, (3) Gluconolactonase, (4) 6-Phosphogluconat-Dehydratase, (5) 2-Keto-3-desoxy-6-phosphogluconat-Aldolase, (6—10) Enzyme des Fructose-1,6-bisphosphat-Weges, s. Abb. 9.2.

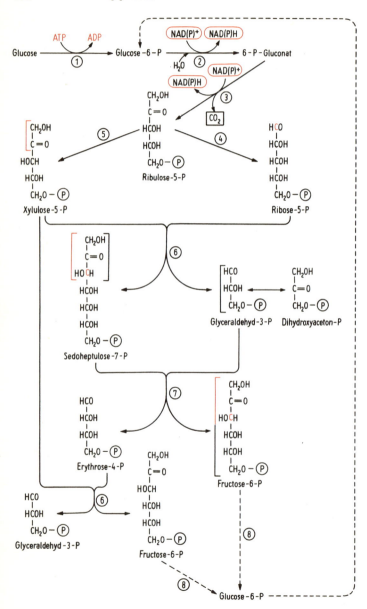

genasen dieses Weges sind meistens $NADP^+$-spezifisch. Viele Bakterien metabolisieren etwa ein Viertel des aufgenommenen Zuckers über diesen Weg. *Gluconobacter*, *Thiobacillus novellus* und *Brucella abortus* (Erreger der Brucellose) nutzen zur Glucoseverwertung nur diesen Weg, da ihnen Schlüsselenzyme der anderen Abbauwege fehlen.

Die beim Abbau von Hemicellulose anfallenden Pentosen (Xylose, Arabinose) werden über den Pentosephosphat-Cyclus metabolisiert. D-Xylose wird zu D-Xylulose, D-Arabinose zu D-Ribulose isomerisiert und mittels ATP phosphoryliert.

Die ersten Reaktionen dieses Abbauweges (Abb. 9.10) sind oxidativ, Glucose wird wie im Entner-Doudoroff-Weg nach Phosphorylierung

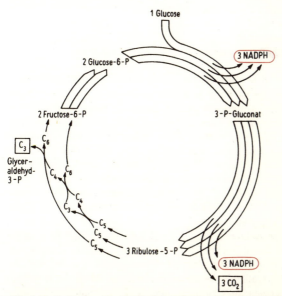

Abb. 9.11. Oxidativer Pentosephosphat-Cyclus. Durch einmaligen Durchlauf von drei Glucosemolekülen wird bilanzmäßig eines zu drei CO_2 und Glyceraldehyd-3-phosphat abgebaut.

◄

Abb. 9.10. Pentosephosphat-Weg. (1) Hexokinase, (2) Glucose-6-phosphat-Dehydrogenase u. Gluconolactonase, (3) 6-Phosphogluconat-Dehydrogenase, (4) Ribosephosphatisomerase, (5) Ribulosephosphatepimerase, (6) Transketolase, (7) Transaldolase, (8) Glucose-6-phosphat-Isomerase.

zu **Gluconat** oxidiert, dieses zu **Ribulose-5-Phosphat** decarboxyliert. Dabei werden 2 NADPH oder 2 NADH gebildet, die über die Atmungskette zur ATP-Bildung genutzt werden können. Drei Moleküle des C_5-Zuckers können nach Isomerisierung durch Transaldolase- und Transketolasereaktionen in zwei C_6-Zucker und eine Triose (Glyceraldehyd-3-phosphat) umgesetzt werden. Die Triose geht über die Reaktionen des Fructose-1,6-bisphosphat-Weges in den Intermediärstoffwechsel ein. Da im Organismus mehrere Moleküle die enzymatischen Prozesse durchlaufen, erfolgt ein **Glucoseabbau** durch den oxidativen Pentosephosphat-Cyclus. In Abbildung 9.11. ist veranschaulicht, wie durch das einmalige Durchlaufen des Cyclus von drei Glucosemolekülen bilanzmäßig eines zu drei CO_2 und einer Triose abgebaut wird. Durch den wiederholten Durchlauf wird Glucose vollständig abgebaut und Reduktionsäquivalente gewonnen.

9.2.   Unvollständige Oxidation der Essigsäurebakterien

Atmung wurde als vollständige Oxidation definiert. Fehlen Schlüsselenzyme der Abbauprozesse, so ist keine vollständige Oxidation möglich. Dieser Fall liegt bei den Essigsäurebakterien vor, denen die Succinat-Dehydrogenase, ein Schlüsselenzym des Tricarbonsäure-Cyclus, fehlt. Dadurch kann Acetyl-CoA nicht abgebaut werden. Diese Bakterien führen eine **unvollständige Oxidation** von Glucose oder Ethanol durch, **Essigsäure** wird angehäuft. Die zwei Gattungen der Essigsäurebakterien gehen verschiedene Stoffwechselwege. *Gluconobacter* verwertet Glucose über den Pentosephosphat-Weg, die Triose wird über Pyruvat zu Essigsäure oxidiert, die angehäuft wird (Abb. 9.12. a). *Acetobacter* oxidiert in zwei enzymatischen Reaktionen Ethanol zu Essigsäure (Abb. 9.12. b). Auch diese zur Essigsäureproduktion eingesetzten Bakterien häufen Essigsäure bis zu einer Konzentration von 0,4 M an. Nach Verbrauch des Ethanols oxidieren sie die Essigsäure. Die ATP-Bildung erfolgt über die Atmungskette. Der bei den Dehydrogenierungen anfallende Wasserstoff wird auf Methoxatin (PQQ) übertragen. Dieses Coenzym erfüllt eine dem NADH entsprechende Funktion, es hat jedoch ein höheres Redoxpotential ($E_0' = +0,12$ V). Methoxatin ist ein Chinonderivat (Abb. 9.12. c), das auch dem Speiseessig die gelbe Farbe verleiht. Die Essigsäurebakterien werden nicht nur zur Essigsäureproduktion, sondern auch für Biotransformationen (32.2.) eingesetzt. Die Substratverwertung ist aus energetischer Sicht unökonomisch. Ein **hoher Stoffumsatz** führt zu einer **geringen ATP-Bildung**. Essigsäurebakterien kommen in relativ nährstoffreichen Biotopen vor, besonders auf Pflanzen gemeinsam mit Ethanol bildenden Hefen.

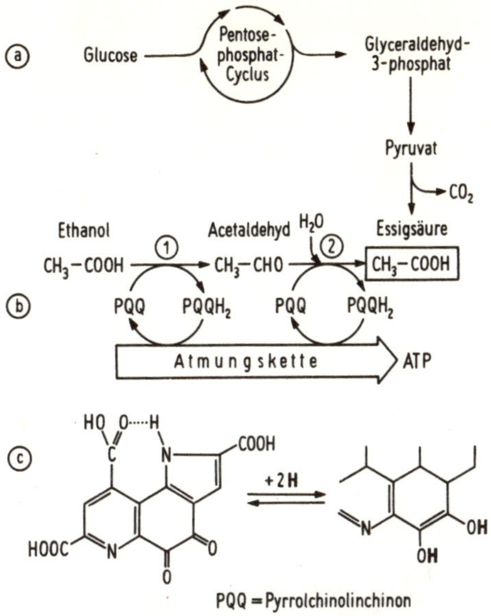

Abb. 9.12. Essigsäurebildung durch unvollständige Oxidation. a. *Gluconobacter* metabolisiert Glucose über den Pentosephosphat-Cyclus zu Essigsäure. b. *Acetobacter* sp. oxidieren Ethanol durch die (1) Ethanol-Dehydrogenase und (2) Acetaldehyd-Dehydrogenase zu Essigsäure. c. PQQ fungiert als Wasserstoff-Carrier.

9.3. Nitratatmung (Denitrifikation)

Wie bereits in der Einleitung dieses Kapitels gesagt wurde, ermöglicht die Nitratatmung unter anaeroben Bedingungen eine vollständige Substratoxidation, indem die Reduktionsäquivalente auf Nitrat übertragen werden. Dabei erfolgt eine Nitratreduktion bis zu elementarem Stickstoff, der gasförmig entweicht. Diese Stickstoff-Freisetzung wird als **Dentrifikation** bezeichnet. Sie führt zu Stickstoffverlusten von Böden (25.2.) und wird zur Stickstoffeliminierung aus Abwässern genutzt (34.3.). Der Prozeß wird auch als **dissimilatorische Nitratreduktion** bezeichnet, ähnliche Reaktionen finden bei der assimilatorischen Nitratreduktion statt, die zu Ammonium führt, das über Aminosäuren assimiliert wird.

Die Nitratatmung tritt in sehr verschiedenen Bakteriengattungen auf, z. B. bei *Pseudomonas*-Arten, *Thiobacillus denitrificans*, *Bacillus licheniformis*, *Paracoccus denitrificans*. Diese Bakterien sind **fakultativ anaerob**, im

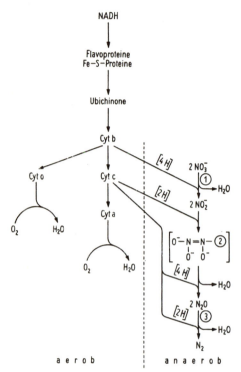

Abb. 9.13. Nitratatmung und Atmung von Paracoccus denitrificans. Reduktions-äquivalente-Übertragung unter aeroben und anaeroben Bedingungen. (1) Nitrat-Reductase, (2) Nitrit-Reductase, (3) Distickstoffoxid-Reductase.

Gegenwart von Sauerstoff atmen sie. Sauerstoffmangel induziert das Nitrat-reductase-System. Die Enzyme sind in der Membran lokalisiert. Bei vielen denitrifizierenden Bakterien zweigt der Elektronenfluß auf der Redoxstufe der Cytochrome b und c auf die Reductasen der Nitratatmung ab (Abb. 9.13.). Drei Enzyme sind daran beteiligt, die **Nitratreductase** mit einem Molybdän enthaltenden Cofaktor, die **Nitrit-** und die **Distickstoffoxid-Reductase**. Die von der Nitrit-Reductase katalysierten Reaktionen sind sehr komplex. An dem Eisen enthaltenden Enzym werden zwei Nitritmoleküle gebunden und in zwei Schritten zu Distickstoffoxid (N_2O) reduziert. Dieses kann z. T. freigesetzt werden, der überwiegende Teil wird bis zu Stickstoff (N_2) reduziert. Beim Elektronenfluß der Nitratatmung können wie bei der Atmung 3 ATP gebildet werden.

Enterobakterien wie *E. coli* und Staphylococcen führen eine Variante der Nitratatmung durch, die nur bis zum Nitrit verläuft. Bei dieser **Nitrat-Nitrit-Atmung** wird Nitrit im Medium angehäuft. Wenn Nitrat in Lebensmitteln oder Trinkwasser vorkommt oder bei Säuglingen (bis zu 6 Monaten) im Darm bakteriell gebildet wird, kommt es durch die Nitritbindung an Hämoglobin zur Methhämoglobinbildung. Diese Erscheinung ist für Babies sehr gefährlich, da die Erythrocyten keinen Sauerstoff transportieren können.

9.4.   Sulfatreduktion

Dieser auch als dissimilatorische Sulfatreduktion bezeichnete Prozeß stellt einen Sonderfall der anaeroben Atmung dar, die **sulfatreduzierenden Bakterien (Desulfurikanten, sulfidogene Bakterien)** sind **obligat anaerob**. Da jedoch das Sulfat als Wasserstoff-Acceptor dient und Cytochrome an dem Prozeß beteiligt sind, wird die Sulfatreduktion im Kapitel über Atmungsprozesse behandelt.

Sulfatreduzierende Bakterien leben in anaeroben Gewässersedimenten von den durch Gärungen gebildeten Produkten wie Lactat, Malat, Propionat, Ethanol und H_2. Zwei Gruppen sind zu unterscheiden. Die unvollständigen Oxidierer (*Desulfovibrio*-Arten, *Desulfotomaculatum nigrificans, Desulfobulbus propionicus*) bauen die organischen Substrate bis zu Acetat ab. Die zweite Gruppe, die vollständigen Oxidierer, mineralisieren Acetat, Benzoat und $C_1 - C_{14}$-Fettsäuren. Zur zweiten Gruppe gehören u. a. *Desulfotomaculatum acetoxidans, Desulfobacter postgatei, Desulfonema limicola*.

In Abbildung 9.14. ist der Ablauf der unvollständigen Oxidation und der damit verbundene Elektronentransport dargestellt. Als H- bzw. Elektronen-Carrier fungieren **Ferredoxin**, ein Eisen-Schwefel-Protein mit sehr niedrigem Redoxpotential ($E_0' = -0,41$ V) und Desulfoviridin, welches bei der Sulfitreduktion den sechsfachen Elektronentransfer bewirkt. Es ist ein Sirohämprotein, das zwei Tetrapyrrolringsysteme und ein Eisen-Schwefel-Zentrum enthält. Mit dem Elektronentransport über Cytochrome (c- und b-Typ) ist die Ausbildung eines Protonengradienten und ATP-Synthese verbunden.

Die Reduktion des Sulfats erfordert eine Aktivierung, bei der mit Hilfe von ATP **Adenosin-5′-phosphosulfat (APS)** gebildet wird (Struktur Abb. 9.14. b). Diese Art der Sulfataktivierung tritt auch bei der Sulfatassimilation auf, sie ist jedoch mit einer zweiten Aktivierungsreaktion verbunden. Bei der dissimilatorischen Sulfatreduktion wird APS unter Bildung von AMP zu Sulfit reduziert. Das in Sedimenten gebildete H_2S geht zum überwiegen-

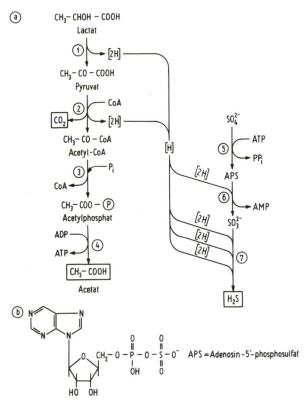

Abb. 9.14. Sulfatreduktion von Desulfovibrio sp. (1) Lactat-Dehydrogenase, (2) Pyruvat-Ferredoxin-Oxidoreductase, (3) Phosphotransacetylase, (4) Acetat-Kinase, (5) ATP-Sulfurylase, (6) APS-Reductase, (7) Sulfitreductase.

den Teil auf die Sulfatreduktion zurück. Einige sulfatreduzierende Bakterien besitzen Hydrogenasen, die Wasserstoff aktivieren und Protonen direkt in die Atmungskette auf der Stufe eines Cytochrom c_3 einfließen lassen.

In den letzten Jahren wurden Bakterien entdeckt, die elementaren Schwefel als H-Acceptor nutzen und H_2S bilden. Dieser als **Schwefel-Atmung** zu bezeichnende Prozeß wird von *Desulfuromonas acetoxidans* und dem extrem thermophilen *Pyrodictium occultum* (105 °C) durchgeführt.

Als weitere Formen der anaeroben Atmung sei die **Fumarat-Atmung** erwähnt. Sie ist ein Nebenprozeß der Atmung, der bei Enterobakterien verbreitet ist. Fumarat kann unter anaeroben Bedingungen mit Hilfe einer in der Bakterienmembran lokalisierten Fumarat-Reductase zu Succinat reduziert werden. Die Reaktion hat eine Redoxpotentialdifferenz von $E_0' = -0,03$ V und speist die Elektronen direkt in die Atmungskette ein.

10.   Gärungen

Anaerobe Milieubedingungen sind in der Natur weit verbreitet. Die Mikroorganismen haben sich durch drei Stoffwechseltypen diese Habitate erschlossen, erstens durch die anaeroben Atmungen (9.3. und 9.4.), zweitens durch die Acetogenese und Methanogenese (Kap. 12) und drittens durch die Gärungen. Pasteur definierte **Gärungen** als Leben ohne Sauerstoff. Diese 1885 ausgesprochene Definition ist auch heute noch völlig zutreffend. Gärungen sind der **ATP-Synthese** dienende Stoffwechselprozesse, bei denen ein organisches Substrat oxidiert wird, indem durch Dehydrogenierungen Wasserstoff abgespalten und auf Zwischenprodukte des Gärungsprozesses übertragen wird. Für die Gärungen ist charakteristisch, daß ein **endogener Metabolit als H-Acceptor** genutzt wird, kein externer Acceptor wie bei den Atmungsprozessen. Als Wasserstoff-Carrier fungiert NADH, welches durch die Wasserstoffübertragung auf den Acceptor wieder regeneriert wird. Die Zelle führt die Gärung zur ATP-Gewinnung durch. Die bei den Dehydrogenierungen anfallenden Reduktionsäquivalente braucht die Zelle nur zu einem sehr geringen Teil für Synthesen, der größere Teil muß beseitigt werden. Das geschieht z. B. bei der Alkohol-Gärung dadurch, daß Acetaldehyd zu Ethanol reduziert wird, Ethanol hat keine weitere Bedeutung für die Zelle. Einige Bakterien (z. B. Clostridien) können die Reduktionsäquivalente durch eine spezielle Hydrogenase als gasförmigen Wasserstoff beseitigen.

Der ATP-Bedarf für das Wachstum ist aerob wie anaerob gleich groß. Aus einer gegebenen Substratmenge ist die ATP-Ausbeute bei den Gärungen wesentlich geringer als bei der Atmung. Die ATP-Synthese erfolgt nur durch die **Substratphosphorylierungen**. Daher treten bei Gärungen geringe Energiewandlungen, aber hohe Stoffumsätze auf. Die Gärungen werden nach den Endprodukten bezeichnet, z. B. Milchsäure- oder Aceton-Butanol-Gärung.

Einige Mikroorganismen stellen den Stoffwechsel nur bei Sauerstoffmangel auf Gärung um, in Gegenwart von Sauerstoff atmen sie. Sie sind **fakultativ anaerob**. Viele gärende Bakterienarten sind **obligat anaerob**, sie können nur durch diese Art des Stoffwechsels Energie gewinnen. Einige davon tolerieren Sauerstoff, da sie über die Superoxid-Dismutase verfügen, die das toxische Superoxidradikal entgiftet (9.1.4.). **Aerotolerant** sind die Milchsäurebakterien (*Lactobacillus, Streptococcus*). **Strikt anaerob** sind z. B. viele Clostridien, da sie weder über Superoxid-Dismutase noch Catalase verfügen. Sauerstoff ist daher für sie toxisch. Außerdem benötigen sie wie auch andere Anaerobier ein sehr niedriges Redoxpotential.

10.1.   Alkohol-Gärung

Zu der wirtschaftlich bedeutsamen alkoholischen Gärung sind sowohl Hefen als auch einige Bakterien befähigt. Heute werden Gärungsalkohol und alkoholische Getränke zum weitaus überwiegenden Teil durch Hefen, vor allem *Saccharomyces cerevisiae*, gewonnen (29.1.).

Der Ablauf der Alkohol-Gärung durch *Saccharomyces cerevisiae* ist in Abbildung 10.1. dargestellt. Die Reaktionen sind mit denen des **Fructose-1,6-bisphosphat-Weges** identisch, der die Atmung einleitet (9.1.1.). Das auf diesem Wege gebildete Pyruvat wird decarboxyliert. Es entsteht Acetaldehyd, der als Acceptor für den bei vorhergehenden Dehydrogenierungsreaktionen angefallenen Wasserstoff fungiert. Als Wasserstoff-Carrier wirkt NADH. Durch die Wasserstoffübertragung auf Acetaldehyd wird es für die Weiterführung der Gärung regeneriert. Von insgesamt 4 ATP-Molekülen, die bei der alkoholischen Gärung gebildet werden, dienen 2 der Glucoseaktivierung. Pro Molekül Glucose werden daher nur 2 ATP-Moleküle gewonnen.

Die Alkohol-Gärung setzt erst bei Sauerstoffmangel ein. Bei Belüftung hört die Gärung auf. Dieses schon von Pasteur beobachtete Phänomen wird als **Pasteur-Effekt** bezeichnet. Das diesem Effekt zugrunde liegende Regulationssystem wird im Abschnitt 29.1. erläutert. Es beruht auf dem Energieladungszustand der Zelle. Darunter versteht man das Verhältnis von energiereichen zu energiearmen Adenylaten. Beim Gärungsstoffwechsel wird etwa vier mal mehr Glucose aufgenommen und im EMP-Weg metabolisiert als bei der Atmung. Dadurch wird die ATP-Synthese pro Zeiteinheit erhöht. Hefen können nur wenige Zellteilungen anaerob durchführen, da sie Sauerstoff zur Synthese von Lipidbausteinen der Membran benötigen. Sie sind nur bedingt fakultativ anaerob.

Nur wenige Bakterien vergären Glucose zu Ethanol über den EMP-Weg (z. B. *Erwinia amylovora*). *Zymomonas mobilis*, ein für die Ethanolproduktion interessantes Bakterium, vergärt Glucose über den Entner-Doudoroff-Weg. Der Stoffwechsel dieses und weiterer für die Ethanolgewinnung interessanter Bakterien wird in Abschnitt 29.1. behandelt.

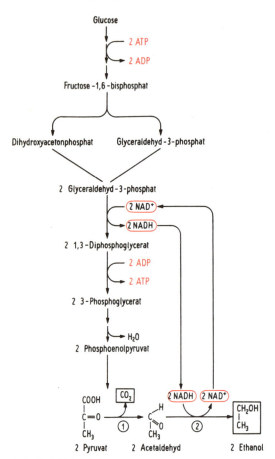

Abb. 10.1. Ethanol-Gärung durch Saccharomyces cerevisiae. Die Regenerierung des NAD^+ erfolgt im Rahmen des Gärungsprozesses. Enzyme der Reaktionen bis zum Pyruvat s. Abb. 9.2. (1) Pyruvat-Decarboxylase, (2) Alkohol-Dehydrogenase.

10.2.   Milchsäure-Gärung

Milchsäurebakterien sind in der Natur weit verbreitet. Ihre Habitate sind Milch, Pflanzen sowie die Schleimhäute und der Intestinaltrakt von Mensch und Tieren. Durch die Milchsäure-Gärung entsteht ein saures Milieu, das von vielen anderen Bakterien nicht vertragen wird. Dadurch schaffen sich die Milchsäurebakterien selektive Bedingungen. Die Milchsäure-Gärung wird zur Konservierung (Silofutter, Sauerkraut, Saure Gurken) und zur Herstellung von Milchprodukten (Sauermilch, Joghurt, Kefir, Quark, Harzer Käse) vielfältig genutzt (29.2.). Die Milchsäurebakterien verwerten außer Glucose auch Lactose. Lactose wird durch die β-Galactosidase in Glucose und Galactose gespalten. Galactose wird in Glucosephosphat überführt. Milchsäurebakterien benötigen zum Wachstum ein komplexes Medium, das Vitamine, Aminosäuren, Purine und Pyrimidine enthält. Wahrscheinlich haben sie durch das Wachstum in nährstoffreichen Habitaten die Fähigkeit zur Synthese dieser Verbindungen verloren. Bei Wachstum auf bluthaltigen Nährmedien vermögen sie Cytochrome zu bilden.

Milchsäurebakterien haben zwei Wege der anaeroben ATP-Synthese entwickelt, die homo- und die heterofermentative Milchsäure-Gärung. Bei der homofermentativen Gärung wird nur ein Produkt gebildet, Lactat. Bei der heterofermentativen Milchsäure-Gärung entstehen mehrere Produkte, neben Lactat noch Ethanol, Acetat, CO_2.

Die **homofermentative Milchsäure-Gärung** ist eine Variante der Ethanolbildung über den Fructose-1,6-bisphosphat-Weg (Abb. 10.2.). Im Gegen-

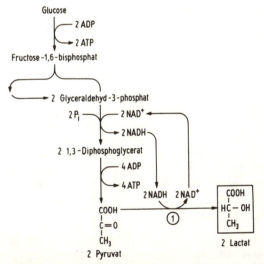

Abb. 10.2. Homofermentative Milchsäure-Gärung. Reaktionen bis zum Pyruvat s. Abb. 9.2. (1) Lactat-Dehydrogenase.

satz zur Ethanol-Gärung (Abb. 10.1.) wird bei der Lactatbildung dehydrogeniert. Bei dieser Reaktion erfolgt die NAD^+-Regenerierung. Die Energiebilanz entspricht der Ethanol-Gärung:

Glucose → 2 Lactat + 2 ATP

Der homofermentative Weg wird von den meisten *Lactobacillus*-Arten begangen, z. B. *L. lactis, L. casei, L. delbrueckii, L. bulgaricus, L. plantarum.* Ebenso nutzen *Streptococcus lactis, S. cremoris* und *S. faecalis* diesen Weg. *Lactobacillus casei* und *L. plantarum* bauen Glucose über den homofermentativen, Ribose über den heterofermentativen Weg ab.

Die **heterofermentative Milchsäure-Gärung** wird vor allem von den *Leuconostoc*-Arten durchgeführt. Sie unterscheidet sich wesentlich von der homofermentativen Gärung. Den diesen Weg nutzenden Bakterien fehlen Schlüsselenzyme des Fructose-1,6-bisphosphat-Weges. Die einleitenden Reaktionen erfolgen über den in Abbildung 9.11. dargestellten oxidativen Pentosephosphat-Cyclus. Auf der Stufe des Xylulose-5-phosphates wird ein für diesen Weg charakteristisches Enzym wirksam, die **Phosphoketolase** (Abb. 10.3.). Sie spaltet die Pentose in eine C_2- und C_3-Komponente. Die C_2-Komponente wird enzymgebunden an Thiaminpyrophosphat dehydratisiert und zu Acethylphosphat umgesetzt. Acetylphosphat wird bei den *Leuconostoc*-Arten über die in Abbildung 10.3. dargestellten Schritte in Ethanol überführt.

Bei *Lactobacillus brevis*, der ebenfalls den heterofermentativen Weg nutzt, ist die weitere Umsetzung von **Acetylphosphat** mit einer ATP-Synthese gekoppelt. Diese für Gärungsorganismen wichtige Reaktion wird durch die **Acetyl-Kinase** katalysiert:

$$CH_3\text{-}CO\text{-}O\text{-}PO_3H_2 + ADP → CH_3\text{-}COOH + ATP$$

Es ist die dritte verbreitete Substratphosphorylierungsreaktion.

Das zweite Produkt der Phosphoketolase-Spaltung ist Glyceraldehyd-3-phosphat. Es wird wie bei der homofermentativen Gärung über Reaktionen des Fructose-1,6-bisphosphat-Weges unter ATP-Bildung zu Pyruvat oxidiert und dieses zu Lactat reduziert. Die Bilanz des von *Leuconostoc* genutzten Weges beträgt: Glucose → Lactat + Ethanol + CO_2 + ATP.

Bei *Lactobacillus brevis* wird durch die Acetyl-Kinase-Reaktion eine zusätzliche ATP-Synthese erreicht:

Glucose → Lactat + Acetat + CO_2 + 2 ATP.

▶

Abb. 10.3. Heterofermentative Milchsäure-Gärung durch *Leuconostoc mesenteroides*. Reaktionen bis Xylulose-5-phosphat s. Abb. 9.10., Reaktionen zu Lactat s. Abb. 10.2. (1) Phosphoketolase, (2) Phosphotransacetylase.

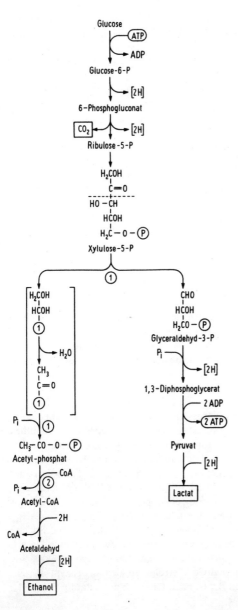

Bifidobacterium bifidum führt einen komplizierteren heterofermentativen Abbauweg aus **(Bifidum-Weg)**. Dieses Bacterium ist ein charakteristischer Keim der Darmflora von Säuglingen, die mit Muttermilch ernährt werden. Es benötigt N-Acetylglucosamin, das in der Muttermilch, nicht in der Kuhmilch enthalten ist.

Bei der Milchsäure-Gärung entstehen D (—)— und L (+) oder/und DL-Lactat. Das ist auf die Stereospezifität der Lactat-Dehydrogenase zurückzuführen. Das Enantiomeren-Gemisch wird vielfach durch eine Lactat-Racemase gebildet.

Nebenprodukte der Milchsäure-Gärung von *Lactobacillus plantarum*, *Streptococcus lactis* und *Leuconostoc cremoris* sind **Acetoin** (CH_3-CHOH-COOH) und **Diacetyl** (CH_3-CO-CO-CH_3). Diacetyl ist der Aromastoff der Butter. Diese Verbindungen werden aus Citrat gebildet, das in einer Konzentration von etwa $1 g \cdot l^{-1}$ in der Milch vorkommt. Citrat wird durch Citrat-Lyase in Acetat und Oxalacetat gespalten. Oxalacetat wird zu Pyruvat decarboxyliert, das zu Acetoin reduziert wird. Die C_4-Verbindung Diacetyl entsteht durch Kondensation von aktivierten C_2-Verbindungen.

10.3.   Propionsäure-Gärung

Diese Gärung wird durch verschiedene Bakteriengruppen durchgeführt, vor allem durch *Propionibacterium-*, *Selenomonas-* und *Veillonella*-Arten des Pansens. Über das Labenzym, das aus dem Kälbermagen stammt, gelangen *Propionibacterium*-Arten in den Schweizer Käse. Sie tragen zur Käsereifung und Aromabildung bei.

Propionigene Bakterien können Hexosen abbauen. Häufiger ist jedoch die Lactatverwertung. Der verbreitetste Gärungsweg verläuft über Succinat. Aus dem in Abbildung 10.4. dargestellten Reaktionsverlauf geht hervor, daß die Zellen einen sehr komplizierten Stoffwechselweg zur ATP-Synthese entwickelt haben. Die erste Besonderheit ist die **Carboxylierung** der C_3-Verbindung mit Hilfe eines Biotin enthaltenden Enzyms. Es schließen sich Reaktionen an, die in umgekehrter Richtung auch im Tricarbonsäure-Cyclus stattfinden. Die ATP-Bildung bei der Succinat-Bildung ist mit einer Elektronentransportphosphorylierung gekoppelt. Die folgende CoA-Transferase-Reaktion leitet die zweite Besonderheit dieses Weges ein, die B_{12}-abhängige **Methylmalonyl-CoA-Bildung**. Dieses Produkt und die Racemisierung vom S- zum R-Enantiomeren sind für die anschließende Decarboxylierung notwendig. Die Strukturänderung (Rearrangement) des Succinyl-CoA zum Methylmalonyl-CoA erfolgt an dem Coenzym B_{12}-enthaltendem Enzym. Coenzym B_{12} ist nicht identisch mit Vitamin B_{12} (30.1.).

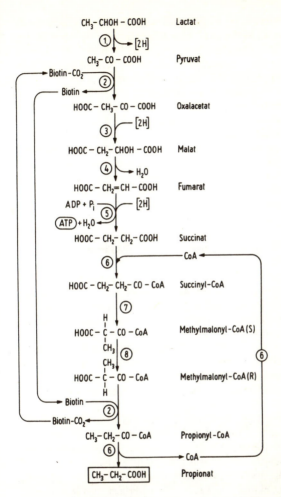

Abb. 10.4. Propionsäure-Gärung über den Succinat-Weg. (1) Lactat-Dehydrogenase, (2) Methylmalonyl-CoA-Pyruvat-Transcarboxylase, (3) Malat-Dehydrogenase, (4) Fumarase, (5) Fumarat-Reductase, (6) CoA-Transferase, (7) Methyl-
malonyl-CoA-Mutase, (8) Methylmalonyl-CoA-Racemase.

Nach der Transcarboxylierung und CoA-Übertragung wird Propionat in das Medium freigesetzt. Neben der Transcarboxylierung, bei der CO_2 am Biotin-Enzym-Komplex gebunden bleibt, gibt es bei Propionsäurebakterien noch weitere Carboxylierungsreaktionen, die zu C_4-Säuren führen. Eine ist die Phosphoenolpyruvat-Carboxytransphosphorylase:

PEP + CO_2 + Pi → Oxalacetat + Pyrophosphat.

In der CO_2-Atmosphäre des Pansens (70 % CO_2) findet wahrscheinlich eine weitere Pyruvatcarboxylierung zu Malat statt.

Propionsäure kann noch auf einem zweiten Weg gebildet werden, dem **Acryloyl-Weg.** Er tritt bei *Clostridium propionicum* und *Megasphaera elsdenii* auf. Hierbei wird aus Lactyl-CoA durch Dehydratisierung Acryloyl-CoA ($CH_2=CH—CO—CoA$) gebildet, das zu Propionsäure reduziert wird. Die Bedeutung der Propionsäure-Gärung für die Ernährung der Wiederkäuer wird in Abschnitt 24.2.1. behandelt.

10.4.   Gemischte Säure-Gärung und 2,3-Butandiol-Gärung

Mit diesen zwei Typen der Ameisensäure-Gärung vermögen die **Enterobakterien** fakultativ anaerob zu leben. **Ameisensäure** ist ein Nebenprodukt dieser Gärungen, das jedoch beiden Gärungstypen gemeinsam ist. Bei der gemischten Säure-Gärung wird ein breites Spektrum organischer Säuren sowie H_2 und CO_2 gebildet. Den Prototyp dieser Gärung führen *E. coli* sowie *Salmonella* und *Shigella* durch. 2,3-Butandiol ist das Hauptprodukt der Gärung, mit der *Enterobacter aerogenes*, *Serratia* und *Erwinia* unter anaeroben Bedingungen ATP gewinnen. Bei Sauerstoffmangel kann NADH nicht mehr über die Atmungskette oxidiert werden. Das sich anreichernde NADH hemmt die Pyruvat-Dehydrogenase und Schlüsselenzyme des Tricarbonsäure-Cyclus, z. B. die Citrat-Synthase. Durch diese Regulationsprozesse wird der Stoffwechsel auf Gärung umgestellt.

Die Gemischte Säure-Gärung (Abb. 10.5.) wird über Reaktionen des EMP-Weges eingeleitet. Phosphoenolpyruvat (PEP) wird carboxyliert und über reversible Reaktionen des Tricarbonsäure-Cyclus zu Succinat reduziert. Eine zentrale Stellung nimmt Pyruvat ein. Es unterliegt zwei Reaktionen. Die direkte Reduktion führt zu Lactat, eine schon von der Milchsäure-Gärung her bekannte Reaktion. Neu ist die **Pyruvat-Formiat-Lyase-Reaktion.** Dieses unter anaeroben Bedingungen induzierte Enzym überführt Pyruvat in Acetyl-CoA und Formiat. Bei einigen Bakterienarten wird Formiat durch die **Formiat-Hydrogen-Lyase-Reaktion**, bei der eine Dehydrogenase und eine Hydrogenase zusammenwirken, in gasförmigen Wasserstoff und CO_2 gespalten. Acetyl-CoA wird auf zwei Wegen weiter meta-

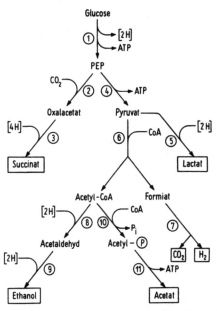

Abb. 10.5. Gemischte Säure-Gärung der Enterobakterien. (1) Einleitende Reaktion s. Abb. 9.2., (2) PEP-Carboxylase, (3) Reversible Reaktionen des TCC, (4) Pyruvat-Kinase, (5) Lactat-Dehydrogenase, (6) Pyruvat-Formiat-Lyase, (7) Formiat-Hydrogen-Lyase, (8) Acetaldehyd-Dehydrogenase, (9) Ethanol-Dehydrogenase, (10) Phosphotransacetylase, (11) Acetat-Kinase.

bolisiert. Ein Weg führt über zwei Dehydrogenierungen zu Ethanol. Der andere Weg ist von besonderer Bedeutung, da hier durch die intermediäre Acetylphosphatbildung ATP synthetisiert wird. Endprodukt ist Acetat. Hauptprodukte dieser Gärung sind Lactat sowie gasförmige Produkte (CO_2 und H_2).

Noch ausgeprägter ist die Gasbildung (besonders CO_2) bei der **2,3-Butandiol-Gärung**. Die in Abbildung 10.6. auf der rechten Seite dargestellten Nebenreaktionen sind identisch mit denen der Gemischten Säure-Gärung. Hauptprodukte sind 2,3-Butandiol, daneben Ethanol. **2,3-Butandiol** wird über die Thiamin-pyrophosphat abhängige α-**Acetolactat-Synthase**-Reaktion gebildet, bei der 2 Moleküle Pyruvat unter zweimaliger Decarboxylierung zu Acetoin kondensiert werden (Abb. 10.6.). Acetoin wird abschließend zu 2,3-Butandiol reduziert.

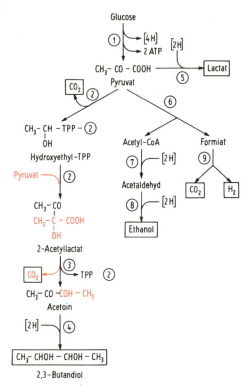

Abb. 10.6. 2,3-Butandiol-Gärung der Enterobakterien. (1) Einleitende Reaktionen s. Abb. 9.2., (2) Acetolactat-Synthase (TPP-gebunden), (3) 2-Acetyllactat-Decarboxylase, (4) 2,3-Butandiol-Dehydrogenase, (5) Lactat-Dehydrogenase, (6) Pyruvat-Formiat-Lyase, (7) Acetaldehyd-Dehydrogenase, (8) Ethanol-Dehydrogenase, (9) Formiat-Hydrogen-Lyase.

▶

Abb. 10.7. Buttersäure-Butanol-Aceton-Gärung durch *Clostridium acetobutylicum.* (1) Einleitende Reaktionen s. Abb. 9.2. (2) Pyruvat-Ferredoxin-Oxidoreductase, (3) Hydrogenase, (4) Acetyl-CoA-Acetyltransferase (Thiolase), (5) β-Hydroxybutyryl-CoA-Dehydrogenase, (6) 3-Hydroxyacetyl-CoA-Hydrolase (Crotonase), (7) Butyryl-CoA-Dehydrogenase, (8) Phosphotransbutyrylase, (9) Butyratkinase, (10) Butyraldehyd-Dehydrogenase, (11) Butanol-Dehydrogenase, (12) Acetoacetyl-CoA: Acetat-CoenzymA-Transferase, (13) Acetoacetat-Decarboxylase. Reaktionen zu Acetat s. Abb. 10.6.

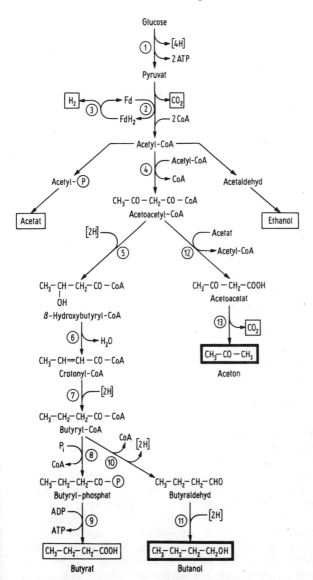

Die 2,3-Butandiol-Gärung wurde im 2. Weltkrieg industriell betrieben. Aus 2,3-Butandiol wurde auf chemischem Wege 2,3-Butylenglykol, ein Ausgangsprodukt für die synthetische Gummiproduktion, hergestellt. *Bacillus*-Arten bilden unter aeroben Bedingungen auf kohlenhydratreichen Medien 2,3-Butandiol. Es wird zeitweilig angehäuft, da der Tricarbonsäure-Cyclus durch Zucker reprimiert wird. Nach Verbrauch der Zucker wird 2,3-Butandiol von den *Bacillus*-Arten als C-Quelle verwertet.

10.5.   Buttersäure- und Butanol-Aceton-Gärung

Diese komplexe Gärung wird in mehreren Varianten von den saccharolytischen Clostridien, *Butyrivibrio*, *Eubacterium* und *Fusobacterium* durchgeführt. Natürliche Standorte dieser Bakteriengattungen sind vor allem Gewässersedimente, der Pansen der Wiederkäuer und Böden. Diese meist obligat anaeroben Bakterien nutzen neben Monosacchariden ein breites Spektrum von Polysacchariden. Viele Arten sind säureempfindlich, daher unterdrücken Milchsäuregärer die Entwicklung der Clostridien.

Clostridium acetobutylicum ist ein Vertreter, der über eine große Mannigfaltigkeit von Gärungsenzymen verfügt. An seinen Potenzen soll diese Gärung dargestellt werden (Abb. 10.7.). Eine Reihe von *Clostridium*-Arten führen nur Teilbereiche dieses Gärungsstoffwechsels durch. Einige Reaktionen sind von besonderem Interesse. Dazu gehört die Wasserstoffbildung, die nach den einleitenden Reaktionen über den EMP-Weg erfolgt. Die Reaktion wird durch die **Pyruvat-Ferredoxin-Oxidoreductase** katalysiert. Ferredoxin ist ein Eisen-Schwefel-Protein, dessen niedriges Redoxpotential von $E_0 = -0,41$ V etwa dem des Wasserstoffs ($E_0 = -0,42$ V) entspricht. Daher ist auch in einer Wasserstoff enthaltenden Atmosphäre die H_2-Freisetzung durch eine Hydrogenase-Reaktion möglich. Die Zellen setzen damit den Wasserstoff unmittelbar frei, ohne organische Wasserstoff-Acceptoren zu verbrauchen.

Für den Gärungstyp ist die Kondensation von zwei Acetyl-CoA-Molekülen zu **Acetacetyl-CoA** charakteristisch. Diese Verbindung wird über zwei Hydrogenierungen und eine Dehydratisierung zu Butyryl-CoA metabolisiert, das über eine ATP-liefernde Phosphotransferase-Reaktion in **Buttersäure** überführt wird. Dieses Endprodukt wird angehäuft, bis der pH-Wert auf etwa 5 gesunken ist. Dann setzt eine **Stoffwechselumstellung** von der Säure-Gärung auf die Butanol-Aceton-Gärung ein. Bei dieser Umstellung wird die Buttersäure z. T. wieder metabolisiert, es laufen die Reaktionen zu **n-Butanol** und **Aceton** ab (Abb. 10.7.). Aceton entsteht aus

Acetylacetat durch Decarboxylierung. Von *Clostridium butylicum* kann Aceton zu **2-Propanol** ($CH_3-CHOH-CH_3$) reduziert werden.

Die Butanol-Aceton-Gärung ist von ökonomischem Interesse, da auf diesem Wege aus Polysaccharide enthaltenden Rohstoffen Industriechemikalien (z. B. Lösungsmittel) hergestellt werden können. Die bisher erzielten Produktmengen sind allerdings relativ niedrig, da n-Butanol in Konzentrationen über $10\,g \cdot l^{-1}$ die Membranfunktionen beeinträchtigt. Die Erforschung der Sedimente heißer Quellen hat zur Isolierung von thermophilen Clostridien (z. B. *Cl. aceticum, Cl. thermocellum*) geführt, die für die Ethanolproduktion Bedeutung erlangen können (29.1.).

Der natürliche Standort der **proteolytischen** oder **peptolytischen Clostridien** sind Eiweiß enthaltende Medien. In Abschnitt 5.2.8. (Tab. 5.5.) werden dafür Beispiele angeführt. Die peptolytischen Clostridien bauen Proteine ab und vergären Aminosäuren. So wird z. B. von *Clostridium propionicum* Alanin vergoren. Glutaminsäure wird von *Cl. tetanomorphum* über 2-Methylfumarat (Mesaconat) zu Butyrat abgebaut. Einen besonderen Gärungstyp stellt die **Stickland-Reaktion** dar. Bei dieser u. a. von *Cl. botulinum* ausgeführten Reaktion werden zwei Aminosäuren gleichzeitig genutzt, eine dient als Wasserstoff-Donator, die andere als Acceptor. Den einfachsten Fall stellt die gekoppelte Reaktion von Alanin als Donator und Glycin als Acceptor dar:

$$CH_3-CH(NH_2)-COOH + 2\,H_2O \rightarrow CH_3COOH +$$
$$NH_3 + CO_2 + [4H]$$
$$2\,CH_2(NH_2)-COOH + [4H] \rightarrow 2\,CH_3-COOH + 2\,NH_3.$$

Die Vielfalt der Clostridien-Gärungen führt nochmals vor Augen, daß die Mikroorganismen mit den Gärungen ein Prinzip in vielen Variationen realisieren. Das Prinzip ATP-Synthese durch Dehydrogenierungen wird mit einer Vielfalt von Wasserstoff-Acceptoren realisiert. Das spiegelt sich in einer breiten Palette von Gärungsendprodukten wieder.

11.   Chemolithotrophie und Phototrophie

Den chemolithotrophen und phototrophen Bakterien ist die Fähigkeit gemeinsam, CO_2 durch den Calvin-Cyclus zu assimilieren. In der Regel wachsen sie auf mineralischen Medien. Energie und Reduktionsäquivalente erschließen sie auf verschiedenen Wegen. Die Chemolithotrophen oxidieren anorganische Verbindungen, die Phototrophen verwerten die Lichtenergie.

11.1.   Chemolithotrophie

Folgende anorganische Verbindungen werden von den chemolithotrophen Bakterien als Wasserstoff- bzw. Elektronen-Donatoren zur Gewinnung von ATP und Reduktionsäquivalenten genutzt: Sulfid, elementarer Schwefel, Thiosulfat, Eisen (II)-Ionen, Ammonium, Nitrit, Wasserstoff und Kohlenmonoxid. Die ATP-Synthese erfolgt durch Atmung, die Chemolithotrophen leben aerob. Einige Arten haben die Fähigkeit entwickelt, Nitrat als Wasserstoff-Acceptor zu verwerten, sie führen eine anaerobe Nitratatmung durch. Das Redoxpotential von einigen zur Energiegewinnung genutzten Reaktionen ist so hoch, daß NAD^+ nicht direkt reduziert werden kann. Daher führen eine Anzahl Chemolithotropher einen rückläufigen Elektronentransport durch, bei dem Elektronen mit Hilfe der gewonnenen Energie über die Atmungskette „bergauf" zum NAD^+ transportiert werden. Die chemolithotrophen Bakterien haben sich auf bestimmte Elektronen-Donatoren spezialisiert. Die folgende Untergliederung basiert auf dieser Spezialisierung.

11.1.1.   Oxidation von Schwefelverbindungen

Oxidierbare Schwefelverbindungen kommen in der Natur vor allem an zwei Standorten vor, im Boden und Gesteinen als Sulfide und in Gewässern als Schwefelwasserstoff. Ein weniger ·verbreiteter dritter Standort sind Schwefelquellen. Die Sulfide des Bodens und der Gesteine sowie schwefelreicher Kohle werden von *Thiobacillus*-Arten oxidiert. Einige Vertreter

(*T. thiooxidans, T. ferrooxidans, T. intermedius*) produzieren Schwefelsäure und sind an sehr niedrige pH-Werte angepaßt (pH 2, 1 n H_2SO_4). *Thiobacillus denitrificans* kann durch Nitratatmung anaerob leben. An der Oxidation von Schwefelwasserstoff, der vor allem durch die Sulfatreduktion (9.4.) entsteht, sind sowohl *Thiobacillus*-Arten als auch die fädigen Schwefelbakterien *Beggiatoa, Thiotrix* und *Thioploca* beteiligt. In heißen Schwefelquellen kommt das thermophile Bakterium *Sulfolobus acidocaldarius* vor, das neben elementarem Schwefel auch organische Verbindungen (Pepton, Glutamat) nutzt. Auch *Thiobacillus intermedius* und *T. novellus* können mixotroph leben.

Der **Energiestoffwechsel** von *Thiobacillus* ist gut aufgeklärt. Folgende Reaktionen werden durchgeführt:

$$S^{2-} + 2\,O_2 \rightarrow SO_4^{2-}, \Delta G^{0\prime} = -795\,kJ$$
$$S^0 + H_2O + 1{,}5\,O_2 \rightarrow H_2SO_4, \Delta G^{0\prime} = -585\,kJ$$
$$S_2O_3^{2-} + H_2O + 2\,O_2 \rightarrow 2\,SO_4^{2-} + 2\,H^+, \Delta G^{0\prime} = -936\,kJ$$

Die Oxidation von sulfidischem Schwefel erfolgt schrittweise über elementaren Schwefel und Sulfit zu Sulfat (Abb. 11.1.). Thiosulfat wird nach der Spaltung in diese Sequenz eingeschleust, es wurde jedoch auch eine direkte Oxidation zu Sulfat über ein Multienzymsystem beschrieben. Bei

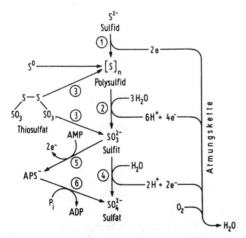

Abb. 11.1. Chemolithotrophe Schwefeloxidation durch Thiobacillus-Arten. (1) Sulfid-Oxidase, (2) Schwefel-Oxidase, (3) Thiosulfat spaltendes und oxidierendes Enzymsystem (Rhodanese), (4) Sulfit-Oxidase, (5) APS (Adenosin-5′-phosphosulfat)-Reductase, (6) ADP-Sulfurylase (Sulfat-Adenyl-Transferase).

den Oxidationsschritten werden Reduktionsäquivalente freigesetzt, die wahrscheinlich auf der Stufe des Cytochrom c in die Atmungskette eingeschleust werden. Die Schwefel oxidierenden Enzyme sind membrangebunden. Einige *Thiobacillus*-Arten besitzen zusätzlich eine Reductase, durch die Adenosin-5'-phosphosulfat (APS) gebildet wird. Bei der APS-Spaltung wird ADP frei, aus dem durch eine Adenylat-Kinase ATP gebildet werden kann:

$$2\,\text{ADP} \rightarrow \text{ATP} + \text{AMP}$$

Diese ATP-Synthese stellt eine Sonderform der Substratphosphorylierung dar.

Die Leistungen der Schwefel oxidierenden Bakterien sind für die Erzgewinnung aus erzarmen Gesteinen und Abraum von großer Bedeutung (33.1.). Weiterhin wird die Nutzung des Prozesses zur Kohleentschwefelung untersucht (33.1.). Die Schwefelsäurebildung der Thiobacillen verursacht an Gebäuden und Kanalisationsrohren Korrosionsschäden (33.4.). In der letzten Zeit wurden Endosymbiosen zwischen H_2S-oxidierenden Bakterien und Röhrenwürmern sowie Muscheln entdeckt, die eine Biomasseproduktion in einem lichtunabhängigen Ökosystem in der Tiefsee in der Nähe von Schwefelquellen ermöglichen (24.2.3.).

11.1.2.   Eisen-II-Oxidation

Eisen-II-oxidierende Bakterien treten z. B. in sauren Gewässern und Drainagerohren auf. Bei sauren pH-Werten liegt aerob Eisen als zweiwertiges Ion vor. *Thiobacillus ferrooxidans* ist ein Bakterium, das sowohl reduzierte Schwefel- als auch Eisenverbindungen oxidiert. Es spielt daher bei der mikrobiellen Erzerschließung (33.1.) die entscheidende Rolle. Auch *Sulfolobus acidocaldarius* oxidiert neben Schwefel Eisen.

Die Eisen oxidierenden Bakterien führen folgende Reaktion aus:

$$\text{Fe}^{2+} + 1/4\,\text{O}_2 + \text{H}^+ \rightarrow \text{Fe}^{3+} + 1/2\,\text{H}_2\text{O}, \Delta G^{0'} = -44{,}4\,\text{kJ}.$$

Das Redoxpotential der Reaktion $\text{Fe}^{2+} \rightarrow \text{Fe}^{3+} + \text{e}^-$ liegt mit $E_0' = +0{,}78\,\text{V}$ so nahe dem des Sauerstoffs ($E_0' = +0{,}86\,\text{V}$), daß die Differenz für eine unmittelbare ATP-Bildung nicht ausreicht. Durch den Protonenexport kommt jedoch eine pH-Differenz über die Membran zu Stande (innen pH 6, außen pH 2). Das damit verbundene Membranpotential wird über den Protoneneinstrom zur ATP-Bildung genutzt (Abb. 11.2.). Die Eisen oxidierenden Bakterien können nur unter sauren Bedingungen wachsen, bei pH 7 würde sich kein Membranpotential ausbilden. *Thiobacillus ferrooxidans* oxidiert etwa 150 g Fe^{2+}, um 1 g Zelltrockensubstanz zu bilden.

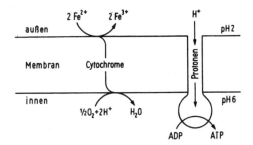

Abb. 11.2. Eisen-II-Oxidation durch Thiobacillus ferrooxidans. Durch die Protonentranslokation wird an der Membran ein Gradient ausgebildet (pH-Differenz), welcher zur Energiegewinnung durch die ATP-Synthase genutzt wird (nach Gottschalk 1986).

Gallionella ferruginea (Abb. 5.5.) und *Leptothrix ochracea*, die in sauren Gewässern „rostige" Ablagerungen bilden, lagern Eisen in den Stielen bzw. Scheiden ab. Ob und in welchem Umfang die Eisenoxidation der Energiegewinnung dient, ist unklar. *Gallionella* vermag CO_2 autotroph zu assimilieren.

11.1.3. Nitrifikation

Ammonium ist die Stickstoffverbindung, die beim aeroben und anaeroben Abbau organischer Substanzen in Böden und Gewässern anfällt. Die nitrifizierenden Bakterien (Nitrifikanten) oxidieren Ammonium zu Nitrat und nutzen die dabei gewonnene Energie zur autotrophen CO_2-Assimilation. An dem Oxidationsprozeß sind zwei Bakteriengruppen beteiligt:

Ammoniumoxidierer:

$$NH_4^+ + 1,5\ O_2 \rightarrow NO_2^- + 2\ H^+ + H_2O,\ \Delta G^{0\prime} = -270\ kJ$$

Nitritoxidierer:

$$NO_2^- + 0,5\ O_2 \rightarrow NO_3^-,\ \Delta G^{0\prime} = -77\ kJ$$

Das Endprodukt der ersten Gruppe ist das Substrat für die zweite Gruppe. Gleichzeitig wird durch das Zusammenwirken vermieden, daß sich toxisches Nitrit anhäuft. Beide Organismengruppen haben ein pH-Optimum zwischen 7 und 8. In diesem Bereich ist die toxische Wirkung von Ammoniak und salpetriger Säure am schwächsten. Unter pH 5 können sie nicht wachsen.

Zu den **Ammoniumoxidierern** des Bodens gehören *Nitrosolobus multiformis* und *Nitrosomonas europaea*. An marinen Standorten herrscht *Nitro-*

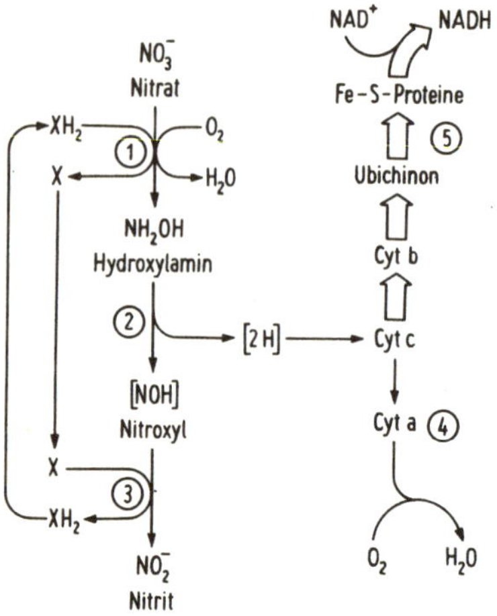

Abb. 11.3. Ammonium-Oxidation durch Nitrosomonas-Arten. (1) Ammonium-Monooxigenase (X = unbekannter Elektronencarrier), (2) Hydroxylamin-Cytochrom-Reductase, (3) Nitroxyl-Reduktion u. Regenerierung des Elektronencarriers, (4) Reduktionsschritte des Vorwärts-Elektronentransports, (5) Breite Pfeile: Reaktionsschritte des rückläufigen Elektronentransports zur NADH-Bildung. Hypothetisches Schema

coccus oceanus vor. Ammonium wird über Hydroxylamin zu Nitrit oxidiert. Es ist anzunehmen, daß intermediär die Stufe des Nitroxyls durchlaufen wird (Abb. 11.3.). Das Redoxpotential NH_4^+/NO_2^- ist mit $+0,44$ V so positiv, daß NAD^+ damit nicht reduziert werden kann. Daher wird angenommen, daß ein Teil der gewonnenen Energie zu einem **rückläufigen Elektronentransport** genutzt wird, der zur Bildung von NADH führt (Abb. 11.3). Experimentell ist dieses Phänomen unzureichend aufgeklärt. Die Potentialdifferenz bis zum Sauerstoff ermöglicht nur eine geringe ATP-Synthese, mit der auch noch der rückläufige Elektronentransport betrieben werden müßte. *Nitrosomonas* oxidiert etwa 30 g Ammonium, um 1 g Zelltrockensubstanz zu synthetisieren. Die Generationszeiten liegen in der Größenordnung eines Tages. Durch kleine Bakterienmengen kommen aus diesem Grunde hohe Stoffumsätze zustande.

Nitritoxidierer sind *Nitrobacter winogradskyi*, *Nitrobacter agilis*, *Nitrococcus mobilis* und *Nitrospina gracilis*. Der Oxidationsprozeß ist in Abbildung 11.4. dargestellt. Nitrit wird nicht direkt mit Sauerstoff oxidiert. Der Sauerstoff stammt aus dem Wasser, bei der Oxidation findet eine Dehydrogenierungsreaktion statt. Auch diese Reaktion hat ein Redoxpoten-

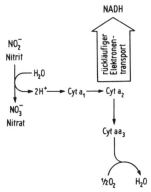

Abb. 11.4. Nitritoxidation durch Nitrobacter-Arten. Nitrit wird durch die Nitrit-oxidase oxidiert. Es findet ein Vor- und Rückwärts-Elektronentransport statt. Hypothetisches Schema

tial von $E_0' = +0,42\,V$, so daß ein rückläufiger Elektronentransport erforderlich ist.

Nitrifikationsreaktionen treten auch bei heterotrophen Mikroorganismen auf. Diese **heterotrophe Nitrifikation**, zu der sowohl Bakterien (z. B. methylotrophe Bakterien, *Rhodococcus*) als auch Pilze befähigt sind, ist wahrscheinlich nicht mit einer Energiebereitstellung gekoppelt. Auf die Rolle der Nitrifikanten im N-Kreislauf wird im Abschnitt 25.2. eingegangen.

11.1.4. Wasserstoff- und Kohlenmonoxid-Oxidation

Wasserstoff wird bei vielen Gärungen als Endprodukt gebildet und liegt daher sowohl im Boden als auch in Gewässern als Substrat vor. Eine beachtliche Zahl von Bakterien aus verschiedenen Gruppen ist in der Lage, mit H_2 als einziger Energiequelle zu wachsen. Die meisten Vertreter sind fakultativ chemolithotroph, sie verwerten auch organische Substrate. Zu den Wasserstoff verwertenden Bakterien, die auch als **Knallgasbakterien** bezeichnet werden, gehören: *Pseudomonas facilis, P. carboxidovorans, P. pseudoflava, Paracoccus denitrificans, Alcaligenes eutrophus, Nocardia autotrophica, Xanthobacter autotrophicus.*

Die Wasserstoffoxidierer nutzen Wasserstoff zur Energiebildung über die Atmungskette:

$$4\,H_2 + 2\,O_2 \rightarrow 2\,H_2O, \Delta G^{0'} = -273\;kJ$$

Die meisten Vertreter haben eine membrangebundene Hydrogenase, von der die Reduktionsäquivalente direkt in die Atmungskette eingehen. Das niedrige Redoxpotential der Reaktion:

$$H_2 \rightarrow 2\,H^+ + 2\,e^-\,,\ E_0{}' = -0,41\ V$$

ermöglicht eine Nutzung aller Redoxreaktionen der Atmungskette. Die Zellerträge sind hoch (1 g Zelltrockensubstanz aus 0,5 g H_2) und die Generationszeiten für autotrophe Bakterien ausgesprochen kurz (1—3 h). In einer wasserstoffreichen Atmosphäre sind die Enzyme zur Verwertung organischer C-Quellen reprimiert.

Kohlenmonoxid, das vielfach nur als Atmungsgift bekannt ist, kann von einigen Wasserstoff oxidierenden Bakterien als Energiequelle durch nachfolgende Reaktionen verwertet werden:

$$CO + H_2O \rightarrow CO_2 + 2\,H^+ + 2\,e^-$$
$$2\,H^+ + 2\,e^- + 0{,}5\,O_2 \rightarrow H_2O$$

Die erste Reaktion wird durch eine CO-Oxidase katalysiert, die zweite durch einen Kohlenmonoxid unempfindlichen Zweig der Atmungskette. Die Kohlenmonoxid- und Wasserstoff-verwertenden Bakterien assimilieren CO_2 über den Calvin-Cyclus.

11.2. CO_2-Assimilation über den Calvin-Cyclus

Die Chemolithotrophen sind **C-autotroph**, sie assimilieren CO_2 zu Zucker über den **Calvin-Cyclus** oder **Ribulosebisphosphat-Cyclus.** Es ist der Hauptweg der CO_2-Assimilation, den die Pflanzen und viele phototrophe Bakterien begehen. Die Synthese von ATP und Reduktionsäquivalenten durch den chemolithotrophen wie auch phototrophen Energiewechsel dient der CO_2-Assimilation. Durch dieses Prinzip werden Kohlenhydrate und weitere organische Verbindungen als Existenzgrundlage der chemoorganotrophen bzw. heterotrophen Organismen geschaffen.

Der Calvin-Cyclus läßt sich in drei Phasen gliedern, die Fixierungs-, Reduktions- und Regenerationsphase (Abb. 11.5.). Eine Reihe von Reaktionen spielen im EMP-Weg und im oxidativen Pentosephosphat-Cyclus eine Rolle. Im Gegensatz zu dem im Abschnitt 9.1.6. behandelten oxidativen Cyclus (Abb. 9.10.) wird für den Ablauf des Calvin-Cyclus NADH benötigt, er wird daher auch als **reduktiver Pentosephosphat-Cyclus** bezeichnet.

Die **CO_2-Fixierung** erfolgt durch die Carboxylierung des Ribulose-1,5-bisphosphats über eine instabile C_6-Verbindung zu zwei Molekülen 3-

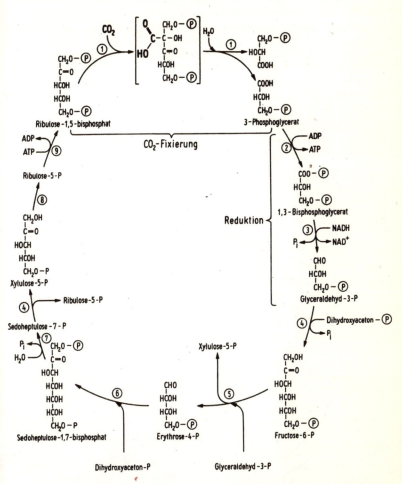

Abb. 11.5. Reaktionen des Calvin-Cyclus. (1) Ribulose-1,5-bisphosphat-Carboxylase, (2) 3-Phosphoglycerat-Kinase, (3) Glyceraldehyd-3-phosphat-Dehydrogenase, (4) Triosephosphat-Isomerase, Fructose-1,6-bisphosphat-Aldolase und Fructose-1,6-bisphosphatase, (5) Transketolase, (6) Seduheptulose-1,7-bisphosphat-Aldolase, (7) Fructose-1,6-bisphosphatase, (8) Phosphopentose-Isomerase, (9) Phosphoribulose-Kinase. (In eckiger Klammer instabiles Intermediärprodukt.)

Phosphoglycerat. In der **Reduktionsphase** wird die Carboxylgruppe dieser C_3-Verbindung zunächst mit ATP phosphoryliert und anschließend zur Aldehydgruppe reduziert. Die folgenden sieben Reaktionen dienen der **Regeneration des CO_2-Acceptors**. Es sind Aldolase- und Ketolase-Reaktionen, die zu drei Pentosen führen. Diese werden durch eine Isomerase bzw. Epimerase in Ribulose-5-phosphat umgesetzt, das durch eine ATP erfordernde Reaktion zum CO_2-Acceptor aktiviert wird.

An den Reaktionen des Calvin-Cyclus sind stets mehrere Moleküle einer Art beteiligt. Die Bilanz der Reaktionsfolge ist stark schematisch in Abbildung 11.6. dargestellt. Aus der Abbildung ist auch der hohe Bedarf an ATP und Reduktionsäquivalenten für die CO_2-Assimilation zu ersehen. Die Bildung eines Triosemoleküls (Glyceraldehyd-3-phosphat) aus 3 Molekülen CO_2 erfordert folgende Komponenten:

$$3\,CO_2 + 9\,ATP + 6\,NADH \rightarrow Triose + 9\,ADP + 6\,NAD^+.$$

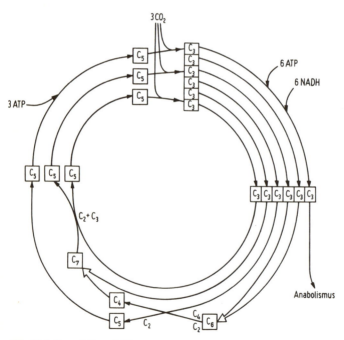

Abb. 11.6. C- und Energiebilanz des Calvin-Cyclus. Der Zahlenindex von C gibt die Zahl der C-Atome der in Abb. 11.5. angeführten Moleküle an.

11.3.   Bakterielle Photosynthese

Durch die **Photosynthese** erfolgt die Umwandlung der Lichtenergie in die von den Organismen verwertbare Energie ATP und Reduktionsäquivalente (NADH, NADPH). Durch einen lichtgetriebenen Elektronentransport wird ein Membranpotential erzeugt, das zur ATP- und NADH-Synthese verwendet wird. Drei Bakteriengruppen sind zur Photosynthese befähigt, die **Purpurbakterien**, die **Grünen Bakterien** und die **Cyanobakterien**. Die ersten zwei Gruppen sind anaerob, sie führen eine **anoxigene Photosynthese** ohne O_2-Bildung durch. Die Cyanobakterien verfügen über den gleichen Mechanismus der **oxigenen Photosynthese** wie die grünen Pflanzen. Die Nutzung der Lichtenergie durch die **Halobakterien** wurde im Abschnitt 5.3. (Abb. 5.14.) behandelt.

11.3.1.   Anoxigene Photosynthese

Die Purpurbakterien und die Grünen Bakterien, die diesen Typ von Photosynthese durchführen, haben voneinander abweichende Wege der Photoreaktion und CO_2-Assimilation entwickelt. Sie werden daher gesondert behandelt.

Die **Purpurbakterien** umfassen zwei Gruppen, die Schwefelpurpurbakterien (*Chromatiaceae*) und die schwefelfreien Purpurbakterien (*Rhodospirillaceae*). Im Abschnitt 5.2.1. (Tab. 5.1. und Abb. 5.2.) wurden charakteristische Merkmale behandelt. Die in der belichteten anaeroben Zone Nährstoff- und H_2S-reicher Gewässer vorkommenden zwei Bakteriengruppen haben einen Photosynthesemechanismus mit **einer Lichtreaktion** und einem **cyclischen Elektronentransport** entwickelt. Die photosynthetischen Pigmente und das Elektronentransportsystem sind in Membranausstülpungen verschiedener Form lokalisiert, den **vesikulären Thylakoiden** oder Chromatophoren (Abb. 5.2.). Das charakteristische Chlorophyll dieser Bakterien ist **Bacteriochlorophyll a** (Abb. 11.7.c). Es unterscheidet sich vom Chlorophyll a der Pflanzen und auch von den Bacteriochlorophyllen b, c, d und e durch die Struktur der Seitenkette am Magnesium enthaltenden Porphyrinringsystem. Die Carotinoide, durch die die Purpurbakterien rot, purpurn oder braun gefärbt sind, haben zwei Funktionen, sie schützen vor schädlichen Photooxidationen und wirken als Lichtsammler. Dadurch können die Purpurbakterien Licht des Spektralbereiches von 400—550 nm absorbieren. Dies ermöglicht ihnen die Existenz in Teichen unter einer Wasserlinsendecke und in Meeresschichten von 10—30 m Tiefe. Ein typisches Purpurbakteriencarotinoid ist in Abbildung 11.7.d dargestellt.

Die Photoreaktion und Energiebildung läßt sich in vier Teilprozesse

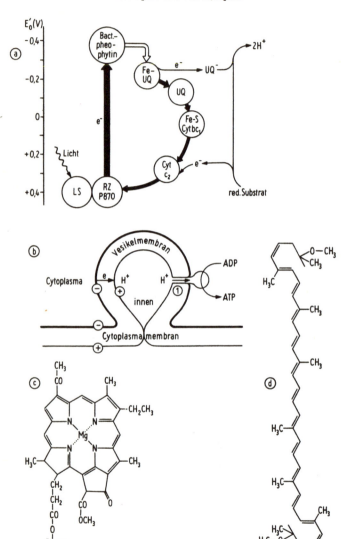

untergliedern. Als erstes wird durch die Einwirkung von Licht, das durch Pigmente und Proteine des Lichtsammel- oder Antennensystems aufgenommen und auf das Reaktionszentrum P 870 übertragen wird, ein Bacteriochlorophyll a-Molekül so angeregt, daß es zur **Emission eines Elektrons** kommt. Der Elektronen-Donator Bacteriochlorophyll wird dabei oxidiert, es entsteht eine „Elektronenlücke". Das emittierte Elektron wird auf einen Acceptor (wahrscheinlich Bacteriophytin) übertragen, der es an den Eisen-Ubichinonkomplex abgibt. Dieser Acceptor hat ein Redoxpotential von $E_0' = -0,1$ bis 0,2. Das Anheben der Elektronen auf ein negatives Potential ist die eigentliche **photochemische Leistung**. Als zweiter Prozeßschritt schließt sich der **cyclische Elektronentransport** über eine Carrierkette (Abb. 11.7.a) an, durch die im laufenden Prozeß die Elektronenlücke sofort wieder gefüllt wird. Mit dem cyclischen Elektronenfluß ist als dritter Teilprozeß ein **Protonentransport in den Innenraum** der Thylakoidvesikel verbunden (Abb. 11.7.b). Die Protonen stammen aus reduzierten Substraten, die von außen zugeführt werden (H_2S, S^0, Thiosulfat, Malat, Succinat, H_2). Als viertes wird das so geschaffene elektrochemische Protonenpotential zur **ATP-Synthese** mittels der ATP-Synthase genutzt. Reduktionsäquivalente werden beim cyclischen Elektronentransport unmittelbar nicht geschaffen, da das Redoxpotential von $-0,2$ V nicht ausreicht, um NAD^+ zu reduzieren. Es findet keine Photolyse des Wassers statt, daher entsteht auch kein Sauerstoff (anoxigene Photosynthese). Das von den Zellen benötigte **NADH** wird mittels eines Energie erfordernden **rückläufigen Elektronentransportes** über die Atmungskette synthetisiert. Diese und die anschließende **Assimilation des CO_2** über den **Calvin-Cyclus** sind Dunkelreaktionen der Photosynthese. Die Reaktionsschritte des cyclischen Elektronentransportes sind bei den beiden Purpurbakteriengruppen gleich. Die Unterschiede bestehen lediglich in der Art der exogenen Elektronen-Donatoren. Bei den Schwefelpurpurbakterien sind es vor allem H_2S, S^0, Thiosulfat und H_2, bei den schwefelfreien Purpurbakterien organische Substrate und H_2. Die Schwefel-

◀ **Abb. 11.7. Cyclischer Elektronentransport der Purpurbakterien.** a. Elektronentransportkette: LS = Licht sammelndes Pigmentsystem (Antennenpigmente), RZ P870 Reaktionszentrum des Bacteriochlorophylls mit Absorptionsmaximum bei 870 nm. Bacteriopheophytin ist ein Mg-freies Bacteriochlorophyll. Fe-UQ = Eisen-Ubichinon-Komplex. Die Elektronen zum Protonenexport aus den Vesikeln werden auf mobile Ubichinon (UQ)-Moleküle übertragen. Auf der Stufe des Cyt c_2 erfolgt die Auffüllung des Elektronenstroms. b. Protonenfluß durch den bei der Lichtreaktion geschaffenen Gradienten. Die Vesikel gehen aus Membraneinstülpungen hervor. Daher wird die Membraninnenseite zur Vesikelaußenseite (1) ATP-Synthase. c. Bacteriochlorophyll a. d. Purpurbakteriencarotinoid Spirilloxanthin.

purpurbakterien lagern bei H_2S-Nutzung elementaren Schwefel als eine Art von Energiespeicher in der Zelle ab.

Die **Grünen Bakterien** umfassen ebenfalls zwei Gruppen, Grüne Schwefelbakterien (*Chlorobiaceae*) und Grüne gleitende Bakterien (*Chloroflexaceae*). Die Photosyntheseprozesse unterscheiden sich nur durch die Art der genutzten exogenen Wasserstoff-Donatoren. Die photosynthetischen und accessorischen Pigmente sind zum Teil in **Chlorosomen** (Abb. 5.2.) lokalisiert, die als Lichtsammler fungieren, das Bacteriochlorophyll a liegt unmittelbar benachbart in der Cytoplasmamembran. Bei der photochemischen Reaktion werden die Elektronen auf ein **negativeres Redoxpotential** als bei den Purpurbakterien gehoben, von $+0,3$ V auf $-0,6$ V. Im Zusammen-

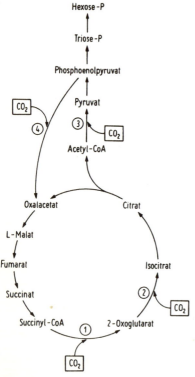

Abb. 11.8. CO_2-Fixierung des grünen Schwefelbakteriums Chlorobium über den reduktiven Tricarbonsäure-Cyclus. (1) Oxoglutarat-Synthase, (2) Isocitrat-Dehydrogenase, (3) Pyruvat-Synthase (ferredoxinabhängig), (4) PEP-Carboxylase.

hang damit sind einige andere Elektronen-Carrier am cyclischen Elektronentransport beteiligt, u. a. Ferredoxin. Dieser Carrier mit einem Redoxpotential um $-0,4\,V$ kann Reduktionsäquivalente auf NAD^+ übertragen. Es findet eine **NADH-Bildung** statt. Die dafür notwendigen Elektronen stammen aus exogen reduzierten Substraten, die im vorhergehenden Abschnitt bei den Purpurbakterien angeführt wurden.

Grundlegend abweichend ist der Mechanismus der CO_2-**Fixierung**. Diese erfolgt nicht über den Calvin-Cyclus, sondern über den **reductiven Tricɪ** ⸗ **bonsäure-Cyclus**. Die Reaktionen dieses neuen Weges der CO_2-Fixierunɡ, der ein autotrophes Wachstum ermöglicht, sind für *Chlorobium* in Abbiɭ dung 11.8. zusammengefaßt. Durch **vier Carboxylierungsreaktionen** werden alle Intermediären gebildet, die für die Kohlenhydrat-, Lipid- und Aminosäuresynthese erforderlich sind.

11.3.2. Oxigene Photosynthese

Bei diesem von den Pflanzen, Algen und Cyanobakterien durchgeführten Photosynthesetyp wird die Lichtenergie in chemische Energie (ATP, NADPH, NADH) umgewandelt, indem eine so hohe Redoxpotential-Differenz geschaffen wird, daß Wasser in Wasserstoff und Sauerstoff gespalten werden kann. Die dabei gebildeten Reduktionsäquivalente werden zur NADH-Synthese genutzt und dienen der Reduktion des CO_2 zu Kohlenhydraten.

Bei den **Cyanobakterien**, auf deren Photoreaktion hier eingegangen wird, sind die Pigmentsysteme in den **Thylakoiden** lokalisiert, die als gestapelte Membransysteme im Cytoplasma liegen. An die Membranen der Thylakoide sind die Phycobilisomen angelagert, die neben Chlorophyll a und Carotinoiden als Lichtsammler fungierende Phycobiline enthalten. **Phycobiline** sind Proteine mit Farbstoffkomponenten als prosthetischen Gruppen. Die Farbstoffe sind Tetrapyrrole. Das sind Porphyrinderivate, die nicht zu einem Ringsystem zusammengelagert sind (Abb. 11.9.). Die für Cyanobakterien charakteristische blaugrüne Farbe wird durch diese und andere accessorische Pigmente sowie das Chlorophyll a bestimmt.

Bei den Photoreaktionen der Cyanobakterien sind zwei Lichtreaktionen hintereinander geschaltet. Der ersten Lichtreaktion, die in wesentlichen Teilen dem cyclischen Elektronentransportsystem der Purpurbakterien entspricht, ist die zweite Lichtreaktion vorgeschaltet. Durch die Kopplung wird eine Potentialdifferenz geschaffen, bei der mittels der zweiten Lichtreaktion Wasser zu Sauerstoff oxidiert wird. Wasser fungiert als Elektronen-Donator, die Reduktionsäquivalente werden durch das Elektronen-

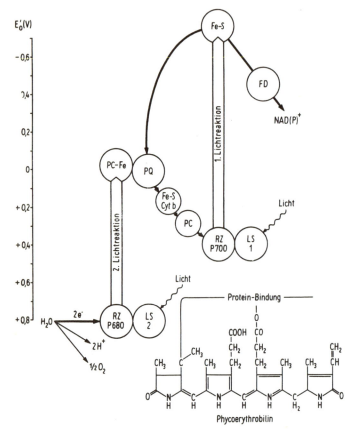

Abb. 11.9. Photosynthetische Lichtreaktionen der Cyanobakterien. Elektronentransport über zwei Lichtreaktionen. Die erste Lichtreaktion nimmt längerwelliges Licht durch den Lichtsammlungskomplex LS 1 auf und überträgt die Energie durch Resonanztransfer auf das Reaktionszentrum RZ P 700. Die auf das Redoxpotential eines Eisen-Schwefel-Komplexes (Fe-S) gehobenen Elektronen werden einmal über Ferredoxin (FD) auf $NADP^+$ übertragen, zum anderen über Plastochinon (PQ), den Eisen-Schwefel-Cyt. b, f-Komplex (Fe-S-Cyt. b, f) und Plastochinon (PC) cyclisch zurücktransportiert. Diesem cyclischen Transport werden auf der Stufe des PQ Elektronen aus der 2. Lichtreaktion zugeführt. Sie stammen aus der Photolyse des H_2O. Das Reaktionszentrum RZ P 680 hebt sie mittels der Lichtenergie auf das Redoxpotential des Plastochinon-Eisen-Komplexes PC-Fe), der sie auf PQ überträgt. Unten: Struktur eines Phycobilins.

transportsystem auf NAD^+ übertragen. Die Energie der absorbierten Lichtquanten ermöglicht eine formale Umkehrung des Atmungsprozesses. Die Reaktionsfolge ist aus Abbildung 11.9. zu ersehen. Das Reaktionszentrum P700 verwertet vorrangig langwelliges Licht. Es hebt die Elektronen auf das Redoxpotential eines Eisen-Schwefel-Proteins von $-0,6\,V$, das Elektronen sowohl über Ferredoxin auf NAD $(P)^+$ überträgt als auch über den cyclischen Weg dem Reaktionszentrum zurückführt. Die an NAD^+ abgegebenen Elektronen werden durch das 1. Lichtsystem mit einem Absorptionsmaximum für kürzerwelliges Licht (< 700 nm) aus der H_2O-Spaltung nachgeliefert. Über einen Plastochinon-Eisenkomplex ($E_0{}'$ um null V) werden sie auf ein Plastochinonsystem übertragen, das als Elektronenspeicher fungiert. Auf diese Weise stehen stets Elektronen zur Füllung der bei der ersten Lichtreaktion entstehenden Elektronenlücke zur Verfügung. In den Thylakoiden wird durch den Elektronentransport ein elektrochemischer Protonengradient geschaffen, der zur ATP-Synthese genutzt wird. Die Thylakoidmembran enthält wie die der Purpurbakterien das ATP-Synthase-System. Die CO_2-Fixierung erfolgt durch den Calvin-Cyclus (11.2.).

Im Verlauf der Evolution wurde das Photosynthesesystem zu einer immer wirksameren lichtgetriebenen Protonenpumpe entwickelt. Die Nährstoffansprüche der Cyanobakterien sind gering, sie brauchen für den Energiestoffwechsel Licht, Wasser und CO_2. Viele Arten vermögen mit der durch die Photosynthese gebildeten Energie und Reduktionskraft N_2 zu fixieren (13.1.). Durch die Photosynthese der Cyanobakterien wurde im Verlauf der Erdgeschichte Wasser als Reduktionsquelle für CO_2 zugänglich gemacht und die Sauerstoffbildung der Atmosphäre eingeleitet.

12. Acetogenese, Methanogenese und Methylotrophie

Den drei mikrobiellen Prozessen sind Beziehungen zum chemolithotrophen Energiewechsel und zur autotrophen C_1-Assimilation gemeinsam. Allerdings haben sich die drei Organismengruppen in verschiedener Weise auf den C_1-**Stoffwechsel** spezialisiert. Die **anaeroben acetogenen und methanogenen Bakterien** nutzen elementaren Wasserstoff als Energiequelle (Wasserstoff-Donator) und CO_2 sowohl als Wasserstoff-Acceptor als auch als C-Quelle. Folgende energieliefernde Prozesse charakterisieren die Bakteriengruppe:

Anaerobe acetogene Bakterien:

$$4\,H_2 + 2\,CO_2 \rightarrow CH_3-COOH + H_2O, \Delta G^{\circ\prime} = -107\,kJ$$

Methanogene Bakterien:

$$4\,H_2 + CO_2 \rightarrow CH_4 + 2\,H_2O, \Delta G^{\circ\prime} = -136\,kJ$$

Die **aeroben methylotrophen Bakterien** veratmen reduzierte C_1-Verbindungen wie Methan oder Methanol als Energiequelle und oxidieren sie dabei zu CO_2. Gleichzeitig werden C_1-Verbindungen als C-Quelle assimiliert. Methanogenese und Methylotrophie werden bewußt in einem Kapitel behandelt, um die Unterschiede der zwei Prozesse zu verdeutlichen. Beide Prozesse sind Glieder des Kohlenstoffkreislaufs, der durch die Sonnenenergie angetrieben wird. Wasserstoff und Methan sind Verbindungen, die aus Produkten der pflanzlichen Primärproduktion hervorgehen.

12.1. Acetogenese und Methanogenese

Die charakteristische Reaktion beider Prozesse ist die **Reduktion von CO_2 durch H_2 unter anaeroben Bedingungen zur Energiegewinnung und die CO_2-Assimilation zur Zellsubstanzsynthese**. Wasserstoff ist ein anorganischer Wasserstoff-Donator, der Energiestoffwechsel ist **chemolithotroph**. Die entsprechenden Bakteriengruppen sind jedoch nicht auf diese Art der Energiebereitstellung spezialisiert, sie können auch organische Substrate als H-Donatoren nutzen. Dieser Prozeß wird als **anaerobe Atmung** angesehen.

Die Organismen haben zur Existenzsicherung ein breites Spektrum von Stoffwechselpotenzen entwickelt.

12.1.1. Anaerobe Acetogenese

Die acetogenen Bakterien leben in nährstoffreichen anaeroben Sedimenten und Biogasreaktoren. Sie bilden aus Wasserstoff und CO_2 Acetat:

$$4\,H_2 + 2\,CO_2 \rightarrow CH_3\text{-}COOH + H_2O, \Delta G^{\circ\prime} = -107\ kJ$$

Außerdem setzen sie Glucose in drei Moleküle Acetat um. Zu dieser Bakteriengruppe gehören *Clostridium aceticum, C. formicoaceticum, Acetobacterium woodii.* Thermophile Vertreter sind *Clostridium thermoautotrophicum* und *C. thermoaceticum.* Diese anaerobe Acetogenese verläuft völlig anders als die Essigsäurebildung der aeroben Essigsäurebakterien (9.2.). Es wurde für diesen anaeroben Prozeß nicht der Begriff Gärung gebraucht, da andere Stoffwechselprinzipien vorherrschen. Die CO_2-Assimilation erfolgt über den Acetyl-CoA-Weg.

Der **Acetyl-CoA-Weg** stellt einen neuen Weg der **autotrophen CO_2-Assimilation** dar, der auch von den methanogenen Bakterien genutzt wird. Die sechs Hauptreaktionen sind in Abbildung 12.1. zusammengefaßt. Nach der **Wasserstoffaktivierung** wird ein CO_2-Molekül zu Formiat reduziert und dann an Tetrahydrofolsäure gebunden schrittweise über Formyl-, Methyl-, Methylen- und Methyl-Tetrahydrofolsäure weiter reduziert. Wie die Bindung der C_1-Verbindung an dem Coenzym Tetrahydrofolsäure (THF) erfolgt, ist in Abbildung 12.1. unten gezeigt. THF fungiert auch bei anderen Reaktionen als Methylgruppen-Donator, z. B. bei der Methioninbiosynthese. Beim Acetyl-CoA-Weg wird die Methylgruppe auf die **Coenzym B_{12}-Methyltransferase** übertragen, die sie an die **Kohlenmonoxid-Dehydrogenase** abgibt. Die Nickel enthaltende Kohlenmonoxid- oder CO-Dehydrogenase ist ein Schlüsselenzym dieses Stoffwechselweges. An diesem Enzym erfolgt die **Verknüpfung mit der zweiten C_1-Verbindung**, die nur bis zu Kohlenmonoxid reduziert wird. CO kann auch direkt in die Reaktion eingehen. Aus CO wird die spätere Carboxylgruppe des Acetats. Durch eine gekoppelte Reaktion wird die Acetylgruppe von der CO-Dehydrogenase auf CoA übertragen. Aus **Acetyl-CoA** entsteht Acetat. Acetyl-CoA ist zugleich die Ausgangssubstanz für den Anabolismus zum Aufbau der Zellsubstanz.

Bei der Acetatbildung aus Acetyl-CoA kann über Acetylphosphat ATP gebildet werden. Weitere Substratphosphorylierungen finden nicht statt. Es ist daher anzunehmen, daß ATP über die **Elektronentransportphosphorylierung** gebildet wird. Einige acetogene Bakterien enthalten Cytochrome.

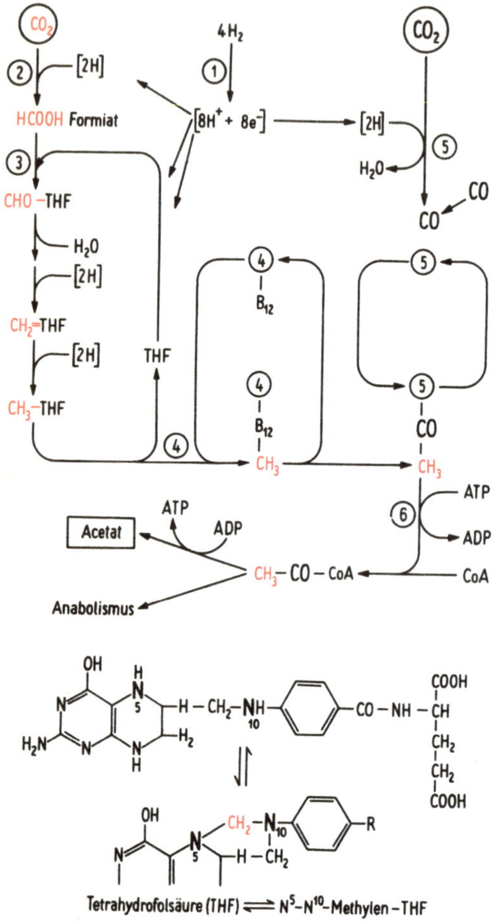

Abb. 12.1. Acetogenese über den Acetyl-CoA-Weg. (1) Hydrogenase, (2) Formiat-Dehydrogenase, (3) Formyl-Tetrahydrofolsäure-Synthese und anschließende Dehydrogenase-Reaktion., (4) B_{12}-Methyl-Transferase, (5) Kohlenmonoxid (CO)-Dehydrogenase, (6) Acetyl-CoA-Synthese.

Die eingangs genannten Bakterien verwerten Zucker. Sie bilden aus einer Hexose drei Acetatmoleküle. Bei dieser Reaktionsfolge finden sowohl chemoorganotrophe als auch chemolithotrophe Reaktionsschritte statt. Glucose wird über den EMP-Weg in zwei Moleküle Pyruvat gespalten, die über eine Ferredoxin abhängige Oxidoreductase zu Acetyl-CoA decarboxyliert werden. Dieses wird über Phosphotransacetylase- und Acetatkinase-Reaktionen in Acetat und ATP überführt. Auf diesem Wege werden zwei Acetatmoleküle gebildet, das dritte wird chemolithotroph über den Acetyl-CoA-Weg synthetisiert. Die Acetogenese ist ein Beispiel dafür, wie verschiedene Prinzipien der ATP-Synthese in einem Organismus nebeneinander vorkommen.

Clostridium thermoautotrophicum vermag auch CO in Gegenwart von CO_2 zur Acetogenese zu nutzen:

$$4\,CO + 2\,H_2O \rightarrow CH_3COOH + 2\,CO_2.$$

12.1.2. Methanogenese

Die Methan bildenden Bakterien wachsen in drei Habitaten, in anaeroben Gewässersedimenten, in Biogasanlagen und im Pansen. Sie sind ausgesprochen sauerstoffempfindlich. Die Methanogenese ist eine Fähigkeit, die nur bei den Archaebakterien vorkommt. Eine Auswahl von Vertretern dieser Bakteriengruppe und der von ihnen genutzten Substrate wurde in Tabelle 5.7. zusammengestellt. Neben Wasserstoff und CO_2 können die in Tabelle 12.1. genannten Substrate zur Methanogenese verwertet werden.

Tab. 12.1. Methanogene Substrate und ihre Umsetzung

H_2 und CO_2:	$4\,H_2 + CO_2 \rightarrow CH_4 + 2\,H_2O$
Formiat:	$4\,HCOOH \rightarrow CH_4 + 3\,CO_2 + 2\,H_2O$
Methanol:	$4\,CH_3OH \rightarrow 3\,CH_4 + CO_2 + 2\,H_2O$
Methylamin:	$4\,CH_3NH_2Cl + 2\,H_2O \rightarrow 3\,CH_4 + CO_2 + 4\,NH_4Cl$
Trimethylamin:	$4(CH_3)_3NCl + 6\,H_2O \rightarrow 9\,CH_4 + 3\,CO_2 + 4\,NH_4Cl$
Acetat:	$CH_3COOH \rightarrow CH_4 + CO_2$
Kohlenmonoxid:	$4\,CO + 2\,H_2O \rightarrow CH_4 + 3\,CO_2$

Das in der Natur gebildete Methan stammt vor allem aus Acetat sowie H_2 und CO_2. Der Stoffwechsel dieser Bakterien wurde in den letzten Jahren weitgehend aufgeklärt. Dabei wurde eine Reihe von neuen Coenzymen gefunden, die nur bei den Methanogenen vorkommen. Sie werden in Zusammenhang mit den Stoffwechselwegen angeführt.

Die **Methanbildung aus CO_2** (Abb. 12.2.) beginnt mit der Reduktion von CO_2 zu **Formylmethanofuran**. Die Formyl-Gruppe wird auf **Methanopterin** übertragen. Enzymgebunden erfolgt eine schrittweise Reduktion über die Methenyl-, Methylen- und Methyl-Reduktionsstufen. An der Übertragung

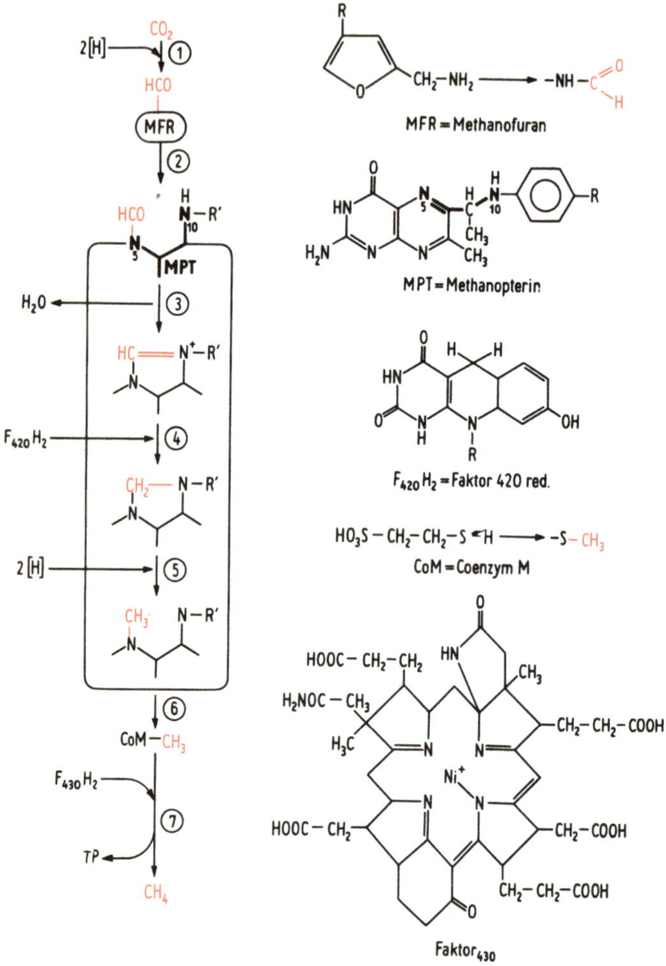

Abb. 12.2. Methanogenese durch Methanobacterium thermoautotrophicum. (1) Formylmethanofuran-Synthase, (2) Formylmethanofuran-Tetrahydromethanopterin-Formyltransferase, (3) Methenyl-Tetrahydromenapterin (H$_4$MPT)-Cyclohydrolase, (4) Methylen-H$_4$MPT-F$_{420}$-Oxidoreductase, (5) Methylen-H$_4$MPT-Reductase, (6) Methyl-H$_4$MPT-CoM-Methyltransferase, (7) Methyl-CoM-Methylreductase (F$_{430}$-abhängig).

von Reduktionsäquivalenten sind ebenfalls spezifische Carrier beteiligt. Der wichtigste Elektronen-Carrier ist das **Coenzym F$_{420}$**, das die Funktion des Ferredoxins bzw. NADH übernimmt. Dieses Coenzym hat ein Redox-potential von $-0,37$ V. Es ist ein Deazaflavin (Abb. 12.2.). Im Vergleich zu den Flavinen fehlt das N-Atom in Position 5 des Flavinringsystems. Die Reduktion der Methylgruppe zu Methan erfolgt an der **Methyl-Coenzym M-Methylreductase.** Das komplexe Enzym enthält mehrere Proteine und den Faktor F$_{430}$. Dieser Faktor wurde als ein Tetrapyrrolsystem mit Nickel als zentralem Metallion aufgeklärt (Abb. 12.2.). Die Reduktion der Methyl-gruppe zu Methan hat ein $\Delta G^{\circ\prime}$ von -112 kJ. Es ist wahrscheinlich die entscheidende ATP-liefernde Reaktion. Die freien Enthalpien der vorher-gehenden Reaktionen sind gering. Substratphosphorylierungen wurden bei der Methanogenese nicht nachgewiesen. Eine durch das Membranpotential bewirkte ATP-Synthese ist anzunehmen.

Etwa 80% des in der Natur gebildeten Methans stammen aus **Acetat**. Diese Reaktion, die nur bei wenigen Methanogenen vorkommt (z. B. *Methanosarcina barkeri*, Tab. 5.7.), ist daher von großer Bedeutung. Die Acetatverwertung ist in Abbildung 12.3. dargestellt. Es findet keine einfache Decarboxylierung statt, sondern eine Redox-Reaktion. Durch die **Kohlen-monoxid-Dehydrogenase**, die bereits bei der Acetogenese eine entscheidende Rolle spielte (12.1.1.), wird Acetat gebunden und die C-Bindung zwischen

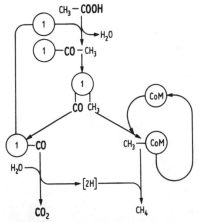

Abb. 12.3. Methanogenese aus Acetat durch Oxidation der Carboxylgruppe und Reduktion der Methylgruppe. (1) Kohlenmonoxid-Dehydrogenase. CoM = Methylreductase.

CO und der Methylgruppe gespalten. Beide C_1-Bruchstücke werden enzymgebunden weiter metabolisiert. CO wird an der CO-Dehydrogenase oxidiert, die Methylgruppe an der Methyl-CoM-Methylreductase zu Methan reduziert. ΔG dieser Reaktion ist mit —31 kJ so gering, daß zur ATP-Synthese der Prozeß mehrfach durchlaufen werden muß. *Methanosarcina barkeri* und einige andere Methanogene enthalten Cytochrome, deren Funktion noch ungeklärt ist.

Die Methanogenen **assimilieren CO_2 über den Acetyl-CoA-Weg**, der im vorhergehenden Abschnitt (12.1.1.) vorgestellt wurde (Abb. 12.1.). Es schließen sich drei Carboxylierungen an, durch welche gemeinsam mit Teilreaktionen des Tricarbonsäure-Cyclus und des EMP-Weges die für die Kohlenhydrat- und Aminosäuresynthese notwendigen Intermediäre gebildet werden. Die Hauptreaktionen sind in Abbildung 12.4. zusammengefaßt.

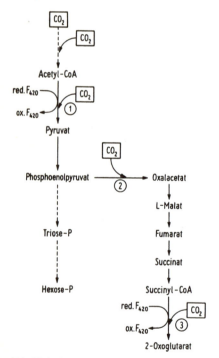

Abb. 12.4. Autotrophe CO_2-Assimilation in Methanobacterium thermoautotrophicum. (1) F_{420}-abhängige Pyruvat-Synthase, (2) PEP-Carboxylase, (3) F_{420}-abhängige Oxoglutarat-Synthase.

Der vollständige Tricarbonsäure-Cyclus wird bei den meisten Methanogenen nicht durchlaufen, da ein Schlüsselenzym, die Citrat-Synthase, fehlt. Die Interaktionen der Methanogenen mit anderen Anaerobiern bei der **Biogasbildung** wird im Abschnitt 22.2. behandelt.

12.2.   Methylotrophie

Die methylotrophen Mikroorganismen haben sich auf die **aerobe Verwertung von C_1-Verbindungen** spezialisiert. Reduzierte C_1-Verbindungen fallen vor allem bei der Methanogenese (CH_4) und bei Gärungen (Formiat) an. Methanol ist ein Produkt des Pectinabbaus. Die überwiegende Zahl der methylotrophen Bakterien ist **obligat methylotroph**, sie können nur auf C_1-Verbindungen wachsen. Methan und Methanol sind organische Substrate. Bakterien, die sie als Energiequelle nutzen, sind chemoorganotroph. Neben reduzierten C_1-Verbindungen verwerten viele Vertreter auch CO_2. Für die C_1-Assimilation besitzen sie Stoffwechselwege, die Ähnlichkeiten zur autotrophen CO_2-Assimilation haben. **Fakultativ Methylotrophe** können neben C_1-Verbindungen auch komplexe Substrate verwerten. Von den C_1-Verbindungen werden Methanol, Formiat und Methylamin genutzt, jedoch nicht Methan. Fakultativ methylotroph sind u. a. *Hyphomicrobium*-Arten, *Pseudomonas oxalaticus, Pseudomonas AM1*.

Die methylotrophen Bakterien verfügen über einen **Dissimilationsweg**, der von Methan und Methanol über Formaldehyd und Formiat zu CO_2 führt. Die Oxidationsreaktionen (Abb. 12.5. links) dienen der Energiebereitstellung über die Atmungskette. Die **Assimilationswege** der C_1-Verbindung sind verschieden und erfordern eine gesonderte Vorstellung von drei Hauptwegen.

12.2.1.   Ribulosemonophosphat-Cyclus

Dieser Weg wird von *Methylococcus*- und *Methylosinus*-Arten begangen. Die **Assimilation** wird durch die Reduktionsschritte bis zum Formaldehyd eingeleitet, die zugleich der **Dissimilation** zur Energiegewinnung dienen. Dabei ist hervorzuheben, daß als Cofaktor der Dehydrogenierungen neben NAD^+ **Methoxatin (PQQ** = Pyrrolchinolinchinon) beteiligt ist. Dieser Cofaktor wurde bereits bei der aeroben Essigsäurebildung (9.2., Abb. 9.12. c) vorgestellt. Zur Assimilation erfolgt eine Kondensation von Formaldehyd mit einer aktivierten Pentose, Ribulose-5-phosphat. Es entsteht Hexulose-6-phosphat, das zu Fructose-6-phosphat isomerisiert wird. Diese C_6-Verbindung wird in zwei Triosen gespalten. Sie gehen einmal in den Anabolismus

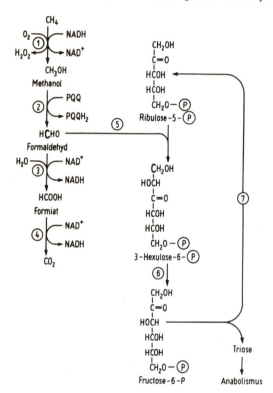

Abb. 12.5. Methanoxidation zur Energiebereitstellung und zur Assimilation über den Ribulosemonophosphat-Cyclus. (1) Methanmonooxigenase, (2) Methanol-Dehydrogenase. PQQ = Methoxatin, (3) Formaldehyd-Dehydrogenase, (4) Formiat-Dehydrogenase, (5) Hexulose-6-phosphat-Synthase, (6) Hexulosephosphat-Isomerase, (7) Sequenzen der Transaldolase-Transketolase- sowie der Pentosephosphat-Isomerase und der Epimerase-Reaktionen.

ein, zum anderen werden sie über eine Reaktionsfolge, deren Grundreaktionen beim Pentosephosphat-Cyclus (Abb. 9.10.) und Calvin-Cyclus (Abb. 11.5.) behandelt wurden, zu Ribulose-5-phosphat regeneriert.

12.2.2.   Serin-Weg

Bei diesem von *Methylosinus*- und *Methylocystis*-Arten sowie den fakultativ methylotrophen Pseudomonaden genutzten Weg wird Methan ebenfalls zunächst zu Formaldehyd oxidiert und dann an Glycin unter Serinbildung angelagert. Bei den in Abbildung 12.6. dargestellten Reaktionen erfolgt eine **zweite Assimilation einer C_1-Verbindung.** CO_2 wird durch die PEP-Carboxylase in Oxalacetat eingebaut. Diese C_4-Verbindung wird zu Malyl-CoA aktiviert und durch die Malyl-CoA-Lyase in zwei C_2-Verbindungen zerlegt, in Glyoxylat und Acetyl-CoA. Glyoxylat dient der Regeneration des Glycins als C_1-Acceptor. Acetyl-CoA ist die Ausgangsverbindung für den Aufbau der Zellsubstanz. Die Bereitstellung von Intermediären ist mit weiteren cyclischen Prozessen verbunden, bei denen auch nochmals Glyoxylat anfällt.

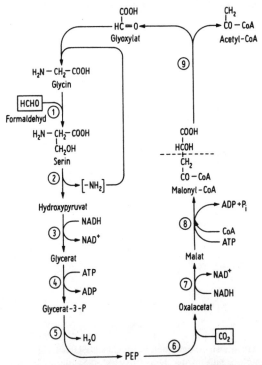

Abb. 12.6. Assimilation von C_1-Verbindungen über den Serinweg. (1) Serinhydroxymethyltransferase, (2) Serin-glyoxylat-Aminotransferase, (3) Hydroxypyruvat-Reductase, (4) Glyceratkinase, (5) Phosphoglyceratmutase und Enolase, (6) PEP-Carboxylase, (7) Malatdehydrogenase, (8) Malyl-CoA-Synthase, (9) Maleyl-CoA-Lyase.
In der Abb. lies Malyl-CoA statt Malonyl-CoA

12.2.3.   Xylulosemonophosphat-Cyclus

Methylotrophe Hefen, z. B. *Candida boidinii* und *Hansenula polymorpha*, oxidieren Methanol zu Formaldehyd durch eine Methanol-Oxigenase, die in besonderen Organellen, den **Peroxisomen** lokalisiert ist. Die Hefezellen sind unter bestimmten Kulturbedingungen von diesen Organellen ausgefüllt. Bei der Monooxygenasereaktion entsteht H_2O_2, das durch die ebenfalls in den Peroxisomen enthaltene Catalase gespalten wird. Die Hefen nutzen eine andere Pentose als die Bakterien als C_1-Acceptor, Xylulose-5-phosphat (Abb. 12.7.). Durch eine spezielle Transaldolase wird Formaldehyd an diesen Acceptor unter Bildung von Glyceraldehydphosphat und

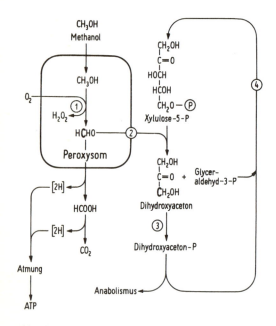

Abb. 12.7. Methanol-Oxidation und -Assimilation durch Candida-Hefen. (1) Alkohol-Oxidase, (2) Transketolasereaktion der Dihydroxyaceton-Synthase, (3) Dihydroxyaceton-Kinase, (4) Aldolase-Phosphatase-Transketolase-Reaktionen.

Dihydroxyaceton angelagert. Dihydroxyaceton wird durch eine Kinase phosphoryliert. Beide Triosen, Dihydroxyacetonphosphat und Glyceraldehydphosphat gehen in einen Cyclus ein, durch den der C_1-Receptor regeneriert wird und gleichzeitig Intermediäre für die Zellsubstanzsynthese bereitgestellt werden.

Methanol assimilierende Bakterien (vor allem *Methylomonas methanolica*, *M. clara*, *Methylophilus methylotrophicus*) und Hefen haben für die Produktion von **Einzellerproteinen** auf Methanolbasis ökonomische Bedeutung erlangt (34.1.).

13. Stickstoff-Fixierung

Die biologische Fixierung des Luftstickstoffs ist die wesentliche Reaktion, mit der terrestrischen und aquatischen Ökosystemen gebundener Stickstoff zugeführt wird. Vor allem durch die Denitrifikation (9.3.) wird Stickstoff in molekularer Form freigesetzt und geht von der Bio- in die Atmosphäre über. Zur biologischen Stickstoffbindung sind nur Prokaryoten befähigt. Sowohl heterotrophe als auch autotrophe Bakterien haben diese Fähigkeit erworben. Einige Vertreter führen die Fixierung nur in Symbiose mit Pflanzen aus. In Tabelle 13.1. sind die **Hauptgruppen Stickstoff fixierender Bakterien** zusammengestellt. Stickstoff bindende Bakterien kommen sowohl in Böden als auch in Gewässern und Sedimenten vor.

Die auf die Bodenfläche bezogene Fixierungsraten (Tab. 13.1.) zeigen, daß die Stickstoffzufuhr der in Symbiose mit Pflanzen lebenden Bakterien wesentlich größer ist als die der freilebenden Arten. Das liegt an der effektiveren Versorgung der symbiontischen Bakterien mit organischen Substraten. Die assoziative Symbiose, bei der die Bakterien mit den Pflanzenwurzeln eng assoziiert sind, nimmt hinsichtlich der Fixierungsraten eine Zwischenstellung ein. Die Raten unterliegen je nach Klimazone und Bestandsdichte großen Unterschieden. Auf die Bedeutung des Prozesses für den Stickstoffkreislauf und die Stickstoffversorgung der Pflanze wird in Kapitel 27 eingegangen.

13.1. Stickstoffbindung der freilebenden Bakterien

13.1.1. Biochemie der Stickstoffbindung

Die Reduktion von elementarem Stickstoff zu Ammonium ist eine exergone Reaktion:

$$N_2 + 3 H_2 \rightarrow 2 NH_3, \Delta G^{\circ\prime} = -90 \text{ kJ}$$

Da Distickstoff (N_2) ein sehr stabiles Molekül ist, erfordert die Reduktion eine hohe Aktivierungsenergie. Bei der chemischen Stickstoff-Bindung nach dem Haber-Bosch-Verfahren wird diese durch hohen Druck und hohe

Tab. 13.1. **Hauptgruppen der Stickstoff bindenden Bakterien und die Größenordnung der Fixierungsraten für terrestrische Systeme**

Hauptgruppen	Ausgewählter Vertreter bzw. symbiontische Systeme	Fixierungsrate $(kg\ N \cdot ha^{-1} \cdot a^{-1})$
Freilebende Bakterien		
anaerob	*Clostridium pasteurianum*	0,5
fakultativ anaerob	*Desulfovibrio vulgaris*	0,5
	Klebsiella pneumoniae	0,5
aerob	*Azotobacter vinelandii*	0,3
	Beijerinckia indica	0,3
phototroph anaerob	*Rhodospirillum rubrum*	
	Chromatium vinosum	
Cyanobakterien	*Anabeana* sp., *Nostoc* sp.	10—30
Assoziative Symbiose		
Bakterien/Gräser	*Azospirillum lipoferum/*	
	Digitaria decumbens	20—50
	Azotobacter paspali/	
	Paspalum notatum	15—90
Symbiosen		
Rhizobium/Leguminosen	*R. leguminosarum*/Erbse	50—80
	R. leguminosarum bv.	
	trifolii/Klee	100—300
	Bradyrhizobium japonicum/	
	Sojabohne	50—200
Frankia alni/Erle		50—250
Anabaena azolla/		
Wasserfarn Azolla		80—250
Cyanobakterien in		
Flechten		10—100

Temperatur (350 at, 500 °C) in Gegenwart eines Metallkatalysators erreicht. Die zur Stickstoffbindung befähigten Bakterien besitzen das komplex aufgebaute Enzym **Nitrogenase** (Abb. 13.1.). Das Enzym besteht aus zwei Proteinen, die im Verhältnis von 2:1 vorliegen, **Azoferredoxin** und **Molybdoferredoxin**. Beide Proteine, die wiederum aus Untereinheiten aufgebaut sind, besitzen mehrere Eisen-Schwefel-Zentren, im Molybdoferredoxin ist zusätzlich noch Molybdän enthalten. Bei Molybdänmangel bilden *Azotobacter* sp. eine **alternative Nitrogenase**, die **Vanadium** enthält.

Der Fixierungsprozeß läßt sich in drei Teilreaktionen untergliedern, die Bereitstellung der Reduktionskraft, die Reduktion zu Ammonium und die Ammoniumassimilation (Abb. 13.1.). Bei der **Bereitstellung der Reduktionskraft** wird Pyruvat durch die phosphoroklastische Reaktion gespalten und

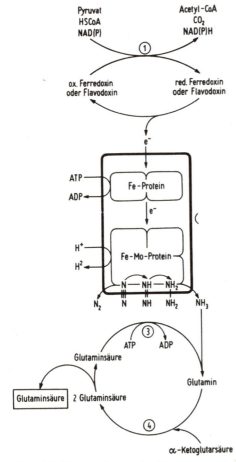

Abb. 13.1. Hauptreaktionen der N$_2$-Bindung. (1) Thioklastische Reaktionen der Pyruvat-Ferredoxin-Oxidoreductase zur Bereitstellung von Reduktionsäquivalenten, (2) Nitrogenase-Komplex zur N$_2$-Reduktion, (3) Glutamin-Synthetase- und (4) Glutamat-Synthase-Reaktionen zur Ammoniumassimilation.

Elektronen auf Ferredoxin übertragen. Bei Eisenmangel bilden einige Bakterienarten anstelle von Ferredoxin das FMN-enthaltende Flavodoxin als Elektronen-Carrier. Zur **Stickstoffreduktion** werden die Elektronen auf die Azoferredoxinkomponenten der Nitrogenase übertragen, die durch einen ATP-abhängigen Prozeß das Redoxpotential so weit senken, daß an der Molybdoferredoxinkomponente ein hochreduziertes Reaktionssystem entsteht. An diesem System erfolgt die N_2-Bindung und schrittweise Reduktion zu Ammonium, das freigesetzt wird. Die Nitrogenasereaktion ist sehr energieaufwendig, zur Reduktion eines Moleküls N_2 werden 16 Moleküle ATP benötigt.

In einer Nebenreaktion katalysiert die Nitrogenase die Reduktion von Protonen zu Wasserstoff. Bei der ATP-Abhängigkeit der Nitrogenasereaktion bedeutet die Wasserstoffbildung einen Energieverlust. Viele Stickstoff bindende Bakterien besitzen eine Hydrogenase, die den Wasserstoff wieder nutzbar macht, indem sie ihn in das System zurückführt. Die Nitrogenase vermag auch Nitrile, Cyanid und Acetylen zu reduzieren. Auf der Reduktion von Acetylen zu Ethylen ($HC \equiv CH \rightarrow H_2C = CH_2$) beruht der vielfach angewandte Nitrogenasenachweis. Ethylen läßt sich gaschromatographisch leicht bestimmen.

Der dritte Teilprozeß ist die **Ammoniumassimilation** zu Aminosäuren. Sie erfolgt bei vielen N_2 bindenden Bakterien durch die gekoppelte Reaktion der Glutamin-Synthetase mit der Glutamat-Synthase, die nochmals ATP erfordert (Abb. 13.1.).

Die Nitrogenase wird nur gebildet, wenn keine gebundenen Stickstoffquellen im Medium vorliegen. Die Synthese wird durch **Ammonium reprimiert**. Neben der Nitrogenase unterliegt auch die Glutamin-Synthetase dieser Repression. Bei Energiemangel, der mit einem hohen ADP-Spiegel verbunden ist, hemmt ADP die Nitrogenaseaktivität. Die Regulationsmechanismen sind ein Ausdruck für die Ökonomie des Zellstoffwechsels. Um 1 mg N zu fixieren, benötigt das anaerobe *Clostridium pasteurianum* 10 g einer organischen C-Quelle, der aerobe *Azotobacter chroococcum* etwa 30 g Glucose. Das ist der Grund, daß die Stickstoffbindung der freilebenden Bakterien von untergeordneter Bedeutung für die Stickstoffversorgung landwirtschaftlich genutzter Böden ist. Für eine ins Gewicht fallende Stickstoffbindung fehlen die dazu notwendigen organischen C-Quellen.

13.1.2. Schutz der Nitrogenase vor Sauerstoff

Die Nitrogenase ist ein Enzym, das durch Sauerstoff irreversibel inaktiviert wird. Gleichzeitig erfordert der Fixierungsprozeß reduktive Bedingungen.

Die freilebenden Stickstoffbinder erreichen den Sauerstoffschutz durch verschiedene Mechanismen.

Für **Anaerobier** wie *Clostridium pasteurianum* und *Desulfovibrio*-Species besteht dieses Problem nicht. Fakultative Anaerobier wie *Klebsiella pneumoniae, Bacillus polymyxa* und Purpurbakterien binden N_2 nur unter anaeroben Bedingungen.

Die aeroben *Azotobacter*- und *Beijerinckia*-Arten führen einen **Atmungsschutz** aus. Durch eine sehr intensive Atmung, die in einem hohen Substratverbrauch und einer hohen Atmungsrate (bei *Azotobacter* 2000 µl O_2 · mg Zelltrockengewicht · h^{-1}) zum Ausdruck kommt, wird Sauerstoff abgefangen. *Azotobacter* verfügt zusätzlich über einen **Konformationsschutz**, durch den die Nitrogenase bei Sauerstoffzutritt die Konformation so verändert, daß die empfindlichen Enzymbereiche geschützt sind. In diesem reversiblen Zustand ist sie nicht aktiv, wird jedoch auch nicht inaktiviert.

Die fädigen **Cyanobakterien** besitzen **Heterocysten**, in denen die Stickstoffbindung erfolgt. Diese größeren dickwandigen Zellen enthalten neben der Nitrogenase und einer H_2-regenerierenden Hydrogenase nur das Photosystem 1, das ATP bereitstellt (Abb. 13.2., 11.3.2.). Das Photosystem 2, durch das bei der Photolyse des Wassers Sauerstoff gebildet wird, ist zusammen mit den anderen Komponenten des oxigenen Photosynthesesystems in den benachbarten vegetativen Zellen lokalisiert und liefert den Heterocysten Reduktionsäquivalente und Assimilate. Einzellige Cyanobakterien

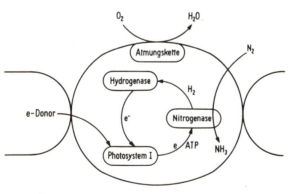

Vegetative Zelle   **Heterocyste**

Abb. 13.2. N_2-bindendes Enzymsystem in der Heterocyste von Cyanobakterien. Das Photosystem I erhält Reduktionsäquivalente aus vegetativen Zellen und überträgt sie auf die N_2-reduzierende Nitrogenase. Die Hydrogenase führt dem Photosystem I nicht verwertete Reduktionsäquivalente zu.

wie *Gloeocapsa* sp., die N$_2$ binden, erreichen den Sauerstoffschutz nicht durch räumliche, sondern zeitliche Trennung. Sie fixieren N$_2$ nachts, wenn nur ein sehr geringer Sauerstoffpartialdruck in den Zellen vorliegt.

13.2.   Symbiontische Stickstoffbindung der Rhizobien

Rhizobien oder Knöllchenbakterien sind chemoorganotrophe aerobe Bodenorganismen, die freilebend praktisch keinen Luftstickstoff binden. Nur unter speziellen mikroaerophilen Versuchsbedingungen ist es gelungen, bei einigen Stämmen auch im freilebenden Zustand eine sehr geringe N$_2$-Bindung nachzuweisen. Die Nitrogenasebildung wird durch Sauerstoff reprimiert. Erst in der Symbiose mit Leguminosen in den Wurzelknöllchen erfolgt die Stickstoffbindung. Die Ausbildung der mutualistischen Symbiose ist ein sehr komplizierter Prozeß (Abb. 13.3.).

Die *Rhizobium*-Arten bzw. Biovare besitzen eine **Wirtsspezifität**. *Rhizobium meliloti* infiziert Luzerne und Steinklee (*Melilotus*), aber z. B. nicht Lupine oder *Trifolium*-Kleearten. Weitere Beispiele sind in Tabelle 5.2. angeführt. Die Beimpfung von Leguminosensaatgut erfolgt mit wirtsspezifischen Bakterienbiovaren, die sich durch hohe Infektiösität, wirksame Stickstoffbindung und Durchsetzungsvermögen gegenüber Wildstämmen auszeichnen. Sie werden auf biotechnologischem Wege produziert. Die Erkennungsreaktionen sind unzureichend geklärt. Beide Symbiosepartner besitzen auf der Oberfläche Strukturen, die der **Erkennung** und **Bindung** dienen. Die Oberfläche der Gramnegativen Rhizobien besteht aus Lipopolysacchariden, außerdem haben sie Pili. Die pflanzliche Zellwand enthält Polysaccharide und Lektine. Lektine sind Proteine oder Glycoproteine, die spezifische Bindungsstellen für Zucker oder Zuckerreste haben. Zwischen den Oberflächenstrukturen, die bei beiden Partnern eine hohe Art- und Stammspezifität besitzen, kommt es zu einer Bindung. Sie führt dazu, daß sich die Bakterien polar an die Wurzelhaare anlagern (Abb. 13.3.). Diese Anlagerung als erster Schritt der **Infektion** erfolgt nur bei Mangel an gebundenem Stickstoff. Bei guter Ammonium- oder Nitratversorgung treten keine Zellkontakte ein, es erfolgt keine Anlagerung. Regulationsvorgänge greifen also bereits in dem ersten Schritt der Infektion ein.

Die Infektion und die damit verbundene Wurzelhaarkrümmung wird durch die bakteriellen Nodulations (nod)-Gene gesteuert. Sie werden durch Flavonoide aktiviert, die von den Leguminosenwurzeln in sehr geringer Menge ausgeschieden werden. *R. meliloti*-Gene werden durch Luteolin, *Bradyrhizobium japonicum*-Gene durch 4,7-Dihydroxyisoflavon induziert. Anschließend wird die pflanzliche Zellwand durch bakterielle Polygalacturo-

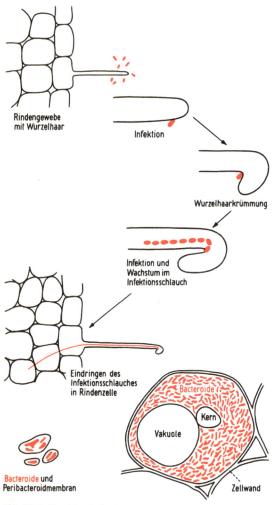

Rindengewebe
mit Wurzelhaar

Infektion

Wurzelhaarkrümmung

Infektion und
Wachstum im
Infektionsschlauch

Eindringen des
Infektionsschlauches
in Rindenzelle

Bacteroide

Kern

Vakuole

Bacteroide und
Peribacteroidmembran

Zellwand

Abb. 13.3. Symbiontische N$_2$-Fixierung. Hauptschritte der Infektion von Leguminosenwurzeln und der Besiedlung der Pflanzenzellen mit Rhizobien.

nasen aufgelockert. Dadurch wird das **Eindringen** der Bakterien in die Wurzelhaarzelle erleichtert. Die eingedrungenen Bakterien vermehren sich im Wurzelhaar und formieren sich zu einem **Infektionsschlauch**, der von pflanzlicher Cellulose umgeben wird. Durch Vermehrung der Bakterien verlängert sich der Infektionsschlauch bis zur Rindenschicht der Wurzel. Durch noch nicht bekannte Effektoren werden einige Zellen meristematisch. Mittels Endocytose gelangen die Bakterien in diese Zellen. Sie bleiben von der Cytoplasmamembran der Pflanzenzelle (Peribacteroid-Membran) umgeben, vermehren sich schnell und bilden sich zu unregelmäßig geformten **Bacteroiden** um, die die zehnfache Größe der ursprünglichen Rhizobienzellen erreichen können. Die Peribacteroid-Membran umschließt ein oder mehrere Bacteroide. Mit der Bakterienvermehrung geht eine Infektion weiterer Pflanzenzellen einher. Die meristematisch gewordenen Zellen teilen sich, werden polyploid und bilden die Wurzelknöllchen. Bei Klee und Luzerne haben sie einen etwa mm großen Durchmesser, bei der Lupine treten Wurzelknöllchen von 1–2 cm Größe auf. Das Cytoplasma der Pflanzenzellen ist nach einigen Tagen von Bakteroiden ausgefüllt (Abb. 13.3.).

Die Bacteroide synthetisieren die Nitrogenase, die Ribosomen werden danach eingeschmolzen. Die Bacteroide sind dann nicht mehr teilungsfähig. Wie in Abbildung 13.4. dargestellt ist, versorgt die Pflanze die Bacteroide

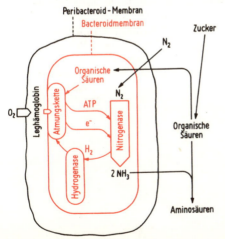

Abb. 13.4. Interaktionen zwischen Pflanzenzelle und Bacteroiden bei der symbiontischen Stickstoffbindung. Schwarz pflanzliche, rot bakterielle Prozesse und Strukturen.

mit Assimilaten (Zucker und organische Säuren). Der N_2-Fixierungsprozeß läuft in gleicher Weise wie bei den freilebenden Stickstoffbindern ab. Die Bacteroide geben Ammonium an das sie umgebende pflanzliche Cytoplasma ab, in dem die Aminosäuresynthese erfolgt. Als Glutamat oder Aspartat wird der gebundene Stickstoff aus den Knöllchen in die Pflanze transportiert.

Die Pflanze trägt zur Symbiose nicht nur durch die Lieferung der organischen C-Quellen, sondern auch durch die Leghämoglobinsynthese bei. **Leghämoglobin** ist eine dem Hämoglobin ähnliche Verbindung, die den aktiven Knöllchen die rote Farbe verleiht. Diese Verbindung befindet sich in hoher Konzentration zwischen der Bakterien- und Peribacteroid-Membran (Abb. 13.4.). Leghämoglobin fungiert als Sauerstoff-Carrier und -Puffer und sorgt für einen Sauerstoffpartialdruck, der einerseits noch eine Atmung ermöglicht, andererseits die Nitrogenase vor Sauerstoff schützt. Leghämoglobin ist ein echtes Symbioseprodukt, der Proteinanteil wird von der Pflanze, der Häm-Anteil vom Bacteroid gebildet. Beide Partner enthalten genetische Information für die Leghämoglobinsynthese.

Die Bakterien tragen die genetische Information für den Symbioseprozeß auf einem großen Plasmid. Es enthält die für die Nodulation (nod) und Stickstoff-Fixierung (nif) sowie deren Regulation notwendigen Gene. Die Pflanze besitzt neben dem angeführten Leghämoglobin-Gen weitere genetische Information für Nodulin-Proteine, die nur bei der Knöllchenbildung experimiert werden. Die Komplexität der mit der Stickstoffbindung verbundenen Prozesse zeigt, welche Probleme mit dem Bestreben verbunden sind, die genetische Potenz auf andere Kulturpflanzen zu übertragen.

Die Endosymbiose des Actinomyceten *Frankia* in den Wurzelknöllchen der Erle, dem Sanddorn, dem Rutenstrauch *Casuaria* und weiterer Pflanzen ist weniger gut untersucht. Leghämoglobin wurde bei einigen dieser Pflanzen nachgewiesen. Es wird vermutet, daß der Prozeß ähnlich wie bei der Leguminosensymbiose verläuft.

14.   Abbau von Natur- und Fremdstoffen

Mikroorganismen nutzen das große Spektrum von Naturstoffen, die von Pflanzen und Tieren gebildet werden, als Energie- und Nährstoffquelle. Unter aeroben Bedingungen wird etwa die Hälfte eines Substrates zur Energiegewinnung bis zu CO_2 und H_2O abgebaut, der andere Teil wird zu Zellsubstanz assimiliert. Mit dem Absterben der Mikroorganismen und der Verwertung der dabei anfallenden Substrate durch andere Mikroorganismen findet schließlich ein vollständiger Abbau, d. h. eine Mineralisierung der von der Organismenwelt gebildeten organischen Stoffe statt. Der Abbau führt zu Mineralstoffen wie CO_2, H_2O, NO_3^-, PO_4^{3-} und SO_4^{2-}. Auf Grund ihrer großen Abbaupotenzen fungieren die Mikroorganismen in den biogeochemischen Cyclen als Destruenten. Dadurch wird in den Stoffkreisläufen der Ökosysteme die Rezirkulation gewährleistet (Kap. 27).

Unter anaeroben Bedingungen findet eine Mineralisierung der Biomasse vielfach nicht statt. Daher kommt es z. B. zur Bildung von Torf. Gärungen führen zu einem unvollständigen Abbau organischer Stoffe. Gärungsprodukte wiederum sind Substrate für methanogene und Sulfat reduzierende Anaerobier, die an einer anaeroben Mineralisierung beteiligt sind. Auf diese Weise wird ein Teil der organischen Biomasse auch anaerob mineralisiert.

Die großen Abbaupotenzen der Mikroorganismen hatten zu der Auffassung geführt, daß aerob alle oxidierbaren organischen Stoffe abbaubar sind. Dieses Omnipotenz- oder Unfehlbarkeitsprinzip darf jedoch nicht auf alle von der chemischen Industrie synthetisierten organischen Stoffe ausgedehnt werden. Der Abbau von **Fremdstoffen** oder **Xenobiotika** bedarf einer differenzierteren Betrachtung. Niedermolekulare Fremdstoffe, die Naturstoffen ähnlich sind, werden vollständig oder teilweise abgebaut. Verbindungen, die keine strukturellen Beziehungen zu Naturstoffen haben, sind schwer abbaubar, sie können jedoch durch Cometabolismus (14.6.) transformiert werden. Einige polymere Fremdstoffe, z. B. Polyethylen, sind schwer oder biologisch nicht abbaubar. Der Fremdstoffabbau erfolgt in der Regel durch Enzyme, die im Naturstoffmetabolismus eine Funktion haben. Daher werden Naturstoffen ähnliche Verbindungen metabolisiert, soweit ihnen Substituenten in bestimmten Positionen nicht eine hohe Stabilität verleihen. Fremdstoff- und Naturstoffabbau stehen in engem Zusammenhang. Angewandte Fragen der Abwasserreinigung und des Umweltschutzes werden in Kapitel 26 besprochen.

14.1.   Abbau der Polysaccharide

Die globale CO_2-Assimilation führt jährlich zur Bildung von etwa $150 \cdot 10^9$ t pflanzlicher Biomasse (Trockensubstanz). Diese enthält 30—50% Cellulose, 20—30% Hemicellulose, 3—5% Pectin und 2—3% Stärke. Polysaccharide stellen damit die Hauptkomponente der Biomasse auf der Erde dar. Größenordnungsmäßig an zweiter Stelle steht Lignin (20—30% der pflanzlichen Biomasse). Die mikrobiellen Abbauprozesse der Polysaccharide zu Zuckern sind die wesentlichen Kettenglieder des globalen Kohlenstoffkreislaufes (27.1.).

14.1.1.   Cellulose

Cellulose ist die Hauptgerüstsubstanz der Pflanzen. Dieses Polysaccharid besteht aus Glucosebausteinen, die durch β-1,4-Bindungen zu einem linearen Makromolekül aus 3000—15000 Glucosylresten verbunden sind. Die Moleküle aggregieren zu Mikrofibrillen, die streckenweise eine so regelmäßige Anordnung haben, daß sich kristalline Bereiche ausbilden.

Ein breites Spektrum von pro- und eukaryotischen Mikroorganismen baut Cellulose ab. Aerobe Vertreter der **cellulolytischen Bakterien** sind die *Cellulomonas*-Arten, Myxobakterien der Gattungen *Cytophaga* und *Sporocytophaga*, daneben auch Vertreter der Actinomyceten aus den Gattungen *Thermoactinomyces, Thermomonospora, Streptomyces* sowie einige *Bacillus*-Species (*B. polymyxa, B. cereus*). Anaerob wird Cellulose vor allem durch *Clostridium thermocellum* abgebaut. Aktive Celluloseabbauer im anaeroben Pansen sind *Bacteroides succinogenes, Butyrivibrio fibrisolvens* und *Ruminococcus albus*. Unter den Pilzen gibt es Abbauspezialisten, die auch die mit Lignin inkrustierte Cellulose wirksam angreifen. Cellulolytische Enzyme bilden *Trichoderma viride, Chaetomium cellolyticum, Verticillium alboatrum* und *Fusarium solani*. Unter den holzzerstörenden Pilzen bauen die Braunfäuleerreger wie der Birkenporling und Hausschwamm Cellulose bevorzugt ab, Lignin bleibt zurück.

Makromoleküle können nicht in die Zelle aufgenommen werden, sie werden durch **extrazelluläre Enzyme** in die transportablen niedermolekularen Bausteine zerlegt. Der Celluloseabbau zu Glucose, wie er z. B. von *Trichoderma*-Arten durchgeführt wird, erfordert verschiedene **Cellulasen**, die nacheinander auf das Molekül einwirken. Wie aus Abbildung 14.1. zu

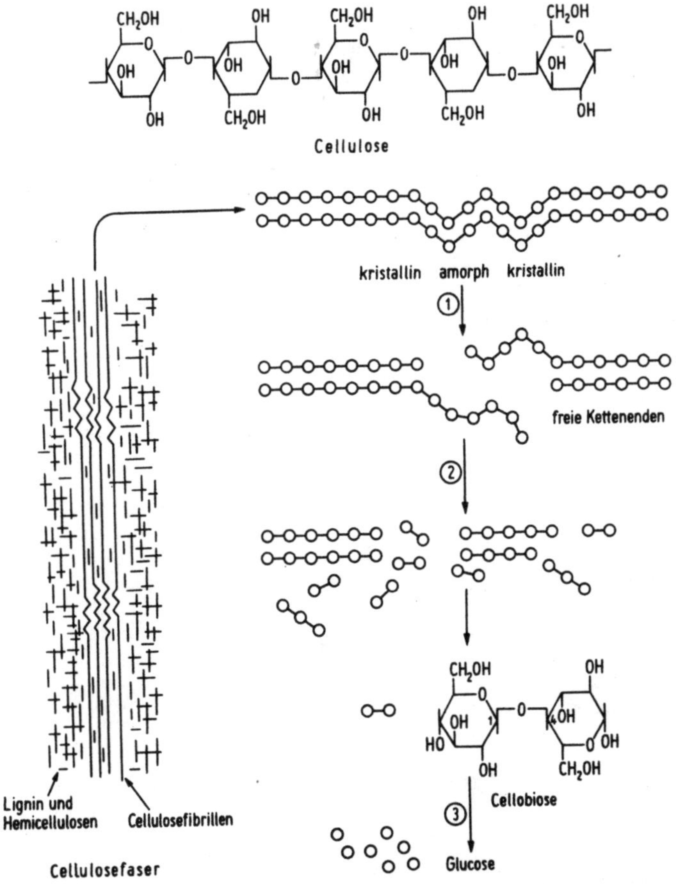

Abb. 14.1. Celluloseabbau. Pflanzliche Cellulosefasern enthalten kristalline und amorphe Bereiche und sind von Lignin umgeben und inkrustiert. (1) Endo-β-1,4-Glucanase, (2) Exo-β-1,4-Glucanase, (3) β-1,4-Glucosidase = Cellobiase.

ersehen ist, brechen Endo-β-1,4-gluconasen (C_x-Cellulase) das Cellulose-molekül in den amorphen Bereichen auf. An den auf diese Weise entstehenden freien Enden greifen Exo-β-1,4-Glucanasen (Cellobiohydrolasen) an und spalten Tri- und Disaccharide (Cellobiosen) ab. Diese werden durch die β-1,4-Glucosidase (Cellobiase) in Glucose zerlegt.

Viele cellulolytische Bakterien haben keine β-1,4-Glucosidase. Sie nehmen die Di- oder Trisaccharide in die Zellen auf und spalten sie phosphorolytisch:

Cellobiose + P_i → Glucose-1-phosphat + Glucose

Bei dieser durch die Cellobiose-Phosphorylase katalysierten Reaktion bleibt die Bindungsenergie erhalten. Das zur Glucoseaktivierung notwendige ATP wird gespart. Der anaerobe Celluloseabbau im Pansen wird im Abschnitt 24.2. behandelt.

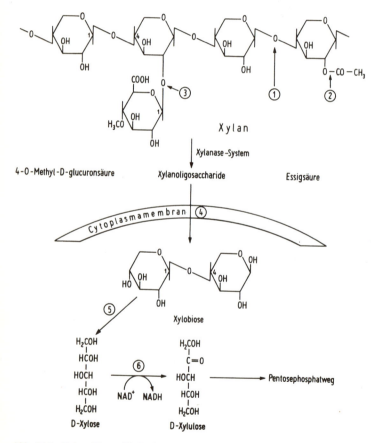

Abb. 14.2. Xylanabbau. (1) Endo-1,4-β-Xylanase, (2) Acetylesterase, (3) α-Glucoronidase, (4) Xylosidpermease, (5) β-Xylosidase, (6) Xylulosereductase.

14.1.2. Xylan

Xylan ist die Hauptkomponente der pflanzlichen Hemicellulosen. **Hemicellulose** ist ein Sammelbegriff für nicht wasserlösliche Polysaccharide der Zellwand außer Cellulose und Pectin. Neben Xylan treten Gluco- und Galactomannane auf. **Xylan** besteht zum überwiegenden Teil aus 1,4-glycosidisch verknüpften β-D-Xylosen, es enthält 30—500 Pentosebausteine.

Die Fähigkeit zum Xylanabbau ist verbreiteter als die zum Celluloseabbau. Zu den xylanolytischen Mikroorganismen gehören neben vielen Cellulose abbauenden Arten die anaeroben Bakterien *Clostridium thermohydrosulfuricum, C. thermosaccharolyticum, Thermoanaerobium* und *Thermobacteroides*-Arten, die Xylan zu Ethanol, Essigsäure und Milchsäure vergären. Hefen wie *Candida shehatae, Pichia stipitis* und *Crytococcus albidus* sowie Mycelpilze wie *Fusarium oxysporum, Neurospora crassa* und *Monilia* bauen Xylan zu Xylose ab und verwerten Pentosen.

Das extracelluläre **Xylanasesystem** besteht aus mehreren Enzymen (Abb. 14.2.), die das Polysaccharid in Disaccharide (Xylobiose) hydrolysieren und Substituenten am Pentosemolekül abspalten. Das Disaccharid Xylobiose wird in die Zelle aufgenommen und über den Pentosephosphatweg metabolisiert.

14.1.3. Pectin und Agar

Pectine sind Polygalacturonide. Sie sind aus α-1,4-glycosidisch verknüpften D-Galacturonsäuren aufgebaut, die z. T. methyliert sind (Abb. 14.3.). Pectine sind Bausteine der Mittellamellen pflanzlicher Gewebe und treten intrazellulär in löslicher Form vor allem in Stein- und Beerenobst auf. Viele Bodenmikroben bauen Pectin unter aeroben und anaeroben Bedingungen ab. *Bacillus macerans* und *B. polymyxa* gehören zu den aeroben, Clostridien zu den anaeroben Pectinabbauern. *Clostridium pectivorum* und andere Arten bewirken die anaerobe Flachsröste, bei der durch den Abbau der Mittellamelle die Cellulosefasern aus dem Gewebeverband gelöst werden. Phytopathogene Bakterien (z. B. *Erwinia carotovora*) und Pilze (z. B. *Fusarium oxysporum, Botrytis cinerea*) lösen durch den Pectinabbau das pflanzliche Gewebe auf.

Der Abbauweg des Polymeren zu Galacturonsäure ist in Abbildung 14.3. dargestellt. Durch eine Pectinmethylesterase wird Methanol abgespalten. Der Pectinabbau ist die natürliche Quelle dieses C_1-Alkohols (Verwertung s. 12.2.). Pectinasen werden in der Lebensmittelindustrie zum Gewebeaufschluß und zur Fruchtsaftklärung eingesetzt (32.1.).

Bei Rotalgen (z. B. *Gelidium*-Arten) treten pectinähnliche Polysaccharide

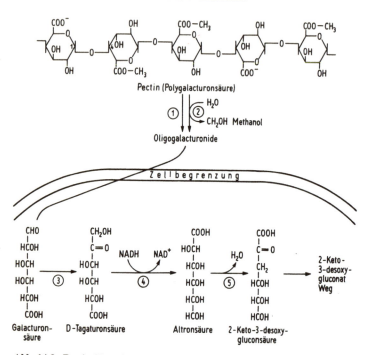

Abb. 14.3. Pectinabbau. (1) Polygalacturnoase = Pectinase, (2) Pectinmethylesterase, (3) Uronatisomerase, (4) Tagaturonsäurereductase, (5) Altronatdehydratase.

auf, **Agar** und Carragen. Agar ist ein heterogenes Polysaccharid aus D-Galactose und 3,6-Anhydrogalactose, die alternierend durch β-1,4- und 1,3-Bindungen verknüpft sind. Daneben kommen Uronsäuren als Bausteine vor. Ein Teil dieses Galactans ist sulfatiert. Nur einige im Meer vorkommende Bakterienarten können Agar abbauen, z. B. Vertreter der Gattungen *Flavobacterium*, *Pseudomonas*, *Cytophaga*. Daher wird Agar in großem Umfang als Verfestigungsmittel für mikrobielle Nährböden eingesetzt. Bei Braunalgen treten Alginate auf, die aus β-1,4-verknüpften Mannuron- und Guluronsäureestern aufgebaut sind.

14.1.4.   Chitin

Bei vielen Pilzen und einigen Algen tritt an Stelle von Cellulose Chitin als Zellwand-Gerüststoff auf. Weiterhin besteht das Exoskelett vieler wirbel-

loser Tiere, z. B. der Insekten, aus Chitin. **Chitin** ist ein Homopolymer aus
N-Acetylglucosamin. Die starke Verbreitung dieser Gerüstsubstanz macht
es verständlich, daß viele Mikroorganismen das in Abbildung 14.4. dargestellte Chitinasesystem besitzen. Chitin abbauende Bakterien finden wir in
den Gattungen *Flavobacterium*, *Cytophaga*, *Bacillus*, *Pseudomonas*, *Streptomyces*. Actinomyceten können mit Hilfe von Chitin aus Böden selektiv

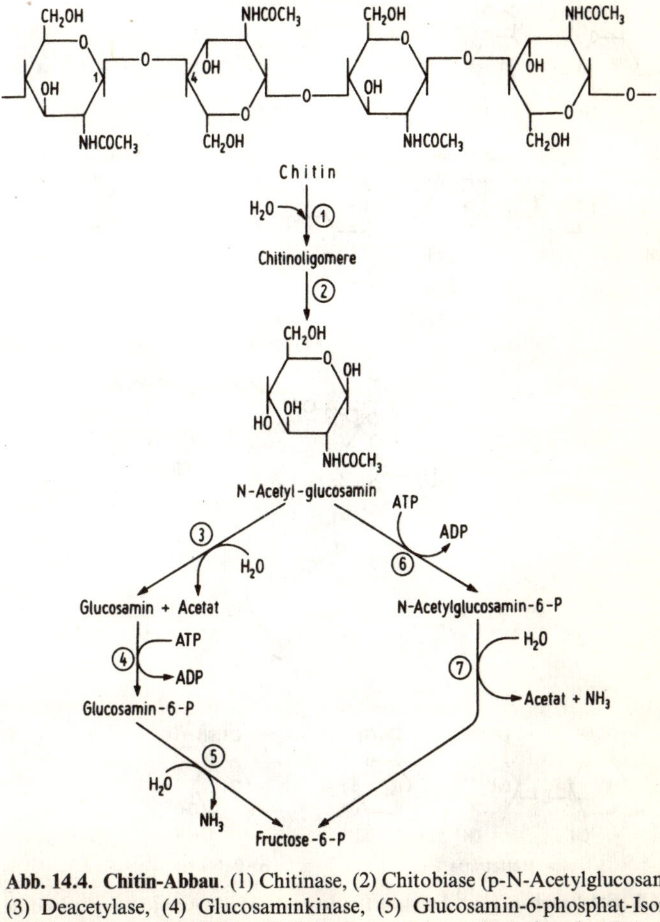

Abb. 14.4. Chitin-Abbau. (1) Chitinase, (2) Chitobiase (p-N-Acetylglucosamidase),
(3) Deacetylase, (4) Glucosaminkinase, (5) Glucosamin-6-phosphat-Isomerase,
(6) N-Acetylglucosaminkinase, (7) N-Acetylglucosamin-6-phosphat-Isomerase.

angereichert werden. Neben Chitin verwertenden Bodenpilzen (*Aspergillus, Mortierella*) besitzen auch Insekten pathogene Pilze (*Beauveria bassiana, Verticillium lecanii*) Chitinase, mit der sie das Exoskelett auflösen und eindringen. Chitin wird durch die extrazelluläre Chitinase und Chitobiase in Monomere zerlegt, die in den Zellen zu Fructose-6-phosphat metabolisiert werden.

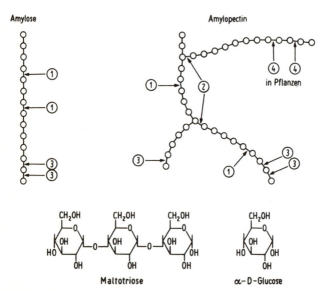

Abb. 14.5. Stärkeabbau. (1) α-Amylase (Endoamylase), (2) Amylo-1,6-glucosidase, (3) Glucamylase, (4) in Pflanzen vorkommende β-Amylase.

14.1.5. Stärke

Stärke ist der Hauptspeicherstoff der Pflanzen. Dieses verzweigte Polysaccharid ist aus D-Glucose-Einheiten aufgebaut, die über 1,4-Bindungen miteinander verknüpft sind. Die Verzweigung kommt durch eine α-1,6-Bindung zustande. Mikrobielle Stärkeabbauer sind in der Natur weit verbreitet. Unter den aeroben Bakterien zeichnen sich viele *Bacillus*-Arten durch eine hohe Amylase-Aktivität aus, unter den Anaerobiern Clostridien. Pilzliche Amylasebildner, die auch zur Enzymproduktion (32.1.) eingesetzt werden, sind *Aspergillus niger* und *A. oryzae*.

Der mikrobielle Stärkeabbau (Abb. 14.5.) erfolgt durch α-Amylase, eine Endogluconase, die die α-1,4-glycosidische Bindung aufbricht. Spaltprodukte sind oligomere Dextrine, Maltose und Glucose. Die α-1,6-Bindung der Verzweigungsstellen wird durch die Amylo-1,6-glucosidase hydrolysiert. Als drittes mikrobielles Enzym ist die Glucamylase bedeutsam, sie wirkt als Exoglucanase und spaltet Glucoseeinheiten vom nicht reduzierenden Kettenende ab. Sie wird mit *Aspergillus*-Arten industriell gewonnen. Die für den Stärkeabbau der höheren Pflanzen wichtige β-Amylase, die als Exoglucanase Maltoseeinheiten abspaltet, tritt bei Mikroorganismen nicht auf.

14.2. Lipide

Triglyceride sind die Speicherstoffe fettreicher Samen und Früchte. Diese energiereichen Substrate werden durch viele Mikroorganismen genutzt, indem sie **Lipasen** (Carboxylesterhydrolasen) ausscheiden, die Triglyceride (Triacylglycerol) in Glycerol und Fettsäuren spalten. Diese Spaltprodukte werden in der Zelle zu assimilierbaren Intermediären abgebaut. Beim Fettsäureabbau fallen zugleich Reduktionsäquivalente an, die über die Atmungskette der ATP-Bildung dienen. Der Fettsäureabbau wird durch die ATP erfordernde Bildung des CoA-Esters eingeleitet. Anschließend erfolgt eine **β-Oxidation**, durch welche die langkettige Fettsäure nach Oxidationsreaktionen um eine C_2-Einheit verkürzt wird, die als Acetyl-CoA in den Intermediärstoffwechsel eingeht. Dieser Prozeß wiederholt sich, bis die C_{18}- oder C_{16}-Fettsäuren zu C_2-Einheiten abgebaut worden sind. Der Energiegewinn ist beachtlich, da durch die β-Oxidation Reduktionsäquivalente für die ATP-Synthese bereitgestellt werden. Einige aerobe Bakterien (z. B. *Pseudomonas*- und *Acinetobacter*-Arten, *E. coli*) und Hefen (z. B. *Yarrowia lipolytica*) können auf Fettsäuren als einziger C- und Energiequelle wachsen. Sie bauen aus C_2-Einheiten die Zellsubstanz auf.

14.3.   Aliphatische Kohlenwasserstoffe

Längerkettige aliphatische Kohlenwasserstoffe (Alkane und Alkene) sind wesentliche Bestandteile des Erdöls. Diese Verbindungen wurden in erdgeschichtlichen Zeiträumen aus der Biomasse aquatischer Mikroorganismen, wahrscheinlich vor allem aus Archaebakterien, gebildet. Aber auch bei rezenten Pflanzen sind Kohlenwasserstoffe als Bestandteile der die Blätter überziehenden Wachsschicht nachweisbar. Diese Verbindungen werden sowohl von Bakterien als auch von Pilzen als einzige C- und Energiequelle verwertet. Längerkettige Alkane ($C_{10}-C_{20}$) werden von *Pseudomonas*- und *Arthrobacter*-Arten, *Acinetobacter calcoaceticus*, *Nocardia petroleophila*, *Mycobacterium smegmatis*, *Corynebacterium glutamicum* u. a. Bakterien genutzt. Unter den Pilzen sind vor allem Hefen zur Alkanverwertung befähigt (*Yarowia lipolytica*, *Candida guilliermondii*), daneben auch Mycelpilze wie *Cephalosporium roseum*. Kurzkettige Alkane (C_2-C_6) werden nur

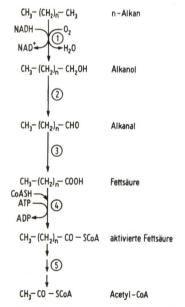

Abb. 14.6. Monoterminaler Alkanabbau. (1) Alkanmonooxigenase, (2) Alkohol-Dehydrogenase, (3) Aldehyd-Dehydrogenase, (4) Acyl-CoA-Synthese, (5) β-Oxidation der Fettsäuren.

von wenigen Spezialisten unter den Bakterien verwertet (*Pseudomonas* und *Mycobacterium* sp.).

Die wasserunlöslichen Substrate werden vor allem durch Kontakt der Zelloberfläche mit den Kohlenwasserstoffen in die Zelle aufgenommen und unter anaeroben Bedingungen oxidiert. Der Hauptabbauweg ist die einseitige **Oxidation der terminalen Methylgruppe** über die in Abbildung 14.6. dargestellten Zwischenstufen zur Fettsäure der gleichen Kettenlänge, also z. B. von Hexadecan zu Palmitinsäure. Die Oxidation wird durch eine in der Membran gebundene **Alkan-Monooxygenase** katalysiert. Cofaktor dieser Monooxygenase ist bei *Pseudomonas* das Eisen enthaltende Rubredoxin, bei *Corynebacterium* und Hefen Cytochrom P_{450}. Die über die Oxidationsstufe des Alkohols- und des Aldehydes gebildete Fettsäure wird über die β-Oxidation (14.2.) zu Acetyl-CoA abgebaut.

Nebenwege des Abbaus sind die diterminale Oxidation zu Dicarbonsäuren und die subterminale Oxidation am zweiten C-Atom. Gut abbaubar sind unverzweigte Alkane und Alkene. Ungeradzahlige Ketten, z. B. C_{17} oder C_{15} werden bis zu Propionyl-CoA abgebaut, das zu Methylmalonyl-CoA carboxyliert werden kann und über Succinat in den Intermediärstoffwechsel eingeht. Aliphatische Kohlenwasserstoffe, die eine Methylgruppe als Seitenkette tragen, sind noch abbaubar, stärker verzweigte Verbindungen nicht mehr. Der aerobe Abbau aliphatischer Kohlenwasserstoffe ist u. a. für die Eliminierung von Ölverschmutzungen bedeutsam.

14.4.   Lignin

Lignin, das als Festigungselement in Verbindung mit Cellulose (Lignocellulose) in den sekundären pflanzlichen Zellwänden vorkommt, gehört zu den schwer abbaubaren polymeren Naturstoffen. Es ist ein aus Phenylpropan-Derivaten aufgebautes dreidimensionales Makromolekül, das einen unregelmäßigen Aufbau hat (Abb. 14.7.a). Durch die große Zahl verschiedenartiger Bindungen zwischen den Bausteinen haben die Pflanzen im Verlauf der Evolution eine Struktur „erfunden", die nur von wenigen Mikroorganismen angegriffen wird. Ligninabbauer sind vor allem die holzzerstörenden Weißfäuleerreger. Sie bauen bevorzugt Lignin ab, weniger Cellulose. Der Abbau geht sehr langsam vor sich. Der aktivste bisher aufgefundene Ligninabbauer ist der Basidiomycet *Phanerochaete chrysosporium*. Dieser und andere Lignin abbauende Pilze (z. B. *Coriolus versicolor*) bilden eine extracelluläre **Ligninase**. Sie bewirkt durch Radikalbildung die Spaltung der C-C-Bindungen. Auf diese Weise wird das Makromolekül **depolymerisiert**. Die Ligninase ist ein neuer Typ von Oxygenasen, die durch Entzug

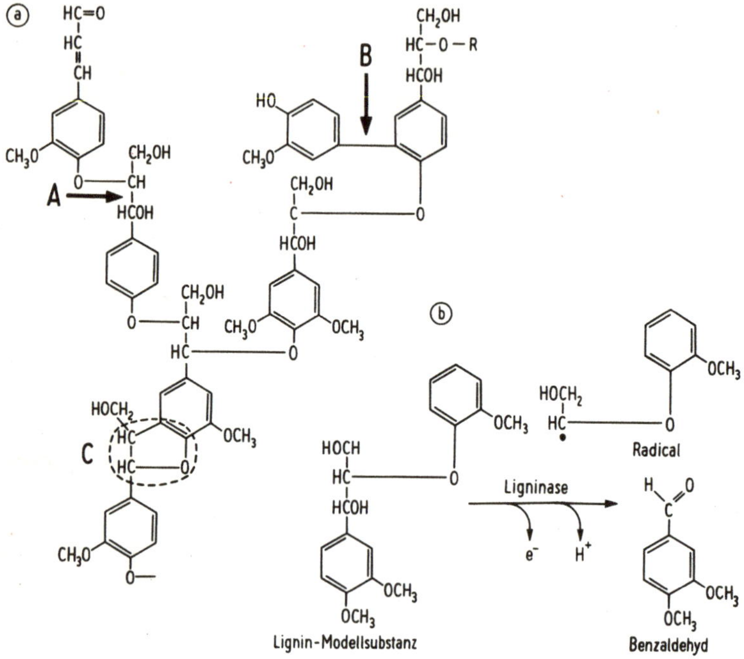

Abb. 14.7. Ligninabbau. a. Ausschnitt aus dem Ligninmolekül. Die Phenylpropan-bausteine sind überwiegend durch Etherbindung (A = Arylglycerol-β-Arylether-bindung), daneben durch Biphenylbindung (B) und Phenylcoumarinstrukturen (C) verbunden. b. Ligninase-Reaktion.

eines Elektrons die Radikalbildung bewirkt (Abb. 14.7.b). Die Reaktion des Häm enthaltenden Enzyms erfordert H_2O_2, das wahrscheinlich aus der gleichzeitig stattfindenden Cellobiasereaktion stammt. Daneben sind noch andere Oxidasen am Abbau beteiligt. Die Ligninasebildung wird durch Stickstoffmangel ausgelöst. Da die Pilze Lignin depolymerisieren, die an-fallenden C-haltigen Abbauprodukte jedoch nur teilweise assimilieren, wird vermutet, daß der Abbau der Erschließung von Stickstoff dient, der in sehr geringer Menge im Holz enthalten ist. Die Ligninase ist für die biotechnolo-gische Cellulosegewinnung von Interesse, da sie Ansatzpunkte für eine en-zymatische Delignifizierung von pflanzlicher Biomasse bietet.

14.5. Aromatische Kohlenwasserstoffe

Aromatische Kohlenwasserstoffe fallen in vielfältiger Form in der Natur und Industrie an. Natürliche Quellen sind die Ligninabbauprodukte, die beim Eiweißabbau gebildeten aromatischen Aminosäuren und phenolische Pflanzeninhaltsstoffe. Bei Verbrennungsprozessen entstehen geringe Men-

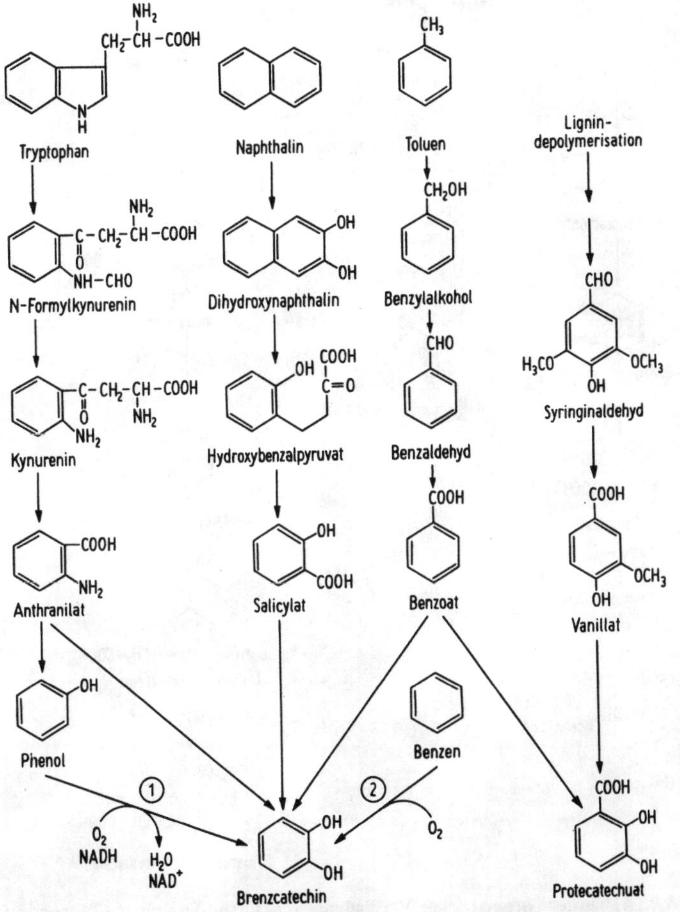

Abb. 14.8. Aromatische Verbindungen, die zu Brenzcatechin und Protecatechuat abgebaut werden. (1) Monooxygenase, (2) Dioxygenasen.

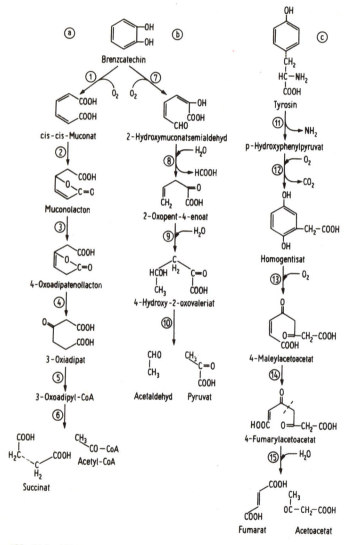

Abb. 14.9. Abbauwege aromatischer Verbindungen. a. Ortho-Spaltung: (3-Oxoadi-pat-Weg). (1) Brenzcatechin-1,2-Dioxygenase, (2) Muconat lactonisierendes Enzym, (3) Muconolacton-Isomerase, (4) 4-Oxoadipatenollacton-Hydrolase, (5) 3-Oxo-

gen polycyclischer Verbindungen, z. B. Benzpyren. In großem Umfang werden in der chemischen Industrie aromatische Kohlenwasserstoffe aus Erdöl und Kohle verarbeitet und gelangen als Produkte oder Abprodukte in die Umwelt. Benzen, Phenole, Toluen, Aniline, Biphenyle und Phenanthrene sind Beispiele dafür.

Bakterien, vor allem *Pseudomonas*, *Flavobacterium-* und *Rhodococcus-* Arten, aber auch einige Pilze und Hefen wie Candida sp. oxidieren diese Aromaten zu zwei Schlüsselverbindungen, **Brenzcatechin** (Catechol) und **Protecatechuat** (Abb. 14.8.). Daran sind zwei Oxygenasetypen beteiligt. Dioxygenasen fügen beide Sauerstoffatome des molekularen Sauerstoffs in das Molekül ein. Monooxygenasen bauen ein Sauerstoffatom in das Substrat ein, das zweite wird mit Hilfe von NADH oder eines anderen Wasserstoff-Donators zu Wasser reduziert. Die Bildung der zweifach hydroxylierten Aromaten ist die Voraussetzung für die Ringspaltung.

Die **Ringspaltung** erfolgt durch Dioxygenasen, die je nach Spezifität das Substrat an verschiedenen Positionen angreifen. Folgende drei Haupt- typen der Ringspaltung lassen sich unterscheiden (Abb. 14.9.):
— **ortho-Spaltung.** Sie erfolgt intradiol, zwischen zwei benachbarten hy- droxylierten C-Atomen
— **meta-Spaltung.** Sie erfolgt extradiol, zwischen einem hydroxylierten und einem nicht hydroxylierten C-Atom
— **Homogentisinsäure-Weg.** Über diesen Weg werden die aromatischen Ringe von Phenylalanin und Tyrosin gespalten. Die Dioxygenase greift zwischen einem hydroxylierten und dem benachbarten C-Atom an, das mit einem aliphatischen Rest oder Carboxylgruppe substituiert ist.

In Abbildung 14.9. a und b sind die Hauptreaktionen der zwei Abbauwege für Brenzcatechin dargestellt. Durch analoge Reaktionen wird Protecate- chuat metabolisiert. Über den in der gleichen Abbildung dargestellten Homogentisinsäure-Weg wird auch Phenylalanin abgebaut, das zu Tyrosin hydroxyliert wird. Die durch die p-Hydroxyphenylpyruvat-Oxidase kata- lysierte Oxigenierung und Decarboxylierung ist mit einer Positionsver- schiebung der Seitenkette verbunden. Die zum Aromatenabbau befähigten Mikroorganismen können die Substrate als einzige C- und Energiequelle

◄

adipat-Succinyl-CoA-Transferase, (6) 3-Oxoadipat-CoA-Thiolase. b. Meta-Spal- tung: (7) Brenzcatechin-2,3-Dioxygenase, (8) 2-Hydroxymuconatsemialdehyd- Hydrolase, (9) 2-Oxopent-4-enoat-Hydrolase, (10) 4-Hydroxy-2-Oxovaleriat-Aldo- lase. c. Homogentisinsäure-Weg: (11) Tyrosin-Transaminase, (12) p-Hydroxy- phenylpyruvat-Oxidase, (13) Homogentisat-Oxidase, (14) Maleylacetat-Isomerase, (15) Fumarylacetoacetat-Hydrolase.

nutzen. Voraussetzung ist, daß toxische Verbindungen wie Phenol oder Toluen in einer Konzentration vorliegen, die unter dem hemmenden Schwellenwert liegt.

14.6.   Abbau und Cometabolismus ausgewählter Fremdstoffe

Als Produkte und Abprodukte der chemischen Industrie kommen eine Vielzahl von Fremdstoffen in die Umwelt. Eine Reihe dieser Verbindungen sind halogenierte, vor allem **chlorierte Aromaten.** Durch die Halogenierung werden die aromatischen Kohlenwasserstoffe für den elektrophilen Angriff der Oxygenasen schwerer zugängig, da durch die Halogensubstitution dem Benzenring Elektronen entzogen werden. Einige Mikroorganismen sind in der Lage, ein- oder zweifach substituierte Aromaten vollständig abzubauen. Eine noch stärkere Substitution erschwert den Angriff, wobei die Position der Chloratome eine maßgebliche Rolle spielt. 2,4,6-Trichlorphenol ist durch *Flavobacterium* gut, 3,4,5-Trichlorphenol nicht abbaubar.

Der Abbau erfolgt vielfach durch die Enzyme, die auch die nicht halogenierten Naturstoffe angreifen. In Abbildung 14.10. ist das für das Herbizid 2,4-D dargestellt. Die Enzyme des ortho-Weges katalysieren den Abbau. Die Dehalogenierung erfolgt spontan, nachdem das Molekül in einen instabilen Zustand, z. B. durch die Lactonisierung, gebracht wurde.

Für den Abbau von aliphatischen Kohlenwasserstoffen, z. B. von Dichlormethan, 1,2-Dichlorethan oder 1,9-Dichlornonan, wurden bei *Pseudomonas* und *Hyphomicrobium* spezifische Dehalogenasen nachgewiesen.

Eine große Zahl von Fremdstoffen kann durch den Cometabolismus chemisch verändert, jedoch nicht mineralisiert werden. Unter **Cometabolismus** versteht man die Transformation eines nicht zum Wachstum verwertbaren Substrates in Gegenwart eines zweiten zum Wachstum nutzbaren Substrates. Auf diese Weise werden Fremdstoffe, die nicht zum Wachstum verwertet werden können, in Gegenwart eines Naturstoffes transformiert. Die Transformationen sind vielfach Einschritt-Reaktionen. Das verwertbare Substrat ermöglicht das Wachstum der Mikroben, sein Metabolismus stellt Energie und Reduktionsäquivalente für enzymatische Reaktionen bereit. Durch den Cometabolismus werden z. B. Chloraniline

▶

Abb. 14.10. Abbau des Herbizides 2,4-D durch ortho-Spaltung. (1) und (2) Monooxygenase-Reaktionen, (3) Dioxygenase, (4) Lactonisierendes Enzym setzt Cl^- spontan frei, (5) Hydrolase, (6) Reductasereaktion, verbunden mit Cl^--Freisetzung, (7) Oxoadipat-CoA-Thiolase.

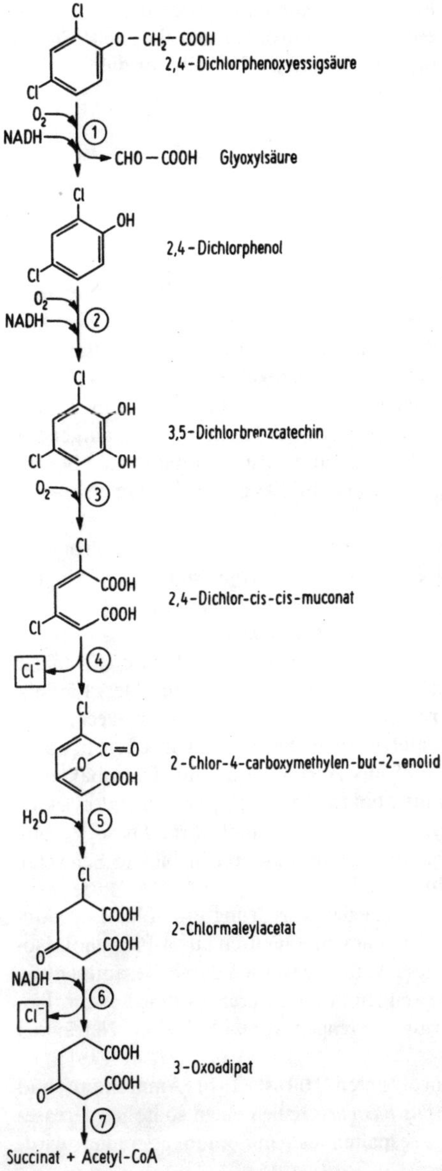

2,4-Dichlorphenoxyessigsäure

O_2
NADH — ① → CHO—COOH   Glyoxylsäure

2,4-Dichlorphenol

O_2
NADH — ②

3,5-Dichlorbrenzcatechin

O_2 — ③

2,4-Dichlor-cis-cis-muconat

Cl^- ← ④

2-Chlor-4-carboxymethylen-but-2-enolid

H_2O — ⑤

2-Chlormaleylacetat

NADH — ⑥
Cl^-

3-Oxoadipat

⑦

Succinat + Acetyl-CoA

zu Chlorbrenzcatechinen oxidiert, die Akkumulation der umweltbedenklichen Chloraniline wird auf diese Weise vermieden. Der mikrobielle Fremdstoffabbau und Cometabolismus spielen eine große Rolle für die Eliminierung von Fremd- und Schadstoffen aus der Umwelt.

14.7.   Proteinabbau

Proteine dienen sehr vielen Mikroorganismen als C-, Energie- und N-Quelle. Bakterien und Pilze verfügen über **extracelluläre Proteasen**, die die Makromoleküle extracellulär in Peptide und Aminosäuren zerlegen. Bakterien bilden Proteasen, die das pH-Optimum im alkalischen (pH 8—10) und neutralen Bereich haben. Pilze scheiden saure Proteasen aus (Kap. 32, Enzymproduktion). Peptide und Aminosäuren werden in die Zelle aufgenommen. Sie können direkt oder nach Transaminierung in die Proteinbiosynthese eingehen oder nach Desaminierung und Decarboxylierung als C- und Energiequelle genutzt werden.

Mikrobielle Nährböden enthalten Peptone. Das sind durch Proteasen oder durch Säurebehandlung aus Proteinen hergestellte Präparate aus Tri- und Dipeptiden sowie Aminosäuren.

Unter **anaeroben Bedingungen** findet vielfach kein vollständiger Abbau von Aminosäuren statt. Anaerobe Bakterien, z. B. Clostridien, bilden beim Proteinabbau stark riechende Aminosäurederivate. Der Fäulnisgeruch wird u. a. durch **primäre Amine** verursacht, die durch Decarboxylierung von Aminosäuren gebildet werden. So entsteht aus Lysin Cadaverin, aus Ornithin Putrescin und aus Arginin Agmatin. Darmbakterien wie *Bacteroides* sp. und *E. coli* metabolisieren Tryptophan zu Indolylessigsäure, die zu Skatol (3-Methylindol) decarboxyliert wird. Diese Verbindungen sowie der aus schwefelhaltigen Aminosäuren gebildete Schwefelwasserstoff bewirken den Fäulnisgeruch.

Saccharomyces cerevisiae bildet bei der Vergärung eiweißhaltiger Substrate **Fuselöle**. Dabei handelt es sich um ein Gemisch aus n-Propanol, Isobutanol und Isoamylalkohol. Diese Alkohole werden durch Desaminierung und Decarboxylierung aus verzweigten Aminosäuren (Valin, Leucin, Isoleucin) gebildet. Sie sind in geringen Mengen in alkoholischen Getränken enthalten.

Viele Mikroorganismen hydrolysieren **Harnstoff** zu Ammonium und CO_2. *Proteus vulgaris* und *Bacillus pasteurii* haben einen so hohen Ureasegehalt, daß weit mehr Harnstoff gespalten als Ammonium assimiliert wird.

Dadurch kommt es zur Bildung von Ammoniak, das unter alkalischen Bedingungen freigesetzt wird. Bei Pseudomonaden reprimiert das Ammonium
die Ureasesynthese. Dadurch wird erreicht, daß Urease nur dann gebildet
wird, wenn sie zur Verwertung von Harnstoff als N-Quelle gebraucht wird.
Viele Enzymsysteme des katabolen Stoffwechsels unterliegen dieser Regulation (15.5.).

15. Biosynthese von Zellkomponenten und Stoffwechselregulation

Die in den vorhergehenden Kapiteln behandelten Prozesse der Energiegewinnung und des Substratabbaus dienen dem Wachstum. Das Wachstum erfordert ein koordiniertes Zusammenwirken einer Vielzahl von Syntheseprozessen, um die einzelnen Zellbausteine in der erforderlichen Menge und zum notwendigen Zeitpunkt unter den sich wandelnden Milieubedingungen bereitzustellen. Die wichtigsten Nährstoffe und die daraus gebildeten monomeren und polymeren Zellkomponenten wurden im Abschnitt 8.1. (Abb. 8.1.) angeführt. Im folgenden werden Besonderheiten des mikrobiellen Stoffwechsels behandelt.

15.1. Stoffaufnahme

Die polymeren Substrate werden, wie im vorhergehenden Kapitel ausgeführt wurde, zu transportablen niedermolekularen Bausteinen abgebaut. Moleküle eines Molekulargewichtes unter 500 können die Zellwand passieren. Die Zellmembran (3.4.) stellt die Grenzschicht dar, die den Stofftransport in beiden Richtungen reguliert. Für die Stoffaufnahme sind fünf verschiedene Mechanismen verantwortlich (Abb. 15.1.).

Eine **einfache Diffusion** durch die Lipidschichten der Membran ist nur für kleine ungeladene Moleküle wie H_2O, O_2, CO_2 und Harnstoff möglich. Im ungeladenen Zustand können lipophile Substanzen und organische Säuren wie Essigsäure durch die Membran diffundieren, nicht aber das bei physiologischen pH-Werten vorliegende Acetat. Die einfache Diffusion ermöglicht einen Stofftransport bis zum Konzentrationsgleichgewicht zwischen Außen- und Innenmedium, eine Stoffanhäufung erfolgt nicht. Letzteres trifft auch für den zweiten Mechanismus, die **erleichterte Diffusion** zu. Hieran sind Membranproteine beteiligt, die als **Permeasen**, Translocasen oder Carrier bezeichnet werden. Sie reagieren wie Enzyme in stereospezifischer Weise mit bestimmten Substraten. In Abbildung 15.1. ist die Modellvorstellung der fixen Pore für die Permeasewirkung dargestellt. Daneben gibt es das Modell mobiler Carrier, die durch die Membran diffundieren. Zucker, z. B. Glucose, werden bei einigen Bakterien (z. B. *Zymo-*

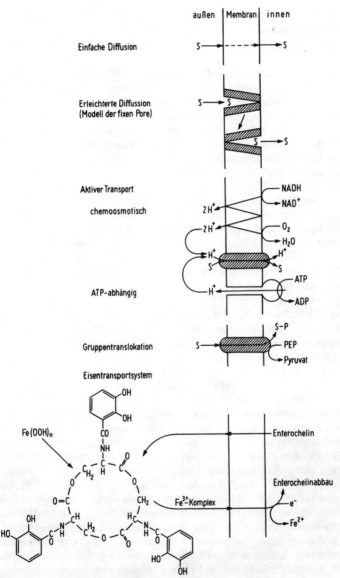

Abb. 15.1. Die fünf Hauptmechanismen des mikrobiellen Stofftransportes.

monas mobilis) und Hefen auf diese Weise aufgenommen. *E. coli* hat für Glucose ein anderes Transportsystem. Die Mikroorganismen haben für die gleichen Verbindungen verschiedene Aufnahmemechanismen entwickelt.

Am dritten System, dem **aktiven Transport**, sind ebenfalls substratspezifische Permeasen beteiligt. Durch die Kopplung mit energieliefernden Prozessen wird jedoch eine Stoffakkumulation in der Zelle gegen den Konzentrationsgradienten erreicht. Durch die Akkumulation von Substraten um mehr als das Hundertfache können Mikroorganismen in sehr nährstoffarmen Habitaten wachsen. Die Energiezufuhr kann durch die direkte Kopplung mit dem Protonenpotential (chemioosmotische Kopplung) oder durch die ATP-Synthase (8.2.) erfolgen. Wird mit dem Protoneneinstrom ein Substrat in die Zelle transportiert, so spricht man von Synport. In diesem Falle haben Protonen und das Substrat Bindungsorte an der gleichen Permease. Auf diese Weise werden sowohl Ionen als auch Zucker von *E. coli* aufgenommen. Beim Antiport laufen entgegen gerichtete Stofftransporte zwischen Innen- und Außenraum ab. Für die Glutaminsäureaufnahme wird bei *E. coli* zunächst durch das H^+/Na^+-Antiportsystem Na^+ nach außen transportiert und dann die Glutaminsäure gleichzeitig mit Na^+ aufgenommen. Anaerobier und Eukaryoten, die keine Atmungskette in der Membran haben, nutzen ATP als Energiequelle für Transportprozesse.

Durch ein **Gruppentranslokationssystem** wird Glucose bei *E. coli* und anderen gärenden Bakterien aufgenommen. Das Phosphoenolpyruvat-Phosphotransferasesystem (PTS) überträgt die Phosphatgruppe des intrazellulären PEP über drei gekoppelte enzymatische Reaktionen auf die Glucose. Im Cytoplasma wird Glucose-6-phosphat freigesetzt. Dieses System hat zugleich eine regulatorische Funktion. Bei ausreichender Glucoseversorgung erniedrigt es den Spiegel an cyclischem AMP in der Zelle.

Eisentransportsysteme bewirken, daß bei Eisenmangel die Zellen mit diesem essentiellen Element versorgt werden. Eisen kommt zwar reichlich in der Natur vor, aerob und im neutralen Bereich liegt es jedoch in einer schwer löslichen Form vor. Es bildet sich ein Eisen-III-Hydroxid-Polymer, das praktisch unlöslich ist (Löslichkeit $10^{-18}-10^{-20}$ M). Mikroorganismen brauchen im Medium eine Eisenkonzentration von 10^{-3} bis 10^{-4} M. Bei Eisenmangel bilden sie daher **Siderophore**, die als Chelatoren wirken. Diese niedermolekularen Metabolite binden mit hoher Affinität Eisen im Medium und transportieren es in die Zelle, wo es unter Reduktion freigesetzt wird. Die Bedeutung dieser Siderophore wird dadurch unterstrichen, daß allein *E. coli* drei verschiedene Moleküle dafür synthetisiert, Enterochelin (Abb. 15.1.), Aerobactin und Citrat. Siderophore können Virulenzfaktoren pathogener Mikroorganismen sein (24.1.1.).

15.2.   Glyoxylsäure-Cyclus und Gluconeogenese

Einige Mikroorganismen bauen Natur- und Fremdstoffe zu Acetyl-CoA und organischen Säuren ab. Pseudomonaden, *E. coli* und *Candida*-Species können Acetat als einzige C-Quelle nutzen. Sie verfügen mit dem **Glyoxyl-säure-Cyclus** über ein Enzymsystem, das ihnen den Aufbau von C_4-Dicarbonsäuren aus C_2-Verbindungen ermöglicht. Der Glyoxylsäure-Cyclus ist kein eigenständiger Stoffwechselweg, sondern eng mit Reaktionen des Tricarbonsäure-Cyclus gekoppelt. Die Leitenzyme (Abb. 15.2.) werden

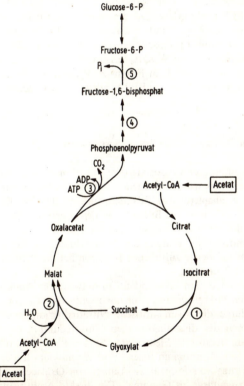

Abb. 15.2. Gluconeogenese aus Acetat über die Schlüsselreaktionen des Glyoxyl-säure-Cyclus. (1) Isocitrat-Lyase, (2) Malat-Synthase, (3) PEP-Carboxykinase, (4) Reversible Reaktionen des Fructose-1,6-bisphosphat-Weges, (5) Hexosebis-phosphatase.

synthetisiert, wenn im Medium keine Zucker mehr als C-Quelle zur Verfügung stehen. Sie werden in enzymatische Reaktionen des Tricarbonsäure-Cyclus integriert.

Wenn keine Glucose oder andere Zucker im Medium vorhanden sind, müssen die Zellen zum Wachstum Zucker synthetisieren. Sie werden z. B. für den Aufbau der Zellwandpolymeren gebraucht. Dafür benötigen die Organismen Enzyme, die aus organischen Säuren Glucose aufbauen. Diese **Gluconeogenese** erfolgt über reversible Reaktionen des Glucose-1,6-bis-phosphat-Weges. Einige Reaktionen sind jedoch aus energetischen Gründen irreversibel. Zur Einleitung der Gluconeogenese wird Phosphoenolpyruvat aus Oxalacetat gebildet. Diese Reaktion katalysiert bei vielen Mikroorganismen die **PEP-Carboxylase**. Die anschließenden Reaktionen des Fructose-1,6-bisphosphat-Weges sind mit Ausnahme der Phosphofructokinase reversibel. Die zum Fructose-6-phosphat führende Reaktion übernimmt die Hexosebisphosphatase. Wird Äpfelsäure als einzige C-Quelle verwertet, so wird diese durch das Malat-Enzym zu Pyruvat decarboxyliert. Lactat und Pyruvat werden durch die PEP-Synthase in die Gluconeogenese eingeschleust.

15.3.   Anaplerotische Reaktionen und Aminosäuresynthese

Für die Synthese von Aminosäuren werden aus dem Tricarbonsäure-Cyclus Intermediäre entnommen. Das würde zu einem Stillstand des Cyclus führen, wenn er nicht durch **anaplerotische Reaktionen** aufgefüllt wird. Die wichtigste auffüllende Reaktion ist die Bildung von Oxalacetat aus Phosphoenolpyruvat durch die PEP-Carboxylase. Oxalacetat dient einmal der Citrat-Synthese, zum anderen der Bildung der Aminosäuren der Aspartat-Familie (Abb. 15.3.). Als weiter auffüllende Reaktion hat die Pyruvat-Carboxylase (Abb. 15.3.) Bedeutung.

Die zur Eiweißsynthese und zum Zellwandaufbau notwendigen Aminosäuren können von vielen Mikroorganismen de novo synthetisiert werden. Nitrat-Ionen werden durch die assimilatorische Nitratreduktion, deren einleitende Schritte denen der dissimilatorischen Nitratreduktion (9.3.) gleichen, zu Ammonium reduziert. Elementarer Stickstoff wird durch die Nitrogenase (13.1.1.) als Ammonium fixiert. Vom Ammonium-Ion erfolgt die **direkte Aminierung** von Pyruvat zu Alanin, von Oxalacetat zu Aspartat und von 2-Oxoglutarat zu Glutamat. Die direkte Aminierung von 2-Oxoglutarat wird durch die L-Glutamat-Dehydrogenase katalysiert. Dieses Enzym hat eine geringe Affinität zum Ammonium und wird daher nur bei höheren Ammoniumkonzentrationen ($> 1 \, \text{mmol} \cdot \text{l}^{-1}$) wirksam.

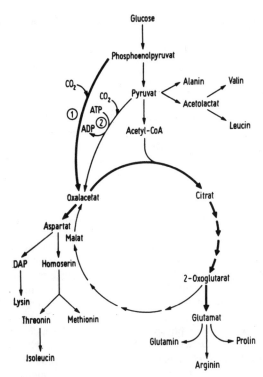

Abb. 15.3. Anaplerotische Sequenzen zum Auffüllen des Tricarbonsäure-Cyclus.
(1) PEP-Carboxylase, (2) Pyruvat-Carboxylase. Weiterhin sind die Beziehungen
der Intermediäre des TCC zum Aminosäure-Stoffwechsel dargestellt. DAP: Dia-
minopimelinsäure.

Bei niedrigen Ammoniumkonzentrationen erfolgt die Aminierung über die
Glutamin-Synthetase, deren Reaktion im Gegensatz zur Glutamat-Dehy-
drogenase ATP erfordert. Diese Reaktion wurde im Zusammenhang mit
der N_2-Fixierung (Abb. 13.1.) vorgestellt.

Von den direkt synthetisierten Aminosäuren werden weitere Aminosäuren durch Transaminierung gebildet. Damit sind Kondensationsreaktionen verbunden, wie sie bei den Gärungen behandelt wurden. So erfolgt
z. B. die Bildung von Valin aus zwei Molekülen Pyruvat über α-Aceto-
lactat. Für viele Aminosäuren gibt es gemeinsame Biosynthesewege (Amino-
säure-Familien, Abb. 15.3.).

15.4.   Biosynthese von Makromolekülen: Peptidoglykane und Proteine

Die Biosynthesen von Makromolekülen aus monomeren Bausteinen sind keine einfachen Polymerisationen, sondern sehr komplexe Prozesse. Das hat verschiedene Ursachen. Die Makromoleküle werden nicht immer dort gebildet, wo sie gebraucht werden. Die Synthese ist mit einer Informationsverarbeitung verbunden. Diese Besonderheiten sollen an zwei Makromolekülen, den Peptidoglykanen der Zellwand und Enzymproteinen erläutert werden. Die Biosynthese der DNA wird im Zusammenhang mit der Zellteilung (16.1.) erwähnt, die Polysaccharidsynthese bei der Produktion von bakteriellen Schleimstoffen (30.3.).

15.4.1.   Peptidoglykansynthese

Aus Peptidoglykan besteht das Grundgerüst der bakteriellen Zellwand (3.5., Abb. 3.7. und 3.8.). Dieses starre Makromolekül, das die Zelle umgibt und ihr Festigkeit und Form verleiht, muß mit der wachsenden Zelle vergrößert werden. Das wird durch das Einfügen von Bausteinen in das bestehende Makromolekül erreicht, welches dafür lokal „aufgetrennt" wird. Die Bausteine werden im Cytoplasma synthetisiert, an einen lipophilen Cofactor gekoppelt durch die Membran transportiert und außerhalb der Membran eingebaut (Abb. 15.4.).

Die Synthese geht von Fructose-6-phosphat aus. Das Zuckermolekül wird im Cytoplasma aminiert, acetyliert und mit **Uridintriphosphat** (UTP) aktiviert. Gebunden am Uridindiphosphat wird an der N-Acetylmuraminsäure schrittweise die Peptidkette aufgebaut. Die Verknüpfung der beiden Aminozucker erfolgt an der Cytoplasmamembran (Abb. 15.4.). Dazu wird das N-Acetylmuramylpentapeptid auf **Undekaprenylphosphat** übertragen, ein lipophiles Isoprenoid mit 55 C-Atomen. Nach Verknüpfung der Aminozuckerkomponente wird bei Gram-positiven Bakterien an der Lysingruppe des Pentapeptids noch die aus fünf Glycylresten bestehende Peptidkette angehängt, welche der anschließenden Quervernetzung dient. Der Einbau des niedermolekularen Bausteins in die bestehende Zellwand erfolgt durch zwei Reaktionen, durch Transglycosylierung an die bestehenden Heteropolysaccharidketten und durch Transpeptidierung. Bei der **Transpeptidierung** wird die Peptidbindung zum endständigen D-Alanin

▶

Abb. 15.4. Biosynthese des Peptidoglycans bei Gram-positiven Bakterien. UTP = Uridintriphosphat, Un-P = Undekaprenylphosphat, G = N-Acetylglucosamin, M = N-Acetylmuraminsäure.

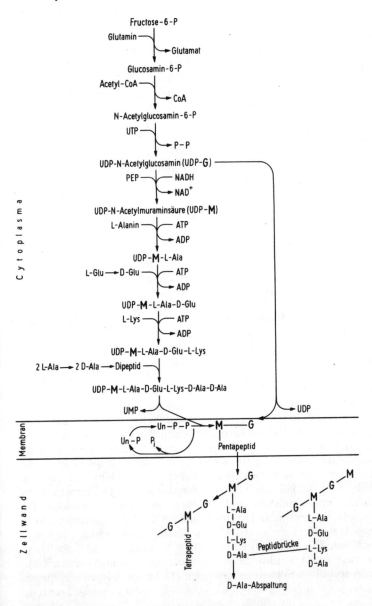

gelöst und mit dem Oligopeptid eines benachbarten Moleküls verbunden. Dadurch kommt die Quervernetzung über neue Peptidketten zustande. Die β-Lactam-Antibiotika **Penicillin** und **Cephalosporin** hemmen die Transpeptidasereaktion. Da sie nur bei wachsenden Zellen erfolgt, werden auch nur diese gehemmt. Das Peptidoglykan der Gram-positiven Bakterien ist für die Antibiotika gut zugängig, daher sind sie gegen β-Lactam-Antibiotika besonders empfindlich. Bei den Gram-negativen Bakterien erschwert die äußere Membran den Angriff dieser Antibiotika. Das Antibiotikum **Cycloserin** hemmt die Racemisierung von L-Alanin zu D-Alanin, die im Verlauf des Aufbaus der Peptidkette erfolgt (Abb. 15.4.). **Bacitracin** greift in die Aktivierungsreaktion des Undekaprenylphosphates ein. Vanomycin hemmt die Transglycosidierung bei der Verlängerung der Heteropolysaccharidkette. Diese Angriffsorte, die nur bei Bakterien vorkommen, sind die Ursache für die spezifische Wirkung der genannten Antibiotika.

15.4.2.   Proteinsynthese

Die Proteinfunktion wird durch die Aminosäuresequenz bestimmt. Die richtige Position einer bestimmten Aminosäure ist für die Ausbildung der Sekundär- und Tertiärstruktur entscheidend, die durch Wechselwirkungen (z. B. Wasserstoffbrücken, kovalente Disulfidbindungen) zwischen den Seitengruppen der Aminosäuren zustande kommt. Bei einem Enzymprotein kann der Austausch einer Aminosäure gegen eine andere im aktiven Zentrum die katalytische Wirkung aufheben. Um die Synthese funktionsfähiger Proteine zu gewährleisten, haben die Zellen mit der Proteinsynthese ein sehr kompliziertes Informationssystem gekoppelt, das in Kapitel 18 genauer erläutert wird. Im folgenden sollen nur die Komponenten dieses Systems und Reaktionen angeführt werden, die durch Antibiotika gehemmt werden.

Der Informationsfluß von der DNA zum Protein ist in Abbildung 15.5. dargestellt. Durch die **Transcription** werden Bereiche der DNA, die die genetische Information für ein oder mehrere Proteine enthalten, in die einsträngige Boten- oder Messenger-RNA (**mRNA**) umgeschrieben. An diese lagern sich die Ribosomenuntereinheiten an und bilden das Polysom (Abb. 15.5.). Am Polysom erfolgt die **Translation**, d. h. die Übersetzung der Nucleinsäure-Information in die Aminosäuresequenz der Proteine. Die Aminosäuren müssen dafür an eine Transfer-RNA (**tRNA**) gebunden werden (Abb. 18.6.). Der Gehalt an tRNA in der Bakterienzelle ist hoch, eine schnell wachsende Zelle enthält etwa 30000 tRNA-Moleküle (10—15% der RNA). An diese tRNA werden die Aminosäuren durch aminosäurespezifische **Aminoacyl-tRNA-Synthetasen** gebunden (18.2.). Sie bringen die Aminosäuren in die codierte Position am mRNA-Ribosom-Komplex. Durch die

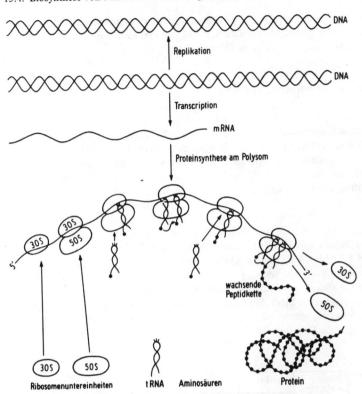

Abb. 15.5. Grundprozesse der Synthesen von Nucleinsäuren und Proteinen.

Anlagerung von zwei Aminoacyl-tRNAs an benachbarten Codonen der mRNA kommen zwei Aminosäurereste in die für die Proteinfunktion notwendige Position. Durch Peptidyltransfer erfolgt die in Abbildung 15.5. skizzierte und in Kapitel 18 beschriebene Ausbildung der Peptidkette.

Wie im Abschnitt 3.3. ausgeführt wurde, haben Pro- und Eukaryoten verschiedene Ribosomen. Das bedingt Spezifitäten im System der Proteinsynthese. Darauf beruht die spezifische Wirkung wichtiger Antibiotika. **Tetracyclin** blockiert die Bindung der Aminoacyl-tRNA an der 30S-Untereinheit der Ribosomen. **Streptomycin** interferriert bei der Erkennungsreaktion der beladenen tRNA mit der mRNA am bakteriellen Ribosom. **Chloramphenicol** und **Erythromycin** hemmen den Peptidyltransfer an der 50S-Einheit der bakteriellen Ribosomen. Den Peptidyltransfer an der 60S-Einheit der eukaryotischen Organismen unterbindet **Cycloheximid**. Es hemmt die Proteinsynthese von Pilzen und Säugern und kann daher nicht als Therapeutikum gegen pathogene Pilze eingesetzt werden.

15.5.   Stoffwechselregulation

Mikroorganismen besitzen hochentwickelte Regulationssysteme des Stoffwechsels. Die einzelnen Arten erreichen dadurch, daß sie unter verschiedenen Umweltbedingungen existieren können und die dafür notwendigen Stoffwechselleistungen vollbringen. Die geringe Größe der Organismen gestattet es nicht, daß in der Zelle die Enzymausrüstung für verschiedene Existenzbedingungen vorliegt. Eine Anzahl von Enzymen wird dem Bedarf entsprechend neu synthetisiert. Neben der Grundausstattung an **konstitutiven Enzymen** können die Mikroorganismen zur Nutzung bestimmter Substrate Enzyme durch Induktion bzw. Derepression neu synthetisieren. So bewirkt das beim Abbau aromatischer Verbindungen anfallende Brenzcatechin (14.5., Abb. 14.8.) die **Induktion** wichtiger Enzyme des ortho-Weges. Der Gehalt dieser Enzyme steigt in Zellen von *Pseudomonas putida* um mehr als das 1000fache an. Während Substrate katabole Enzyme induzieren, geht von Produkten einer Synthesekette eine **Repression**, d. h. Unterdrückung der Enzymsynthese, aus. Ist das Substrat verbraucht, bewirkt der Substratmangel die **Derepression** der zur Synthese des Produktes notwendigen En-

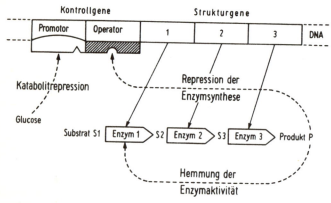

Abb. 15.6. Prinzipien der Stoffwechselregulation. Regulation der Enzymsynthese durch Repression und Katabolitrepression sowie Endprodukthemmung der Enzymaktivität.

zyme. Enzyme der Aminosäuresynthese und anderer anaboler Stoffwechselwege unterliegen der Repression.

Die Regulation der Enzymsynthese wird nicht sofort wirksam. Bei der
Repression wirken die in der Zelle vorhandenen Enzyme weiter und werden
bei der Zellvermehrung „verdünnt". Um die Produktsynthese kurzfristig
zu regulieren, gibt es ein zweites Regulationsprinzip, das der Regulation der
Enzymaktivität. In Abbildung 15.6. sind die zwei Prinzipien gegenübergestellt. Während die Neusynthese von Enzymen über die Informationsabgabe
von der DNA gesteuert wird, erfolgt die Regulation der Enzymaktivität
über **allosterische Enzymproteine**. Diese Enzyme nehmen Schlüsselstellungen
in Stoffwechselwegen ein, sie befinden sich z. B. am Anfang einer Synthesekette (Abb. 15.6.). Ihre Aktivitätshemmung führt dazu, daß auch die Folge-
enzyme nicht mehr wirken können. Das sich anhäufende Endprodukt einer
Synthesekette hemmt die Aktivität des ersten Enzyms. Dieser Prozeß wird
als **Endprodukt- oder Feedback (Rückkopplungs)-Hemmung** bezeichnet.

Hemmung der Enzymaktivität: Allosterische Enzyme besitzen neben den
katalytischen Zentren für das Substrat noch ein anderes, **allosterisches Zentrum**, das mit Effektoren reagiert (Abb. 15.7.). Durch die Wechselwirkung

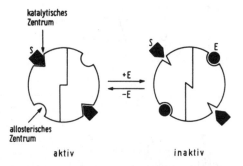

Abb. 15.7. Regulation der Enzymaktivität allosterischer Enzyme. Effektoren (E)
binden reversibel am allosterischen Zentrum und bewirken durch Konformations-
änderung des Protons Inaktivierung des katalytischen Zentrums, an dem das Substrat gebunden wird.

mit einem Effektor wird die Proteinstruktur so verändert, daß das aktive
Zentrum nicht mehr mit dem Substrat reagieren kann. Es geht vom aktiven
in den inaktiven Zustand über. Allosterische Enzyme sind Oligomere, sie
bestehen aus zwei, vier oder mehr Untereinheiten.

Regulation der Enzymsynthese: Sie erfolgt an der DNA am Operon. Ein
Operon ist ein DNA-Abschnitt, der Gene für Enzyme einer bestimmten

Stoffwechselsequenz enthält. Den Strukturgenen sind zwei DNA-Abschnitte mit regulatorischen Funktionen bei der Transcription vorangestellt. Der **Promotor** ist eine Basensequenz, an der die RNA-Polymerase, welche die mRNA synthetisiert, die Transcription beginnt. Der Operator, welcher zwischen Promotor und den Strukturgenen liegt, ist ein DNA-Abschnitt, an dem Regulator-Proteine angreifen. Promotor und Operator überlappen sich. Proteine mit regulatorischer Funktion sind z. B. **Repressoren**, die die Transcription der DNA blockieren. Sie werden durch ein konstitutives **Repressorgen** codiert, das in der Nachbarschaft des Operons liegen kann.

Anabole Enzyme, werden durch **Endprodukt-Repression** reguliert. Sind Aminosäuren wie Tryptophan im Medium vorhanden, so reagieren sie mit dem allosterischen Repressorprotein. Dieses nimmt dadurch eine Struktur an, die den Operator blockiert, so daß keine Transcription er-

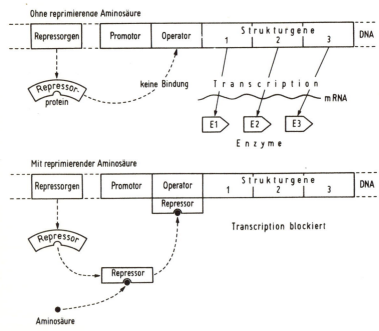

Abb. 15.8. Repression der Enzymsynthese durch Endprodukte wie Aminosäuren. Oben: In Abwesenheit der Aminosäure findet die Transcription des Operons statt, die Enzyme (E_1—E_3) werden synthetisiert. Unten: Durch Aminosäurezugabe oder Anreicherung wird der Repressor aktiviert, bindet am Operator und blockiert die Transcription.

folgen kann (Abb. 15.8. unten). Werden die Aminosäuren verbraucht, so bewirkt der Mangel an diesen Effektoren eine Inaktivierung des Repressors, wodurch er sich vom Operator löst. Durch diese **Derepression** wird eine Transcription möglich, die entsprechenden Enzyme werden durch Translation synthetisiert. Die Repression stellt eine **negative Kontrolle** dar, bei der die Ablesung der genetischen Information gehemmt wird.

Catabolit-Repression: Einige Enzymsysteme von Abbauwegen unterliegen einem komplexeren Regulationssystem. Ein Ausdruck dafür ist die sequentielle Nutzung von C-Quellen bei Mischsubstraten. Aus einer Mischung von Glucose und Lactose wird von *E. coli* zunächst Glucose, nach einer Verzögerungsphase Lactose verwertet. Das Wachstum verläuft **diauxisch** (Abb. 15.9. d). Dieser Wachstumsverlauf ist ein Ausdruck der Ökonomie des Stoffwechsels. Glucose wird durch konstitutive, Lactose durch induzierbare Enzyme metabolisiert.

Der Diauxie liegt eine doppelte Regulation des **Lactose-Operons** zugrunde (Abb. 15.9.). Lactose wird in die Zelle aufgenommen und in Allolactose umgewandelt, die als Induktor fungiert. Der Induktor bewirkt eine Strukturveränderung des allosterischen Repressorproteins, sodaß es nicht mehr den Operator blockieren kann. Die negative Kontrolle wird aufgehoben. Der Promoter wird durch Reaktion mit dem CAP-Protein (**Catabolit-Aktivator-Protein**) aktiviert. Diese Aktivierung (**positive Kontrolle**) ist die Voraussetzung für die effektive Bindung der RNA-Polymerase an der Promotersequenz. Das CAP-Protein erhält durch cAMP die allosterische Konformation, die zur Reaktion mit dem Lac-Promoter notwendig ist. cAMP ist ein wichtiger Effektor des Zellstoffwechsels. Bei Wachstum ohne Glucose ist der cAMP-Spiegel hoch, mit Glucose niedrig. Die cAMP-Bildung erfolgt aus ATP durch die Adenylat-Cyclase. Bei *E. coli* ist sie eng mit dem in der Membran vorliegenden Phosphoenolpyruvat-Phosphotransferase-System (PTS) gekoppelt. Bei Glucoseaufnahme sinkt die Aktivität der Adenylat-Cyclase, was eine Erniedrigung des cAMP-Spiegels zur Folge hat. Der Katabolismus der Glucose und anderer gut verwertbarer C-Quellen führt über die Erniedrigung des cAMP-Spiegels zu einer Inaktivierung des cAMP bindenden Proteins. Fehlt das aktive Catabolit-Aktivator-Protein, so kann die Transcription des Lac-Operons nicht stattfinden. Die Lactose verwertenden Enzyme werden nicht gebildet, so lange Glucose vorhanden ist. Erst mit Verbrauch der Glucose erfolgt die Induktion der Lactose verwertenden Enzyme während der Verzögerungsphase. Der Glucose-Effekt wird als **Katabolit-Repression** bezeichnet. Eine Versorgung mit gut verwertbaren C-Quellen reprimiert ein breites Spektrum von Stoffwechsel- und Differenzierungsprozessen. Das cAMP-aktivierte Katabolit-Aktivator-Protein reagiert mit vielen Operons.

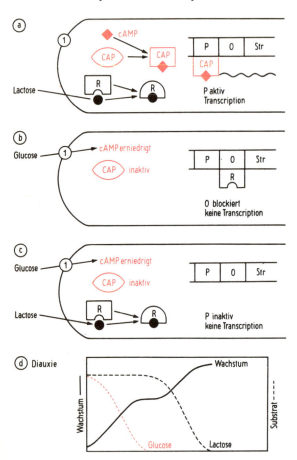

Abb. 15.9. Regulation des Lactose-Operons durch Substrat-Induktion und Catabolit-Repression. P = Promotor, O = Operator, Str = Strukturgene, CAP = Catabolit-Aktivator-Protein, R = Lactose-Repressor. (1) Adenylat-Cyclase. a. In Anwesenheit von Lactose wird das durch CAP aktivierte Operon transcribiert. b. Glucose bewirkt Inaktivierung des CAP, O ist durch den aktiven Repressor blockiert keine Transcription. c. Bei gleichzeitiger Anwesenheit von Glucose und Lactose bewirkt Glucose die Inaktivierung des CAP, eine Transcription ist nicht möglich. Erst nach Glucoseverbrauch setzt die CAP-Aktivierung ein. Die dadurch mögliche β-Galactosidasesynthese führt zum diauxischen Wachstum (d).

Signalsysteme für Nährstofflimitation: Bakterien erkennen die Erschöpfung von organischen C- und N-Quellen im Medium und reagieren mit der schnellen Einstellung der Protein- und RNA-Synthese. Diese strenge (engl. stringent) Kontrolle geht auf ein komplexes intrazelluläres Signalsystem zurück, an dessen Anfang der Mangel an einer Aminosäure steht. Die entsprechende tRNA kommt unbeladen zum Acceptorort des Ribosoms und bewirkt die Aktivierung eines Ribosomen assoziierten Proteins, das die Synthese von **hochphosphorylierten Nucleotiden** wie Guanosintetraphosphat (ppGpp) bewirkt. Diese hochphosphorylierten Nucleotide sind Signalsubstanzen („Alarmone") für verschiedene Stoffwechsel- und Wachstumsprozesse. Als allosterische Effektoren der RNA-Polymerase verursachen sie die Einstellung der Transcription der Gene für die ribosomale und transfer-RNA. Dadurch kommt es bei Nährstoffmangel zur sofortigen Einstellung der ribosomalen- und tRNA-Synthese. Bei der im folgenden Kapitel behandelten Sporenbildung spielt dieses Signalsystem eine Rolle.

16. Wachstum und Differenzierung

Wachstum ist die irreversible Zunahme der lebenden Substanz. Bei Mikroorganismen erfolgt das Wachstum sowohl auf der Ebene der individuellen Zelle als auch der Zellpopulation. Nach der Vergrößerung teilt sich die Zelle in zwei Tochterzellen. Unter **Zelldifferenzierung** versteht man den Übergang der Zellen von einem Funktionszustand in einen anderen, z. B. von der vegetativen Bakterienzelle zur Spore. Bei vielzelligen Mikroorganismen wie den mycelbildenden Pilzen erlangen die Zellen eines Individuums durch Differenzierung verschiedene Funktionen, z. B. vegetative Zellen, Sporangienträger und Sporen.

16.1. Zellteilung der Bakterien

Das Wachstum der individuellen Zelle ist mit der Teilung des Kernes (Kernäquivalent, Chromosom) und der Synthese aller Zellkomponenten verbunden. Nach einer Zellvergrößerung tritt die Zellteilung ein.

Die Teilung des Kerns ist identisch mit der **Replikation der DNA.** An dem scheinbar einfachen Prozeß, bei dem nach Entspiralisierung der DNA (Abb. 3.4.) die beiden Einzelstränge als Matrizen für die Synthese der neuen komplimentären Stränge fungieren, sind mehrere Enzyme beteiligt. Die DNA-Polymerasen können Nucleotide nur in $5' \rightarrow 3'$-Richtung zusammenfügen. Daher erfolgt nur die Synthese des einen Stranges durch eine kontinuierliche Nucleotidanlagerung. Die Synthese des zweiten Stranges mit der $3' \rightarrow 5'$-Anordnung geht diskontinuierlich vor sich. Es werden an einem kurzen RNA-Strang, der ein $5'$-Ende besitzt und als Starter dient, durch die DNA-Polymerase 1000—2000 Nucleotide angelagert. Von diesen DNA-Teilsträngen, die als Okazaki-Fragmente bezeichnet werden, wird anschließend die Starter-RNA durch eine Exonuclease entfernt, die dadurch fehlenden Basen durch die DNA-Polymerase ergänzt und die Teilstränge durch die DNA-Ligase miteinander verbunden.

Nach der Verdopplung des Genoms durch die DNA-Replikation werden die Kernäquivalente auf die beiden Zellhälften verteilt. Man nimmt an, daß das zirkuläre DNA-Molekül an die Cytoplasmamembran angeheftet ist.

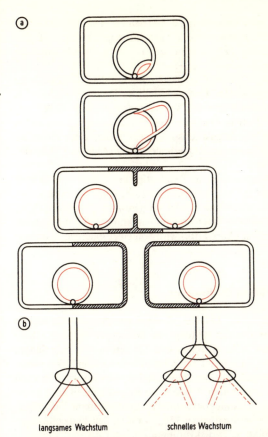

langsames Wachstum   schnelles Wachstum

Abb. 16.1. Zellteilung der Bakterien. a. Bei der Kernteilung (DNA-Replikation) geht die Synthese des neu synthetisierten Einzelstranges (rot) von einem Replikationszentrum aus. Neu synthetisierte Zellwandbereiche sind schwarz dargestellt. b. Replikation bei verschiedenen Wachstumsraten.

Durch Wachstum der Membran und der Zellwand weichen die Anheftungspunkte auseinander. Der Replikationsvorgang, bei dem das Replikationszentrum mit dem sich gabelnden Strang wandert und die Trennung des replizierten Kernes sind in Abbildung 16.1. dargestellt. Die Replikation dauert bei vielen Bakterien etwa 40 min. *E. coli* teilt sich unter günstigen Bedingungen jedoch nach 20 min. Unter diesen Bedingungen beginnt die nächste Replikation, bevor die erste abgeschlossen ist. Am DNA-Molekül treten mehrere Replikationszentren auf, die gabelförmige Strukturen (forks) darstellen. Die gleichzeitige Replikation an mehreren Gabeln wird als Multifork-Modell bezeichnet (Abb. 16.1.).

In schnell wachsenden Zellen erfolgt gleichzeitig mit der Replikation die Synthese der Zellkomponenten. Dagegen stellt in langsam wachsenden Zellen die Replikation eine Phase des Vermehrungsprozesses (Zellcyclus) dar. Die Zellwand wird an bestimmten Stellen synthetisiert, nicht diffus über die Zellen verteilt. Die Regulationsprozesse, die nach einer Phase der Zellvergrößerung die Teilung durch **Querwandbildung** (Abb. 16.1.) steuern, sind unzureichend geklärt.

Bei den Actinomyceten tritt nach der Replikation keine Querwandbildung ein. Die mycelartig wachsenden und sich verzweigenden Bakterien sind daher mehrkernig. Das Wachstum erfolgt im gesamten Mycelbereich, es ist nicht wie bei Pilzen auf die Spitzenregion beschränkt. Erst die Sporenbildung der Actinomyceten (Abb. 5.10.) wird von einer Querwandsynthese eingeleitet.

16.2.   Endosporenbildung der Bakterien

Die Vertreter der Gattungen *Bacillus*, *Clostridium*, *Desulfotomaculatum* sowie *Sporolatobacillus* sind zur Bildung von *Endosporen* befähigt. Diese Endosporen besitzen eine hohe Hitzeresistenz. Sie vertragen stundenlanges Kochen, sodaß eine Sterilisation erst durch Autoklavieren oder fraktionierte Sterilisation (17.1.2.) erreicht werden kann. Endosporen überdauern auch eine jahrzehntelange Austrocknung. Diese Widerstandsfähigkeit auch gegen Strahlung und chemische Desinfektionsmittel ist auf die extreme Dehydratisierung der Proteine (Sporen enthalten 15 % Wasser), den Dipicolinsäuregehalt und die Hüllenbildung zurückzuführen.

Die **Sporenbildung** (Sporogenese) wird durch Nährstoffmangel induziert. Wenn Nährstoffe wie Glucose auf den wachstumslimitierenden Spiegel sinken, werden etwa 200 Gene „angeschaltet", die im Sporulationsprozeß eine Rolle spielen. Bei der Sporulation erfolgt eine **differentielle Genexpression**, Gene der vegetativen Zelle werden „abgeschaltet", Sporulationsgene kommen zur Expression. Als Effektoren spielen u. a. die polyphosphorylierten Nucleotide eine Rolle (15.5.). Vor der morphologisch sichtbaren Endosporenbildung setzt bei einigen Bakterien die Synthese von Antkibiotika mit Peptidstruktur ein. *Bacillus licheniformis* bildet Bacitracine, *B. brevis* Gramicidin S und Tyrocidine. Es wird angenommen, daß diese autotoxischen, d. h. für die vegetative Zelle des Produzenten toxischen Antibiotika

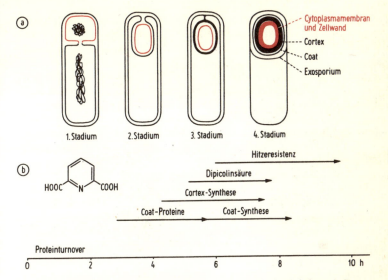

Abb. 16.2. Stadien der Endosporenbildung. a. Cytologische Schritte: 1. Sporen-protoplast-Abschnürung, 2. Vorsporenbildung, 3. Cortex (Sporenrinde)-Bildung, 4. Coat (Sporenhüllen)-Bildung. Anschließend erfolgt durch Lyse die Sporenfrei-setzung. b. Formel der Dipicolinsäure.

endogene Effektoren der Sporulation sind. Sie wirken auf Transcriptions-prozesse ein.

Die licht- und elektronenmikroskopisch sichtbaren Hauptschritte und wichtigen biochemischen Prozesse sind in Abbildung 16.2. zusammenge-faßt. Die Sporenbildung beginnt mit einem Proteinturnover (Eiweißabbau und Neusynthese von Proteinen) und einer Kernteilung, der jedoch keine Zellteilung folgt. Ein kleiner Teil des Cytoplasmas mit einem Kernäquiva-lent wird polar vom übrigen Cytoplasma abgeschnürt (inäquate Zelltei-lung, Abb. 16.2.a). Aus diesem kleinen Cytoplasmateil, dem Sporenproto-plasten, entwickelt sich die zukünftige Endospore in der Sporenmutterzelle. Als nächster Schritt umwächst das Cytoplasma der Sporenmutterzelle den Sporenprotoplasten. Es entsteht die Vorspore, die von drei Membranen umgeben ist, der Cytoplasmamembran des Sporenprotoplasten und den zwei Cytoplasmamembranen der Sporenmutterzelle. Von diesen Membra-nen geht die Bildung verschiedener Sporenwandschichten aus. Auf der Vorsporenmembran wird die **Sporenzellwand (Core)** gebildet. Die Sporen-mutterzelle synthetisiert nach innen die **Cortex (Sporenrinde)**, die aus einem mehrschichtigen dicht vernetzten Peptidoglycan besteht. Darüber wird die **Sporenhülle oder Coat** gebildet, sie enthält vor allem Polypeptide. Bei einigen Bacillen ist die Spore noch von dem dünnen, locker anliegenden **Exosporium** umgeben.

Die Ausbildung der Hitzeresistenz geht mit der Synthese von **Dipicolinsäure** (Abb. 16.2.) einher. Sie wird von einer intensiven Ca^{2+}-Aufnahme begleitet. Es wird angenommen, daß die Dipicolinsäure als Calciumchelatkomplex vorliegt. 10—15% der Sporentrockensubstanz bestehen aus diesem Komplex, er befindet sich im Protoplasten. Dipicolinsäure kommt nur in Sporen vor, nicht in vegetativen Zellen. Sie geht aus einer Vorstufe der Lysinsynthese, der Dihydrodipicolinsäure, hervor. Durch Autolyse der Sporenmutterzelle werden die Endosporen freigesetzt.

Unter günstigen Umweltbedingungen keimen die Sporen. Frisch gebildete Sporen müssen jedoch zunächst eine Ruhepause durchlaufen, die durch einen Hitzeschock abgebrochen werden kann (z. B. Aufkochen oder mehrere Stunden Erwärmung auf 60 °C). Bei der **Sporenkeimung** wird die Dipicolinsäure ausgeschieden und die Cortex abgebaut. Die Sporenhülle wird durch die keimende vegetative Zelle durchbrochen. Bei der Keimung erfolgt eine erneute Stoffwechselumschaltung. Zuerst werden die in der Spore vorhandenen katalytisch inaktiven Enzyme des Primärstoffwechsels reaktiviert. Durch den Katabolismus von gespeicherten niedermolekularen Substanzen wird ATP und NADH gebildet, durch Proteasen werden Reserveproteine abgebaut. Im Zuge des Auswachsens werden einige „frühe" Proteine synthetisiert, die nur in dieser Phase auftreten und wahrscheinlich eine regulatorische Funktion haben.

16.3.   Wachstum von Bakterienpopulationen

Die mit dem Wachstum der individuellen Zelle verbundene Zellteilung führt zum Anstieg der Zellzahl, zum **Wachstum der Zellpopulation**. Es erfolgt **exponentiell**, aus einer Zelle werden zwei, aus zwei vier usw. In Tabelle 16.1. ist der exponentielle Anstieg der Zellzahl für Bakterien, die sich nach 30 min teilen (Generationszeit 0,5 h), dargestellt. In einer Stunde erfolgen 2 Verdopplungen (Teilungsrate $2 \cdot h^{-1}$). Auf Grund der hohen Zellzahlen, die in Mikroorganismenpopulationen in kurzen Zeiträumen erreicht werden, verwendet man den Logarithmus der Zellzahl (Tab. 16.1.) Bei der Kultivierung von Bakterien geht man nicht von einer Zelle aus, sondern beimpft mit 10^5 bis 10^6 Zellen pro ml, die sich auf 10^9 bis 10^{10} Zellen $\cdot ml^{-1}$ vermehren. Bei der graphischen Darstellung des Wachstums (Abb. 16.3.) erhält man eine Exponentialkurve, wenn man die Zellzahl aufträgt. Setzt man den Logarith-

Tab. 16.1. Exponentielles Wachstum einer Zellpopulation

Zeit (h)	Zellzahl	(n)	$\log_2$	$\log_{10}$
0	1	2^0	0	0
0,5	2	2^1	1	0,301
1	4	2^2	2	0,602
1,5	8	2^3	3	0,903
2	16	2^4	4	1,204
2,5	32	2^5	5	1,505
3	64	2^6	6	1,806
3,5	128	2^7	7	2,107
4	256	2^8	8	2,408
4,5	512	2^9	9	2,709
5	1024	2^{10}	10	3,010

mus von 2 oder 10 ein, so erhält man eine Gerade. In der Laborpraxis verwendet man Millimeterpapier mit halblogarithmischer Einteilung. Auf der arithmetisch geteilten Abszisse wird die Zeit, auf der logarithmisch geteilten Ordinate die Zellzahl oder Zellmasse aufgetragen (Abb. 16.3., rechte Skala). Das exponentielle Wachstum erfolgt so lange, bis ein essentieller Nährstoff ins Minimum gerät. Bei den in der Mikrobiologie üblichen Kulturmethoden tritt bei schnell wachsenden Bakterien und günstigen Temperaturen innerhalb eines Tages diese Limitation ein. Bei Kultur in einem geschlossenen System, das als **statische oder diskontinuierliche Kultur** (engl. batch-culture) bezeichnet wird, vermehren sich die Bakterien um das 1000—100000fache, z. B. von 10^6 auf 10^{10} Zellen pro ml. Wie schnell Nährstoffe das exponentielle Wachstum limitieren, belegt ein Rechenbeispiel aus dem Lehrbuch von STANIER et al. (1983). Würde sich ein Bakterium mit der Generationszeit von 20 min 48 Stunden exponentiell vermehren, so würde eine Masse von $2,2 \cdot 10^{31}$ g erreicht werden, das ist etwa das 4000fache des Gewichtes der Erde.

Die Zellen einer Population teilen sich nicht alle zum gleichen Zeitpunkt. Die Generationszeit unterliegt einer Streuung. Das Wachstum erfolgt unter natürlichen Bedingungen asynchron. Zum Studium von biochemischen Prozessen während des Teilungscyclus kann das Wachstum durch Nährstofflimitation, Temperatureinflüsse u. a. Faktoren synchronisiert werden (**Synchronkultur**).

Die Vermehrung der Bakterien verläuft in verschiedenen **Wachstumsphasen** (Abb. 16.4.). Nach der Beimpfung erfolgt in einer Anlauf- oder lag-Phase (engl. lag — verzögern) zunächst eine Anpassung an das Milieu, bevor das exponentielle Wachstum beginnt. Ihre Dauer ist vom Alter der Popu-

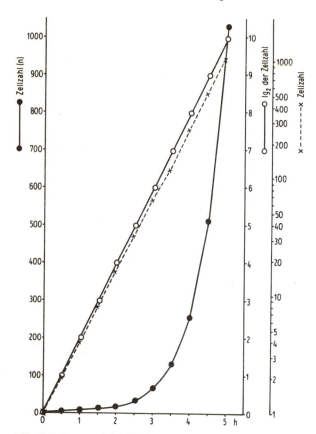

Abb. 16.3. Exponentielles Wachstum. Arithmetische und halblogarithmische Auftragung der Zellzahl.

lation der eingeimpften Zellen und der Zusammensetzung des Mediums der vorhergehenden Kultur abhängig. Die Zellen synthetisieren in der Anlaufphase Ribosomen und die Enzyme, welche für die Verwertung der vorliegenden Nährstoffe notwendig sind. Nicht alle eingeimpften Zellen sind vermehrungsfähig, daher kann es in der lag-Phase zu einer zeitweiligen Abnahme der Lebendkeimzahl kommen. Der Verlauf des Wachstums in der **exponentiellen Phase** wurde bereits beschrieben. Durch Verbrauch der Nährstoffe und Anhäufung von hemmenden Stoffwechselprodukten kommt es zur Verzögerung und Beendigung des Wachstums in der **stationären Phase**.

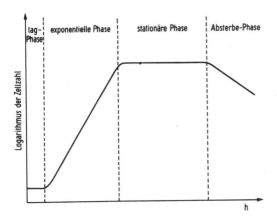

Abb. 16.4. Wachstumsverlauf einer Bakterienkultur.

Die Zellzahl bleibt gleich. Es kann jedoch gleichzeitig ein Absterben und ein langsamer Zuwachs von Zellen erfolgen. Daher ist zwischen der Gesamtzahl und der Lebendkeimzahl zu unterscheiden, die sich durch Kultur von Einzelzellen auf Nähragar bestimmen läßt. In der stationären Phase sind die Zellen noch stoffwechselaktiv, vielfach synthetisieren sie spezielle Stoffwechselprodukte, z. B. einige Antibiotika. Nach der sehr unterschiedlich langen stationären Phase setzt die **Absterbephase** ein. Das Absterben kann mit einer Autolyse verbunden sein, dann lösen sich die Zellen auf. Vielfach liegen die abgestorbenen Zellen noch in der Kultur vor.

Die Zellzahl spielt in der Praxis der Mikrobiologie eine untergeordnete Rolle. Häufiger wird die **Bakterienmasse** als Maß für das Wachstum verwendet. Sie wird direkt durch Trockengewichtsbestimmung (mg Trockengewicht $\cdot$ ml^{-1}) oder indirekt durch Trübungsmessung ermittelt. Da die Zellgröße in verschiedenen Nährmedien und im Verlauf der Kultur unterschiedlich ist, sind Zellzahl und Zellmasse nicht immer proportional.

Bei der Behandlung der mikrobiellen Wachstumskinetik sieht man die Zellpopulation als ein sich autokatalytisch vermehrendes System an. Während der exponentiellen Wachstumsphase erfolgt die Zunahme der Biomasse mit der **spezifischen Wachstumsrate** μ. (Dimension h^{-1}). Die Wachstumsrate ist organismen- und substratspezifisch. Auch andere Milieufaktoren wie Temperatur und pH-Wert beeinflussen die Wachstumsrate. Sind die jeweils spezifischen Bedingungen optimal, wächst der Organismus mit der maximalen spezifischen Wachstumsrate μ_{max} Die Wachstumsrate wird aus dem Anstieg des Logarithmus der Zellmasse zwischen zwei Zeitpunkten errechnet, wobei man vom Logarithmus der Basis 10 auf den natürlichen Logarithmus umrechnet. Zwischen μ und der **Verdopplungszeit** der Biomasse t_d(h) besteht folgende Beziehung:

$$\mu = \frac{\ln 2}{t_d} = \frac{0{,}693}{t_d}$$

Verdopplungszeit $t_d = \dfrac{\ln 2}{\mu}$

Schnell wachsende Bakterien wie die Enterobakterien und Pseudomonaden haben Verdopplungszeiten von 0,3 h bis 0,6 h, langsam wachsende Arten, z. B. *Mycobacterium tuberculosis* von 6 h, *Nitrobacter agilis* von 20 h.

Die Steilheit der Wachstumskurve in der exponentiellen Phase ist ein Ausdruck für die spezifische Wachstumsrate (Abb. 16.5.a). Die dargestellten Unterschiede treten bei verschiedenen Arten auf, aber auch bei einer Art auf verschiedenen Medien.

Der **Ertrag an Biomasse** ist die Differenz zwischen der eingeimpften und in der stationären Phase erreichten Zellbiomasse x. Der Ertrag oder die Ausbeute (Y, engl. yield) wird auf das verbrauchte Substrat bezogen. Von besonderem Interesse ist die auf die C-Quelle bezogene Ausbeute, z. B. g Zelltrockenmasse pro g verbrauchte Glucose (x/S). Bei aerobem Wachstum liegt Y für Glucose bei 0,4—0,5. In bestimmten Grenzen ist die Ausbeute proportional der eingesetzten Substratmenge (Abb. 16.5. b). Auf diese Weise können mit aminosäure- oder vitaminbedürftigen Mikroorganismen die in einem Substratgemisch vorliegenden Mengen eines bestimmten Substrates quantitativ bestimmt werden. Milchsäurebakterien eignen sich zur Aminosäurebestimmung. Der Ertrag an Biomasse kann auch auf die eingesetzten Mole eines Substrates (molarer Ertragskoeffizient) oder auf die ATP-Menge bezogen werden, die theoretisch aus dem Abbauweg und der damit verbundenen ATP-Bildung berechnet werden kann (Y ATP).

Wachstumsrate und Ertrag sind zwei wichtige Charakteristika des Wachstums. Es gibt kein gutes oder schlechtes Wachstum, sondern hohe und geringe Wachstumsraten und Erträge. Für eine exakte Aussage ist es notwendig, die Kinetik des Wachstums zu erfassen. Wie aus Abbildung 16.5.c zu ersehen ist, können Wachstumsrate und Ertrag zu verschiedenen Zeitpunkten des Wachstumsverlaufes verschieden sein.

Die spezifische Wachstumsrate wird erst dann von der Substratkonzentration beeinflußt, wenn **Substratlimitation** einsetzt. Die die Wachstumsrate vermindernden Substratkonzentrationen sind sehr gering. Bei *E. coli* liegen die K_s-Werte, bei denen die maximale Wachstumsrate um die Hälfte ver-

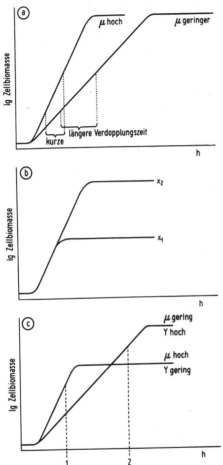

Abb. 16.5. Wachstumskinetik. a. Der Anstieg der Kurven zeigt die Wachstumsrate an. b. Der Ertrag ist proportional der eingesetzten Substratmenge. c. Rolle der Kinetik für die Ermittlung von Wachstumsrate und Ertrag.

ringert ist, für Glucose um $3—4$ mg $\cdot$ l^{-1}, für Tryptophan um $0,2$ µg $\cdot$ l^{-1}, für O_2 um $0,6$ mg $\cdot$ l^{-1}. Die Werte sind organismenspezifisch. Die Nährstoffkonzentrationen, die in den üblichen Nährmedien (8.1.) eingesetzt werden, liegen damit um Potenzen über dem, die die Zellen für ein Wachstum mit maximaler Rate benötigen. Durch die hohen Konzentrationen wird ein hoher Ertrag erreicht. In aeroben Bakterienkulturen wird Sauerstoff häufig zum limitierenden Substrat, da eine dichte Zellsuspension den Gelöstsauerstoff schneller aus dem wäßrigen Medium aufnimmt, als er aus der Gasphase in Lösung geht.

Während der statischen oder diskontinuierlichen Kultur im geschlossenen System eines Kulturgefäßes ändern sich die Bedingungen dauernd, die Nährstoffkonzentration nimmt ab, die Zellbiomasse zu. In einer Bakterienkolonie auf einem mit Agar verfestigtem Nährmedium sind die Bedingungen noch unterschiedlicher. Die Zelle eines schnell wachsenden Bakteriums kann über Nacht zu einer Kolonie von etwa 10^7 Zellen heranwachsen. Anfangs liegt ein Nährstoffüberschuß vor. In der dicht gepackten Zellkolonie entsteht Nährstoffmangel, da die Nährstoffe langsamer aus dem Agar herandiffundieren als sie gebraucht werden. Viele in der Natur vorkommenden Mikrobenarten wachsen nicht bei höheren Nährstoffkonzentrationen, sie sind daher auf den in der Mikrobiologie üblichen nährstoffreichen Medien nicht kultivierbar (oligocarbophile Mikroorganismen).

16.4.   Kontinuierliche Kultur

Bei der **kontinuierlichen Kultur** wird einer Mikroorganismenpopulation dauernd neue Nährlösung zugeführt, gleichzeitig werden die gewachsenen Zellen mit der verbrauchten Nährlösung abgeführt. Die Zellpopulation

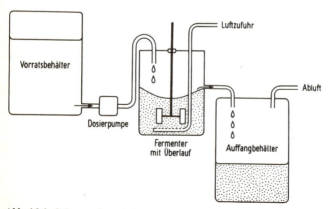

Abb. 16.6. Schema einer Anlage zur kontinuierlichen Kultur nach dem Chemostatenprinzip.

befindet sich in einem Fließgleichgewicht unter gleichbleibenden Milieubedingungen. Diese chemisch konstanten Bedingungen werden durch den **Chemostaten** (Abb. 16.6.) erreicht. Es ist ein Kulturgefäß, dem aus einem Vorratsgefäß dauernd Nährlösung zugeleitet wird. Im Kulturgefäß erfolgt durch Rührung und Belüftung eine homogene Verteilung. Durch einen Überlauf wird der Abfluß der Zellsuspension mit gleicher Rate wie der Zufluß gewährleistet. Im Chemostaten kann die Wachstumsrate und die Zelldichte gesteuert werden. Das wird erreicht, indem sich in der zufließenden Nährlösung ein essentielles Substrat in einer das Wachstum limitierenden Konzentration befindet. Dies kann die C- oder N-Quelle, aber auch ein anderes limitierendes Substrat sein, z. B. ein Wuchsfaktor. Die **Wachstumsrate** ist von der **Zuflußrate** (ml · h^{-1}) der Nährlösung abhängig. Je schneller die Nährlösung zutropft, desto schneller können die Mikroorganismen wachsen. Ein Ausdruck für die Zuflußrate ist die Verdünnungsrate D.

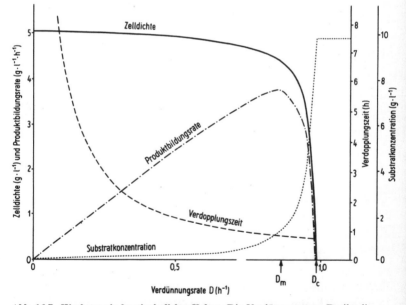

Abb. 16.7. Wachstum in kontinuierlicher Kultur. Die Verdünnungsrate D gibt die Volumenwechsel pro h an. Mit zunehmender Verdünnungsrate steigt die Wachstumsrate, wie die Abnahme der Verdopplungszeit zeigt. Bei D_m erreicht die Produktbildungsrate das Maximum. D_c ist der Auswaschpunkt, bei dem D größer als die Wachstumsrate ist, die Zellen werden ausgewaschen.

Sie gibt die Volumenwechsel pro Stunde an und ist von der Größe des Füllvolumens des Kulturgefäßes abhängig. Die Verdünnungsrate D ist das Verhältnis von Zuflußrate zum Füllvolumen und hat die Dimension h^{-1}. Wie Abbildung 16.7. zeigt, steigt mit zunehmender Verdünnungsrate die Wachstumsrate, die als Abnahme der Verdopplungszeit t_d dargestellt ist. Die pro Zeiteinheit (h) gebildete Biomasse (volumetrische Produktbildungsrate $g \cdot l^{-1} \cdot h^{-1}$) steigt an. Da die schneller wachsenden Zellen mit der steigenden Verdünnungsrate auch schneller aus dem Kulturgefäß herausfließen, wird der Anstieg der volumetrischen Produktbildungsrate, die auch als Raum-Zeit-Ausbeute bezeichnet wird, in der pro Zeiteinheit abfließenden Biomasse deutlich. Die Zelldichte im Kulturgefäß bleibt über einen großen Bereich der Verdünnungsrate konstant. Ebenso ist die Konzentration des limitierenden Substrates über einen großen Bereich sehr gering, da die zugeführten Substratmoleküle sofort von den Zellen verbraucht werden. Steigert man die Verdünnungsrate in den Bereich der maximalen Wachstumsrate, so werden in zunehmendem Umfang Substratmoleküle, bevor sie genutzt werden, ausgewaschen, die Substratkonzentration steigt an. Ebenso werden bei höheren Verdünnungsraten immer mehr Zellen, bevor sie sich teilen, ausgewaschen. Übersteigt die Verdünnungsrate den Wert der maximalen Wachstumsrate, so tritt die Auswaschung ein. Die Zelldichte im Kulturgefäß nimmt schnell ab, die Zellen werden vor der Teilung durch den schnellen Nährlösungsstrom ausgeschwemmt. Das System der kontinuierlichen Kultur hat einen Zustand D_m, bei dem die Zellen mit der maximal möglichen Rate wachsen. D_c ist der kritische Wert, bei dem die Auswaschung erfolgt. Die bei der kontinuierlichen Kultur erfolgenden Prozesse lassen sich durch folgende Gleichungen beschreiben:

Biomasseproduktion pro Zeiteinheit: $\dfrac{dx}{dt} = \mu x$

Biomasseentfernung pro Zeiteinheit: $\dfrac{dx}{dt} = \dfrac{f}{V} = Dx$

Damit ist $D = \dfrac{f}{Vx}$ und $\mu x = Dx$

Die Wachstumsrate μ ist identisch mit der Verdünnungsrate D.

Die **Zelldichte** kann in der kontinuierlichen Kultur durch die Konzentration des limitierenden Substrates im Zufluß gesteuert werden. Würde man in dem in Abbildung 16.7. dargestellten Beispiel statt $10\ g \cdot l^{-1}$ Glucose $20\ g \cdot l^{-1}$ einsetzen, so würde man bei ausreichender Belüftung eine Zelldichte von $10\ g \cdot l^{-1}$ erhalten. Die kontinuierliche Chemostatenkultur ist nicht nur ein Instrument zur Untersuchung der Wachstumsphysiologie, sondern eine wichtige Methode der Biotechnologie. Die kontinuierliche Kultur wird zur mikrobiellen Eiweißproduktion (30.4.) und zur Abwasserreinigung (34.1.) eingesetzt. Auch der Selbstreinigungsprozeß eines Flusses stellt ein kontinuierliches Kultursystem dar, bei dem allerdings ein Teil der Zellen im Sediment fixiert ist. Mikrobielle Fließsysteme, die jedoch nicht nach dem Chemostatenprinzip arbeiten, sind in der Natur verbreitet, z. B. das Wachstum der Bakterien im Darm. Neben dem Prozeß des Chemostaten gibt es das Turbidostatsystem, bei dem die Zelldichte durch Trübungsmessung gesteuert wird.

16.5. Wachstum und Differenzierung der Pilze

Die einzelligen Hefen vermehren sich durch Knospung oder Teilung, die mycelbildenden Pilze durch Spitzenwachstum und Verzweigung.

Die überwiegende Zahl der **Hefen** vermehrt sich durch Sprossung, bei der eine oder mehrere Tochterzellen gebildet werden. Eine Hefezelle kann gleichzeitig mehrere Tochterzellen bilden. Bei der Knospung wird die Zellwand lokal aufgelöst und nach Ablösung der Tochterzelle wieder geschlossen. Elektronenmikroskopisch sind an den Ablösungsstellen „Narben" sichtbar. Bei Vertretern der Gattung *Schizosaccharomyces* findet eine Querwandbildung statt. Die Zellen durchlaufen bei der Teilung einen Cyclus. Einem verschieden langen vegetativen Stadium der Einzelzelle (G_1) folgt die Synthese der DNA und die Knospung (S), der sich das Wachstum der mit der Mutterzelle verbundenen Tochterzelle anschließt (G_2). Erst dann folgt im Mitose(M)-Stadium die Kernteilung. Der Cyclus wird mit der Trennung der beiden Zellen beendet. Die Stadien S, G_2 und M nehmen 2 h in Anspruch, daher liegt die Generationszeit der Hefen in dieser Größenordnung. Die Wachstumskinetik der Hefen entspricht der der Bakterien.

Pilze wachsen an der Hyphenspitze (**apikales oder Spitzenwachstum**). Dadurch unterscheidet sich ihr Wachstum von dem der mycelbildenden prokaryotischen Actinomyceten, die intercalar, im gesamten Mycelbereich, wachsen. Das Spitzenwachstum vieler Pilze geht sehr schnell vor sich, *Neurospora crassa* kann um 20 μm pro min wachsen. Eine so intensive Synthese von Zellbausteinen kann nicht in der Spitzenzelle erfolgen. Das Zellmaterial wird durch einen schnellen Vesikeltransport von den hinter der Spitze liegenden Zellen herantransportiert. Die Querwände der Pilze besitzen große Poren (Abb. 4.1.). Die Triebkraft dieses intensiven Transportprozesses, der in der Cytoplasmaströmung sichtbar wird, ist unklar. Elektroosmotische Effekte werden erwogen. Die Vesikel gehen aus dem Golgi-Apparat und dem äquivalenten endoplasmatischen Retikulum durch Abschnürung hervor und sammeln sich in der Spitzenregion an (Abb. 4.1.) In der älteren Literatur wurde diese lichtmikroskopisch sichtbare Vesikelansammlung als Spitzenkörper bezeichnet. Die Vesikel transportieren Zellbausteine und Enzyme. Gleichzeitig fusioniert die Vesikelmembran mit der Plasmalemmamembran. Sie vergrößern dadurch die Membran und setzen dabei die Bausteine und Enzyme, die dem Zellwandaufbau dienen, frei (4.6.). In einer schnell wachsenden Hyphenspitze werden Tausende von Vesikeln in der Minute umgesetzt. Die Hyphenspitze ist ein Ort sehr hoher Stoffwechselaktivität. Durch das schnelle Spitzenwachstum gelangen die Pilze in Regionen mit noch unerschlossenen Nährstoffen.

Pilzmycelien bilden vor allem auf und in nährstoffreichen Medien **Verzweigungen**. Wahrscheinlich sammeln sich unter diesen Bedingungen Vesikel in Zellen an, die hinter der Spitze liegen. Sie enthalten Enzyme, die die Zellwand auflösen. Seitlich bildet sich eine neue Spitze. Der gleiche Prozeß tritt in Mycelstücken auf, die z. B. durch Scherkräfte eines Fermenterrührers von der Spitzenregion abgetrennt werden.

Vielfach trennen sich Mycelien, die aus einer keimenden Spore hervorgehen, nicht voneinander. In Standkulturen bilden sich an der Oberfläche **Pilzmyceldecken** (Oberflächen- oder Emerskultur). In geschüttelten oder gerührten Fermenterkulturen (Submerskulturen) entstehen kugel- oder eiförmige **Pellets** von ein bis mehreren mm Durchmesser. In diesen dichten inhomogenen Myceleinheiten ist die Nährstoff- und Sauerstoffversorgung lokal verschieden, ein Teil der Zellen ist nicht optimal versorgt. Das kommt auch in der Wachstumskinetik zum Ausdruck. Pilzpopulationen können einen ähnlichen Wachstumsverlauf wie Bakterien zeigen (Abb. 16.4.). Auf Grund der Verzweigungen tritt auch eine exponentielle Wachstumsphase auf. *Neurospora crassa* erreicht Verdopplungszeiten von 2 h, *Fusarium gramineum* von 3 h. In einer von einem Zentrum ausgehenden Agar-Oberflächenkultur entspricht die radiale Wachstumsrate der Spitzenzone (W) der Wachstumsrate μ. In Pilzdecken und Pellets werden keine maximalen Wachstumsraten erreicht. In verschiedenen Bereichen eines Mycels tritt eine differentielle Genexpression auf, die in der Sporangienbildung und Synthese spezifischer Sekundärmetabolite zum Ausdruck kommt.

17. Einfluß von Umweltfaktoren auf das Wachstum und Leben unter extremen Bedingungen

Physikalische und chemische Faktoren beeinflussen in entscheidendem Maße das Wachstum und die Stoffwechselaktivitäten von Mikroorganismen. Der Einfluß kann fördernder und hemmender Art sein. Weiterhin kann der gleiche Faktor einige Mikroorganismenarten hemmen, andere fördern. In besonderem Maße wird das bei den extremophilen Mikroorganismen deutlich. Diese Mikroorganismen leben an extremen Standorten, z. B. heißen Quellen oder Salzseen. Die an extreme Standorte angepaßten Mikroorganismen besitzen spezifische Stoffwechselleistungen und Struktureigenschaften, die ihnen die Existenz in Extremhabitaten ermöglichen. Die Begriffe Extremstandorte und extremophile Mikroorganismen werden vielfach in einem zu engen Sinne angewendet. Neben den in diesem Kapitel berücksichtigten Standorten mit extremen Temperaturen, pH-Werten und hohen Salz- und Zuckerkonzentrationen gehören dazu auch nährstoffarme sowie an toxischen Stoffen reiche Standorte. Auch lebende Pflanzen und Tiere mit einer Vielzahl von Abwehrmechanismen gegen Mikroorganismen stellen Extremhabitate dar.

Einfluß des Sauerstoffs, des Redoxpotentials und der Energie- und Nährstoffquellen wurden in den Kapiteln 8—12 behandelt.

17.1. Temperatur

Die Temperatur beeinflußt die Existenz der Mikroorganismen in unterschiedlicher Weise. Ein Temperaturanstieg führt bis zu einem Temperaturoptimum zur **Förderung** des Wachstums. Wird die Temperatur weiter erhöht, so erreicht man schnell das Maximum, über dem kein Wachstum mehr möglich ist (Abb. 17.1.a). Die Mikroorganismen werden **gehemmt** und abgetötet.

17.1.1. Wachstumsförderung

Der in Abbildung 17.1.a dargestellte Einfluß der Temperatur auf die Wachstumsrate eines Organismus zeigt, daß nach dem linearen Anstieg vom **Minimum** zum **Optimum** ein schneller Abfall zum **Maximum** erfolgt. Die

Temperaturbereiche für die Kardinaltemperaturen sind organismenspezifisch. Dabei sind vier Typen zu unterscheiden, **psychro-, meso-, thermo- und extrem thermophile**. Die charakteristischen Temperaturbereiche sind aus Abbildung 17.1.b zu ersehen. Die dargestellten Bereiche geben Größenordnungen an, sie stellen keine Klassifizierung dar. In Tabelle 17.1. sind Beispiele für diese Typen angeführt. Einige Vertreter sind an einen engen (stenothermal), andere an einen weiten Temperaturbereich (eurythermal) angepaßt. **Niedrige Temperaturen**: Psychro- oder cryophile Bakterien finden wir in kalten Meeresregionen (*Vibrio-, Cytophaga-* und *Pseudomonas-*Arten). Auch die Leuchtbakterien (*Photobacterium* sp.) bevorzugen kalte Standorte und können daher im Kühlschrank (z. B. auf Fisch) angereichert werden. Unter den Pilzen gibt es eine auf Gräsern wachsende phytopathogene Gattung *Typhula* (Schneepilz), die nur unter 15 °C wächst. *Fusarium nivale* ist ein Getreideparasit, der sich im Winter entwickelt. Schon lange sind die sogenannten Schneealgen bekannt, z. B. *Chlamydomonas nivalis*.

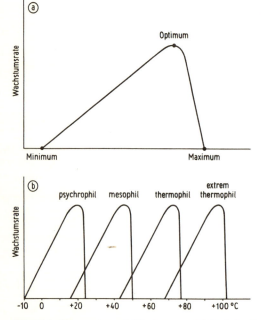

Abb. 17.1. Temperatur und Wachstum. a. Einfluß der Temperatur auf die Wachstumsrate. b. Einteilung der Mikroorganismen nach den Temperaturansprüchen.

Tab. 17.1. Temperaturgruppen der Mikroorganismen und ausgewählte Vertreter der Bakterien

		Temp. Opt.	Temp. Max.
Psychrophile	*Vibrio marinus*	4	10
	Pseudomonas sp.	5	20
	Cytophaga psychrophila	15	20
Mesophile	*Lactobacillus lactis*	35	40
	Escherichia coli	36—40	45
	Bacillus subtilis	35—40	48
Thermophile	*Streptococcus thermophilus*	42	50
	Bacillus stearothermophilus	60	75
	Thermoactionomyces vulgaris	60	70
	Thermus thermophilus	70	85
Extrem	*Sulfolobus acidocaldarius*	75	90
Thermophile	*Methanothermus sociabilis*	88	97
	Pyrococcus furiosus	100	103
	Pyrodictium occultum	105	110

Diese Art bildet bei der beginnenden Schneeschmelze rot gefärbte Sporen und verursacht den roten Schnee.

Neben den psychrophilen Mikroorganismen gibt es psychrotrophe (facultativ psychrophile) Mikroorganismen, die bei niedrigen Temperaturen langsam wachsen und das Verderben von Nahrungsmitteln bei Kühlschranktemperaturen bewirken. Vor allem durch die verstärkte Bildung ungesättigter Fettsäuren erreichen sie, daß die Fluidität der Zellmembran erhalten bleibt. Eine Temperaturerniedrigung, bei der die Zellen kein Wasser abgeben können, führt zur Eiskristallbildung, die die Membran zerstört. Wird dem wäßrigen Medium Glycerol oder Dimethylsulfoxid (0,5 M) zugesetzt, so tritt eine langsame Dehydratation ein. Auf diese Weise können Mikroorganismen unter flüssigem Stickstoff konserviert werden.

Hohe Temperaturen: Eukaryotische Mikroorganismen haben die obere Temperaturgrenze um 60 °C. Der Pilz *Thermoascus aurantiacus* hat ein Temperaturmaximum von 62 °C, die Alge *Cyanidium caldarium* von 56 °C. Die thermophilen Eubakterien haben ein Temperaturoptimum um 70 °C mit einem Maximum um 85 °C (Tab. 17.1.). Neue Untersuchungen über Archaebakterien (5.3.), die aus heißen Quellen und Sedimenten vulkanischer Gebiete isoliert wurden, haben zum Auffinden extrem thermophiler Bakterien geführt. Sie haben ein Optimum bei 80—85 °C und ein Maximum bei 90—95 °C. Mit *Pyrodictium occultum* wurde ein Vertreter gefunden, dessen Maximum bei 110 °C liegt. Bei mesophilen Bakterien werden Proteine,

Nucleinsäuren und Membranen durch Temperaturen um 90 °C innerhalb von Minuten denaturiert. Die Mechanismen der Hitzeanpassung der Thermophilen sind unzureichend geklärt. Die bisher untersuchten Enzymproteine der Thermophilen sind über längere Zeit thermostabil. Die Annahme, daß ein schneller Proteinturnover stattfindet, trifft nicht zu. Unklar ist, wie die DNA-Doppelstränge stabilisiert werden. Thermophile *Eubacterium*-Arten haben einen erhöhten Guanin-Cytosin-Anteil, der zu einer Stabilisierung führt. Bei den extrem Thermophilen könnten die histonartigen Proteine eine Rolle spielen. Die Membranen der thermophilen Archaebakterien bestehen aus Glycerolethern mit langkettigen Isoprenoidalkoholen (Abb. 5.12.), die durch die Membran gehen. An die Stelle der Doppelschicht tritt eine Monoschicht, die eine höhere Hitzestabilität besitzt.

Die obere Temperaturgrenze für das Wachstum ist umstritten, sie dürfte in der Größenordnung liegen, die für extrem thermophile Archaebakterien genannt wurde (Tab. 17.1.). Die Werte treffen für wachsende, also stoffwechselaktive Systeme zu. Bakterielle Endosporen sind ruhende Systeme. Im Ruhestadium überleben sie höhere Temperaturen, wie im folgenden ausgeführt wird.

17.1.2.   Wachstumshemmung: Hitzesterilisation

Unter **Sterilisation** versteht man die Abtötung von Mikroorganismen. Die Hitzesterilisation stellt eine wichtige Methode für die mikrobiologische Nährmedienbereitung und die Nahrungsmittelkonservierung dar. Bei der Hitzesterilisation ist zwischen der Einwirkung feuchter und trockener Hitze zu unterscheiden. Feuchte Hitze führt zu einer Quellung des biologischen Materials und ist wirksamer als trockene Hitze. Die überwiegende Zahl der vegetativen Bakterien und Pilze einschließlich der Pilzsporen werden durch Kochen abgetötet. Die notwendige Dauer der Hitzeeinwirkung richtet sich nach der Keimzahl, stark infiziertes Material muß längere Zeit erhitzt werden. Wichtig ist weiterhin, daß das gesamte Sterilisationsgut, auch die inneren Bereiche, auf 100 °C erhitzt wird. Einmalige 10—20 min andauernde feuchte Erhitzung tötet vegetative Zellen ab, nicht Bakteriensporen. Daher genügt der im Haushalt übliche Einkochprozeß nicht, um Bakteriensporen enthaltendes Material zu konservieren. Allerdings unterdrücken Fruchtsäuren die Sporenauskeimung. Einige Pilzsporen überstehen die beim Einkochen erreichten Temperaturen um 80 °C. Eine Abtötung der Sporen wird durch **Autoklavieren** erreicht. Darunter versteht man das feuchte Erhitzen unter Druck. Ein Autoklav ist ein druckfestes Gefäß, in dem überhitzter Dampf mit Temperaturen über 100 °C erzeugt werden kann. Bei einem Druck von 1,2 bar werden 120 °C erreicht, wenn der Autoklavenraum wassergesättigt ist, d. h. die Luft durch Wasserdampf verdrängt wurde. Ein 10—20 min langes Autoklavieren bei 120 °C führt zur vollständigen Sterilisation. Das Volumen des zu sterilisierenden Gutes und der Kontaminationsgrad spielen für die Dauer eine Rolle. Eine vollständige Sterilisation kann auch durch fraktionierte Sterilisation (Tyndallisation) bei 100 °C erreicht werden. Darunter versteht man das dreimalige feuchte Erhitzen auf 100 °C in Abständen von je einem Tag. In der Zwischenzeit keimen die Endosporen aus. Sie gehen in den vegetativen Zustand über und werden durch 100 °C abgetötet.

Die Sterilisation mit trockener Hitze wird für Glasgeräte und Operationsinstrumente angewandt. Sie erfolgt im Heißluftsterilisator (2 h auf 160 °C oder 30 min auf 180 °C).

Eine Teilsterilisation wird durch **Pasteurisieren** erreicht. Es ist eine schonende Erhitzung, die vor allem zum begrenzten Haltbarmachen von Lebensmitteln (Milch, Getränke) durchgeführt wird. Vegetative Keime, zu denen viele Pathogene gehören, werden dabei abgetötet, die Geschmackseigenschaften der Lebensmittel dagegen kaum beeinträchtigt. Die ursprüngliche Dauerpasteurisation (30 min auf 65 °C) wurde durch Kurzzeiterhitzung von 30—40 sec auf 71—74 °C ersetzt. Neue Pasteurisationsverfahren für Milch basieren auf Hocherhitzungen von 1—2 sec auf 135—150 °C durch Injektion von überhitztem Wasserdampf.

17.2. Wasseraktivität und osmotische Effekte

Mikroorganismen benötigen zum Leben Wasser, die Zellen bestehen zu 70—85% aus Wasser. Als Maß für das verfügbare Wasser in der Umwelt wird die Wasseraktivität (a_w) verwendet. Die Wasseraktivität ermöglicht Aussagen über verfügbares Wasser in der Gasphase und in Lösungen. a_w entspricht etwa der relativen Luftfeuchtigkeit, sie wird jedoch nicht in %, sondern als Quotient angegeben. Eine 75%ige Luftfeuchtigkeit entspricht dem a_w-Wert von 0,75. In Tabelle 17.2. sind die Wasseraktivitäten für einige Medien und Beispiele für Organismen, die unter den Bedingungen wachsen, angegeben.

Die Wasseraktivität wird in der Gasphase durch die **Luftfeuchtigkeit**, in Lösungen durch den Gehalt an **osmotisch wirksamen Substanzen** (Salze, Zucker) beeinflußt. An Oberflächen und festen Medien, z. B. dem Boden, spielen Adsorptionseffekte eine Rolle. Mikroorganismen können bei Wasseraktivitäten von 1—0,6 wachsen (Tab. 17.2.). Einige Pilze wachsen bei hoher Trockenheit, sie sind xerophil (z. B. *Xeromyces bisporus*).

Tab. 17.2. Wasseraktivität verschiedener Medien und Beispiele für Mikroorganismen, die bei diesen Wasseraktivitäten wachsen

Wasser-aktivität (a_w)	Medien	Mikroorganismen
1,00	Wasser, Blut, Fleisch, Früchte	
0,98	Seewasser (3,5 % NaCl)	viele Pilze und Bakterien
0,95	Brot	
0,90	Marmelade (14 % Saccharose)	*Aspergillus, Penicillium*
0,85	20 % Saccharose, Salami	*Penicillium, Staphylococcus*
0,80	gesättigte NaCl-Lösung (30 %)	*Halobacterium, Halococcus*
0,75	Salzseen (viel $MgCl_2$)	*Halobacterium, Halococcus Dunaliella* (Alge)
0,70	Getreide und getrocknete Früchte	*Aspergillus glaucus Xeromyces* (Ascomycet)
0,60		*Saccharomyces rouxii*

Mikroorganismen, die bei hoher Salz- oder Zuckerkonzentrationen wachsen können, werden als **osmotolerant** bezeichnet. Werden hohe Konzentrationen osmotisch wirksamer Substanzen zum Wachstum benötigt, so bezeichnet man die Organismen als **osmophil**. Handelt es sich um Salzbedürftigkeit, so spricht man von **halophil**. Als Beispiel dafür wurde *Halobacterium* im Abschnitt 5.3. (Abb. 5.14.) besprochen.

Die osmotoleranten Mikroorganismen verfügen über verschiedene **Osmoregulationssysteme**, die bei osmotischem Streß die Diffusion von Wasser aus der Zelle verhindern. Sie stabilisieren die Zellstruktur durch die Synthese von osmotisch wirksamen Molekülen in der Zelle. Weiterhin wird die Permeabilität der Membran durch Veränderung des Lipidspektrums vermindert und Proteinmoleküle vor Dehydratation geschützt. Als **Osmoprotectanzien** fungieren Aminosäuren, Zucker, Polyole und Betaine. Betaine sind N-methylierte Aminosäurederivate. Bei Salmonellen wirkt Prolin osmoprotektiv. Prolin reagiert mit hydrophoben Proteinbereichen und verstärkt durch den frei bleibenden hydrophilen Teil die Hydrophilie und damit die Wasserbindungskapazität. Bei *E. coli* setzt bei osmotischem Streß eine starke Synthese von Cholin zu Glycinbetain ein, der Gehalt in der Zelle wird auf mehr als das 1000fache gesteigert. Bei osmotoleranten Pilzen und Hefen und der Alge *Dunaliella* wird die Glycerolbildung gesteigert. Nur wenige Mikroorganismen verfügen über so wirksame Osmoregulationssysteme, daß sie in höher konzentrierten Salz- oder Zuckerlösungen wachsen können. Daher werden Nahrungsmittel durch hohe Salz- und Zuckergehalte konserviert (Einpökeln, Zuckerzusatz).

17.3. Wasserstoffionen-Konzentration

Die Acidität bzw. Alkalität eines Mediums wird durch den pH-Wert ausgedrückt. Es ist der negative Logarithmus der Wasserstoffionenkonzentration. Schon kleine pH-Wertänderungen bedeuten große Konzentrationsänderungen, eine Lösung um pH 5 ist 10mal saurer als um pH 6. Die überwiegende Zahl der Mikroorganismen gedeiht am besten im neutralen Bereich (Tab. 17.3.). Sie besitzen Puffersysteme, um in der Zelle neutrale pH-Bedingungen zu schaffen. Viele Bakterien bevorzugen schwach alkalische, die Pilze schwach sauere pH-Werte. Säure produzierende Bakterien (Milchsäurebakterien) und Pilze (*Aspergillus*) werden durch Anhäufung ihrer eigenen Stoffwechselprodukte gehemmt. Nur wenige Bakterien sind **acidophil**, sie benötigen zum Leben pH-Werte um 2. Dazu gehören *Sulfolobus*-, *Thermoplasma*- und *Thiobacillus*-Arten. Die bei alkalischen pH-Werten wachsenden Bakterien tolerieren diese Bedingungen, z. B. die Harnstoff spaltenden (ureolytischen) Bakterien. Einige Vertreter synthetisieren Säuren, um der Alkalisierung zu begegnen.

Tab. 17.3. pH-Werte verschiedener Medien und Mikroorganismen die bei diesen Werten wachsen können

pH-Wert	Medium	Mikroorganismen
10^{-1}	Vulkanische Quellen	*Thermoplasma acidophilum*
		Sulfolobus acidocaldarius
10^{-2}	Grubenwässer	*Thiobacillus*
	Citronensäure	*Aspergillus*
10^{-3}	Speiseessig	*Acetobacter*
10^{-4}	Sauerkraut	Milchsäurebakterien
10^{-5}	Käse, Sauerteig	Milchsäurebakterien, Hefen
10^{-6}		
10^{-7}	reines Wasser	viele Mikroorganismen
10^{-8}	Seewasser	
10^{-9}	alkalische Böden,	*Nitrosomonas, Nitrobacter*,
	Stallmist	Harnstoff spaltende Bakterien,
		z. B. *Bacillus pasteurii*
10^{-10}	fermentierte Indigoblätter	*Bacillus alcalophilus*

Die hemmende Wirkung niedriger pH-Werte auf das Wachstum vieler Mikroorganismen spielt bei der Nahrungsmittel- und Futterkonservierung eine Rolle. Die Milchsäureproduktion wird zur Sauerkraut-, Saure Gurken- und Silagefutterherstellung genutzt. Die alkalische Kalkmilch, die zum Weißen von Ställen verwendet wird, hemmt die Mikrobenentwicklung an Wandflächen.

17.4. Chemische Konservierungs- und Desinfektionsmittel

Mit Konservierungsmitteln soll das Verderben von Lebens- und Futtermitteln verhindert werden, ohne daß die Qualität dieser Stoffe beeinträchtigt wird. Durch diese Mittel muß sowohl das Wachstum der Mikroorganismen als auch die durch sie bewirkte Toxinbildung gehemmt werden. Unter den Bakterien sind *Clostridium botulinum*, unter den Pilzen einige *Aspergillus*-Arten gefährliche Toxinbildner. Ein wichtiges Kriterium für Konservierungsmittel ist ihre toxikologische Unbedenklichkeit für Mensch und Tier. Nur wenige chemische Verbindungen erfüllen diese Anforderungen. Sorbinsäure ($CH_3-CH=CH-CH=CH-COOH$), die in der Natur in den Vogelbeeren (Sorbus) vorkommt, wird vor allem gegen Lebensmittel besiedelnde Pilze eingesetzt. Weitere Konservierungsmittel sind Benzoesäure und Ameisensäure. Biphenyl und o-Phenylphenolat werden zur Konservierung der Schale von Citrusfrüchten herangezogen.

Chemische Desinfektionsmittel werden zur Keimfreimachung von Arbeitsflächen und Räumen sowie von Materialien wie verseuchten Abwässern und Abfällen eingesetzt. Weiterhin werden Mittel zur Desinfektion der Hände und von Wunden benötigt. Der Grobdesinfektion dienen **Alkalien** (Sodalösung, 1 % KOH). Sehr wirksam sind **Oxidationsmittel** wie Wasserstoffperoxid (H_2O_2) und Kaliumpermanganat. Die Chlorung spielt bei der Trinkwasserdesinfektion eine große Rolle. Es ist ein Oxidationsvorgang, bei dem die unterchlorige Säure als Sauerstoff liefernde Verbindung fungiert:

$$Cl_2 + H_2O \rightarrow HCl + HClO$$

$$2\,HClO \rightarrow 2\,HCl + O_2$$

In entsprechender Weise wirkt Chlorkalk $CaCl(OCl)$, der zur Grobdesinfektion von Latrinen eingesetzt wird. Chloramin (p-Toluolsulfon-chloramidnatrium) dient der Fein- und Handdesinfektion. Ein weiteres sehr wirksames Oxidationsmittel ist die Peressigsäure. Klassische Desinfektionsmittel sind **Phenole** und Kresole, Lister führte die Karbolsäure in die Krankenhauspraxis ein. Heute kommen halogenierte Verbindungen in verschiedenen Handelspräparaten zum Einsatz. Wie die Phenole wirken auch **Alkohole** (70—80%) auf die Membran ein. Die Membranpermeabilität wird auch durch oberflächenaktive Detergenzien wie quarternäre Ammoniumbasen beeinträchtigt.

Ein sehr wirksames Desinfektionsmittel ist Formaldehyd, der in Lösung oder gasförmig zur Raumdesinfektion eingesetzt wird.

Chemische Mittel, die auch eine Kaltsterilisation von Nahrungsmitteln und Pharmazeutika ermöglichen, sind Ethylenoxid und Diethyldithiocarbamat. Diese Verbindungen sind instabil und zerfallen nach der desinfizierenden Wirkung. Das trifft auch für das sehr wirksame β-Propiolacton zu, dem jedoch karzinogene Nebenwirkungen zugeschrieben werden.

Auch Schwermetalle (Quecksilber, Silber) haben als Desinfektionsmittel Anwendung gefunden. Quecksilber kommt in organischer Bindung als Merthiolat zum Einsatz.

Chemotherapeutika sind chemisch hergestellte Arzneimittel. Zur Bekämpfung von Infektionserkrankungen haben die Sulfonamide große Bedeutung erlangt. Es sind Strukturanaloge der 4-Aminobenzoesäure, die einen wesentlichen Baustein der Tetrahydrofolsäure darstellt. Dieses Coenzym wird von den meisten Bakterien synthetisiert, Mensch und Tiere benötigen das „fertige" Coenzym. Der Einbau der Sulfonamide an Stelle von 4-Aminobenzoesäure (competitive Hemmung) führt zu einem inaktiven Coenzym und dadurch zum Wachstumsstillstand.

17.5.   Strahlungen

Der in Sonnenstrahlung enthaltene ultraviolette Bereich (380—200 nm) schädigt vegetative Mikrobenzellen. Sporen sind für die UV-Strahlung weitgehend undurchlässig. Der Bereich um 260 nm wird von den Nucleinsäuren absorbiert und führt zu einer Dimerisierung benachbarter Thyminmoleküle. Dieser Effekt verhindert die DNA-Replikation und ist daher letal. Die Mikroorganismen besitzen jedoch verschiedene enzymatische Reparaturmechanismen, die den schädigenden Effekt wieder aufheben können (19.2., Photo- und Dunkelreaktivierung). Die zur Raumdesinfektion eingesetzte UV-Strahlung muß daher lange einwirken (über Nacht), um den Reparaturprozessen entgegen zu wirken.

Auch die Röntgen- und Gammastrahlung wirken keimtötend. Die ionisierende Gammastrahlung wird zur Entkeimung von Lebens- und Futtermitteln in geschlossenen Behältern genutzt. *Micrococcus radiodurans* ist sehr unempfindlich gegen ionisierende Strahlung. Wahrscheinlich besitzt dieser Organismus einen hochwirksamen Reparaturmechanismus.

Teil III. Mikrobengenetik: Stabilität und Variabilität

Die Merkmale eines jeden Organismus sind genetisch determiniert und werden in Form der artspezifischen Erbanlagen von der Elterngeneration an die nachfolgende Generation weitergereicht.

Die Unveränderlichkeit dieser Erbanlagen und damit der von ihnen codierten Merkmale garantiert die **Konstanz der Arten**. Von grundlegender Bedeutung sind dabei die genetischen Prozesse der DNA-Replikation (identische Verdoppelung der DNA) und DNA-Segregation (gleichmäßige Verteilung der Erbanlagen auf die nachfolgende Generation), der DNA-Reparatur (Wiederherstellung der „richtigen" Nucleotidsequenz bei Vorliegen von „fehlerhafter" Sequenz) und der Proteinbiosynthese (Umsetzung der Nucleotidsequenz der DNA in die Aminosäuresequenz der Proteine).

Diesen Vorgängen gegenüber stehen Prozesse, die zur Veränderung der Erbanlagen führen. Es sind dies vor allem spontane und induzierte Mutationen (sprunghafte Veränderungen der DNA-Sequenz) und die Vielfalt der Rekombinationsprozesse (Neukombination der Erbanlagen). Mutationen und Rekombinationen sind Grundlage für die **Evolution der Arten**.

Diese Konstanz und Evolution der Arten befördernden Prozesse bilden eine dialektische Einheit und charakterisieren als Ganzes das Erbgeschehen.

18.   Vom Gen zum Protein

Das von Crick 1958 postulierte **Zentrale Dogma** der Molekularbiologie (Abb. 15.5.) formuliert, daß der Informationsfluß nur möglich ist von Nucleinsäure zu Nucleinsäure oder von Nucleinsäure zum Protein. Eine einmal im Protein vorliegende Information hat sich demzufolge endgültig und irreversibel manifestiert. Die Mechanismen, welche die Realisierung der genetischen Information vermitteln, offenbaren sich im Vorgang der **Proteinbiosynthese**.

Voraussetzung für die Realisierung der genetischen Information ist zunächst eine exakte Umschrift der Basensequenz der DNA in die Basensequenz der mRNA (Transcription). Diese Basensequenz wird dann auf der Grundlage des Genetischen Codes in die Aminosäuresequenz der Proteine übersetzt (Translation).

18.1.   Transcription

Während der Transcription werden bestimmte Abschnitte der DNA, deren Expression für die jeweiligen Stoffwechselprozesse der Zelle oder die konkret ablaufenden Differenzierungsprozesse notwendig sind, in RNA umgeschrieben. Das dafür notwendige Schlüsselenzym ist die **RNA-Polymerase**. Um den in RNA zu übersetzenden DNA-Abschnitt zu begrenzen, müssen auf dem codierenden Strang Signale (Sequenzbereiche) vorhanden sein, welche eine Erkennung und Bindung durch die RNA-Polymerase ermöglichen, den Startpunkt der Transcription und damit schließlich die Transcriptionsrichtung definieren und außerdem die Termination, den Abbruch der Transcription, herbeiführen (Transcriptionseinheit; Abb. 18.1.).

Werden im Rahmen einer solchen Transcriptionseinheit mehrere Gene umgeschrieben, dann bezeichnet man die entstehende RNA als polycistronischen Messenger, der für prokaryotische Systeme typisch ist. Handelt es sich dagegen nur um ein Gen, dann spricht man von einem monocistronischen Messenger (eukaryotische Gene). Polycistronische Messenger werden vor allem an DNA-Abschnitten gebildet, die gemeinsam regulierte Gene enthalten (Operon; vgl. Kap. 15). Die Synthese

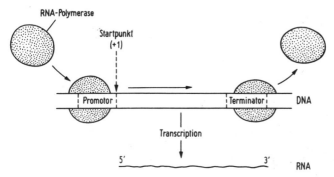

Abb. 18.1. Transcriptionseinheit. Es sind DNA-Abschnitte, die eine Erkennungs- und Bindungsregion (Promotor) für die RNA-Polymerase, einen Transcriptions- startpunkt und eine Terminatorregion besitzen.

der RNA erfolgt in 5' → 3'-Richtung. Das Wesen der Transcription ist bei Pro- und Eukaryoten gleich.

Bindung der RNA-Polymerase und Transcriptionsinitiation. Die spezi- fischen DNA-Sequenzen, welche die Orte der Erkennung zwischen DNA und RNA-Polymerase und der Bindung der RNA-Polymerase an die DNA darstellen, werden **Promoter** genannt.

Die Promoter von *E. coli* weisen zwei charakteristische Regionen mit hoher Sequenzhomologie auf. Das Zentrum der einen Region ist ca. 35 Basenpaare stromaufwärts vom Transcriptionsstartpunkt (+ 1) gelegen (−35-Region; Er- kennungsregion), während das Zentrum der zweiten Region etwa 10 Basenpaare vom Transcriptionsstartpunkt entfernt ist (−10-Region; Bindungsregion; Pribnow- Schaller-Box).

Die *E. coli*-RNA-Polymerase bindet mit 5 Untereinheiten (2α, β, β', δ), welche in ihrer Gesamtheit das RNA-Polymerase-Holoenzym bilden, an die Promoter- region. Nach der Ausbildung eines stabilen Komplexes zwischen RNA-Polymerase und DNA und der Aufwindung des DNA-Doppelstranges stromabwärts von der −10-Region erfolgt an der Initiationsstelle der Start der Transcription. Danach dissoziert die δ-Untereinheit von der RNA-Polymerase ab und das verbleibende Core-Enzym aus 4 Untereinheiten realisiert die Transcription des codogenen Stranges. Die Transcriptionsinitiation besteht im Knüpfen der Phosphodiester- bindung zwischen den beiden ersten Nucleotiden.

Eukaryotische Mikroorganismen besitzen drei verschiedene RNA-Polymerasen. Sie sind komplexer aufgebaut als prokaryotische RNA-Polymerasen und weisen eine größere Zahl von Untereinheiten auf. Die RNA-Polymerase I ist im Nucleolus der Zelle lokalisiert und transcribiert rRNA-Gene. Die RNA-Polymerase II ist für die Synthese von mRNA zuständig und die RNA-Polymerase III transcribiert tRNA-Gene und ribosomale 5S-RNA-Gene.

Elongation. Nach der Transcriptionsinitiation beginnt die Synthese des RNA-Stranges in $5' \rightarrow 3'$-Richtung, indem die RNA-Polymerase den DNA-Strang in $3' \rightarrow 5'$-Richtung abliest. Die RNA-Polymerase öffnet dazu den DNA-Doppelstrang kontinuierlich am jeweiligen Ort der Verknüpfung der Ribonucleosidtriphosphate und schließt ihn nach Verlassen des Syntheseortes wieder (Abb. 18.2.). Die Sequenz des synthetisierten RNA-Stranges ist der Sequenz des codogenen DNA-Stranges komplementär. Die komplementäre Base für Adenin (A) ist in der RNA dabei Uracil (U).

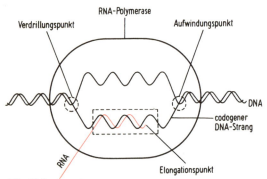

Abb. 18.2. Core-Enzym der RNA-Polymerase von E. coli während der Elongation. Es bedeckt etwa 60 Basenpaare der DNA. Am Aufwindungspunkt beginnt ein einzelsträngiger DNA-Bereich, in dem die RNA-Synthese an der Matrize des codogenen DNA-Stranges abläuft. Der Elongationspunkt ist die Position des neu zu verknüpfenden Ribonucleosidtriphosphates. Am Verdrillungspunkt wird die Einzelstrang-DNA wieder zum Doppelstrang verdrillt. Nach Lewin 1983.

Termination. Die RNA-Polymerase gleitet solange auf der DNA-Matrize entlang, bis sie auf ein Terminationssignal trifft. Dieses Signal veranlaßt das Enzym, die Aneinanderreihung der Ribonucleosidtriphosphate zu beenden, das Transcriptionsprodukt — die RNA — freizusetzen und sich von der DNA-Matrize abzulösen.

Über eukaryotische Stop-Signale ist wenig bekannt, während prokaryotische Terminatoren detailliert untersucht wurden: Terminationssignale bestehen aus einer G-C-reichen palindromischen (spiegelbildlichen) Sequenz mit mehreren nachfolgenden Thyminbasen. Nach der RNA-Synthese erfolgt in diesem Bereich der RNA durch Basenpaarung die Bildung einer Haarnadelstruktur, was eine starke Herabsetzung der Transcriptionsgeschwindigkeit und schließlich das Ablösen der RNA-Polymerase zur Folge hat. Für einige Terminationssignale benötigt die RNA-Polymerase das Protein rho als Cofaktor für den Transcriptionsabbruch.

Primärprodukte der Transcription und ihre Modifizierung (RNA-Processing und Splicing). Nur ein Primärprodukt der Transcription, die prokaryotische mRNA, wird im allgemeinen nach ihrer Synthese unmittelbar für den Prozeß der Translation genutzt. Pro- und eukaryotische tRNA und rRNA sowie die eukaryotische mRNA werden dagegen zunächst als Vorstufen bzw. Präcursoren (prä-tRNA, prä-rRNA, prä-mRNA) gebildet, aus denen im Zuge des RNA-Processing bzw. Splicing die funktionsfähigen RNA-Moleküle entstehen.

Bakterielle rRNA-Gene sind oft gemeinsam mit tRNA-Genen in Operons organisiert. Nach der Synthese einer gemeinsamen prä-RNA werden die rRNA- und tRNA-Transcripte durch spezifische Spaltungen freigesetzt. Ein Beispiel für die Anordnung von bakteriellen tRNA-Genen in Clustern und deren Freisetzung nach Synthese eines gemeinsamen Primärtranscripts ist in Abbildung 18.3. angeführt.

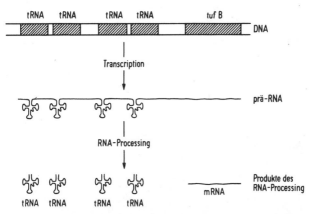

Abb. 18.3. RNA-Processing am Beispiel gemeinsam transcribierter tRNA-Gene von E. coli. Im tyrU-Cluster erfolgt die Transcription von vier verschiedenen tRNA-Genen und des Gens tufB, das für ein Protein codiert. Im gemeinsamen Primärtranscript (prä-RNA) ist bereits die Sekundärstruktur der tRNAs festgelegt. Durch RNA-Processing entstehen aus der prä-RNA die funktionsfähigen tRNAs und die mRNA des tufB-Gens. Die Translation dieser mRNA und damit die Synthese des entsprechenden Proteins beginnen erst nach dem Processing der prä-RNA. Nach Lewin 198?

Die Transcripte der eukaryotischen RNA-Polymerase II unterscheiden sich von anderen prä-RNAs durch ihre modifizierten 5'- und 3'-Enden. Sofort nach Freiwerden des 5'-Endes erfolgt hier die zusätzliche Bindung eines Guanosins mit anschließender Methylierung. Diese Struktur am 5'-Ende der prä-mRNA wird als **cap** bezeichnet und schützt das mRNA-Molekül vor Nucleaseeinwirkung. Das cap spielt darüber hinaus eine Rolle bei der Translationsinitiation. Nach Synthese der prä-mRNA und erfolgter Transcriptionstermination werden an ihr 3'-Ende durch eine Poly-A-Poly-

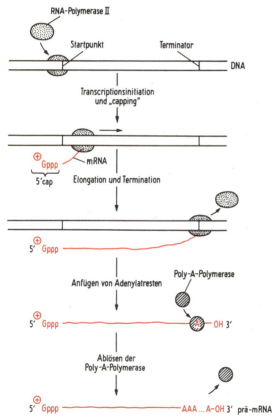

Abb. 18.4. Synthese eukaryotischer prä-mRNA. Die prä-mRNA-Transcripte der eukaryotischen RNA-Polymerase II werden durch „capping" am 5'-Ende und durch Anfügen von Adenylatresten am 3'-Ende modifiziert.

merase bis zu 200 Adenylatreste ansynthetisiert, die der Stabilisierung der mRNA-Moleküle dienen (Abb. 18.4.).

Einige mRNA-Primärtranscripte eukaryotischer Mikroorganismen müssen zu ihrer Überführung in den funktionellen Zustand einen weiteren Reifungsprozeß, das **Splicing**, durchlaufen. Das Splicing ist deshalb notwendig, weil eine Reihe von Genen nicht als kontinuierliche DNA-Sequenz codiert ist, sondern von nichtcodierenden Bereichen, den **Introns**, unterbrochen ist, so daß codierende Sequenzabschnitte **(Exons)** mit Introns alternieren. Die prä-mRNAs solcher Gene enthalten deshalb ebenfalls nichtcodierende Bereiche, die im Zuge des Splicing entfernt werden (Abb. 18.5.).

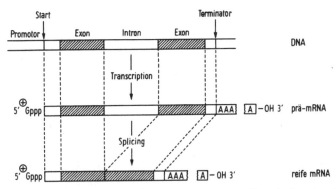

Abb. 18.5. Splicing eukaryotischer prä-mRNA. Die codierende Sequenz eines eukaryotischen Gens ist durch ein Intron unterbrochen. Nach der Transcription liegt eine prä-mRNA vor, die sowohl die Intron- als auch die Exonsequenzen enthält. Der in der prä-mRNA enthaltene nicht codierende Abschnitt wird durch Splicing entfernt.

18.2.   Translation

Während der Translation wird die Basensequenz der mRNA in die Aminosäuresequenz der Proteine übersetzt. Eukaryotische Mikroorganismen führen die Translation räumlich und zeitlich getrennt von der Transcription aus (die Transcription findet im Zellkern statt, während die Translation der reifen mRNA erst nach deren Eintritt ins Cytoplasma abläuft), während bei Prokaryoten diese Prozesse weitgehend parallel verlaufen.

Die wichtigsten Komponenten des Translationsprozesses sind die mRNA, die tRNA und die Ribosomen.

Schematisch kann die Translation in die Vorgänge der Initiation, Elongation und Termination unterteilt werden.

18.2.1.   Komponenten der Translation

mRNA und Genetischer Code. Die Basensequenz der mRNA repräsentiert den Genetischen Code. Dieser Code legt den Bauplan der Proteine fest, indem jeweils eine Dreiergruppe von Nucleotidbasen (Basentriplett = Codon) für eine Aminosäure codiert. Die Gesamtheit der 64 möglichen Basentripletts stellt den Genetischen Code dar (Tab. 18.1.). Dieser Code ist (mit wenigen Ausnahmen) für alle Lebewesen gültig und damit universell.

Von den 64 Tripletts codieren 61 für Aminosäuren, während 3 sogenannte Nonsenscodonen darstellen, die zum Abbruch der Translation führen. Darüber hinaus existieren definierte Startcodonen der Translation: bei Prokaryoten AUG und

Tab. 18.1. Genetischer Code

Erste Base	Zweite Base				Dritte Base
	U	C	A	G	
U	UUU ⎫ Phe UUC ⎭ UUA ⎫ Leu UUG ⎭	UCU ⎫ UCC ⎪ Ser UCA ⎪ UCG ⎭	UAU ⎫ Tyr UAC ⎭ UAA „Stop" UAG „Stop"	UGU ⎫ Cys UGC ⎭ UGA „Stop" UGG Try	U C A G
C	CUU ⎫ CUC ⎪ Leu CUA ⎪ CUG ⎭	CCU ⎫ CCC ⎪ Pro CCA ⎪ CCG ⎭	CAU ⎫ His CAC ⎭ CAA ⎫ Gln CAG ⎭	CGU ⎫ CGC ⎪ Arg CGA ⎪ CGG ⎭	U C A G
A	AUU ⎫ AUC ⎬ Ile AUA ⎪ AUG Met	ACU ⎫ ACC ⎪ Thr ACA ⎪ ACG ⎭	AAU ⎫ Asn AAC ⎭ AAA ⎫ Lys AAG ⎭	AGU ⎫ Ser AGC ⎭ AGA ⎫ Arg AGG ⎭	U C A G
G	GUU ⎫ GUC ⎪ Val GUA ⎪ GUG ⎭	GCU ⎫ GCC ⎪ Ala GCA ⎪ GCG ⎭	GAU ⎫ Asp GAC ⎭ GAA ⎫ Glu GAG ⎭	GGU ⎫ GGC ⎪ Gly GGA ⎪ GGG ⎭	U C A G

GUG, die beide für N-Formyl-Methionin codieren (innerhalb eines Gens steht GUG stets für Valin) und bei Eukaryoten AUG. Wie aus Tabelle 18.1. hervorgeht, ist der Genetische Code degeneriert, d. h. mit Ausnahme von Tryptophan und Methionin codieren mehrere Tripletts für jeweils eine Aminosäure. Der Genetische Code wird in nichtüberlappenden Tripletts gelesen. Das Startcodon definiert damit gleichzeitig den Leserahmen (reading frame) der mRNA.

Ribosomen. Die Ribosomen sind die Proteinsynthesemaschinen der Zelle. Sie stellen große Multienzymkomplexe aus Proteinen und RNA-Molekülen dar. Jedes Ribosom besteht aus zwei Untereinheiten und besitzt drei RNA-Bindungsorte: einen Bindungsort für die mRNA und zwei

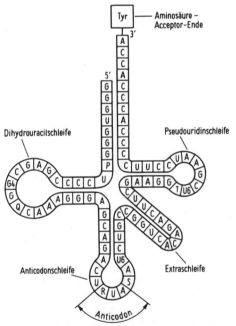

Abb. 18.6. Primärstruktur (Basensequenz) und Sekundärstruktur (Kleeblattmodell) einer tRNA (Tyr-tRNA). Die Anticodonschleife enthält das Anticodon, ein Basentriplett, das spezifisch für jede tRNA ist. Über das Anticodon tritt die tRNA während der Translation in Wechselwirkung mit dem entsprechenden Codon der mRNA. Jede tRNA besitzt an ihrem 3'-Ende die Sequenz CCA. Das endständige Adenosin fungiert als Bindungsstelle für die tRNA-spezifische Aminosäure (im Beispiel für Tyrosin). UG: Pseudo-Uridin, G4: 2'-0-Methylguanosin, T: Ribothymidin, Q, P, R: unbekannte Basen.

Bindungsorte für tRNA-Moleküle. Es handelt sich dabei um den **P-Ort** (Peptidyl-tRNA-Bindungsort) und den **A-Ort** (Aminoacyl-tRNA-Bindungsort) (Abb. 18.7.).

tRNA. Die tRNA-Moleküle sind Träger- und Transportmoleküle für die Aminosäuren. Für jede proteinogene Aminosäure existieren spezifische tRNA-Moleküle. Die Primär- und Sekundärstruktur einer tRNA ist in Abbildung 18.6. wiedergegeben.

Die Beladung (**Aktivierung**) der tRNA-Moleküle mit ihren spezifischen Aminosäuren wird durch das Enzym Aminoacyl-tRNA-Synthetase katalysiert, das wiederum für jede Aminosäure bzw. tRNA spezifisch ist. Zunächst erfolgt die Aktivierung einer freien Aminosäure durch ATP. Nach dem Knüpfen einer Esterbindung zwischen der Carboxylgruppe der Aminosäure und der Ribose des Adenosins am 3'-Ende der tRNA (Acceptorarm) ist die jeweilige tRNA mit ihrer spezifischen Aminosäure beladen und wird in diesem Zustand als Aminoacyl-tRNA bezeichnet.

Beladene tRNA hat die Eigenschaft, über ihr Anticodon mit dem entsprechenden, komplementären Codon der mRNA zu paaren. Dabei kann die 1. Base des Anticodons der tRNA mit verschiedenen Basen in der 3. Position des mRNA-Codons paaren. Diese Eigenschaft der tRNA wird als „Wobble-Effekt" bezeichnet. Dieser Effekt erklärt die Tatsache, daß nicht für jedes Codon eine eigene tRNA vorhanden sein muß. Besonders augenfällig wird dies am Beispiel der Mitochondrien eukaryotischer Mikroorganismen: Hier sind 24 tRNA-Species in der Lage, alle notwendigen Anticodon-Codon-Paarungen zu vollziehen.

18.2.2.   Ablauf der Translation

Initiation. Bei Bakterien beginnt noch während der Transcription die Translation. Dazu bildet sich am 5'-Ende der mRNA im Bereich des Startcodons der Initiationskomplex aus mRNA, der 30S-Untereinheit des Ribosoms und einer speziellen Initiations-tRNA (fMet-tRNA), die im P-Ort der Ribosomenuntereinheit bindet. An seiner Bildung sind außerdem Proteinfaktoren, die sogenannten Initiationsfaktoren (IF1, IF2, IF3), beteiligt. Die letzte Phase der Initiation besteht in der Anlagerung der großen Untereinheit des Ribosoms an den Initiationskomplex.

Elongation. Die Elongation ist ein cyclischer Vorgang, der drei Etappen umfaßt: (1) Bindung einer Aminoacyl-tRNA im A-Ort des Ribosoms, (2) Transfer der Polypeptidkette von der tRNA im P-Ort zur Aminoacyl-tRNA im A-Ort unter Knüpfung einer Peptidbindung und schließlich (3) Translokation der die Peptidkette tragenden tRNA zum P-Ort, wobei gleichzeitig das Ribosom um ein Triplett an der mRNA weitergleitet. Die Peptidbindung wird zwischen der Carboxylgruppe der ersten und der α-Aminogruppe der zweiten Aminosäure geknüpft. Diese Reaktion wird vom Enzym Peptidyltransferase katalysiert.

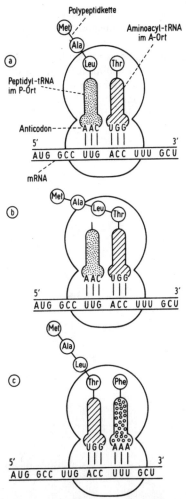

Abb. 18.7. Translation. a. Der P-Ort des Ribosoms ist mit der Peptidyl-tRNA, der A-Ort mit der spezifischen Aminoacyl-tRNA besetzt. b. Die an die tRNA im P-Ort gebundene Polypeptidkette wird auf die im A-Ort gebundene Aminoacyl-tRNA unter Knüpfung einer Peptidbindung übertragen. c. Die unbeladene tRNA im P-Ort wird verdrängt, das Ribosom rückt um ein Triplett weiter, die im A-Ort gebundene Peptidyl-tRNA wird in den P-Ort transloziert und im A-Ort bindet eine weitere Aminoacyl-tRNA.

Termination. Die Termination der Proteinsynthese ist ein Vorgang, bei dem ein Terminationscodon von einem speziellen Proteinfaktor RF (release factor) erkannt wird. Bei *E. coli* wurden drei solcher Faktoren gefunden (RF1, RF2, RF3), von denen zwei die Terminationscodonen UAA, UAG und UGA erkennen. Die Terminationsreaktion umfaßt das Ablösen der Polypeptidkette von der letzten tRNA im P-Ort, das Ablösen der tRNA vom Ribosom selbst und die Dissoziation des Ribosoms in seine Untereinheiten.

Schematisch ist der Ablauf der Translation in Abbildung 18.7. dargestellt.

19. Mutationen und Rekombinationen

19.1. Mutationen

Aus molekularbiologischer Sicht führen **Mutationsereignisse** zu Veränd.
rungen der Nucleotidsequenz der DNA. Diese Mutationsereignisse könne
phänotypisch unbemerkt bleiben (stille Mutationen) oder zur Bildun.
veränderter Genprodukte führen, die im Vergleich zum nichtmutierter
Zustand fast immer eine geringere oder keine biologische Aktivität aufweisen. Die Mehrzahl der Mutationen bewirkt deshalb für den Organismus
nachteilige Folgen.

Mutationen treten spontan auf (z. B. als Folge von Fehlern bei der Replikation) oder werden durch die Einwirkung mutagener Substanzen (chemische Verbindungen, ionisierende und UV-Strahlen) induziert. Die spontane Mutationsrate (Wahrscheinlichkeit einer Mutation pro Zelle und
Generation) beträgt für ein Nucleotidpaar etwa 10^{-8}.

Durch **Rückmutation** wird eine Mutante wieder zum Wildtyp, indem
die Sequenzveränderung der Hinmutation durch einen zweiten Mutations-
schritt zurückgenommen wird. **Suppressor-Mutationen** dagegen stellen die
Wildtyp-Situation durch eine zweite Mutation in einem anderen Genort
wieder her.

Durch den Einsatz von **Mutagenen** können Mutationen verschiedenster
Art ausgelöst werden. So können z. B. Basenanaloga wie 2-Aminopurin
und Brom-Uracil anstelle von Adenin bzw. Thymin in die DNA eingebaut werden, was zu Paarungen mit „falschen" Basen und damit zum Austausch von AT durch CG führt. Zu ähnlichen Folgen führt die chemische
Modifizierung von Basen durch solche Mutagene wie Hydroxylamin und
Nitrit: Chemisch modifizierte Basen zeigen ebenfalls ein verändertes Paa-
rungsverhalten, das Ursache für einen Basenaustausch in der DNA sein
kann.

Basensubstitutionen können verschiedene Konsequenzen haben, die
sich aus dem Genetischen Code ergeben. Wird durch den Basenaustausch
im Zuge der Translation im Protein eine Aminosäure durch eine andere
ersetzt, so kann das zum Funktionsverlust für das synthetisierte Protein
führen. Wird dagegen die dritte Base eines Codons verändert, ohne daß

es zur Codierung einer neuen Aminosäure kommt, dann wird die Mutation phänotypisch nicht ausgeprägt.

Erhebliche Auswirkungen haben die **Frameshift-Mutationen**, die durch Verlust oder Einfügung zusätzlicher Basen zu einer Verschiebung des Leserasters und damit zur Synthese von Nonsensproteinen oder zum Abbruch der Translation führen (Abb. 19.1.).

Die oben erwähnten Mutationsereignisse zeichnen sich durch Veränderung eines oder weniger Nucleotide aus und werden deshalb als **Punktmutationen** bezeichnet. Daneben gibt es eine Reihe von Phänomenen, die durch Veränderung einer großen Zahl von Nucleotiden charakterisiert sind und aus diesem Grund **Segmentmutationen** genannt werden. Die wichtigsten von ihnen sind: **Deletionen**, die nach Verlust einer Nucleotidsequenz entstehen. Deletionsmutanten mutieren nicht zum Wildtyp zurück. **Duplikationen** entstehen durch Verdoppelung eines Sequenzabschnittes. Durch das Auftreten von Duplikationen kommt es zur Vermehrung des genetischen Materials (Evolution). **Inversionen** entstehen durch den spiegelbildlichen Einbau von Nucleotidsequenzen. **Insertionen** sind das Ergebnis des Einbaus neuer Nucleotidsequenzen fremden Ursprungs. Von besonderer Bedeutung ist hierbei die Insertion transponierbarer genetischer Elemente (IS, Tn, Phagen; vgl. 19.2.1.).

Bei eukaryotischen Mikroorganismen haben darüber hinaus Chromosomen- und Genommutationen Bedeutung. **Chromosomenmutationen** führen zu Strukturveränderungen an Chromosomen, die mehrere Gene betreffen. Die wesentlichen Formen sind dabei Duplikationen, Deletionen, Inversionen und Translokationen (Segmentaustausch zwischen nichthomologen Chromosomen). Bei **Genommutationen** handelt es sich um Veränderungen der Chromosomenzahl des Genoms, die während der Kernteilungspro-

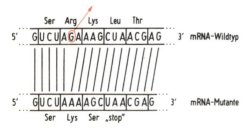

Abb. 19.1. Beispiel für die Folgen einer Frameshift-Mutation auf der Ebene der Translation. Eine Mutagenese mit Acridinorange bewirkt den Verlust der zweiten Base des für Arginin codierenden Tripletts. Die veränderte Basenfolge führt zur Synthese einer veränderten mRNA. Es resultiert ein neuer Leserahmen und damit neue Codonen und ein Stopcodon (UAA), das die Translation vorzeitig terminiert.

zesse stattfinden. Dabei können sich Vielfache der Chromosomensätze bilden (Euploidie, Polyploidie), oder die Chromosomensätze können um ein oder mehrere Chromosomen vermehrt werden.

19.2.   Reparatur von DNA-Schäden

Veränderungen der DNA, die zu den oben beschriebenen Mutationen führen können, sind Ereignisse, die als natürlicher Bestandteil des Lebenscyclus eines Organismus auftreten. Würden keine Mechanismen existieren, die Gegenspieler dieser Vorgänge sind, so würde eine Anhäufung solcher Mutationen (z. B. durch natürliche UV-Strahlung ausgelöst, die die Entstehung von kovalenten Bindungen zwischen benachbarten Pyrimidinnucleotiden eines DNA-Stranges induziert) letztlich zum Tod der Zelle führen. Während der Evolution entwickelten sich daher eine Reihe genetisch determinierter Reparaturmechanismen, die in der Lage sind, viele DNA-Schäden zu erkennen und zu beheben, so daß sich prämutative DNA-Schäden nicht als Mutationen manifestieren können. Diese Reparaturvorgänge leiten sich von zwei Grundmechanismen ab:

Photoreaktivierung. Bei Einwirkung von sichtbarem Licht werden die nach UV-Einwirkung entstehenden Pyrimidin-Dimere enzymatisch gespalten.

Dunkelreaktivierung. Bei den Prozessen der Dunkelreaktivierung wird keine Lichtenergie benötigt. Die ablaufenden Mechanismen arbeiten nach dem Prinzip der Excisionsreparatur (enzymatisches Ausschneiden des defekten Strangabschnittes und korrekte Neusynthese) und der Postreplikationsreparatur (Reparatur von Stranglücken nach der Replikation durch rekombinativen Strangaustausch oder durch SOS-Reparatursysteme, die vor allem dann induziert werden, wenn in kritischen Situationen eine effektive DNA-Reparatur überlebensnotwendig ist).

19.3.   Rekombinationen

Die Natur hat eine Vielzahl von Mechanismen entwickelt, die zu einer Neukombination des genetischen Materials, zur Rekombination der Erbanlagen, führen. Diese Vorgänge, die eng mit der Übertragung von Erbanlagen in Zusammenhang stehen, verkörpern eine wesentliche Schubkraft für die Evolution der Arten.

Bei eukaryotischen Mikroorganismen sind diese Rekombinationsprozesse naturgemäß mit den Vorgängen der Meiose und Mitose verknüpft und werden deshalb als **sexuelle Rekombination** bezeichnet.

Prokaryotische Mikroorganismen zeichnen sich durch eine Vielzahl von Rekombinations- und Übertragungsmechanismen der Erbanlagen aus. Genetisches Material kann hier auf parasexuellem Weg durch Transformation, Transduction und Konjugation übertragen werden. Die damit in Zusammenhang stehenden Rekombinationen werden aus diesem Grund als **parasexuelle Rekombinationen** bezeichnet. Aber auch für eukaryotische Mikroorganismen sind parasexuelle Prozesse bekannt: Für Pilze, denen die sexuelle Phase fehlt (*Aspergillus nidulans, Penicillium chrysogenum*) stellen deshalb parasexuelle Rekombinationen eine geeignete Form der Neukombination ihres genetischen Materials dar. Ganz allgemein können die erwähnten parasexuellen Vorgänge als solche Prozesse definiert werden, bei denen nur Teilgenome miteinander verschmelzen (Prokaryoten) bzw. während der Meiose eine unkoordinierte Verteilung der Genome stattfindet (Eukaryoten).

Ein weiterer Rekombinationsmechanismus von großer Bedeutung ergibt sich aus der Tatsache, daß die Genome pro- und eukaryotischer Organismen keine statischen Sequenzen darstellen, sondern DNA-Bereiche enthalten, die innerhalb des Genoms ihren Platz verändern können. Die Entdeckung dieser **transponiblen Elemente** durch Barbara McClintock (1956) führte zu neuen Erkenntnissen bezüglich der genomischen Evolution der Organismen. Zu diesen transponiblen Elementen werden die IS-Elemente (Insertionssequenzen), die Tn-Elemente (Transposons) und die transponiblen Bacteriophagen (z. B. Phage Mu) gezählt.

Betrachtet man die Rekombinationsvorgänge selbst auf der Ebene der DNA, so können diese nach dem Homologiegrad der beteiligten DNA-Sequenzen klassifiziert werden. Von **allgemeiner** Rekombination wird dann gesprochen, wenn große Homologie der am Austausch beteiligten DNA-Sequenzen vorliegt. **Ortsspezifische** Rekombinationsprozesse laufen ab, wenn kurze Homologiebereiche der in den Rekombinationsvorgang einbezogenen DNA-Sequenzen beteiligt sind. Bei der Insertion transponibler Elemente ist oft keine Homologie zwischen den rekombinierenden DNA-Sequenzen erkennbar. In solchen Fällen spricht man von **illegitimer** Rekombination.

19.3.1.   Rekombinationen bei Bakterien

Transformation. Als Transformation wird die Aufnahme reiner DNA durch eine Rezipientenzelle bezeichnet. Eine Bakterienzelle kann nur dann DNA aufnehmen, wenn sie sich im physiologischen Zustand der **Kompetenz** befindet. Die Kompetenz ist eine komplexe, genetisch kontrollierte Erscheinung. Bei Gram-positiven Bakterien (*Streptococcus, Bacillus*) ist der

Zustand der Kompetenz Teil ihres natürlichen Lebenscyclus. Die Transformation wurde deshalb zuerst auch mit den klassischen Experimenten von Griffith (1928) bei *Streptococcus pneumoniae* entdeckt, auf deren Basis es dann Avery (1944) gelang, den Beweis zu führen, daß die DNA das transformierende Prinzip und damit den Erbträger verkörpert.

Gram-negative Bakterien dagegen können nur künstlich in den Zustand der Kompetenz versetzt werden, indem man ihre Zellmembran mit Hilfe einer CaCl$_2$-Behandlung für DNA durchlässig macht. Die Konsequenzen der Transformation, nämlich die Aufnahme von DNA durch eine Zelle und die Rekombination zwischen Wirts-DNA und aufgenommener DNA, sind bei Gram-positiven und Gram-negativen Bakterien gleich. In Abbildung 19.2. ist ein solches Transformationsereignis schematisch dargestellt: Wird künstlich extrahierte chromosomale DNA, die in einer Vielzahl von Bruchstücken unterschiedlicher Länge vorliegt, kompetenten Zellen zur Transformation angeboten, dann werden die von der Zelle aufgenommenen

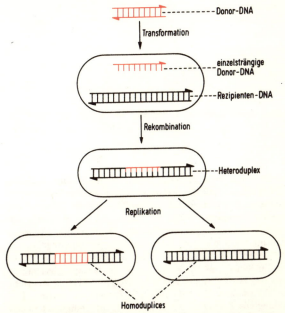

Abb. 19.2. Transformation chromosomaler DNA-Bruchstücke. Nach Eindringen der Donor-DNA in die Zelle wird die einzelsträngige Form durch generelle Rekombination in das Rezipientengenom eingebaut. Es entsteht ein Heteroduplex. Nach Replikation und Zellteilung entstehen Homoduplices. Nach Günther 1984.

DNA-Moleküle in einzelsträngige Formen umgewandelt, die sich an homologe Bereiche des Rezipientenchromosoms anlagern können. Kommt es
jetzt zur allgemeinen Rekombination, so können diese einzelsträngigen
DNA-Moleküle unter Bildung eines Heteroduplex in das Rezipienten-
chromosom integriert werden. Nach einer Replikationsrunde liegen dann
Homoduplices vor, welche die erhaltene, neue Information phänotypisch
ausprägen können.

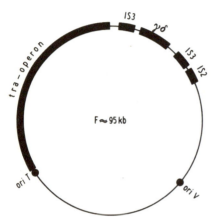

Abb. 19.3. Vereinfachte Darstellung des F-Plasmids von E. coli. IS2, IS3, γ,δ:
Insertionssequenzen, oriV: Origin der vegetativen Replikation, oriT: Transfer-
Origin.

▶

Abb. 19.4.a. Ablauf der Konjugation zwischen Donor (F$^+$-Zelle) und Rezipient
(F$^-$-Zelle). (1) Der Pilus der Donorzelle erkennt und bindet an Oberflächenrezep-
toren der Rezipientenzelle. (2) Durch Retraktion des Pilus entsteht Zellwandkon-
takt zwischen Donor und Rezipient. (3) Das F-Plasmid wird von der Donorzelle
in die Rezipientenzelle transferiert. Die Einzelstränge in Donor und Rezipient
werden zum Doppelstrang-Plasmid ergänzt. (4) Beide Konjugationspartner besitzen
das F-Plasmid und streben aktiv auseinander. (5) Aus dem Rezipienten ist ein
Donor geworden. **b.** Entstehen von Hfr-Zellen aus F$^+$-Zellen und Übertragung
chromosomaler Gene von Hfr-Zellen auf Rezipientenzellen. (1) Durch Rekombination integriert das F-Plasmid in das bakterielle Chromosom, es entstehen Hfr-
Zellen. (2) Nach Bildung von Konjugationspaaren erfolgt ein Strangbruch in oriT
des integrierten F-Faktors (vgl. Abb. 19.3.) und die Übertragung chromosomaler
Gene auf den Rezipienten. (3) Homologe Bereiche der chromosomalen DNA des
Rezipienten und der chromosomalen DNA der Hfr-Zellen lagern sich einander
an, und bei der Rekombination kann es zur Neukombination von Genen kommen.

Praktisch werden Experimente dieser Art genutzt, um z. B. Kopplungsgruppen von Genen festzustellen. In der Gentechnik (vgl. Kap. 20) stellt
die Transformation geeigneter Rezipientenzellen mit rekombinanten Plasmiden eine grundlegende Methode dar. Plasmide werden nach ihrer Übertragung in die Rezipientenzelle autonom repliziert und vermehrt. Fremd-
DNA, die zuvor in solche Plasmide inseriert wurde, kann auf diese Weise
in bakterielle Wirte eingeschleust und dort vermehrt werden.

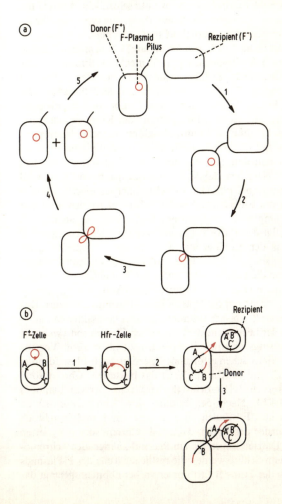

Konjugation. Während der Konjugation wird genetisches Material von einer Donorzelle auf eine Rezipientenzelle übertragen. Voraussetzung dafür ist der Zellkontakt zwischen den Konjugationspartnern. Der Status einer Donorzelle ist abhängig vom Vorhandensein eines Sexualfaktors, des **F-Plasmids.** Das F-Plasmid trägt alle genetischen Informationen, die für die bei der Konjugation ablaufenden Vorgänge codieren (*tra*-Operon). Abbildung 19.3. zeigt schematisch die Karte des F-Plasmids von *E. coli.*

Bei verschiedenen Bakterienspecies gibt es unterschiedliche Abläufe des Konjugationsereignisses. Verallgemeinert man jedoch die typischen Phasen der Konjugation unter besonderer Berücksichtigung der bei *E. coli* beobachteten Vorgänge, so kommt man zu dem in Abbildung 19.4. gezeigten Schema.

Donorzellen bilden **Pili,** Organellen mit filamentöser Struktur. Diese Pili erkennen Rezeptoren an der Zelloberfläche von Rezipienten und binden an diese. Danach erfolgt die Rückbildung (Retraktion) der Pili, was schließlich zu einem Kontakt der Zelloberflächen von Donor- und Rezipientenzellen und zur Bildung von Konjugationspaaren oder Konjugationsaggregaten (mehrere Zellen kontaktieren) führt, die aus einem instabilen in einen stabilen Paarungszustand übergehen. Gleichzeitig werden die für die konjugative Replikation und den Transfer des F-Plasmids verantwortlichen Gene „angeschaltet". Nachdem stabile Konjugationspaare vorliegen, wird in oriT des F-Plasmids (Abb. 19.3.) ein Einzelstrangbruch gesetzt. Danach beginnt der Transfer des F-Plasmids. Die DNA-Stränge werden in Donor und Rezipient zu kompletten Doppelstrang-F-Plasmiden ergänzt. Nach der Konjugation erfolgt das aktive Auseinanderstreben der Konjugationspartner. Im Ergebnis der Konjugation sind aus den Rezipientenzellen (F$^-$-Zellen) Donorzellen (F$^+$-Zellen) geworden („Geschlechtsumwandlung"), die ihrerseits in die Lage versetzt sind, neue Konjugationsereignisse mit potentiellen Partnern (Rezipienten) einzuleiten (Abb. 19.4. a). Alle erwähnten Vorgänge werden vom *tra*-Operon des F-Plasmids gesteuert. Das *tra*-Operon stellt das größte bisher bekannte Operon bei Bakterien dar.

F-Plasmide sind in der Lage, Gene des bakteriellen Chromosoms während des Konjugationsvorgangs in einen Rezipienten zu übertragen. Voraussetzung dafür ist die relativ selten erfolgende Insertion des F-Plasmids über IS-Elemente (IS2, IS3, γ, δ in Abb. 19.3.) in das bakterielle Chromosom. Solche Donorzellen werden als **Hfr-Zellen** (high frequency of recombination) bezeichnet (Abb. 19.4. b). Nach der Bildung von Konjugationspaaren zwischen Hfr-Zellen und F$^-$-Zellen wird in oriT ein Einzelstrangbruch gesetzt, und der Transfer des in das bakterielle Chromosom integrierten F-Plasmids beginnt. Danach folgen die am Plasmid „hängenden" chromosomalen Gene und zum Schluß werden die restlichen Teile des F-Plasmids überführt. Da jedoch der Transfer fast immer vorher abbricht, gelangt das

Plasmid nicht vollständig in den Rezipienten und es erfolgt keine Umwandlung der Rezipienten in F^+-Zellen. Der Rezipient ist für die übertragenen chromosomalen Gene diploid. Zwischen übertragenen Genen und Genen des Rezipientengenoms kann es jetzt zur Rekombination unter Bildung eines Heteroduplex und damit zur Genneukombination kommen.

Experimentell wird diese Genübertragung durch Hfr-Zellen genutzt, um Genkarten aufzustellen. Man unterbricht zu diesem Zweck den Konjugationsablauf in definierten Zeitintervallen, kann so die zeitabhängige Genübertragung ermitteln und schließlich eine Genkarte in „Konjugationsminuten" aufstellen.

Eine weitere Möglichkeit der Übertragung chromosomaler Gene während der Konjugation ergibt sich dann, wenn das F-Plasmid aus dem Chromosom von Hfr-Zellen unter fehlerhafter Excision frei wird. Dabei kann ein benachbarter DNA-Abschnitt im F-Plasmid verbleiben und mit diesem dann auf Rezipientenzellen übertragen werden. Solche mit Teilen chromosomaler DNA beladene F-Plasmide werden als F'-Faktoren bezeichnet.

Transduction. Im Zuge der Transduction werden Bakteriengene durch Phagen übertragen. Dies geschieht durch allgemeine Transduction, bei der beliebige Gene des bakteriellen Chromosoms in den Phagenkopf verpackt und übertragen werden können, oder durch spezialisierte Transduction, in deren Verlauf nur ganz bestimmte Gene übertragen werden.

Allgemeine Transduction. Nach der Infektion einer Bakterienzelle mit virulenten Phagen wird der lytische Cyclus eingeleitet, in dessen Verlauf die Phagen-DNA vermehrt und in Hüllproteine verpackt wird. Die neu entstandenen intakten Phagen werden durch Lyse der Zelle frei. Unter diesen Phagen befinden sich einige wenige Partikel, bei denen zufällige DNA-Bruchstücke des bakteriellen Chromosoms eingebaut wurden. Bei erneuter Infektion einer Rezipientenzelle durch solche defekten transducierenden Phagen kann zwischen Rezipientengenom und Donor-DNA allgemeine Rekombination stattfinden, in deren Ergebnis das transducierte Genstück ins Genom des Rezipienten eingebaut wird. Auf diese Weise können durch gezielte Auswahl der Transductionspartner Gen- und Chromosomenkarten aufgestellt und präzisiert werden. Beispiele für allgemein transducierende Phagen sind P1 (*E. coli*) und P22 (*Salmonella*).

Spezialisierte Transduction. Zur spezialisierten Transduction sind temperente Phagen befähigt, die sich durch ihre Fähigkeit zur **Lysogenie** auszeichnen. Das bekannteste Beispiel dafür ist der Phage Lambda (λ). Nach der Infektion einer *E. coli*-Zelle durch λ erfolgt entweder Phagenvermehrung und Lyse des Bakteriums (lytischer Cyclus) oder Insertion des Phagen ins Bakterienchromosom (Lysogenie). In diesem integrierten Zustand wird λ gemeinsam mit dem Wirtschromosom repliziert und auf die Nachkommenschaft weitergereicht. Dieser Zustand des Phagen wird als **Prophage** bezeichnet. Eine Bakterienzelle, die einen Prophagen besitzt, ist immun gegen erneuten Befall durch λ. Spontan oder nach Induktion durch UV und verschiedene Mutagene kann es zur Excision des Prophagen und damit zum Auslösen eines neuen lytischen Cyclus kommen.

Da λ beim Übergang in den Prophagenzustand ortsspezifisch in das bakterielle Chromosom zwischen den Genen *gal* und *bio* inseriert, kommt es bei der Excision des Phagen in seltenen Fällen zu Fehlern, die sich im gemeinsamen Ausgliedern von Teilen des Phagen λ und einem der benachbarten Gene (oder Teilen von ihnen) äußern. Wenn solche transducierenden Phagen eine Rezipientenzelle infizieren, die für die entsprechenden Gene defekt ist, dann kann durch Rekombination des defekten Wirtsgens mit dem intakten transducierten Gen der prototrophe Zustand des Bakteriums wieder hergestellt werden. Abb. 19.5. beschreibt schematisch die Vorgänge bei der Integration und fehlerhaften Excision des Phagen λ.

Transponible Elemente. Als transponible Elemente bezeichnet man DNA-Sequenzen, die innerhalb des Genoms ihre Position verändern und an verschiedenen Stellen eingebaut werden können. Dieser Transpositionsprozeß ist oft mit der Replikation des konkreten transponiblen Elementes verbunden, so daß nach der Transposition meist sowohl an der „alten" als auch an der „neuen" Position ein solches Element vorhanden ist. Durch Genübertragungsvorgänge parasexueller Art können transponible Elemente von Genom zu Genom gelangen. Da sie an Rekombinationsereignissen beteiligt sind, die Expression von Genen beeinflussen können und einige von ihnen phänotypische Merkmale codieren, stellen die transponiblen Elemente ein wichtiges Regulativ der genomischen Evolution dar.

Zu den transponiblen Elementen der Bakterien zählen die IS-Elemente, die Transposons und die transponiblen Bacteriophagen.

IS-Elemente. IS-Elemente sind DNA-Sequenzen, die keine phänotypischen Merkmale codieren, sondern nur solche Proteine, die für den Transpositionsvorgang selbst von Bedeutung sind. Jedes IS-Element besitzt kurze, terminale, invertiert-repetitive Sequenzen (ca. 15—25 Basenpaare). Die Größe der IS-Elemente, von denen es bei *E. coli* mindestens 5 Typen gibt, die pro Genom in mehreren Kopien existieren, liegt zwischen 800 und 2000 Basenpaaren. Wechselt ein IS-Element innerhalb des Genoms seinen Platz, so kann es bei Insertion in ein Gen zum Ausfall der betreffenden Genfunktion kommen. Orientierungsspezifische Insertionseffekte können darüber hinaus auch zur Verstärkung der Genwirkung führen: Bei Insertion von IS2 in das Gen *lacZ* des *lac*-Operons kommt es bei Insertionsorientierung 1 zum Ausfall der Genfunktion, in der entgegengesetzten Orientierung

2 dagegen zur Verstärkung der Genexpression. Die Beteiligung von IS-Elementen an der Entstehung von Hfr-Stämmen wurde bereits erwähnt.

Transposons. Transposons (Tn) sind transponible Elemente, die neben den zur Transposition notwendigen Genen ein oder mehrere Markergene

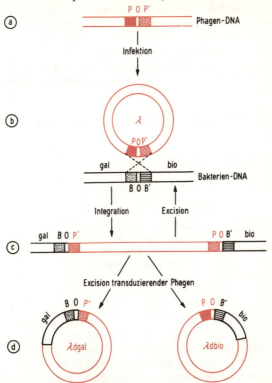

Abb. 19.5. Lysogenie und spezialisierte Transduction am Beispiel des Phagen λ. a. Die DNA des Phagen λ ist als lineares Doppelstrangmolekül verpackt. b. Nach Infektion einer *E. coli*-Zelle schließt sich der DNA-Doppelstrang über seine Einzelstrangenden zum Ringmolekül. Beim Start des lysogenen Cyclus integriert λ durch orstspezifische Rekombination in das bakterielle Chromosom. Die O-Sequenzen des Phagen und des bakteriellen Chromosoms paaren sich, und es findet ein Crossing-over statt. c. Nach der Integration befindet sich der Prophage zwischen den Genen *gal* (Galactose) und *bio* (Biotin) von *E. coli*. Der lysogene Zustand wird durch Excision des Phagen und Übergang in den Zustand (b) oder durch (d) „falsche" Excision beendet. Dabei werden transducierende Phagen frei, die entweder die *gal*- oder die *bio*-Region des Bakteriengenoms besitzen.

tragen (Tab. 19.1.). Diese Markergene sind meist von zwei IS-Elementen flankiert. Aus Untersuchungen von Transpositionsprozessen (z. B. Tn10) wurde eine wichtige Erkenntnis abgeleitet: DNA-Sequenzen, die sich zwischen zwei IS-Elementen befinden, sind im Prinzip sprungfähig. Da Transpositionsprozesse z. B. zwischen Teilen des bakteriellen Chromosoms oder zwischen Chromosom und Plasmiden stattfinden und transponible Elemente durch parasexuelle Prozesse von Zelle zu Zelle übertragen werden können, liegt die Bedeutung dieser Elemente für die Anpassung einer Bakterienpopulation an veränderte Umweltbedingungen auf der Hand (Weiterreichen von Resistenzgenen oder Genen zur Verwertung bestimmter Substrate).

Tab. 19.1. Einige bakterielle Transposons, ihre Größe und die von ihnen codierten Markergene

Tn	Größe (kb)	Markergene codieren für
Tn1	4,8	Ampicillin-Resistenz
Tn4	20,5	Ampicillin-, Streptomycin-, Sulfonamid-Resistenz
Tn5	5,2	Kanamycin-Resistenz
Tn9	2,5	Chloramphenicol-Resistenz
Tn10	9,3	Tetracyclin-Resistenz
Tn551	5,2	Erythromycin-Resistenz
Tn951	16,6	Lactose-Katabolismus
Tn(hisgnd)	44	Histidinsynthese

Transponible Bacteriophagen. Der Phage Mu kann sowohl den lytischen Vermehrungscyclus als auch den lysogenen Cyclus durch Insertion in beliebige (regional jedoch bevorzugte) Positionen des bakteriellen Chromosoms durchlaufen. Bei der Insertion in die Wirts-DNA kann es zu phänotypisch erkennbaren Mutationen kommen. Bei der Excision des Phagen werden darüber hinaus oft benachbarte DNA-Abschnitte mit verpackt.

19.3.2.   Rekombinationen bei eukaryotischen Mikroorganismen

Neben den bereits erwähnten parasexuellen Prozessen bei Pilzen ohne sexuelle Phase laufen bei anderen Arten (*Neurospora crassa*) sexuelle Rekombinationen ab, die sich als **interchromosomale** und **intrachromosomale** Rekombinationsvorgänge darstellen.

Während der interchromosomalen Rekombination geschieht die Neuverteilung der von beiden Elternteilen stammenden Chromosomen auf die

Chromosomensätze der Gameten. Dieser Vorgang findet während der Meiose statt, in der die statistische Verteilung der Chromosomenpaare auf die zukünftigen Gametenzellen erfolgt. Verschmelzen Gameten zur Zygote, dann ergeben sich für die sich aus der Zygote entwickelnde Zelle neue Rekombinationsmöglichkeiten: Ihr Zellkern kann verschiedene Genome enthalten, die sich aus der Verschiedenheit der Gametengenome ergeben. Die interchromosomale Rekombination wird also von den Abläufen der Meiose und der Befruchtung befördert.

Im Gegensatz zur interchromosomalen Rekombination, bei der die Chromosomen selbst völlig unverändert erhalten bleiben, werden bei der intrachromosomalen Rekombination die Chromosomen verändert, indem ihre Kopplungsgruppen durchbrochen werden. Verantwortlich dafür sind **Crossing-over** während der Meiose und der Mitose. Durch intrachromosomale Rekombination kommt es zur Neukombination von Allelen gekoppelter Gene oder auch zur Neukombination von Nucleotidsequenzen innerhalb eines Gens. Wenn die Rekombination innerhalb eines Gens nicht reziprok verläuft, dann bezeichnet man diesen Vorgang als Genkonversion.

Rekombinationsprozesse finden ebenfalls bei den mitochondrialen Genen der Hefen statt.

Darüber hinaus wurden bei *Saccharomyces* eine Reihe von transponiblen Elementen gefunden, die als Ty- und δ-Elemente bezeichnet wurden. In Struktur und Eigenschaften weisen sie Ähnlichkeiten mit den bakteriellen Transposons und IS-Elementen auf.

20. Gentechnik

Seit Anfang der 70er Jahre entwickelte sich in enormer Vielfalt und Breite ein Methodenkomplex „Gentechnik", der auf einer großen Zahl genetischer und molekularbiologischer Ergebnisse der Grundlagenforschung beruht. Die Anwendung dieser Methoden, die einen qualitativ neuartigen Zugriff auf das Erbgut der Organismen ermöglichen, führt nicht nur zu neuen Entwicklungen und Verfahren in der biotechnologischen Industrie, Landwirtschaft und Medizin, sondern eröffnet vor allem wiederum der Grundlagenforschung neue Perspektiven.

Nachfolgend werden einige wenige, grundlegende gentechnische Methoden skizziert, die vor allem an bakteriellen Systemen erläutert werden und als Einführung in den Gesamtkomplex gentechnischer Methoden und Verfahren gedacht sind.

20.1.   Herstellung rekombinanter DNA

Der Grundgedanke gentechnischen Arbeitens besteht darin, spezifische DNA-Abschnitte zu isolieren, sie in Trägermoleküle (Vektoren, z. B. Plasmide) zu inserieren, die somit entstandenen rekombinanten Trägermoleküle in einen Wirtsorganismus (z. B. *E. coli*) einzuführen, sie dort mit der Zellteilung des Wirtes, bei der die rekombinanten Trägermoleküle repliziert und gleichmäßig auf die Tochterzellen verteilt werden, zu vermehren und den spezifischen DNA-Abschnitt danach in großen Mengen zu isolieren und weiteren Manipulationen zuzuführen. Das geschilderte Verfahren wird als **Klonieren** bezeichnet. Reine Linien von Wirtszellen, die identische, rekombinante Trägermoleküle besitzen, sind **Klone**.

Gewinnung von DNA-Fragmenten. Chromosomale und Plasmid-DNA können mit Hilfe einfacher Methoden selektiv isoliert und durch Zentrifugation im Cäsiumchlorid-Dichtegradienten gereinigt werden. Zur Herstellung rekombinanter DNA ist es notwendig, mit genau definierten DNA-Fragmenten zu arbeiten. Solche Fragmente werden aus reiner DNA mit Hilfe von **Restriktionsendonucleasen** gewonnen, die spezifische DNA-Sequenzen erkennen und die DNA an diesen Stellen in definierter Weise schneiden. Solche Erkennungssequenzen sind Palindrome aus vier, fünf oder sechs Basenpaaren. Durch Hydrolyse der Phosphodiesterbindung an den Schnittstellen in beiden Strängen der DNA entstehen drei verschiedene Konfigurationen der DNA-Enden:

— DNA-Fragmente mit 5′-überstehenden Enden (5′ protruding ends),
— DNA-Fragmente mit 3′-überstehenden Enden (3′ protruding ends),
— DNA-Fragmente mit glatten Enden (blunt ends).

Beispiele für Restriktionsenzyme, die von ihnen erkannten palindromischen Sequenzen und die im Ergebnis der Spaltung entstehenden Enden gibt Abbildung 20.1.

DNA-Fragmente, die nach Behandlung mit Restriktionsendonucleasen gewonnen wurden, können mit Hilfe der Agarose-Gelelektrophorese nach ihrer Größe getrennt und anschließend isoliert werden.

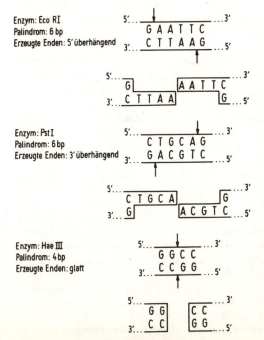

Abb. 20.1. Beispiele für Erkennen und Schneiden palindromischer DNA-Sequenzen durch verschiedene Restriktionsenzyme.

Vektoren. Um definierte DNA-Fragmente zu vermehren, werden sie in Trägermoleküle (Vektoren) inseriert. Typische Vektoren sind Plasmide, die folgende grundlegende Eigenschaften aufweisen sollten:

— Besitz der für die autonome Replikation im Zielorganismus (z. B. *E. coli*) notwendigen Gene,
— Besitz leicht selektierbarer Markergene (z. B. Antibiotikaresistenzgene), mit deren Hilfe vektortragende Wirtsstämme von vektorfreien Wirtsstämmen unterschieden werden können,
— definierte, jeweils nur einmal auf dem Vektor vorkommende Erkennungsorte für Restriktionsendonucleasen, die darüber hinaus außerhalb des für die Replikation des Plasmids codierenden genetischen Bereichs lokalisiert sein müssen,
— gleichmäßige Verteilung der während der Replikation vervielfachten Vektormoleküle auf die Nachkommen der Wirtszellen bei Zellteilung,
— möglichst geringe Größe.

Zur Insertion von Fremd-DNA in Plasmidvektoren werden letztere durch Behandlung mit einer Restriktionsendonuclease linearisiert, welche die gleichen Enden produziert, die das zu inserierende DNA-Fragment aufweist.

Verknüpfung von DNA-Fragment und Vektor. Nachdem DNA-Fragment und Vektor in der beschriebenen Weise präpariert wurden, werden sie gemischt, und diesem Gemisch wird das Enzym **DNA-Ligase** zugesetzt. Die identischen Enden von Fremd- und Vektor-DNA lagern sich einander an (Basenpaarung bei überstehenden Enden), und das Enzym DNA-Ligase knüpft die Phosphodiesterbindung im Rückgrat der DNA. Damit ist in vitro rekombinante DNA konstruiert worden, indem DNA unterschiedlicher Herkunft miteinander verknüpft wurde.

Transformation bakterieller Wirte mit rekombinanter DNA. Im nächsten Schritt wird ein geeigneter bakterieller Wirt ausgesucht und mit der rekombinanten DNA transformiert. Ist dies ein Gram-positiver Wirt, so nutzt man zur Transformation den natürlich auftretenden kurzen Zeitabschnitt im Lebenscyclus dieser Bakterien, in dem sie sich im Zustand der Kompetenz befinden. Gram-negative Bakterien (z. B. *E. coli, Pseudomonas*) dagegen müssen durch Behandlung mit $CaCl_2$ künstlich in den Zustand der Kompetenz versetzt werden, bevor sie mit rekombinanter DNA transformiert werden können (vgl. 19.3.1.). Nach der Transformation läßt man die Wirtszellen eine Vielzahl von Zellteilungen durchlaufen, in deren Verlauf die rekombinante DNA vermehrt wird.

Selektion rekombinanter Klone. Da nicht in jedes Vektormolekül die Fremd-DNA inseriert und demzufolge nicht jede transformierte Zelle einen rekombinanten Vektor trägt, müssen in einem Selektionsschritt die einzelnen Klone voneinander unterschieden werden. In dem in Abbildung 20.2. gezeigten Beispiel erfolgt das nach dem Prinzip der **Insertionsinaktivierung**: Der Vektor besitzt zwei Resistenzgene (Resistenz gegen Ampicillin und

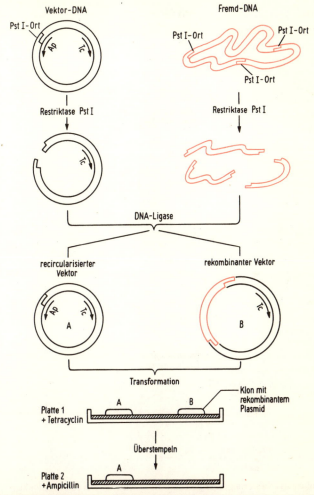

Abb. 20.2. Herstellung rekombinanter Plasmide und Selektion rekombinanter Klone nach dem Prinzip der Insertionsinaktivierung. Erklärung siehe Text. Ap = Ampicillin-Resistenz, Tc = Tetracyclin-Resistenz. Nach Hopwood 1981.

gegen Tetracyclin). Innerhalb jedes dieser Gene befinden sich Erkennungssequenzen für Restriktionsendonucleasen. Wenn der Vektor durch Behandlung mit der Restriktase *Bam*HI linearisiert und anschließend mit

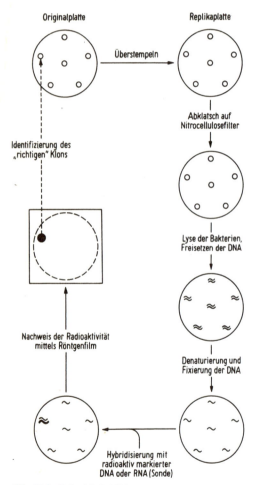

Abb. 20.3. Koloniehybridisierung. Der gesuchte Klon wird mittels einer radioaktiv
markierten Sonde gefunden, die nur mit der komplementären DNA des gesuchten
Klons hybridisiert. Der Nachweis der Hybridisierung erfolgt mit Hilfe eines Röntgenfilms.

einem DNA-Fragment, das ebenfalls *Bam*HI-Enden trägt, verknüpft wird, dann wird das Tetracyclin-Resistenzgen durch die Insertion der Fremd-DNA inaktiviert. Rekombinante Vektormoleküle besitzen also nur das intakte Ampicillin-Resistenzgen. Nimmt der mit *Bam*HI linearisierte Vektor keine Fremd-DNA auf, dann kann er sich über seine eigenen *Bam*HI-Enden wieder zum Ring schließen. Dadurch wird die Tetracyclin-Resistenz rekonstituiert und der nichtrekombinante Vektor besitzt demzufolge beide intakten Resistenzgene. Werden kompetente Wirtszellen mit dem Gemisch dieser bei der Ligation entstehenden Moleküle transformiert, so werden auf einem Nährmedium, das Ampicillin enthält, sowohl die Klone mit dem rekombinanten Vektor, als auch die Klone mit dem nichtrekombinanten Vektor wachsen. Überträgt man jetzt alle Klone auf ein Nährmedium, dem Tetracyclin zugesetzt wurde, so werden hier nur die Klone wachsen, welche das nichtrekombinante Plasmid tragen. Durch Vergleich des Wachstums der transformierten Zellen auf beiden Medien können also die Klone mit rekombinantem Vektor selektiert werden.

In anderen Fällen, in denen es nicht möglich ist, solche einfachen Selektionsstrategien zu verfolgen, wird es notwendig sein, die Präsenz der gesuchten Fremd-DNA im Vektormolekül durch Hybridisierung mit radioaktiv markierter, komplementärer DNA nachzuweisen. Abbildung 20.3. zeigt das Schema eines solchen Hybridisierungsexperimentes.

20.2. Weitere Enzyme und Vektoren, die in der Gentechnik Anwendung finden

Neben Restriktionsendonucleasen und DNA-Ligase existiert eine Vielzahl weiterer Enzyme, die für gentechnische Arbeiten unentbehrlich sind:

Reverse Transcriptase. Dieses Enzym findet z. B. bei der Klonierung eukaryotischer Gene Verwendung, bei denen auf Grund der Exon-Intron-Struktur oft anstelle der DNA die intronfreie mRNA isoliert und mit Hilfe der reversen Transcriptase eine identische DNA-Kopie des mRNA-Stranges hergestellt wird. Diese einzelsträngige DNA kann mit Hilfe des **Klenow-Enzyms** (Klenow-Fragment) in doppelsträngige DNA umgeschrieben werden. Das Klenow-Fragment, eine Untereinheit der DNA-Polymerase I, vervollständigt also einzelsträngige DNA zur Doppelstrang-DNA.

Terminale Transferase. Mit Hilfe dieses Enzyms können 3'-Enden von DNA-Molekülen mit beliebigen Nucleotiden verlängert werden. Dazu wird keine Matrize benötigt.

Exonuclease Bal 31. Dieses Enzym kommt dann zur Anwendung, wenn DNA-Doppelstränge abgebaut werden sollen. Auf diese Weise können

z. B. eine Restriktionskartierung vorgenommen oder Deletionen gesetzt werden.

Für verschiedene Zielstellungen sind Plasmide als Vektoren nicht geeignet. Deshalb wurde eine Reihe weiterer Vektoren entwickelt:

Bacteriophagen. Ausgehend vom Phagen λ wurde eine Reihe von Phagenvektoren konstruiert, die als λ-Charon-Phagen bezeichnet werden. Durch Deletion nichtessentieller genetischer Bereiche des Phagengenoms können solche Vektoren relativ lange DNA-Fragmente verpacken und in Wirtszellen übertragen. Charon-Phagen werden vor allem zur Anlage von Genbanken benutzt.

Cosmide. Cosmide sind Plasmide, denen die *cos*-Orte (Erkennungsstellen für das Verpackungsenzym von λ) des Phagen λ inseriert wurden. Mit Cosmiden können große DNA-Fragmente in bakterielle Wirtszellen übertragen werden.

Phasmide. Mit diesen Vektoren, die aus Plasmiden bestehen, welche zusätzlich das Replikationsorigin eines Phagen aufweisen, kann ebenfalls DNA durch Verpacken in Phagenköpfe in Bakterien übertragen werden.

20.3.   Klonierung eukaryotischer Gene

Die Gene höherer Eukaryoten liegen mit wenigen bisher bekannten Ausnahmen nicht als kontinuierliche Sequenz vor, sondern codierende Bereiche (Exons) werden von nichtcodierenden Bereichen (Introns) unterbrochen. Bakterien fehlt der für das Splicing der bei der Transcription dieser DNA entstehenden prä-mRNA notwendige enzymatische Apparat. Aus diesem Grunde muß für gentechnische Arbeiten, soweit sie die Klonierung und Expression eukaryotischer Gene in Bakterien betreffen, von einer intronfreien Quelle genetischer Information, der **reifen eukaryotischen mRNA**, ausgegangen werden. Diese mRNA unterscheidet sich von tRNA und rRNA dadurch, daß sie am 3'-Ende eine fortlaufende Poly(A)-Sequenz aufweist (Abb. 18.4.). Die Trennung der mRNA-Fraktion von den übrigen RNA-Fraktionen erfolgt deshalb durch Affinitätschromatographie auf einer Säule, wo die Poly(A)-Sequenzen der mRNA mit zellulosegebundenem oligo(dT) hybridisieren.

Ausgehend von dieser Poly(A)$^+$-mRNA-Fraktion wird jetzt mit Hilfe des Enzyms **reverse Transcriptase** ein DNA-Strang synthetisiert, dessen Sequenz eine komplementäre Kopie des jeweiligen Poly(A)$^+$-mRNA-Stranges darstellt. Es entstehen doppelsträngige RNA-DNA-Hybridmoleküle.

In einem nächsten Schritt wird der RNA-Strang des RNA-DNA-Hybridmoleküls durch alkalische Denaturierung und RNAse-Behandlung eliminiert, wodurch ein DNA-Einzelstrang entsteht, der als cDNA (copy DNA) bezeichnet wird. Die 3'-Enden dieser cDNA falten sich spontan zurück und bilden so den Primer (kurzer doppelsträngiger Bereich für den DNA-Synthesestart) für das Enzym **Klenow-Fragment**, das, die cDNA als Matrize nutzend, den zweiten DNA-Strang synthetisiert. Nach erfolgter Synthese liegen doppelsträngige cDNA-Moleküle vor, die an einem Ende covalent geschlossen sind.

Jetzt kommt es darauf an, die doppelsträngigen cDNA-Moleküle in Plasmide zu inserieren und damit eine cDNA-Genbank zu konstruieren. Eine cDNA-Genbank stellt eine Population von in Plasmide inserierten cDNA-Molekülen dar, die in ihrer Gesamtheit die Population von mRNA-Molekülen repräsentiert, von der ausgegangen wurde. Die Häufigkeit, mit der einzelne cDNA-Moleküle in dieser Genbank vorkommen, entspricht der Häufigkeit, mit der die entsprechenden mRNA-Moleküle nach ihrer Isolierung aus dem jeweiligen Gewebe vorliegen.

Zur Insertion der cDNA in Plasmide wird zunächst die Schleife, die beide DNA-Stränge verbindet, mit Hilfe der einzelstrangspezifischen **Nuclease S1** geöffnet. Die entstehende (schleifenlose) doppelsträngige cDNA muß jetzt an ihren 3'-Enden so verändert werden, daß ihre Insertion in Plasmide erfolgen kann. Dies geschieht mit Hilfe des Enzyms **terminale Transferase**, das nach Zugabe von Nucleotiden eines Typs beide 3'-Enden der cDNA um ca. 20 identische Nucleotide verlängert.

Auf die gleiche Weise wird jetzt ein bakterielles Vektorplasmid vorbereitet. Das Plasmid wird mit einer Restriktionsendonuclease, die 3'-überstehende Enden produziert, linearisiert, und anschließend werden diese Enden mit Hilfe der terminalen Transferase um ca. 20 identische Nucleotide verlängert, die den entsprechenden Nucleotiden der cDNA komplementär sein müssen.

Der so präparierte Vektor wird mit der entsprechend vorbereiteten cDNA gemischt, die komplementären, verlängerten 3'-Enden lagern sich einander an, es kommt zur Basenpaarung. DNA-Ligase schließt die Lücke im Rückgrat der DNA. Anschließend werden mit diesem Ligationsgemisch kompetente *E. coli*-Zellen transformiert und Klone mit rekombinanten Vektoren selektiert. Schematisch ist die Klonierung eukaryotischer Gene in Abbildung 20.4. dargestellt.

Werden die Bedingungen so gewählt, daß ca. 10^6 unterschiedliche rekombinante cDNA-Klone entstehen, dann stellen diese Klone in ihrer Gesamtheit eine repräsentative cDNA-Genbank dar.

Die Suche nach einem bestimmten Gen, die nach dem Anlegen einer cDNA-Genbank erfolgt, ist oft schwierig. Wichtige Methoden, auf die im

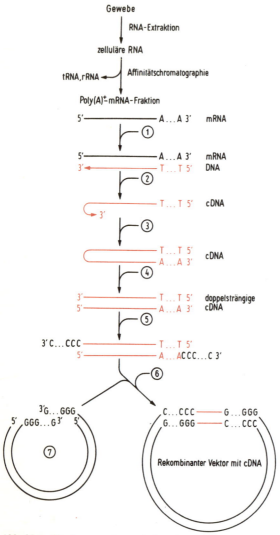

Abb. 20.4. Klonierung eukaryotischer Gene. Erklärung siehe Text. (1) Reverse Transcriptase, (2) RNAse, Denaturierung, (3) Klenow-Enzym, dNTP, (4) S1-Nuclease, (5) Terminale Transferase, dCTP, (6) DNA-Ligase, (7) Plasmid-Vektor, mit PstI geöffnet. Die überhängenden 3'-Enden wurden nach Zugabe von dGTP mit Hilfe der terminalen Transferase verlängert.

einzelnen nicht eingegangen werden kann, basieren auf dem Nachweis der **Hybridisierung** von einzelsträngiger cDNA und radioaktiv markierter mRNA des gesuchten Gens. Solche Hybridisierungsvorgänge sind durch Autoradiographie mit Hilfe eines Röntgenfilms sichtbar zu machen. Weiterhin kann das Genprodukt eines gesuchten Gens durch radioaktiv markierte **Antikörper** nachgewiesen werden, welche die Oberflächenstruktur eines Proteins erkennen und an dieses binden. Andere Verfahren basieren auf dem Prinzip der **in vitro-Translation**: Denaturierte (einzelsträngige) cDNA wird im Reagenzglas mit mRNA und allen für die Proteinsynthese notwendigen Faktoren gemischt. Sind mRNA und cDNA einander komplementär, hat also die mRNA „ihr" Gen gefunden, so kommt es zur Hybridisierung und damit *nicht* zur Proteinsynthese. In den Fällen, in denen keine Proteinsynthese stattfindet, handelt es sich bei der konkreten cDNA also um das gesuchte Gen.

20.4.   Chemische DNA-Synthese und DNA-Sequenzierung

Die chemische Synthese von DNA stellt eine wirkungsvolle Ergänzung der Methoden zur DNA-Klonierung dar. DNA-Stränge bis zu einer Länge von 100 Nucleotiden lassen sich problemlos mit hoher Genauigkeit und Reinheit durch DNA-Syntheseautomaten herstellen. Das Hauptanwendungsgebiet der chemischen DNA-Synthese liegt gegenwärtig in der Herstellung von Oligonucleotiden, die z. B. als Linker, Promoter oder Gensonden eingesetzt werden.

Linker sind meist kurze DNA-Stränge (Oligonucleotide), mit denen zwei DNA-Fragmente auf definierte Weise miteinander verknüpft werden können. Dazu werden die Linker so konzipiert, daß innerhalb ihrer Sequenz ein Erkennungsort für eine Restriktionsendonuclease angeordnet ist. Flankiert man jetzt ein DNA-Fragment mit solchen Linkern, dann kann es über die in den Linkern vorhandenen Restriktionsorte z. B. in ein Plasmid inseriert oder mit einem anderen Fragment verknüpft werden.

Die chemische Synthese von **Promotern** und anderen regulatorischen Sequenzen der Transcription und Translation erlaubt es, Strukturgene mit solchen Expressionssignalen zu koppeln, deren Sequenz von den natürlich vorkommenden Promoterstrukturen abweicht. Auf diese Weise kann man z. B. die Translation eines Strukturgens verstärken und damit die Proteinsynthese verbessern.

Gensonden werden sehr vielseitig eingesetzt. Es handelt sich dabei um Oligonucleotide mit einer Länge von ca. 20 Nucleotiden. Ein solches Oligonucleotid ist in seiner Sequenz hochspezifisch und kann deshalb in Hybridisierungsexperimenten vorteilhaft zur effektiven Suche des „richtigen" Klons eingesetzt werden. Ein sehr wichtiges Anwendungsgebiet solcher Oligonucleotide ist die in vitro-Mutagenese. Diese Methode hat das Ziel, die bekannte DNA-Sequenz eines Gens so zu modifizieren, daß die Aminosäuresequenz des von ihm codierten Proteins an wenigen, vorher genau definierten Positionen verändert wird. Auf diese Weise hofft man, die Eigenschaften von Proteinen gezielt optimieren zu können. Die Zukunft der chemischen DNA-Synthese liegt jedoch in der Totalsynthese von Genen. Bereits jetzt ist es möglich, auf der Basis bekannter Gensequenzen diese Gene vollständig auf chemischem Weg zu synthetisieren, indem man Teilstränge synthetisiert, diese dann miteinander auf enzymatischem Wege verknüpft und damit zur vollständigen Gensequenz ergänzt. Dabei kann die Sequenz des Gens durch Einfügung oder Eliminierung von Restriktionsorten oder Anpassung an die Codonnutzung des Zielorganismus optimiert werden, ohne die codierte Aminosäuresequenz selbst zu verändern.

Gezieltes Arbeiten in der Gentechnik ist ohne die Kenntnis der DNA-Sequenz nicht möglich. Deshalb sind Methoden zur **DNA-Sequenzierung** notwendig, um z. B. die Sequenz klonierter Gene zu bestimmen oder die Sequenz chemisch synthetisierter Oligonucleotide zu prüfen. Zwei Verfahren, die nach ihren Autoren benannt wurden, werden benutzt: das Maxam-Gilbert-Verfahren und das Sanger-Verfahren. Beide Methoden erlauben die Sequenzierung von etwa 200 Nucleotiden eines DNA-Stranges, so daß längere Fragmente (z. B. ein Gen) schrittweise sequenziert werden müssen. Dazu werden solche Fragmente in (einander überlappende) kürzere DNA-Fragmente gespalten. Diese Fragmente werden in Vektoren inseriert, vermehrt und dann der Sequenzierung zugeführt.

20.5.   Expression eukaryotischer Gene in Bakterien

Eine der auch ökonomisch interessantesten Zielstellungen gentechnischer Arbeiten besteht in der Produktion fremder Genprodukte durch Bakterien. Stellvertretend seien hier solche Produkte wie Interferon, Somatostatin (Wachstumshormon) oder Chymosin (Labferment) genannt.

Eukaryotische Gene lassen sich in Bakterien jedoch nur dann zur Expression bringen, wenn sie mit Transcriptions- und Translationssignalen gekoppelt sind, die vom Wirtsorganismus erkannt werden. Deshalb ist die Kopplung eukaryotischer Gene mit bakteriellen Promoter- und Regulatorsequenzen Voraussetzung für ihre Expression. Eine Möglichkeit, die

Expression zu verstärken, ist die Verwendung von Trägerplasmiden mit hoher Kopienzahl, die einen günstigen Gen-Dosis-Effekt bewirken.

In vielen Fällen ist es erstrebenswert, wenn das von den bakteriellen Wirtszellen produzierte fremde Genprodukt nicht in der Zelle akkumuliert, sondern aus der Zelle in das umgebende Kulturmedium ausgeschleust wird. Dies erlaubt die vorteilhafte Isolierung des Genprodukts: es entfällt das Aufschließen der Zellen und damit der hohe Anteil zellulärer Komponenten an der Proteinfraktion. Außerdem werden dadurch mögliche toxische Wechselwirkungen zwischen Zelle und fremdem Protein umgangen, und das Genprodukt wird dem Zugriff der Endoproteasen der Wirtszelle entzogen.

Um die Ausschleusung des Genproduktes zu erreichen, schaltet man zwischen bakteriellen Promotor und eukaryotisches Strukturgen ein sogenanntes Signalpeptid, das Bestandteil der Gene extrazellulärer bakterieller Proteine (Amylasen, Exotoxine) ist. Beim Durchtritt durch die Cytoplasmamembran werden die Signalpeptide in der Regel durch proteolytische Spaltung vom eigentlichen Protein getrennt.

Eine weitere Möglichkeit, eukaryotische Gene in Bakterien zu exprimieren, besteht darin, diese Gene an ein bakterielles Gen anzufügen, das für ein zelleigenes Protein codiert, wodurch Fusionsproteine produziert werden, die nachträglich durch chemische Behandlung voneinander getrennt

Tab. 20.1. Auswahl recombinanter Genprodukte, die mit Mikroorganismen produziert werden bzw. deren Gewinnung vorbereitet wird

Produkt	Bedeutung
Human-Insulin	Behandlung von Diabetes mellitus
Humanes Wachstumshormon	Behandlung von Wachstumsdefekten
Human-Interferon-Alpha Human-Interferon-Beta Human-Insulin-Gamma	Kombinationstherapie bei ausgewählten Virus- und Tumorerkrankungen
Hepatitis-B-Vakzine	Impfstoff
Gewebe-Plasminogen-Aktivator	Auflösung von Blutgerinnseln
Hirudin	Therapie von Blutgerinnungsstörungen
Tumor-Nekrose-Faktor	Potentielle Bedeutung für Tumortherapie
Interleukine	Stimulierung des Immunsystems
Chymosin	Labferment für die Käseherstellung

werden können. Solche Fusionsproteine sind ebenfalls vor dem Abbau durch Proteasen besser geschützt als die reinen eukaryotischen Genprodukte.

Tabelle 20.1. gibt einen Überblick über **recombinante eukaryotische** Genprodukte, die mit biotechnologischen Verfahren bereits hergestellt werden bzw. deren Einführung beabsichtigt ist.

Unter den ersten mikrobiell produzierten menschlichen Proteinen sind die von Isaacs und Lindenmann 1957 beschriebenen **Interferone** von besonderem Interesse. Es handelt sich dabei um speciesspezifische Proteine bzw. Glycoproteine, die in den Zellen von Wirbeltieren nach einer Virusinfektion gebildet werden. Sie weisen sowohl antivirale als auch zellteilungshemmende und immunmodulatorische Eigenschaften auf. Der Mensch besitzt mehrere Gene, die für verschiedene Interferone codieren.

Zu den sogenannten TypI-Interferonen, die sich durch hohe Säurestabilität auszeichnen, gehören die Alpha- und Beta-Interferone. Der einzige bisher bekannte Vertreter der säurelabilen TypII-Interferone ist das Gamma-Interferon.

Die Gene für die über 20 bis heute klonierten Subtypen der Alpha-Interferone und das Gen des Beta-Interferons sind sämtlich auf dem Chromosom 9 des Menschen lokalisiert. Alpha- und Beta-Interferongene besitzen keine Introns, was für Gene höherer Eukaryoten ungewöhnlich ist. Das Gamma-Interferongen ist auf dem Chromosom 12 lokalisiert und weist drei Introns auf. Es besitzt keine signifikante Sequenzhomologie zu den anderen Interferongenen.

Die Interferongene wurden kloniert und in verschiedenen pro- und eukaryotischen Wirtssystemen zur Expression gebracht. Dazu koppelte man sie mit den entsprechenden Transcriptions- und Translationssignalen, die vom jeweiligen Wirt erkannt werden. Auf diese Weise ist es gelungen, Alpha-, Beta- und Gamma-Interferongene in Gram-positiven und Gram-negativen Bakterien (*E. coli*, *Pseudomonas*, *Bacillus*, *Streptococcus*), Hefen (*Saccharomyces*, *Pichia*) zur Expression zu bringen. Von Vorteil bei der mikrobiellen Interferonproduktion erwies sich die Kopplung der Interferongene mit bakteriellen Signalsequenzen. Dadurch wird das Ausschleusen der Genprodukte und die Isolierung vereinfacht. Die Produktausbeuten nähern sich beim Gamma-Interferon dem Grammbereich pro Liter Kulturvolumen. Besondere Anforderungen bei der Herstellung recombinanter Genprodukte werden an die Isolierung und die Reinigung der jeweiligen Proteine gestellt.

Die therapeutische Bedeutung der Interferone wird nach neuen Erkenntnissen vor allem auf dem Gebiet der Behandlung viraler Erkrankungen gesehen, die z. B. durch Herpes-, Cytomegalie- oder Epstein-Barr-Viren hervorgerufen werden und bei Patienten mit medikamentös unterdrücktem Immunsystem problematisch verlaufen können. Auch Hepatitis-Virus-Infektionen und Papilloma-Virus-Erkrankungen wurden mit z. T. sehr gutem Erfolg behandelt.

In der Zukunft können Interferone als Kombinationstherapeutika für die Behandlung ausgewählter Krebsformen Bedeutung erlangen.

Teil IV. Ökologie: Interaktionen und Integration

Haeckel, der den Begriff Ökologie prägte, schrieb 1866: „Unter Ökologie verstehen wir die gesamte Wissenschaft von den **Beziehungen des Organismus zur umgebenden Außenwelt**, wohin wir im weiteren Sinne alle Existenzbedingungen rechnen können". 1870 spezifizierte er die Außenwelt als eine Umwelt, die aus belebten und unbelebten Faktoren besteht, zwischen denen komplizierte Wechselwirkungen erfolgen. Später dehnte er den Begriff Ökologie auf die Lehre vom **Haushalt der Natur** aus. Diese heute noch gültige Definition trifft auch für das Teilgebiet der Ökologie, die Mikrobenökologie, zu.

Über die Rolle der Mikroorganismen im Haushalt der Natur, vor allem den Stoffkreisläufen, haben wir gute Kenntnisse. Die Beziehungen des Mikroorganismus zur Umwelt sind dagegen unzureichend erforscht. Das hat verschiedene Gründe. Für die Erforschung der komplexen Wechselwirkungen der Mikroorganismen zur natürlichen Umwelt fehlt weitgehend das methodische Instrumentarium. Der natürliche Standort, das Mikrohabitat, hat vielfach Dimensionen um $0,1 \text{ mm}^3$. Erst in den letzten Jahren sind durch Rasterelektronenmikroskopie, Immunofluoreszenztechnik und Mikroradioautographie Methoden entwickelt worden, die eine in situ-Forschung ermöglichen. Modellsysteme, z. B. die kontinuierliche Kultur von Mischkulturen auf Mischsubstraten, leisten zur Erforschung ökologischer Prinzipien einen maßgeblichen Beitrag. Insgesamt hat die Mikrobiologie durch die Erfolge, die mit der Reinkulturtechnik erzielt wurden, eine einseitige Entwicklung genommen. Auf der Reinkulturtechnik beruhen sowohl die Leistungen von R. Koch u. L. Pasteur als auch die von A. Fleming ausgelöste Antibiotikaproduktion. Ebenso wurden die Erkenntnisse der Molekularbiologie mit Hilfe von Reinkulturen erzielt. Die von dem ökologischen Prinzip der Anpassung ausgehenden Forschungen von Jacob und Monod haben zum Verständnis des Wesens der Mikroorganismen entscheidend beigetragen. Um sie tiefgründiger und umfassender zu verstehen, ist eine intensivere ökologische Forschung notwendig. Sie ist zugleich die Grundlage für die Lösung vieler Umweltprobleme. Die Kenntnis der biologischen Systeme ist die Voraussetzung für ihre erfolgreiche Nutzung. Im Rahmen dieses Buches ist es nur möglich, an Hand ausgewählter Beispiele Grundlagen der Mikrobenökologie darzustellen. In den ersten Abschnitten werden die Interaktionen mit der Umwelt behandelt. Die anschließenden Abschnitte beinhalten die Integration in komplexe Umweltsysteme.

21. Prinzipien der Mikrobenökologie

Die Wechselwirkungen der Mikroorganismen mit der belebten und unbelebten Umwelt führen zur Integration in ein komplexes Beziehungsge-
füge. Es stellt eine **überorganismische Einheit** dar, das **Ökosystem**. Mikroorganismen können eigene Ökosysteme bilden, vielfach sind sie Elemente
eines komplexeren Systems mit Pflanzen und Tieren.

21.1. Integration in die Umwelt

Biologische Systeme sind hierarchisch gegliedert. Nach dem zunehmenden
Grad der Komplexität ergibt sich folgende Gliederung:
— Individuum,
— Population,
— Gesellschaft oder Biozönose,
— Ökosystem.
Eine **Population** besteht aus vielen Individuen einer Art. Der Begriff wird
auch für Individuen einer Gattung oder Familie angewandt. Eine **Gesell-
schaft** oder **Biozönose** stellt die Gesamtheit der verschiedenen Populationen
von Mikro- und Makroorganismen dar, die in einem Ökosystem vorkom-
men. Die Gesellschaft ist die biotische Komponente eines Ökosystems. Ein
Ökosystem ist die Einheit aus der Gesellschaft und der abiotischen Umwelt.
Biotische und abiotische Komponenten stellen eine strukturelle und funktionelle Einheit dar, durch die Energie fließt und Stoffzirkulationen sowie
Rückkopplungen stattfinden.

Die Dimension eines Ökosystem kann sehr verschieden sein, die Rhizosphäre einer Pflanze, der Darmtrakt einer Ameise, der Pansen der Wiederkäuer, ein Wald, ein See, der Ozean. Aus mikrobiologischer Sicht besteht
z. B. der Wald aus vielen verschiedenen mikrobiologischen Ökosystemen,
da die Rhizo- und Phyllosphären der Pflanzen von verschiedenen Gesellschaften besiedelt sein können. Mikrobielle Ökosysteme, die eine sehr geringe Dimension haben, nehmen einen Lebensraum ein, der als **Mikrohabitat**
bezeichnet wird. Vielfach werden erst in dieser Dimension spezifische Leistungen erkannt. Daher ist zu berücksichtigen, daß die Energie- und Nähr-

stoffzufuhr häufig von Makroorganismen abhängig ist, die Bestandteile eines größeren Ökosystems sind. Das Mikrohabitat ist damit zugleich ein mikrobielles Ökosystem und Teil eines komplexen Ökosystems. Zwischen verschiedenen Ökosystemen bestehen Wechselwirkungen. Die Gesamtheit der Ökosysteme stellt die Biosphäre dar.

In der ökologischen Forschung wird zwischen Aut- und Synökologie unterschieden. Die **Autökologie** befaßt sich mit den Wechselwirkungen der Individuen oder der Population mit der Umwelt. Die **Synökologie** behandelt das Ökosystem als Ganzes. Es werden der Energie- und Stofffluß der Biozönose bzw. des Systems untersucht, z. B. die Abbauprozesse im Boden. Die Leistungen der einzelnen Populationen stellen zunächst unbekannte Größen — black boxes — dar, die erst in nachfolgenden Studien erfaßt werden.

Ökologisches Leistungspotential: Die Autökologie führt durch die Erforschung der Wechselwirkungen mit der Umwelt zu einem Verständnis der

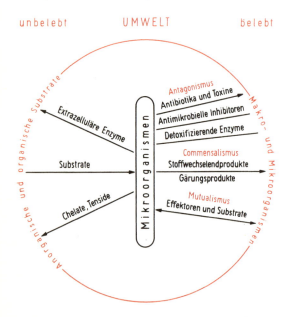

Abb. 21.1. Wechselwirkungen zwischen Mikroorganismen und Umwelt. Mikroorganismus und Mikrohabitat stellen eine metabolische Einheit dar. Die Funktion von Stoffwechselleistungen und Metaboliten wird erst in diesem Interaktionsgefüge verständlich.

Funktionen vieler biochemischer und struktureller Eigenschaften der Mikroorganismen. Aus physiologischer Sicht erscheinen viele Sekundärmetabolite (Kap. 31) funktionslos, da sie zur Existenz unter Laborbedingungen nicht notwendig sind. Erst durch autökologische Forschungen wurde klar, daß bestimmte Chelatoren (Siderophore) zur Eisenaufnahme notwendig sind, da in der Natur vielfach Mangel an verfügbarem Eisen herrscht. Tenside dienen dem Wachstum auf wasserunlöslichen Kohlenwasserstoffen. Erst bei Kultur auf diesen Substraten wurde diese Funktion erkannt. Die Lebensweise als Parasiten oder Symbionten erfordert ein breites Spektrum an Wirk- und Signalstoffen, die erst durch in situ-Untersuchungen erfaßt werden. Die Konzentration dieser biologisch aktiven Verbindungen kann sehr gering sein, da sie in der Dimension des Mikrohabitats wirken. Eine Auswahl von Beispielen für Interaktionen der Mikroorganismen ist in Abbildung 21.1. zusammengestellt.

Bei der Rhizobiensymbiose werden bakterielle Gene durch Flavonoide der Leguminosen aktiviert, anschließend induzieren bakterielle Wirkstoffe die Wurzelkrümmung, welche die Infektion und Knöllchenbildung einleitet. Viele Mikroorganismen können unter verschiedenen und wechselnden Bedingungen leben. Sie müssen bei der Erfassung des ökologischen Leistungs-

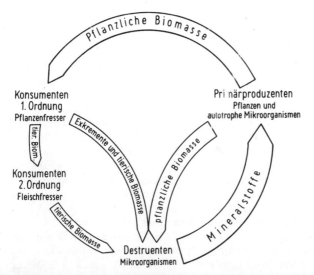

Abb. 21.2. Stellung der Mikroorganismen im Stoffkreislauf der Ökosysteme. Die Breite der Pfeile deutet die Stärke der Stoffflüsse an.

potentials berücksichtigt werden. **Zwischen Leistung und Habitat besteht eine Korrelation.** Mikroorganismen mit bestimmten Leistungen wird man nur aus bestimmten Habitaten isolieren können, z. B. durch **Anreicherungskultur.** Darunter versteht man die Kultivierung unter einseitigen Bedingungen, bei denen nur wenige Arten wachsen können. Einige Arten können in Reinkultur nicht wachsen, andere haben so spezifische Ansprüche, daß es große Erfahrung erfordert, sie in Reinkultur zu bekommen.

Integration in Stoffkreisläufe: Im Stoffkreislauf der Natur und komplexer Ökosysteme nehmen die heterotrophen Mikroorganismen die Funktion der Destruenten ein (Abb. 21.2.). Auf Grund ihrer Abbaupotenzen sind sie in der Lage, die Vielfalt organischer Stoffe, die von Pflanzen und Tieren synthetisiert wird, zu den Mineralbausteinen abzubauen. Sie gewährleisten damit die **Rezirkulation** der für den Aufbau der Biomasse notwendigen Mineralbausteine. Abbildung 21.2. verdeutlicht zugleich das für Ökosysteme charakteristische Grundprinzip der Nahrungskette. Pflanzen wirken als Primärproduzenten, Tiere als Konsumenten, heterotrophe Mikroorganismen als Konsumenten und Destruenten. Die den Stoffkreislauf „antreibende" Energie stammt aus der Strahlungsenergie der Sonne, die durch die Photosynthese in chemische Energie der organischen Stoffe überführt wird (Kap. 11).

21.2.   Evolutionäre Anpassung

Im Verlauf der Evolution passen sich Mikroorganismen nach dem Prinzip der natürlichen Selektion an die Bedingungen des Ökosystems an. Die Selektion stellt einen **Systemoptimierungsprozeß** dar. In den langfristigen Wechselwirkungen mit der Umwelt erfahren die Organismen eine Optimierung, die nicht einzelne Leistungen, sondern die Gesamtheit der Funktionselemente betrifft. Die Selektion führt zu der großen **Artenmannigfaltigkeit**, mit der die Mikroorganismen sich ein außerordentlich großes Spektrum von Standorten als Lebensräume erschlossen haben (z. B. Extremhabitate, Kap. 17). Die Selektion erfolgt im Interaktionsgefüge des Ökosystems, in dem die einzelnen Arten bestimmte Funktionen erfüllen. Diese Funktion wird nach der neueren Nomenklatur (Odum 1977) als ökologische Nische bezeichnet, ursprünglich verstand man darunter den spezifischen Standort. Auch scheinbar homogene Ökosysteme, wie die großen Oberflächen der Ozeane, haben eine sehr artenreiche Planktonvegetation. Dieses scheinbare Paradoxon des Planktons ist darauf zurückzuführen, daß auch in diesen Ökosystemen die Bedingungen unterschiedlich sind. Aber selbst unter konstanten Bedingungen entwickeln sich in längeren Zeiträumen aus einer Population verschiedene Stämme. In einer Population herrscht Konkurrenz, da die Individuen der gleichen Art die gleichen Nährstoffansprüche haben. Ein „Anderssein", verbunden mit anderen Nährstoffansprüchen, kann zu einem Selektionsvorteil führen. Jede neue Art schafft auch neue Umweltbedingungen.

Die Wachstumsrate ist eines von vielen Selektionskriterien. Das kommt darin zum Ausdruck, daß schnell und langsam wachsende Arten neben- und miteinander in einem Ökosystem leben. Man spricht von Vertretern mit **r- und K-Strategie**. Das Symbol r geht auf Rate zurück und kennzeichnet Arten mit hoher Wachstumsrate. K bedeutet Kapazität für vielfältige Stoffwechselleistungen, die den Organismen ohne schnelle Vermehrung eine Existenz ermöglichen. Aus dem in Abbildung 21.3. dargestellten Beispiel ist zu er-

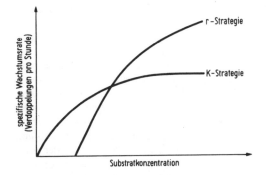

Abb. 21.3. Mikrobielle Anpassungsstrategien an die Substratkonzentration. Organismen mit K-Strategie besitzen eine relativ geringe Wachstumsrate. Sie haben die Kapazität, noch bei sehr geringen Substratkonzentrationen zu wachsen. Die r-Strategie ist durch höhere Wachstumsraten bei höheren Substratkonzentrationen gekennzeichnet.

sehen, daß der r-Stratege zwar mit höherer Rate wächst, aber bei sehr geringen Nährstoffkonzentrationen nicht mehr wachsen kann. Der K-Stratege ist im ausgewählten Beispiel ein oligotrophes Bakterium, das die Fähigkeit besitzt, noch bei sehr geringen Substratkonzentrationen zu wachsen. Nur im Bereich des Schnittpunktes der beiden Wachstumskurven konkurrieren beide Arten, in den anderen Bereichen überwiegt der Vertreter der einen oder anderen Art, da er an die jeweiligen Bedingungen besser angepaßt ist. Winogradsky führte bereits 1925 für die Bodenmikrobiologie ähnliche Begriffe ein. Als **autochthon** bezeichnete er die Arten, die an die vorherrschenden Bedingungen des Ökosystems angepaßt sind, z. B. die langsam wachsenden Celluloseabbauer des Bodens wie *Cellulomonas*. **Zymogene** Arten treten bei Zufuhr schnell assimilierbarer Substrate auf, sie vermehren sich schnell und dominieren für kurze Zeit, danach gehen sie zugrunde oder bilden Sporen. In einigen Fällen werden die zymogenen Vertreter den allochthonen gleichgesetzt. **Allochthone** Arten sind in dem Biotop fremde Vertreter, die im Boden durch die organische Düngung eingeschleppt werden, z. B. *E. coli*. Zymogen sind beispielsweise die von Wurzelausscheidungen in der Rhizosphäre lebenden Pseudomonaden, beide Arten sind r-Strategen.

Biotope mit sehr einseitigen Umweltbedingungen sind daher artenarm. Je extremer ein Standort ist, desto weniger Mikrobenarten haben diese Anpassung im Verlauf der Evolution vollziehen können. Die wenigen Arten treten in der Regel in einer großen Individuenzahl auf. Diese Erkenntnis trifft auf Ökosysteme generell zu und wurde von Thienemann als **zweites biozönotisches Grundgesetz** formuliert. Das **erste biozönotische Grundgesetz** besagt, daß die Zahl der in einem Ökosystem vorkommenden Arten umso höher ist, je variabler die Umweltbedingungen sind. Die einzelnen Arten sind mit einer geringen Individuenzahl vertreten.

Mechanismen der evolutionären Anpassung sind die in den Kapiteln 19 und 20 behandelten genetischen Mutations- und Rekombinationsprozesse. Gentransfer erfolgt auch unter natürlichen Bedingungen. Im Boden kann die durch Lyse freigesetzte DNA durch Tonpartikel vor dem Abbau zeitweilig geschützt werden. Erst ein Selektionsvorteil und Selektionsdruck führen dazu, daß ein neues Merkmal erhalten bleibt. Ein Beispiel, daß und mit welcher Rate die Evolution weiter geht, ist die Ausbildung der **Antibiotikaresistenz**. Durch die Mutationsrate in der Größenordnung von 10^{-9} erlangen einige Keime in einem Antibiotikamilieu bessere Überlebenschancen. Ist die Resistenz plasmidcodiert, so kann sie sich durch Konjugation schnell ausbreiten. Besonders bedenklich ist die Mehrfachresistenz, die durch R-Plasmide (3.2.) ausgebreitet wird. Die Fähigkeit zum **Abbau von Fremdstoffen** (14.6.) wird auf gleiche Weise ausgebildet und verbreitet. Untersuchungen an einem Acetanilid abbauenden Stamm, der aus einem Acetamidabbauer gewonnen wurde, zeigten, daß die neuen Leistungen durch die Abwandlung bereits vorhandener Potenzen entstehen. Durch Mutation kam es zum Austausch einer Aminosäure gegen eine andere im ursprünglichen Enzymprotein.

21.3.   Phänotypische Anpassung

Die evolutionäre Anpassung führt langfristig zur Ausprägung des Genotypes, der sein Erscheinungsbild kurzfristig durch **phänotypische Anpassung** an wechselnde Umweltbedingungen adaptieren kann. Die phänotypische Anpassung beruht darauf, daß jeweils nur bestimmte Bereiche des Genoms exprimiert werden. Durch die **Regulation der Enzymaktivität** und der **Enzymsynthese** (15.5.) erreichen die Mikroorganismen eine ökonomische Substratverwertung. Die Diauxie (15.5., Abb. 15.9.) ist ein Ausdruck dafür, daß zunächst das Substrat verwertet wird, für das die Enzyme konstitutiv in der Zelle vorliegen. Sind Aminosäuren im Medium vorhanden, so wird die Synthese der zu ihrer Bildung führenden Enzyme reprimiert. Bei sehr geringen Substratkonzentrationen werden diese Regulationsmechanismen aufgehoben, und die Komponenten von Mischsubstraten werden gleichzeitig verwertet. Um bei Sauerstoffmangel leben zu können, schalten fakultativ anaerobe Mikroorganismen den Stoffwechsel von Atmung auf Gärung um (Pasteur-Effekt, 29.1., Abb. 29.2. und 29.3.). Mit der Bildung biologisch aktiver Sekundärmetabolite, wie den erwähnten Siderophoren und Enzymen, die bei parasitisch wachsenden Mikroorganismen Inhibitoren der Wirte (z. B. Phytoalexine) entgiften, reagiert der Organismus auf spezifische abiotische und biotische Umwelteinflüsse. Beispiele für die Reaktion auf extreme Umweltfaktoren enthält Kapitel 17.

Aber nicht nur metabolische, sondern auch strukturelle und morphologische Veränderungen dienen der phänotypischen Anpassung. Bei Nährstofflimitation bilden *Bacillus*- und *Clostridium*-Arten Sporen (16.2.). Viele Bakterien reagieren auf die Abnahme der Nährstoffkonzentration mit einem

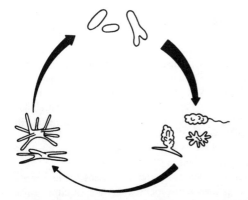

Abb. 21.4. Beeinflussung der Zellform von prostekaten Gewässerbakterien durch die Nährstoffkonzentration. Die Breite der Pfeile zeigt die Nährstoffkonzentration an: breit = $100\,\mu g \cdot l^{-1}$, schmal: kleiner als $20\,\mu g \cdot l^{-1}$.

Anstieg des Verhältnisses von Oberfläche zu Volumen, um die Aufnahmekapazität zu erhöhen. In sehr ausgeprägter Weise ist das an den Prostekaten, d. h. Anhängsel bildenden Bakterien, zu demonstrieren (Abb. 21.4.) *Prostecomicrobium* und *Aucalomicrobium* kommen in nährstoffarmen Gewässern vor. Die im Boden verbreiteten *Arthrobacter*-Species gehen bei Nährstoffmangel von der stäbchenförmigen zur coccoiden Zellform über. Dadurch vergrößert sich, auf Biomasse bezogen, die Oberfläche.

Mikroorganismen besitzen eine ausgeprägte metabolische und strukturelle Flexibilität, um sich Umweltveränderungen anzupassen. Als einzellige Bakterien oder Mycelien sind sie wesentlich stärker als die Zellen von Pflanzen und Tieren der Umwelt ausgesetzt. Während die Wechselwirkungen pflanzlicher und tierischer Zellen in den Geweben und Organen untereinander erfolgen, korrespondieren die Mikroorganismen vor allem mit der Umwelt.

21.4.   Interaktionen

Mikroorganismen gehen untereinander und mit Pflanzen und Tieren vielfältige Wechselbeziehungen ein. Als Krankheitserreger erscheinen sie als „Feinde", als Symbionten als „Freunde". Dieses Gegen- und Miteinander ist nur scheinbar grundsätzlicher Art, es sind Interaktionen verschiedenen Grades. Darauf hat bereits 1879 A. de Bary hingewiesen, indem er sagte: „Parasitismus, Mutualismus, . . . sind eben nur jeweils bestimmte Spezialfälle jener allgemeinen Assoziationsentwicklung, für welche der vorangestellte Ausdruck Symbiose als Kollektivbezeichnung dienen mag." Dieser ursprünglichen Definition von **Symbiose** als Zusammenleben von Organismen verschiedener Arten ist auch heute noch der Vorzug zu geben. Daraus leitet sich die in Tabelle 21.1. zusammengefaßte Untergliederung in verschiedene Kategorien ab. Die Definitionen dürfen nicht zu einem vordergründigen Nutzen-Schaden-Denken verleiten, Symbiosen sind komplexerer Art. So wird der Mutualismus bei der Endomykorrhiza (23.2.) durch das parasitäre Eindringen des Pilzpartners in die Pflanzenzelle eingeleitet. In späteren Entwicklungsstadien „verdaut" die Pflanze den Pilz. Insgesamt „profitieren" beide Partner von dieser Symbiose. Einige Beispiele für symbiontische Interaktionen sind aus Abbildung 21.1. zu ersehen.

Symbiosen entstehen durch **Coevolution**. Durch genetische Prozesse variieren die Eigenschaften der Organismen ungerichtet. Strukturvarianten eines Stoffwechselproduktes können bedeutungslos, nachteilig oder auch von Vorteil sein. Darüber entscheidet die Selektion. Führt die neue Eigenschaft zu einem selektiven Vorteil beim Erschließen der Umwelt, so bleibt sie er-

Tab. 21.1. Typen biologischer Interaktionen

Typen	Charakteristika
Antagonismus	
Konkurrenz	Individuen einer Population oder Populationen verschiedener Arten konkurrieren um die gleichen Nährstoffe und andere Umweltfaktoren, z. B. Licht
Amensalismus	Hemmung einer Art durch Stoffwechselprodukte, z. B. Antibiotika, einer anderen Art
Parasitismus	Eine Art (Parasit) lebt auf oder im Organismus einer anderen Art (Wirt) und bezieht die Nährstoffe aus den lebenden Zellen des Wirtes
Räubertum	Die als Räuber auftretende Art frißt die Organismen der Beute-Art, z. B. Protozoen die Bakterien
Kommensalismus	Eine Art nutzt die Stoffwechselprodukte einer anderen Art, ohne diese zu beeinflussen
Mutualismus	Beide Partner werden durch das Zusammenleben gefördert. Beim **Synergismus** führt das mutualistische Zusammenleben zu Wirkungen, die die Leistungen der Partner qualitativ und quantitativ übertreffen

halten. Gehört zu dieser Umwelt ein zweiter Organismus, der durch die neue Eigenschaft beeinflußt wird, so reagiert er darauf im weiteren Evolutionsprozeß. Zwischen zwei assoziierten Organismen erfolgt eine Coevolution, die schrittweise zu neuen aufeinander bezogenen Eigenschaften führt. Es entstehen immer komplexere Interaktionsmuster.

22. Wechselwirkungen zwischen Mikroorganismen

Wechselwirkungen treten nicht nur zwischen Mikroorganismen verschiedener Arten, sondern auch zwischen Zellen einer Art auf. Die **Interaktionen zwischen Individuen einer Art** können positiver oder negativer Art sein. Positive Beziehungen sind kooperativ, z. B. die gegenseitige Versorgung der Zellen einer Kultur mit Wachstumsfaktoren. Beimpft man Flüssigkeitskulturen mit einer sehr geringen Zellmenge, so treten zuweilen sehr lange lag-Phasen (16.3.) auf. Sie sind u. a. darauf zurückzuführen, daß ausgeschiedene Wachstumsfaktoren in zu geringer Konzentration vorliegen. Unter natürlichen Bedingungen ist die **Mikrokolonie** eine häufig auftretende Erscheinungsform. Diese kleinen Zellassoziationen begünstigen die gemeinsame Substraterschließung. So werden von Myxobakterienkolonien extrazelluläre Enzyme zum Polymerenabbau gebildet und die niedermolekularen Produkte aufgenommen, bevor sie durch Diffusion in die Umgebung zu sehr verdünnt werden. Pathogene Mikroorganismen müssen in einer gewissen Zellzahl vorliegen (Infektionsdosis), um den Wirt besiedeln zu können.

Negative Interaktionen treten bei sehr hohen Zelldichten auf. Ursachen können die Nährstoffkonkurrenz sein, aber auch die Anhäufung hemmender Stoffwechselprodukte. Bei räuberisch lebenden Mikroorganismen, z. B. Protozoen, führt die Konkurrenz zum Rückgang der Beuteorganismen. Das hat den Rückgang der Räuberpopulation zur Folge. Auf diese Weise kommen phasenverschobene Oszillationen zwischen Räuber- und Beuteorganismen zustande.

22.1. Successionen

Als Kolonisation wird die Erstbesiedelung eines noch nicht von Organismen bewachsenen Substrates bezeichnet. Die dazu befähigten Pionierorganismen zeichnen sich durch bestimmte Eigenschaften aus. Neu gebildete Vulkaninseln werden in der Regel von Cyanobakterien besiedelt, die C- und N-autotroph sind. Welche Art zuerst auftritt, ist vom Zufall der Übertragungsbedingungen abhängig.

Die Besiedlung eines Standortes durch eine Pionierpopulation kann die Besiedlung durch eine andere ausschließen. Von diesem **Possesions-Prinzip** macht man bei der biologischen Bekämpfung der Kiefernwurzelfäule in Großbritannien Gebrauch (Abb. 22.1.). Durch Beimpfung der frischen Schnittflächen von gefällten Kiefern mit Sporen des Pilzes *Peniophora gigantea* wird erreicht, daß sich der Wurzelfäuleerreger nicht ansiedeln kann. *Peniophora* geht im Gegensatz zu *Heterobasidion* nicht von den Wurzeln des gefällten Baumes auf Wurzeln gesunder Bäume über.

Die Erstbesiedlung schafft Bedingungen für nachfolgende Gesellschaften, die das Habitat weiter verändern, bis durch eine **Succession** von Gesellschaften schließlich ein stabiles Endstadium, die Klimaxgesellschaft, erreicht wird. Als Beispiel für eine Succession sei die **Silofutterbereitung** angeführt, bei der ein bestimmtes Endstadium angestrebt wird, um haltbares und be-

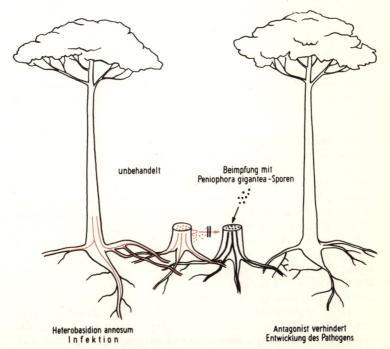

unbehandelt

Beimpfung mit
Peniophora gigantea - Sporen

Heterobasidion annosum
I n f e k t i o n

Antagonist verhindert
Entwicklung des Pathogens

Abb. 22.1. Possessions-Prinzip: Die Besiedlung der Baumstümpfe durch Beimpfung mit Sporen des nichtpathogenen Pilzes *Peniophora gigantea* verhindert die Entwicklung des Erregers der Kiefern-Wurzelfäule, *Heterobasidion annosum*.

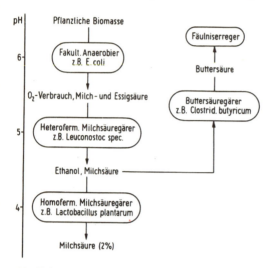

Abb. 22.2. Succession bei der Silagebereitung. Zur Förderung der Succession in die Richtung der Milchsäuregärung wird die Pflanzenmasse mit Melasse und Säure versetzt.

kömmliches Tierfutter zu erhalten. In Abbildung 22.2. ist die angestrebte Succession und eine unerwünschte, zur Fäulnis führende, alternative Sequenz dargestellt. Durch die dichte Packung der geernteten Pflanzenmasse wird erreicht, daß sich fakultative Anaerobier, die auf den Pflanzen vorkommen, durchsetzen. Sie verbrauchen Sauerstoff und vergären Zucker zu verschiedenen organischen Säuren. Damit sind für die Milchsäurebakterien günstige Bedingungen geschaffen. Die mit der Milchsäurebildung verbundene Ansäuerung wirkt konservierend, das Produkt wird von den Tieren als Futter gern angenommen. Erfolgt die Milchsäuregärung zu langsam, so können sich Buttersäuregärer entwickeln, die die Milchsäure zu der unangenehm riechenden Buttersäure umsetzen. Der mit der Buttersäurebildung verbundene pH-Anstieg gibt auch anaeroben Fäulnisbakterien die Möglichkeit zur Entwicklung. Um die Succession in die gewünschte Richtung zu lenken, ist die Schaffung anaerober Bedingungen (dichte Packung und Abdeckung) und eine schnelle Ansäuerung erforderlich. Diese kann durch die Zugabe von Melasseschnitzeln, die reichlich zu Milchsäure vergärbare Zukker enthalten, erreicht werden. Auch eine direkte Ansäuerung, z. B. mit Ameisensäure, wird praktiziert.

22.2. Antagonismen: Amensalismus und Parasitismus

Amensalismus, die Hemmung einer Mikrobenart durch ausgeschiedene Hemmstoffe, wie Antibiotika, (31.2.) einer anderen Art, ist unter Laborbedingungen leicht nachweisbar. Um Kolonien einer Aufschwemmung von Erdkeimen treten auf einer Agarplatte häufig Hemmhöfe auf. Der Beweis für ihr Vorkommen unter natürlichen Bedingungen wurde erst in wenigen Fällen erbracht, weil es sehr schwierig ist, entsprechende in situ-Untersuchungen im Mikrohabitat durchzuführen.

Im Boden werden Antibiotika schnell an Bodenkolloide gebunden. Für einige Bakterien aus der Rhizosphäre wurde nachgewiesen, daß die von ihnen gebildeten Antibiotika pathogene Pilze hemmen. So bildet ein *Pseudomonas fluorescens*-Stamm Pyrrolnitrin, das *Rhizoctonia solani* hemmt. Auf Äpfeln kommt der Pilz *Chaetomium globosum* vor, der antagonistisch auf den Apfelschorferreger *Venturia inaequalis* wirkt. *Chaetomium* bildet die antibiotische Substanz Chaetomin.

Antagonismus zwischen Mikroorganismen stellt eine wichtige Grundlage für die **biologische Bekämpfung** (engl. biological control) von phytopathogenen Mikroorganismen dar. Bisher sind erst wenige Präparate im Einsatz, da es schwierig ist, unter wechselnden Milieubedingungen sicher reproduzierbare Wirkungen zu erzielen. Der apathogene *Agrobacterium tumefaciens* Stamm 84, welcher das Antibiotikum Agrocin bildet, wird zur Bekämpfung pathogener Stämme von *Agrobacterium tumefaciens* eingesetzt, die die Wurzelhalsgallen beim Steinobst verursachen (5.2.3., Abb. 5.4.). *Trichoderma viride* ist ein Antagonist gegen ein breites Spektrum phytopathogener Pilze. Die Wirkung ist auf mehrere Faktoren zurückzuführen, u. a. auf eine flüchtige antibiotische Substanz (6n-Pentyl-2H-pyran-2-on) und extrazelluläre Enzyme (Chitinase, Glucanase, Protease), die Zellwände anderer Pilze angreifen. *T. viridae* ist zugleich ein Mycoparasit von *Rhizoctonia solani*. Bestimmte Stämme von *Pseudomonas fluorescens* unterdrücken die Entwicklung des Erregers der Schwarzbeinigkeit des Weizens *Gaeumannomyces graminis*. Antagonisten können mit dem Saatgut in den Boden eingebracht werden. Attraktiver ist es, ihre Entwicklung durch Fruchtfolge- und Bodenkultivierungsmaßnahmen zu fördern. Die Eigenschaften bestimmter Böden, Krankheiten zu unterdrücken (engl. disease suppresive soils), gehen wahrscheinlich auf antagonistische Wirkungen zurück.

Parasitismus: Parasitäre Interaktionen zwischen Bakterien sind selten. Das bekannteste Beispiel ist der Befall von Gram-negativen Bakterien durch *Bdellovibrio* (Abb. 22.3.). Dieses kleine begeißelte Bakterium durchdringt die Zellwand, nicht die Plasmamembran. Es lysiert die Membran und nutzt Cytoplasmakomponenten als Substrat. Nach der Zellvermehrung werden

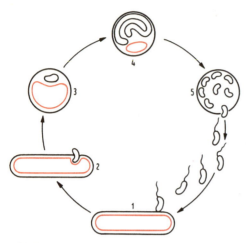

Abb. 22.3. Entwicklungscyclus des parasitischen Bakteriums Bdellovibrio bacterio-vorus. 1: Anheftung, 2 u. 3: Eindringen in den periplasmatischen Raum, 4: Wachstum in der Wirtszelle, 5: Auflösung der Wirtszelle und Freisetzung.

die Wirtszellen aufgelöst und die Parasiten freigesetzt. Myxomyceten nehmen durch Phagocytose Bakterien als Nährstoffe auf. Zwischen Pilzen ist Parasitismus verbreiteter. Einige Pilze leben als Hyperparasiten auf anderen Pilzarten. *Trichoderma* wurde schon erwähnt, eine Art parasitiert auf dem Champignon (*Agaricus*). Ein morphogenetischer Effekt auf Rostpilze geht von dem Mycoparasiten *Aphanocladium album* aus, der auf den Sporenlagern von *Puccinia graminis* und anderen Getreiderostpilzen wächst. Der Parasit bewirkt, daß die Rostpilze schon im Frühjahr nicht mehr Uredosporen (Sommersporenform) bilden, sondern Teleutosporen. Die Teleutosporen werden normalerweise im Herbst gebildet und dienen der Überwinterung. Sie befallen im Frühjahr die als Zwischenwirt dienende Berberitze. Die Umstimmung der Sporenbildung hat zur Folge, daß die epidemische Ausbreitung der Rostpilze während des Sommers durch Teleutosporen nicht mehr eintritt. Die Anwendbarkeit des stofflichen Prinzips als Fungizid wird geprüft.

22.3.   Mutualistische Symbiosen

Die Kooperation zwischen verschiedenen Mikroorganismenarten hat einen sehr unterschiedlichen Grad der Assoziation erreicht. Das Spektrum reicht von der gelegentlichen Besiedlung der Cyanobakterienschleimschicht durch oligotrophe Bakterien wie *Hyphomicrobium* bis zu den Flechten, die eine physiologisch-morphologische Einheit darstellen. *Hyphomicrobium* profitiert von der Nährstoffanreicherung, die an der Schleimschicht des *Cyanobacteriums Gloeocapsa* in nährstoffarmen Gewässern erfolgt. In Kläranlagen bilden sich Belebtschlammflocken aus. In die Schleimschicht von *Zoogloea*-Species sind hunderte von verschiedenen Bakterienarten eingelagert. Es bilden sich Nährstoffketten und Sauerstoffgradienten aus. Gut untersucht sind die Interaktionen **methanogener Systeme**, die in Sedimenten, Biogas-

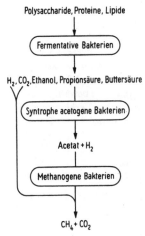

Abb. 22.4. Nahrungskette und symbiontische Association von Bakterien bei der Methanogenese.

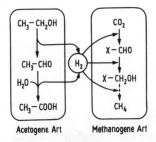

Abb. 22.5. Synthrophe Association und Interspecies-Wasserstofftransfer zwischen einem acetogenen und methanogenen Bakterium.

reaktoren und im Pansen vorkommen. Sie bilden eine Nahrungskette aus drei physiologischen Bakteriengruppen, die wiederum jeweils aus mehreren Arten bestehen (Abb. 22.4.). Sehr eng ist die Symbiose zwischen acetogenen und methanogenen Arten. Einige bilden eine **syntrophe Association**, d. h. sie können sich nur gemeinsam ernähren (Abb. 22.5.). Die anaerobe Acetatbildung aus Ethanol oder organischen Säuren ist unter Normalbedingungen eine endergone Reaktion, die nur abläuft, wenn sie durch eine exergone Wasserstoff verbrauchende Reaktion „gezogen" wird:

$$CH_3\text{-}CH_2OH + H_2O \rightarrow CH_3COOH + 2\,H_2, \Delta G° = +6,6\,kJ$$
$$4\,H_2 + CO_2 \rightarrow CH_4 + 2\,H_2O, \Delta G° = -136\,kJ$$

Dies wird durch den in Abbildung 22.5. dargestellten Interspecies-Wasserstofftransfer erreicht. Bei einigen Vertretern ist die Symbiose so eng, daß sie lange Zeit als eine Art, *Methanobacillus omelianskii*, angesehen wurden. Acetogene Gattungen sind *Synthrophobacter* und *Synthrophomonas*.

Methanogene Mischkulturen vollbringen neben der Methanbildung weitere Stoffwechselleistungen, die von Reinkulturen nicht bewältigt werden. Dazu gehört der **anaerobe Abbau chlorierter aromatischer Verbindungen**. Ein aus 9 verschiedenen Arten bestehendes Consortium wurde beschrieben, das 3-Chlorbenzol dehalogeniert und schrittweise zu CH_4 und CO_2 abbaut.

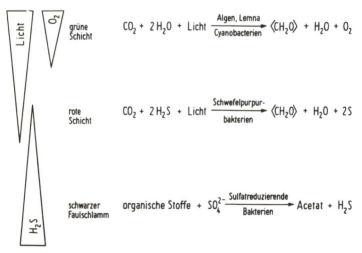

Abb. 22.6. Die Mikrobengesellschaft des Sulphuretums. Die physiologischen Gruppen sind entsprechend ihren Milieuansprüchen horizontal geschichtet. Im Farbstreifenwatt treten mm-breite Farbbänder auf.

Mikrobielle Ökosysteme mit ausgeprägter Zonierung stellen **Sulphureten** dar. Diese Gesellschaften sind durch die Zirkulation von Schwefelverbindungen charakterisiert und fallen durch das massenweise Auftreten von Purpurbakterien ins Auge. Sie bilden sich vor allem in Gewässern mit nährstoffreichen Sedimenten und im Farbstreifenwatt aus. Das Farbstreifenwatt tritt an Meeresküsten im feuchten Sand auf, der mit abgestorbener Biomasse durchsetzt ist. Unter der oberen Sandschicht befindet sich zunächst eine grüne, dann eine rote Zone, darunter liegt das schwarz gefärbte Sediment. Die Zonierung und die in diesen Schichten ablaufenden Prozesse sind in Abbildung 22.6. zusammengefaßt. Die aktiv beweglichen Organismen suchen die ihren ökologischen Anforderungen entsprechende Zone auf. Die Organismen der Horizonte stellen eine natürliche Selektivkultur dar. In der oberen aeroben grünen Zone findet die Photosynthese von Wasserpflanzen, Grünalgen oder Cyanobakterien statt. Sie absorbieren nicht das langwellige Rotlicht (880—1000 nm) und Teile des Blaulichts um 500 nm. Diese Wellenlängenbereiche können von den Schwefelpurpurbakterien auf Grund ihrer Pigmentausstattung zur anoxigenen Photosynthese genutzt werden (11.3.1.). Der als H-Donator genutzte Schwefelwasserstoff stammt aus der Sulfatreduktion (9.4.), die in den darunter liegenden anaeroben sulfatreichen Sedimenten erfolgt. H_2S führt gleichzeitig zur Eisensulfidbildung, das die Schwarzfärbung der Sedimente bewirkt. In Sulphureten finden wesentliche Prozesse des Schwefelkreislaufes (26.3., Abb. 26.3.) statt.

Die auf Felsen und Baumrinden wachsenden **Flechten** stellen eine **Ectosymbiose** dar, in der Cyanobakterien oder Grünalgen mit Pilzen eine ernährungsphysiologische und strukturelle Einheit mit artspezifischer morphologischer Struktur bilden. Der Photobiont, z. B. das Cyanobakterium *Nostoc*, oder die Grünalge *Trebouxia* fungieren als Primärproduzent, der dem Pilz Photosyntheseprodukte liefert. Zwischen Photo- und Mycobiont bestehen enge Kontakte, z. B. durch Wandkontakte oder die Bildung von Haustorien durch Pilze. Das die Morphologie bestimmende Pilzmycel übt eine Schutzfunktion gegen Trockenheit und extreme Temperaturen aus und stellt Mineralstoffe bereit. Sie werden durch die von den Flechten gebildeten organischen Säuren aus dem Gestein gelöst. Flechten sind Pionierorganismen für die Besiedlung von Gestein und leiten die Bodenbildung ein. *Nostoc* enthaltende Flechten fixieren Luftstickstoff. Die Partner sind getrennt kultivierbar. Das harmonische Wachstum der beiden Partner wird auf die Wirkung von Flechtenstoffen zurückgeführt. Diese nur in Symbiose gebildeten phenolischen Verbindungen üben unzureichend aufgeklärte regulatorische Funktionen auf den Stoffwechsel aus.

Cyanophora paradoxa ist ein einzelliger Süßwasserflagellat (9 × 15 µm), der **endosymbiontisch** ein oder mehrere Cyanellen enthält. Die **Cyanellen**

sind aus Cyanobakterien hervorgegangen, die die Fähigkeit zum selbständigen Wachstum verloren haben. Die Endosymbiose ist obligat. Die Cyanellen liefern Photosyntheseprodukte, sie scheiden Glucose aus. Ihr Genom ist im Vergleich zu selbständig wachsenden Cyanobakterien um das Zehnfache geringer. Wichtige Proteine der Cyanellen werden vom Wirt geliefert. Die Cyanellen enthalten nur noch Reste der Cyanobakterienzellwand. Die Endosymbiose von *Cyanophora* ist ein Beleg für die **Endosymbionten-Hypothese**. Sie besagt, daß die Plastiden und Mitochondrien aus einst freilebenden Prokaryoten hervorgegangen sind, die als Symbionten von einem größeren Partner durch Phagocytose aufgenommen und im Verlauf der Evolution zu Organellen umgebildet wurden. Die Vielfalt der Chloroplasten wird auf die Aufnahme verschiedener photosynthetischer Prokaryoten zurückgeführt. Die Chlorophyll a und b enthaltenden Chloroplasten der höheren Pflanzen können auf Vertreter der Protochlorophyta zurückgehen. Mit *Protochloron* wurde ein photosynthetischer Prokaryot gefunden, der Chlorophyll a und b enthält. Er kommt als Ectosymbiont auf Seescheiden (Ascidien) vor. Nach hypothetischen Vorstellungen kann das eukaryotische System in der Phylogenie schrittweise durch zwei nacheinander erfolgte Endosymbiosen entstanden sein.

23. Wechselwirkungen zwischen Mikroorganismen und Pflanzen

Ein breites Spektrum von Mikroorganismen besiedelt Pflanzen als Habitat. Die Oberfläche der Blätter und Wurzeln, die Phyllo- und Rhizoplan, wird von saprophytischen Arten besiedelt. In die Gewebe der Pflanzen dringen z. T. hoch spezialisierte Mikroorganismen ein, die spezifische Eigenschaften zur Infektion besitzen. Diese Mikroorganismen können fakultative oder obligate Parasiten sein. Letztere können sich nur in lebendem Gewebe vermehren, sie sind biotroph. Dazu gehören z. B. die Rostpilze. Die Parasiten sind auf bestimmte Wirtspflanzen spezialisiert (Wirtsspezifität). Symbionten haben ein dem gegenseitigen Nutzen dienendes Interaktionsgefüge entwickelt, durch das z. B. die Leguminosen die Infektion bestimmter *Rhizobium*-Arten fördern. Die symbiontische Stickstoffbindung wurde bereits im Kapitel 13 u. im Abschnitt 5.2.3. (Tab. 5.2.) behandelt, ebenfalls der Genparasitismus der die Wurzelhalsgallen bildenden Agrobakterien (5.2.3., Abb. 5.4.).

Die Blattoberfläche (**Phylloplan**) der einjährigen Pflanzen hat in gemäßigten Breiten eine relativ einheitliche Mikrobenflora. Unter den Bakterien herrschen *Pseudomonas*- und *Erwinia*-Arten sowie chromogene *Xanthomonas* und Flavobakterien-Arten vor. Hefeartig wachsende Vertreter sind rot gefärbte *Sporobolomyces*-Arten und *Aureobasidium pullulans*, daneben *Candida*, *Cryptococcus*, *Trichosporon*. Unter den filamentösen Pilzen finden wir häufig *Cladosporium* und *Alternaria*-Arten. Die Keimzahl der Bakterien liegt um 10^5-10^7, der Hefen und Pilze um 10^5-10^6 pro g Frischgewicht. Trotz der beachtlichen Zahlen sind von Bakterien weniger als 0,1 %, von Pilzen etwa 1 % der Blattfläche bedeckt. Die Zahlen sind in starkem Maße von der Pflanzenart, der Jahreszeit und dem Klima abhängig. Die Mikroorganismen leben saprophytisch von ausgeschiedenen und ausgelaugten Stoffwechselprodukten. Die Phyllosphärenflora wirkt antagonistisch auf die Besiedlung durch phytopathogene Arten.

Zu der epiphytischen Bakterienflora gehören die Eiskeime bildenden *Pseudomonas*- und *Erwinia*-Arten. Diese Bakterien besitzen Oberflächeneigenschaften, die bei Temperaturen von -1 bis -4 °C die Eiskristallbildung im unterkühlten Wasser bewirken. Die Eiskeimbildung (Ice Nucleating Activity, INA) wird bei *Pseudomonas syringae* durch ein Protein aus 122 imperfekten Wiederholungen des Octapeptides aus Ala-Gly-Tyr-Gly-Ser-Thr-Leu-Thr „katalysiert". Diese INA$^+$-Bakterien bewirken bei Kulturpflanzen (z. B. Aprikose, Erdbeere, Bohne) Frostschäden. Die Eiskristalle zerstören die Zelloberfläche, Nährstoffe werden freigesetzt, die Bakterien dringen ein und werden zu Parasiten. Es gibt Versuche, die INA$^+$-Stämme durch Mutanten oder natürlich vorkommende INA$^-$-Stämme zu ersetzen, indem diese in großer Zahl in landwirtschaftliche Kulturen gebracht werden und die INA$^+$-Stämme zurückdrängen. INA$^+$-Luftkeime bewirken jedoch auch die Kondenswasserbildung und spielen bei der Niederschlagsbildung eine Rolle. Daher bestehen ernste Bedenken gegen den Einsatz von INA$^-$-Stämmen. Sie könnten Dürre verursachen. INA$^+$-Stämme werden bei Temperaturen um den Gefrierpunkt zur Erzeugung von Schnee für Wintersportanlagen eingesetzt. Dazu werden diese Stämme in die Atmosphäre gebracht.

23.1.   Phytopathogene Mikroorganismen

Phytopathogene Mikroorganismen verursachen bei einem mehr oder weniger engen Spektrum von Wirtspflanzen Krankheiten. Sie dringen in das Gewebe ein und schädigen die Zellen so, daß sie sich von den Zellmetaboliten und Komponenten ernähren und vermehren können. An Blättern sind erste sichtbare Symptome Blattflecken mit Chlorosen (Vergilbungen) und Nekrosen (Verbräunungen) abgestorbener Gewebeteile. In Ausnahmefällen geht der Wirt an der Infektion zu Grunde. Dadurch „beraubt" sich der Pathogen seines Wirtes. Beim Ulmensterben ist das der Fall. Der Erreger, der Pilz *Ceratocystis ulmi* wird durch den Ulmensplintkäfer übertragen. In der Regel stellt sich ein Gleichgewicht ein, die Wirtspflanze wird geschädigt, jedoch nicht abgetötet. Unter natürlichen Bedingungen sind Erkrankungen die Ausnahme. In Kulturpflanzenmonokulturen jedoch treten **Epidemien** auf, d. h. die zeitweilige starke Ausbreitung von Krankheiten. Unter endemischen Erkrankungen versteht man solche, die immer, jedoch nicht gehäuft, auftreten.

Am Beispiel der **Blattfleckenerkrankungen** sollen der Infektionsprozeß, die Virulenzfaktoren und die Abwehrmechanismen der Wirtspflanze erläutert werden. Zu den Blattfleckenerkrankungen gehört z. B. die Fettfleckenkrankheit der Buschbohne, die auf Blättern Chlorosen und Nekrosen, auf Früchten wasserdurchtränkte Flecken verursacht. Sie wird durch *Pseudomonas syringae* pv. *phaseolicola* hervorgerufen. Die phytopathogenen Mikroorganismen dringen passiv oder aktiv in das Gewebe ein und siedeln sich zunächst in den Interzellularen an. Sie bilden Metabolite, die in den pflanzlichen Stoffwechsel eingreifen und die Zellen schädigen. Im späteren

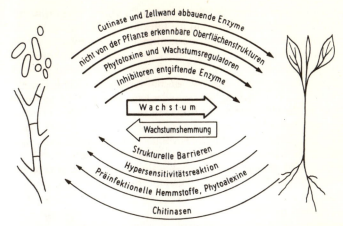

Abb. 23.1. Interaktionen von phytopathogenen Mikroorganismen und Pflanzen beim Infektionsprozeß.

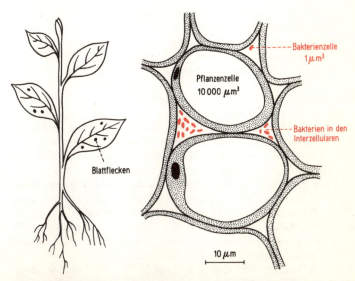

Abb. 23.2. Beispiel für die Dimension eines Mikrohabitats: Blattflecken, die durch phytopathogene Bakterien hervorgerufen werden.

Erkrankungsstadium sterben die Pflanzenzellen ab. Mit mehreren Abwehrmechanismen reagiert die Pflanze auf die Infektion. In Abbildung 23.1. ist
das Interaktionsmuster dargestellt. Je nachdem, ob die mikrobielle Aktion
oder die pflanzliche Reaktion stärker ist, kommt es zur Vermehrung der
Mikroorganismen oder zur Wachstumshemmung. Die Vermehrung führt
zu Krankheitssymptomen. Unter **Pathogenität** versteht man die Fähigkeit,
eine Krankheit zu verursachen. Der Grad der Pathogenität und Aggressivi-
tät wird als **Virulenz** bezeichnet. Die Erkrankungsprozesse erfolgen in einem
Mikrohabitat, dessen Dimension aus Abbildung 23.2. zu ersehen ist. Nicht
der Durchmesser der Zellen, sondern das Volumen ist die zutreffende Bezugsgröße. Bei der Bewertung der Wirkung biologisch aktiver Stoffe ist die Konzentration im Mikrohabitat, nicht in einem Nährmedium zugrunde zu legen.

Die Pathogenese läßt sich in vier Hauptphasen untergliedern, die sich
überlappen:
— Eindringen in die Pflanze,
— Vermeidung der schnellen Erkennung durch die Pflanze,
— Schädigung der Pflanze durch Toxine, Enzyme und weitere biologisch
aktive Stoffe,
— Detoxifikation pflanzlicher Abwehrstoffe.
Das **Eindringen** erfolgt entweder passiv durch Wunden und Spaltöffnungen
oder aktiv durch mikrobielle Enzyme. *Pseudomonas*-Arten, die Blattflecken
verursachen, dringen passiv ein. Viele Pilze bilden Cutinasen und andere
Zellwand abbauende Enzyme. Cutinasen sind Esterasen, die das aus C_{16}—
C_{18}-Fettsäurederivaten aufgebaute Cutingerüst zerlegen. Bei *Fusarium
solani* pv. *pisi* induzieren niedermolekulare Bausteine des Cutins die Cuti-
nasebildung auf das fast 1000fache.

Erkennungsreaktionen: Voraussetzung für die Vermehrung eines Pathogens ist, daß er im frühen Infektionsstadium nicht von der Pflanze erkannt
wird. Erhält die Pflanze das Signal, daß Mikroorganismen eingedrungen
sind, so werden verschiedene Abwehr- und Resistenzmechanismen ausgelöst.
Pathogene mit hoher Virulenz haben Eigenschaften, die einer „Maskierung"
vergleichbar sind. In Abbildung 23.3. ist die Position einer virulenten phytopathogenen Pseudomonade zur Pflanzenzelle dargestellt. Die Zelloberflächen haben keinen unmittelbaren Kontakt, da extrazelluläre Polysaccharide
(EPS) die Bakterienzelle umgeben. Diese Verhinderung des Zellkontakts
spielt bei der „Maskierung" eine Rolle. Ein weiterer wichtiger Faktor ist die
Struktur des Lipopolysaccharides (LPS), das stammspezifische Unterschiede
vor allem in der o-Region (Abb. 3.10. b) besitzt.

Wird ein pathogener Mikroorganismus von der Pflanze erkannt, so werden
zwei Mechanismen der Resistenz induziert, die Hypersensitivitätsreaktion
und die Phytoalexinbildung. Bei der **Hypersensitivitätsreaktion** reagieren

die Pflanzenzellen mit einem durch Permeabilitätsdefekte verbundenen Zellkollaps, sie sterben ab. Die abgestorbenen Gewebeteile werden als trockene braune Flecken sichtbar. Die zweite Abwehrreaktion ist die Phytoalexinbildung. **Phytoalexine** sind von der Pflanze gebildete niedermolekulare antimikrobielle Substanzen mit relativ breitem Wirkungsspektrum. Ein Beispiel ist das in Abbildung 23.6. dargestellte Pisatin. Die Phytoalexinbildung wird durch **Elicitoren** induziert. Als Induktoren wirken Oligosaccharine einer bestimmten Struktur (Abb. 23.4.). Bei Pilzinfektionen stammen sie aus der Zellwand des Pathogens. Bakterien „verraten" ihre Anwesenheit, indem sie eine Oligosaccharinfreisetzung aus der pflanzlichen Zellwand bewirken. Oligosaccharine sind sehr wirksame Induktoren, bereits 10^{-9} g des aus *Phytophthora*-Arten stammenden Hepta-β-glucosids genügen, um die in Abbildung 23.4. dargestellte Reaktionskette auszulösen.

Bei Pilzinfektionen, z. B. von *Fusarium solani* pv. *pisi* bei der Erbse, reagiert die Pflanze mit einer erhöhten Ethylenbildung. Ethylen induziert die vermehrte Bildung von **Chitinasen** und β-1,3-Glucanase. Diese Enzyme spielen bei der Abwehr eingedrungener Pilze eine Rolle, indem sie die Zellwand angreifen.

Bildung von Phytotoxinen und anderen Virulenzfaktoren: Viele phytopathogenen Mikroorganismen bilden Phytotoxine. Es sind biologisch aktive

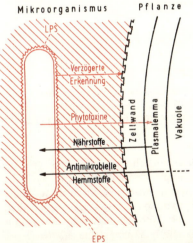

Abb. 23.3. Position einer phytopathogenen Pseudomonas-Zelle (rot) im Interzellularraum der Wirtspflanze und Interaktionen. LPS: Lipopolysaccharid, EPS: Extrazelluläres Polysaccharid.

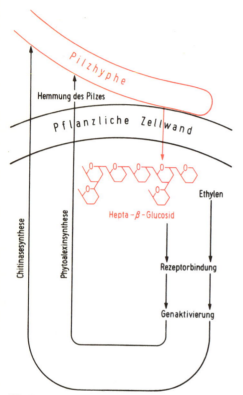

Abb. 23.4. Induktion pflanzlicher Abwehrmechanismen gegen phytopathogene Pilze.
Oligosaccharine (z. B. Hepta-β-Glucosid) induzieren die Phytoalexinsynthese, das
Phytohormon Ethylen die Chitinasesynthese (rot mikrobielle, schwarz pflanzliche
Effekte).

Sekundärmetabolite, die für die Pflanze toxisch sind und sie schädigen. Man
unterscheidet spezifische und unspezifische Phytotoxine. Die unspezifischen
Toxine wirken nicht nur auf die Wirtspflanze, sondern auch auf andere
Pflanzen. Spezifische Toxine schädigen nur die Wirtspflanze. Sie sind häufig
die entscheidende Ursache für die vom Pathogen hervorgerufene Erkrankung. Ein Beispiel ist das in Abbildung 23.5. dargestellte *Alternaria mali*-
Toxin, das Nekrosen beim Apfel hervorruft. Die überwiegende Zahl der
Phytotoxine wirkt unspezifisch. Das trifft für die weiteren, in Abbildung 23.5.
dargestellten Strukturen zu. Krankheiten sind multifaktoriell bedingt. Die

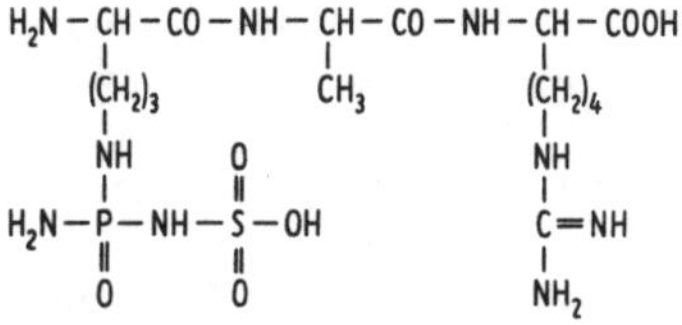

Phaseolotoxin

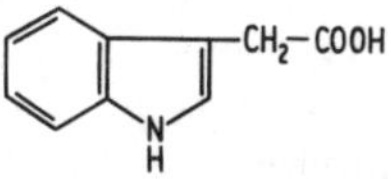

Indolylessigsäure

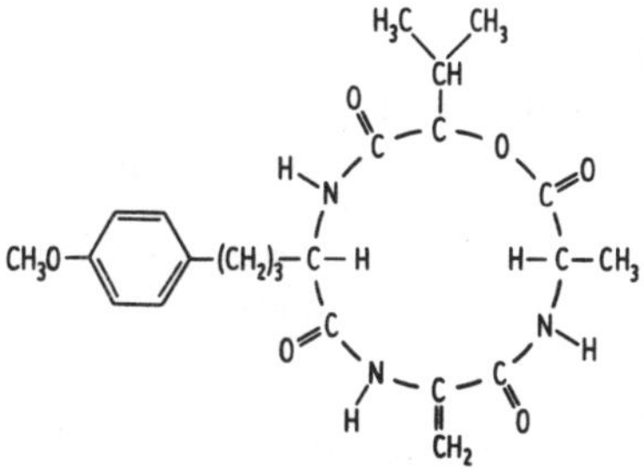

AMI-Toxin

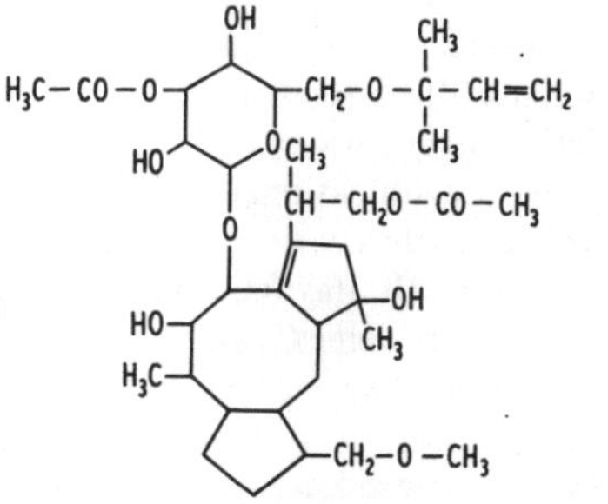

Fusicoccin

Abb.23.5. Bakterielle und pilzliche Phytotoxine: Phaseolotoxin wird vom Erreger der Fettfleckenkrankheit der Bohne, *Pseudomonas syringae* pv. *phaseolicola*, gebildet. Indolylessigsäure und Cytokinine werden von *P. syringae* pv. *savastanoi* synthetisiert, der die Gallenbildung an Zweigen vom Oleander hervorruft. AMI-Toxin ist ein wirtsspezifisches Toxin von *Alternaria mali*, dem Erreger einer Blattfleckenerkrankung des Apfels. Fusicoccin wird von *Fusicoccum amygdali*, dem Erreger einer Blattfleckenkrankheit des Mandelbaums, gebildet und bewirkt Permeabilitätseffekte bei pflanzlichen Zellmembranen.

unspezifischen Toxine sind Virulenzfaktoren eines komplexeren Systems. An der Fettfleckenkrankheit der Bohne sind mehrere Virulenzfaktoren beteiligt. Das auf Abbildung 23.5. dargestellte Phaseolotoxin ist ein Enzyminhibitor der Ornithin-Carbamyl-transferase, eines Schlüsselenzyms des Harnstoffcyclus. Das Toxin durchdringt die Grenzschichten der Pflanzenzelle und bewirkt eine Ornithinakkumulation. Der eigentliche Hemmstoff ist nicht das Tripeptid, sondern das substituierte Ornithin (N-Phosphinosulfamylornithin). Ein Mol dieses monomeren Bausteins ist 10—20 mal wirksamer als das Tripeptid. Durch die Blockierung des Cyclus kommt es nicht mehr zur Synthese des Arginins, einer proteinogenen Aminosäure. Die Reaktionsfolge des zur Chlorose führenden Prozesses ist unklar. Auch Phaseolotoxin negative Stämme sind pathogen. Sie verursachen keine Chlorose. Als weiterer Virulenzfaktor wirkt eines der extrazellulären Polysaccharide, das Alginat (Abb. 30.9.). Es verursacht die wasserdurchtränkten „Fettflecken“.

Als Virulenzfaktoren treten auch pflanzliche Wachstumsregulatoren auf. So wird die Gallenbildung an Zweigen der Esche und des Oleanders durch *Pseudomonas syringae* pv. *savastanoi* hervorgerufen, der Indolylessigsäure bildet. Wahrscheinlich wirken auch die durch *Fusarium moniliforme* gebildeten Gibberelline als Virulenzfaktoren.

Detoxifikation antimikrobieller Pflanzeninhaltsstoffe: Mit der Freisetzung von Nährstoffen aus den geschädigten Pflanzenzellen wirken auf die Mikroorganismen auch antimikrobielle Hemmstoffe ein. Die praeinfektionellen Hemmstoffe liegen bereits vor der Infektion vor. Dazu gehören phenolische Verbindungen wie Brenzkatechin und Protokatechusäure. Die Phytoalexine werden postinfektionell gebildet. Virulente Mikroorganismen verfügen über Stoffwechselprozesse zur Detoxifikation. Sie bauen die phenolischen Verbindungen ab. Phytoalexine, z. B. das bei Leguminosen verbreitete Pisatin, werden durch eine Cytochrom-P_{450}-Monooxygenase zu einem weniger giftigen Derivat (Abb. 23.6.) demethyliert. Auf Abbildung 23.6. ist ein weiteres Detoxifikationssystem gezeigt, die Cyanid-Hydratase von *Stemphylium loti*. Sie bewirkt die Entgiftung des aus cyanogenen Glycosiden gebildeten Cyanids.

Erst durch die ökologische Betrachtung, die Mikroorganismus und Umwelt als Einheit versteht, wird die Funktion der Stoffwechselleistungen verständlich. Gleichzeitig bieten sie Anhaltspunkte für die gezielte Isolierung von Mikroorganismen mit spezifischen Leistungen, z. B. von Cyanid-Hydratase-Bildnern aus infizierten cyanogenen Pflanzen.

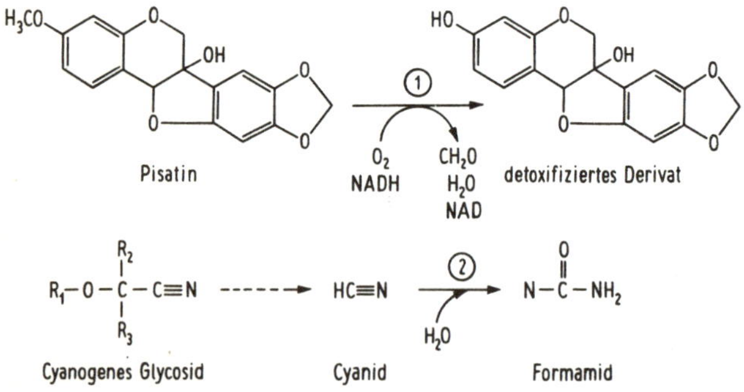

Abb. 23.6. Detoxifikation von antimikrobiellen pflanzlichen Inhaltsstoffen. Das Phytoalexin Pistain wird durch eine (1) Monooxygenase von *Nectria haematococca* entgiftet. Cyanogene Glycoside werden bei Infektionen von der Pflanze zu Aldehyden und Cyanid abgebaut. Cyanid wird durch die (2) Formiathydrolase (Cyanid-Hydratase) von *Stemphylium loti* entgiftet.

Die Blattfleckenerkrankungen führen uns eine Strategie phytopathogener Mikroorganismen zur Habitatbesiedlung vor Augen. Es gibt aber auch andere Strategien: Die biotrophen Rost- und Mehltaupilze dringen in die Pflanzenzelle ein, sie bilden keine Phytotoxine.

Mycoherbizide: Einige spezifische Unkrautparasiten werden als biologische Schädlingsbekämpfungsmittel erprobt. In den USA wurde der Pilz *Phytophthora palmivora* gegen das in Citruskulturen vorkommende Unkraut *Morrenia odorata* sowie *Colletotrichum gloesporioides* pv. *aeschynomene* gegen das in Reis verbreitete Unkraut *Aeschynomone virginala* als Präparat zugelassen. In Australien wird der aus Europa eingeführte Pilz *Puccinia chondrillina* gegen das im Weizen verbreitete Unkraut *Chondrilla juncea* eingesetzt. Zur Bekämpfung der Wasserhyazinthe auf südamerikanischen Strömen eignet sich *Cercospora rodmannii*. Voraussetzung für den Einsatz von entsprechenden Mitteln ist die Wirtsspezifität. Auch durch Mutationen dürften keine Stämme mit breiterem Wirtsspektrum entstehen.

23.2.   Mutualistische Symbiosen in der Rhizosphäre

Die Wurzeloberfläche (Rhizoplan) ist wesentlich stärker als die Blattoberfläche mit Bakterien besiedelt. Das ist auf die gute Nährstoffversorgung durch Wurzelausscheidungen und abgestorbene Wurzelteile zurückzuführen Im Rhizoplanbereich (0—1 μm Distanz von der Wurzel) wurden bis zu 100×10^9 Mikroorganismen pro cm^3 nachgewiesen, in der Rhizosphäre (1—20 μm Bereich um die Wurzel) ist die Keimzahl bereits 10 mal geringer. In wurzelfreiem Boden des gleichen Systems liegt die Mikrobenzahl bei 1×10^9. Das Verhältnis der Keimzahlen von Rhizosphäre zu Boden (R:S-Wert, S = engl. soil) beträgt 10 bis 100. Die Förderung des Mikrobenwachstums im Wurzelbereich wird als **Rhizosphären-Effekt** bezeichnet. Die Rhizosphäre ist bis zu 8 % mit Bakterien besiedelt, die in einer Schleimmatrix liegen. Frei lebende Pilze spielen in der Rhizosphäre eine untergeordnete Rolle. Die Bakterien sind überwiegend Pseudomonaden und Coryneforme, einige Bakterienarten sind schwer kultivierbar.

Von *Pseudomonas putida* und *P. fluorescens* treten in der Rhizosphäre Stämme auf, die das Wachstum von Kartoffeln, Zuckerrüben und anderen Kulturpflanzen fördern. Sie werden im englischen Sprachraum als **plant-growth-promoting rhizobacteria** (PGPR) bezeichnet. Ihre fördernde Wirkung beruht auf der Bildung von pflanzlichen Wachstumsregulatoren und von Siderophoren (Abb. 23.7.). Das Siderophor Pseudobactin (Abb. 23.7.) bindet das Eisen in der Rhizosphäre in einem so starken Maße, daß phytopathogene Mikroorganismen (z. B. *Gaeumannomyces graminis* und *Erwinia*

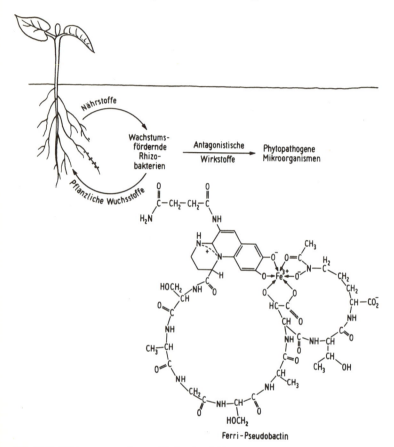

Abb. 23.7. Wirkungen wachstumsfördernder Rhizobakterien. Der Antagonismus gegen phytopathogene Mikroorganismen beruht auf der Bildung des Siderophores Ferripseudobactin, das durch Eisenbindung im Rhizosphärenbereich Eisenmangel für den Pathogen verursacht.

carotovora) auf Grund des Eisenmangels nicht wachsen und daher die Kulturpflanzen nicht infizieren können. Die Beimpfung des Saat- und Pflanzgutes mit besonders leistungsfähigen Stämmen wird erwogen. Die stabile Ansiedlung von Leistungsstämmen, die sich gegenüber den Wildstämmen durchsetzen, ist schwierig zu erreichen.

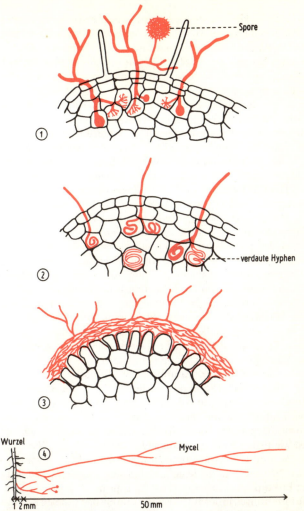

Abb. 23.8. Mykorrhiza-Typen 1. Endotrophe Vesikular-Arbuskular-Mykorrhiza mit Vesikeln und verzweigten Arbuskeln in den Wurzelzellen. 2. Endotrophe Mykorrhiza der Orchideen mit geknäuelten Hyphen in den Wurzelzellen, z. T. verdaut. 3. Ectotrophe Mykorrhiza der Bäume mit Hyphenmantel um die Wurzeln und interzelluläre Hyphen in der äußern Rindenschichte (Hartig-Netz). 4. Relative Ausdehnung der Wurzel mit Wurzelhaaren und Mycel bei Typ 1.

Mykorrhiza: Die Mykorrhiza stellt eine mutualistische Symbiose zwischen bestimmten Pilzen und Pflanzenwurzeln dar. Der Pilz erhält von der Pflanze organische Substrate und liefert Phosphat sowie andere Mineralstoffe. Mit dem ausgedehnten Mycelsystem (Abb. 23.8.) wird ein großer Bodenbereich zur Nährstoffaufnahme erschlossen. Mykorrhizapilze wirken auf einige phytopathogene Pilze antagonistisch.

Zwei Grundtypen der Mykorrhiza sind zu unterscheiden, die **Endo- und Ectomykorrhiza**. Die Endomykorrhiza tritt in zwei Formen auf (Abb. 23.8.). Am verbreitetsten ist die **Vesikular-Arbuskular-Mykorrhiza** (VAM). Sie ist mit Ausnahme der Cruciferen bei fast allen Pflanzenfamilien zu finden. Sie kommt bei vielen wichtigen Kulturpflanzen, z. B. Getreide, Kartoffeln, Obstbäumen, Knöllchen tragenden Leguminosen, dagegen nicht bei Raps und Kohl vor. Die VAM wird durch Pilze der Zygomyceten-Ordnung *Endogonales* (z. B. *Glomus*- und *Gigaspora*-Arten) verursacht, die durch große Sporen charakterisiert sind. Die Hyphen dringen in die Zellen ein und enden mit verzweigten (Arbuskeln) und bläschenförmigen Gebilden (Vesikeln). Diese sind von der pflanzlichen Plasmalemmamembran umgeben. Die Symbiose wird vor allem auf nährstoffarmen Böden ausgebildet, durch reichliche Düngung wird sie gehemmt. Auf nährstoffarmen und zu rekultivierenden Böden fördert die Symbiose das pflanzliche Wachstum. Die Pilze führen unlösliche Phosphate in eine für die Pflanze verfügbare Form über. Für tropische Böden ist das besonders bedeutsam. Die Beimpfung mit *Endogonales* ist aufwendig, da die Pilze bisher nicht in Reinkultur vermehrt werden können. Die Impfgutherstellung erfolgt gemeinsam mit Wirtspflanzen, in deren Rhizosphäre sich die Sporen ausbilden.

Die zweite endotrophe Mykorrhizaform tritt bei Orchideen und Ericaceen auf, z. B. dem Heidekraut. Die daran beteiligten Pilze, wie *Rhizoctonia*-Arten und *Armillaria mellea* bilden in den Pflanzenzellen geknäuelte Hyphenenden, die nach einiger Zeit von den Wirtspflanzen verdaut werden.

Die **ectotrophe Mykorrhiza** bildet eine Pilzscheide um die Wurzeln von Waldbäumen wie Eiche, Birke und Koniferen. Die Scheide aus Pilzmycel, das Hartig-Netz, wird von Basidiomyceten wie *Boletus*, *Amanita* und *Lactarius* gebildet. Einige Partnerbeziehungen sind sehr spezifisch. Die Birke geht mit dem Birkenpilz *Leccinum scabrum* die Espe mit *L. rufum* die Symbiose ein. Die Pilze dringen in den Interzellularraum ein und nehmen Kohlenhydrate und Vitamine auf. Der Pflanze liefern sie in Wasser gelöste Mineralstoffe, da sie weitgehend das Feinwurzelnetz ersetzen. Sie synthetisieren pflanzliche Wachstumsregulatoren, die die Ausbildung der Feinwurzeln hemmen. Die Ectomykorrhiza schützt die Wurzel vor phytopathogenen Pilzen. *Pinus*-Arten erlangen durch *Pisolithus tinctorius* eine hohe Widerstandsfähigkeit. Zur Aufforstung von Halden werden Kiefernpflanzen daher in Baumschulen mit Sporen dieses Basidiomyceten beimpft, der sich kultivieren läßt.

Die Mykorrhiza ist wie der Parasitismus mit einer Infektion der Pflanzen verbunden. Es wird ein Gleichgewicht zwischen den beiden Partnern erreicht, dessen Regulationsprinzipien noch nicht bekannt sind. Detaillierter sind die Regulationsprozesse bei der Leguminosensymbiose mit Rhizobien aufgeklärt, an der die genetische Information beider Partner beteiligt ist (13.2.).

24. Wechselwirkungen zwischen Mikroorganismen, Mensch und Tieren

Eine große Zahl von Mikroorganismen hat sich auf Lebensbedingungen am und im menschlichen oder tierischen Körper spezialisiert. Man schätzt, daß die Haut eines Menschen von 10^{12} Bakterien, der Magen-Darm-Kanal von 10^{14} Bakterien besiedelt sind. Die Gesamtzahl der Zellen des menschlichen Körpers liegt um 10^{13}. Damit enthält der gesunde Mensch mehr Mikroben als Körperzellen. Mensch und Tiere enthalten Mikrohabitate, in denen sowohl antagonistische als auch mutualistische Interaktionen stattfinden. Eine Auswahl von Interaktionen, die Prinzipien verdeutlichen, wird im folgenden dargestellt.

24.1. Antagonistische Interaktionen

24.1.1. Humanpathogene Mikroorganismen

Ein Überblick über Krankheiten verursachende Mikroorganismen wurde bei der Behandlung der Taxonomie in den Kapiteln 5 und 7 gegeben.

Karies: Der Abschnitt wird mit dieser Erkrankung eingeleitet, da sie ein gutes Beispiel dafür ist, wie bereits die mikrobielle Besiedlung von spezifischen Oberflächen zu Krankheitssymptomen führt. Die als Gärungsprodukte der Bakterien anfallenden Säuren lösen den Zahnschmelz, so daß Löcher (Plaques) entstehen, die durch Auswirkungen auf das Zahnfleisch weitere Zahnerkrankungen mit sich bringen. Die Mundhöhle ist ein nährstoffreiches Biotop, das von vielen Bakterienarten besiedelt wird. Die Bakterien der Mundflora besitzen eine **Haftfähigkeit**, die für die verschiedenen Oberflächen spezifisch ist. Auf der Mundschleimhaut herrscht *Streptococcus sanguis*, auf der Zunge *Streptococcus salivarius* und auf der Zahnoberfläche *Streptococcus mutans* vor. Bei der Anheftung spielen neben Teichonsäuren extrazelluläre Polysaccharide eine Rolle.

Im Zahnbelag werden Bakterien durch Nahrungsbestandteile und Speichel optimal mit Nährstoffen versorgt. Die Bakterien des Zahnbelages stellen eine semikontinuierliche Kultur dar. An den anhaftenden Bakterien strömen kontinuierlich Nährstoffe vorbei. Der Zahnbelag enthält eine sehr große

Zelldichte, $10^8 - 10^9$ Keime pro 1 mg Plaquemasse. Da ein Zahn etwa mit 10 mg Plaquemasse überzogen ist, wird er von $10^9 - 10^{10}$ Bakterien besiedelt. Neben dem vorherrschenden *Streptococcus mutans* gehören u. a. *Streptococcus mitis* und *S. milleri* sowie *Actinomyces viscosus* und *A. naeslundii* zur Zahnflora.

Bei Zahnfleischentzündungen kommen *Fusibacterium-*, *Campylobacter-*, *Treponema-*, *Bacteroides-* und *Veillonella*-Arten dazu. Bei Karies tritt eine Entmineralisierung des Zahnschmelzes durch die Säureprodukte der von Streptococcen durchgeführten Milchsäuregärung ein (Abb. 24.1.). Diese Bakterien bevorzugen Saccharose und andere Zucker als Substrate, daher sind Süßigkeiten Karies erzeugende Substrate. Streptococcen bilden außer Milchsäure noch Essig-, Propion- und Ameisensäure. Weiterhin synthetisieren sie der Anhaftung dienende extrazelluläre Glucane (Dextran, Mutan) und Laevan (Polymer aus Fructose). Geht die Entmineralisierung unter das Zahnfleischgewebe, so treten Entzündungen (Gingivitis) auf, die sich auf die Kieferknochen ausdehnen können. Neben den organischen Säuren wirken Enzyme (Kollagenase und Phosphatase) sowie Toxine zusätzlich als Pathogenitätsfaktoren. Wirksame Bekämpfungsmaßnahmen gegen Karies sind die Mundhygiene und die Vermeidung von Saccharose enthaltenden Süßigkeiten. Die Anwendung von Fluoriden in Zahnpasten oder als Trinkwasser-

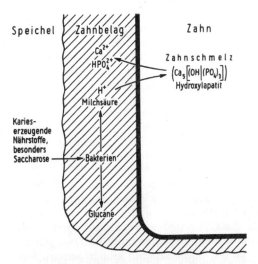

Abb. 24.1. Karies: Entmineralisierung des Zahnschmelzes durch Säurebildung von Bakterien des Zahnbelages, vor allem von *Streptococcus mutans*.

zusatz führt dazu, daß in der Gitterstruktur des Hydroxyapatits (Abb. 24.1.) die OH-Ionen durch Fluorionen ausgetauscht werden. Es entsteht Fluorapatit, der säurebeständiger ist. Bei Karies liegt ein sehr einfaches Interaktionsgefüge vor. Die Bakterien nutzen einen mit Nährstoffen gut versorgten Lebensraum, ihre Gärungsprodukte wirken auf die besiedelte Oberfläche ein.

Humanpathogene Bakterien: Die meisten human- und tierpathogenen Bakterien sind in starkem Maße vom Wirt anhängig. Sie können zwar in Gewässern und Böden überleben, die Vermehrung erfolgt jedoch im Wirt. Das ist auf spezifische Nährstoffansprüche zurückzuführen. Pathogene treten extra- oder intrazellulär auf. Die überwiegende Zahl der bakteriellen Krankheitserreger entwickelt sich extrazellulär und schädigt die befallenen Wirtszellen. Intrazellulär leben obligate Parasiten, wie *Mycobacterium leprae*, sowie die Chlamydien und Rickettsien (5.2.11.). Auf die Viren wurde im Kapitel 7 eingegangen. Wie bei den phytopathogenen Mikroorganismen (23.1.) kann man auch bei den human- und tierpathogenen Bakterien verschiedene Pathogenitäts- und Virulenzfaktoren unterscheiden, die die multifaktoriell bedingte Krankheit auslösen:
— Anheftung an die Wirtszelle,
— Schädigung der Wirtszelle durch Toxine,
— Sicherung der Eisenversorgung durch Siderophore,
— Schutz vor Phagocytose und Immunproteinen.

Anheftung an die Wirtszellen: Nachdem die Bakterien passiv oder aktiv (begeißelte Arten, z. B. *Vibrio cholerae* u. Leptospiren) an die Wirtszelle gelangt sind, heften sie sich durch Adhaesine an die Membran an. **Adhaesine** sind ein Sammelbegriff für verschiedene Strukturen. Sowohl durch Pili und Fimbrien (3.7.) als auch durch Lectine und Agglutinine erfolgt die Anheftung. Lectine sind Glycoproteine spezifischer Struktur, die bei Mikroorganismen, Pflanzen und Tieren vorkommen und eine Rolle bei der Erkennung und Anheftung spielen. Sie bewirken Zusammenlagerungen von Zellen. Schließlich sind auch die extrazellulären Polysaccharide bei der Anlagerung an die Wirtszellen beteiligt. Adhaesine sind determinierende Faktoren der Wirtsspezifität.

Toxine: Toxine sind bei der Schädigung der Wirtszellen und des Wirtsorganismus von wesentlicher Bedeutung. Die Toxinnomenklatur hat sich historisch entwickelt und ist verwirrend. Es wird von Exo-, Entero- und Endotoxinen gesprochen. Exotoxine sind ausgeschiedene Toxine, von denen in Tabelle 24.1. eine Auswahl zusammengestellt ist. Dazu gehören auch viele Enterotoxine, die von Enterobakterien gebildet werden. Viele Bakterien bilden mehrere Toxine (3—10). Endotoxine sind nicht in der Zelle lokalisiert, sondern gehen aus den äußeren Zellwandbestandteilen der

Gram-negativen Bakterien hervor. Die Exotoxine einschließlich vieler Enterotoxine sind Proteine, einige haben Enzymaktivität. Die Endotoxine bestehen aus Lipopolysacchariden (Abb. 3.10. b).
Als Beispiel für die Wirkung eines humantoxischen Toxins wird das Diphtherietoxin herangezogen, da es am besten aufgeklärt ist (Abb. 24.2.). Diphtherie-Bakterien siedeln sich im Rachenraum an und bilden ein Toxin, das über die abgetöteten Zellen in die Blutbahn gelangt. Das Toxin ist ein Protein (Molekulargewicht um 62 000), welches aus zwei Untereinheiten besteht. Es lagert sich an den Rezeptor empfindlicher Zellen an und durchdringt die Membran. Die A-Untereinheit wird durch Proteasen abgespalten

Tab. 24.1. Exotoxine humanpathogener Bakterien (Auswahl)

Organismus	Toxin	Wirkungsweise u. Symptome
Corynebacterium diphtheriae	Diphtherie-Toxin	Inaktivierung des Elongationsfaktors 2 bei der Proteinsynthese
Pseudomonas aeruginosa-Stämme	Exotoxin A	ähnlich Diphtherie-Toxin
Vibrio cholerae	Cholera-Enterotoxin	Untereinheit A_1 aktiviert zelluläre cAMP-Bildung in Darmepithelzellen, verbunden mit Ionen- und Wasseraustritt (Diarrhoe)
Escherichia coli-Stämme	E. coli-Enterotoxin	ähnlich Cholera-Enterotoxin, (Durchfall)
Clostridium tetani	Tetanus-Toxin	Neurotoxin blockiert Abgabe von Neurotransmittern, führt zu anhaltender Muskelverkrampfung 2,5 ng tödlich
Clostridium botulinum	Botulinus-Toxin	Neurotoxin blockiert an Nervenenden Acetylcholinfreisetzung, führt zu Muskellähmung, 1 ng tödlich
Clostridium perfringens	a-Toxin	Phospholipase, die Membran-Phospholipide spaltet (Hämolyse)
Streptococcus pyogenes A-Stämme	Streptolysin 0 Streptokinase	Membranabbau (Hämolyse) Fibrinauflösung, keine Ausbildung einer Fibrinbarriere
	Hyaluronidase	Hyaluronsäure-Abbau

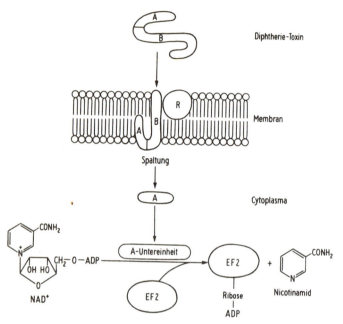

Abb. 24.2. Wirkung des Diphtherietoxins. Erklärung s. Text. R = Rezeptor, A u. B = Untereinheiten des Toxins, EF 2 = Elongationsfaktor bei der eukaryotischen ribosomalen Proteinsynthese.

und wirkt als Inhibitor, die B-Untereinheit fungiert als Carrier zum Transport durch die Membran. Die A-Untereinheit hemmt die Proteinsynthese, indem sie den Elongationsfaktor EF2 der Ribosomen mit dem ADP-Ribose-Teil des NAD^+ verknüpft. Die EF2-Einheit wird damit inaktiviert. Sie ist für die Verlängerung der Proteinkette durch Anheftung einer weiteren Aminosäure erforderlich. Da die A-Untereinheit des Diphtherie-Toxins als Enzym wirkt und viele EF2-Einheiten durch Ribosylierung inaktiviert, kann bereits ein Molekül die Proteinsynthese zum Erliegen bringen und die Zellen abtöten. Das Toxin wirkt nicht auf Diphtheriebakterien, da diese anders aufgebaute Ribosomen (70S mit Elongationsfaktor G) haben.

Die hohe biologische Aktivität der A-Untereinheit des Diphtherietoxins wurde dazu genutzt, durch Kopplung mit monoklonalen Antikörpern ein auf bestimmte Zellen wirkendes Immunotoxin herzustellen. Hybride zwischen der Untereinheit mit monoklonalen Antikörpern, die selektiv an bestimmte Typen von Krebszellen binden, werden auf Eignung zur Krebstherapie geprüft.

Eisenversorgung der Bakterien durch Siderophore: Eisen ist ein essentieller Nährstoff für alle Organismen, der jedoch für Mikroorganismen schwer zugänglich ist. Im menschlichen Körper liegt das Eisen in gebundener Form u. a. an dem Proteincarrier Transferrin vor, der freie Eisengehalt im Serum ist extrem niedrig (um 6×10^{-9} µM). Um unter diesen Extrembedingungen wachsen zu können, bilden Mikroorganismen Siderophore (15.1.). Das von *E. coli* gebildete Enterochelin (Abb. 15.1.) und andere Siderophore sind in der Lage, dem Transferrin Eisen zu entziehen, da sie noch wirksamere Komplexbildner sind. Virulente Stämme von *E. coli* enthalten neben dem Enterochelin einen hochwirksamen Komplexbildner, das Aerobactin. Andere Bakterienarten bilden andere Siderophore. Für die Aufnahme des Eisenkomplexes besitzt die Bakterienzelle spezielle Aufnahmesysteme.

Schutz vor Phagocytose: Der Mensch und die Wirbeltiere verfügen über zwei wirksame Abwehrsysteme gegen Erreger von Infektionserkrankungen, das Resistenzsystem der Phagocyten und das Immunsystem.

Die Phagocyten reagieren sofort, das Immunsystem wird erst ausgebildet, wenn nicht von früheren Infektionen her oder durch Impfung Immunität besteht. Die Phagocyten, die im gesamten Tierreich vorkommen, „fressen" die eingedrungenen Mikroorganismen auf. Phagocyten kommen im Blut, auf den Schleimhäuten und in den Organen vor. Durch spezifische Rezeptoren erkennen sie Mikroorganismen und binden sie an die Oberfläche. Anschließend nehmen sie diese durch Phagocytose auf und zerlegen sie in Lysosomen (lytische Enzyme enthaltende Vesikel) in Bruchstücke, die noch antigene Eigenschaften haben. Diese Bruchstücke werden ausgeschieden und auf der Phagocytenoberfläche abgelagert. Ein anderer Zelltyp, die Antikörper produzierenden Lymphocyten, erkennen diese Antigene und synthetisieren danach spezifische Antikörper. Zur Beschleunigung der Antikörperbildung durch die Lymphocyten scheiden die Phagocyten einen Lymphocyten aktivierenden Faktor, das Interleukin 1, aus. Die Abwehrwirkung der Phagocyten ist häufig mit einer lokalen Entzündung verbunden.

Pathogene Bakterien haben spezifische Zelloberflächenstrukturen, die von den Phagocyten nicht oder nur schwach gebunden werden. Diese Oberflächenstrukturen sind bei Gram-negativen Bakterien spezifische Lipopolysaccharide, bei Gram-positiven Polypeptide, z. B. Poly-D-Glutamat von *Bacillus anthracis*. Weiterhin hemmen einige Exotoxine die Phagocyten, z. B. das Diphtherie-Toxin und das O-Streptolysin.

Die Entwicklung von antagonistischen Interaktionen hängt davon ab, wer von den „Kontrahenten" das Übergewicht gewinnt. Virulente Bakterienstämme verfügen über hochentwickelte Virulenzfaktoren. Eine hohe Infektionsrate begünstigt den Pathogen. Prophylaktische Hygienemaßnahmen zielen darauf ab, die Keimzahlen des Krankheitserregers zu verringern. Eine gute Therapie verbindet die Hemmung des Pathogens mit der Förderung der Abwehrkräfte des Wirtes.

24.1.2. Insektenpathogene Mikroorganismen

Die Belange einer umweltgemäßen Schädlingsbekämpfung führen in zunehmendem Maße zur Suche nach Mikroorganismen, die als Antagonisten gegen Schadinsekten (**Biologische Schädlingsbekämpfung**, engl. biological control) eingesetzt werden können oder deren Stoffwechselprodukte als Quelle für neue Wirkstoffe (Biopestizide) dienen.

Bakterien: Das am besten untersuchte insektenpathogene Bakterium ist *Bacillus thuringiensis*. Dieses Bakterium wurde 1911 als Erreger einer Mehlmottenraupen-Erkrankung gefunden. Es ist ein Pathogen, das auf ein breites Spektrum von Lepidopteren-Raupen wirkt, jedoch nicht auf Bienen, andere Tiere und den Menschen. In den letzten Jahren wurden weitere Subspecies gefunden, die auf Mückenlarven (pv. *israelensis*) und einige Käferlarven (pv. *galleriae*) pathogen wirken (Tab. 24.2.). *Bacillus thuringiensis*-Zellen gelangen mit der Nahrung in das Insekt und entfalten im Darmtrakt die pathogene Wirkung.

Bacillus thuringiensis bildet mehrere Virulenzfaktoren. Der wichtigste und selektiv wirkende Faktor ist das **kristalline δ-Endotoxin** (Abb. 24.3.). Die Pathovarietät *israelensis* bildet zwei bis drei Kristalle. Das Kristalltoxin (δ-Endotoxin) besteht zu 98% aus Proteinen verschiedener Zusammensetzung. Der Hauptanteil ist die Vorstufe des eigentlichen Toxins (Protoxin, MG ca. 130 000), das im Darm der Insekten durch Proteasen zu insektiziden Toxinen, Polypeptiden mit dem MG von 80 000 und 40 000, zerlegt wird. Durch die aktivierten Toxine wird die Zellmembran der Darmepithelzellen irreversibel geschädigt, nach einigen Tagen sterben sie ab. Durch die Zerstörung der Darmschranke können die Bakteriensporen in den Körper eindringen. Sie keimen aus und bewirken eine Septikämie. Die primär schädigende Wirkung geht vom δ-Endotoxin aus. *Bacillus thuringiensis* ist nur schwach infektiös, das Bakterium breitet sich daher nicht epidemisch aus. Es wird deshalb als Biopestizid ähnlich wie ein chemisches Insektizid eingesetzt. Dadurch unterscheidet es sich von Mitteln zur biologischen Schädlingsbekämpfung, die sich autokatalytisch in der Schadinsektenpopulation ausbreiten, bis die Individuenzahl für Übertragungen zu gering wird.

Tab. 24.2. Mikroorganismen und Viren als Bioinsektizide und Mittel zur biologischen Schädlingsbekämpfung

Mittel	Schadinsekten
Bakterien	
Bacillus thuringiensis	Lepidopteren-Raupen, z. B.
pv. *thuringiensis*	Goldafter, Kohlweißling,
pv. *kurstaki*	Knospenwickler, Eichenwickler,
pv. *gualleriae*	Frostspanner, Kiefernspanner,
	Ringelspinner, Mehlmotte
Bacillus *thuringiensis*	Mückenlarven, z. B. *Aedes,*
pv. *israelensis*	*Anopheles, Culex*-Arten
Bacillus *thuringiensis*	Einige Blattkäferlarven, z. B.
pv. *tenebrionis*	Kartoffelkäfer
Bacillus *thuringiensis*	Fliegenmaden, z. B.
β-Exotoxin bildende Stämme	*Musca domestica*
Bacillus popilliae und	Japankäfer-Engerlinge
Bacillus lentimorbus	(*Popillia japonica*)
Pilze	
Beauveria bassiana	Kartoffelkäfer, Apfelwickler
Metarrhizum anisopliae	Rüben-Derbrüßler, Mückenlarven
Entomophthora virulenta	Blattläuse
Aschersonia sp.	Weiße Fliege
Verticillium lecanii	Blattläuse, Schildläuse
Viren	
Kernpolyeder-Viren (Baculo-Viren)	Schwammspinner, Ringelspinner
Granulose-Viren	Kohleule

Neben dem δ-Endotoxin werden Exoenzyme und Exotoxine gebildet. Bei den Exoenzymen handelt es sich um Lecithinase und Proteinasen, deren Rolle bei der Pathogenese unklar ist. Das wichtigste Exotoxin ist das niedermolekulare thermostabile β-Exotoxin. Es wird nur von wenigen Pathovarietäten gebildet, z. B. pv. *thuringiensis*. Die Struktur des ungewöhnlichen Nucleotides ist in Abbildung 24.3. dargestellt. Es ist ein Antimetabolit der DNA-abhängigen RNA-Polymerase. Die Wirkung ist unspezifisch, es ist auch für Wirbeltiere toxisch. Stämme, die neben dem δ-Endotoxin das β-Endotoxin bilden, werden als Mittel gegen Fliegenmaden erprobt. Die Präparate werden dem Viehfutter zugesetzt, passieren ohne akute Schädigung den Darm und gelangen so in die Exkremente, in denen die Fliegenmaden leben. *Bacillus thuringiensis*-Präparate gegen Leptidopte-

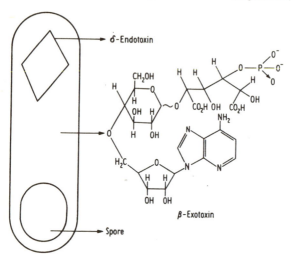

Abb. 24.3. Bacillus thuringiensis: Parakristallines δ-Endotoxin in der Zelle und Formel des β-Exotoxins.

ren sind unter verschiedenen Bezeichnungen (Endobakterin, Thuricid, Dipel) im Handel (Jahresproduktion um 10 000 t). Die im Fermenter kultivierten Bakterien werden vom Nährmedium abgetrennt und mit Haft- und Lichtschutzmitteln formuliert. Für den erfolgreichen Einsatz muß man wissen, daß sie als Fraßgifte wirken. Nur junge fressende Raupen bzw. Larven nehmen sie auf.

Mit Hilfe der Gentechnik wurde die Fähigkeit zur δ-Endotoxinbildung auf Rhizosphärenbakterien, z. B. *Pseudomonas fluorescens* mit dem Ziel übertragen, Erdraupen zu bekämpfen. Der Gentransfer des Endotoxin-Gens in das Genom von Kulturpflanzen wird bearbeitet, um „insektizide Pflanzen" zu züchten.

Pilze: Wichtige pilzliche Krankheitserreger von Insekten sind in Tabelle 24.2. angeführt. Diese Pilze befallen die Insekten, durchdringen mittels Chitinasen die Insektencuticula, vermehren sich im Insektenkörper und bilden niedermolekulare Toxine. So bildet *Beauveria* das Cyclodepsipeptid Beauvericin, *Enteromophthora* zwei Azoxybenzol-Toxine. Das Mycel durchwuchert das tote Insekt und dringt nach außen, wo *Enteromophthora* sporuliert. Die Sporen können auf andere Individuen gelangen und dort auskeimen.

Von einigen Pilzen gibt es bereits Präparate, andere sind in der Erprobung. *Beauveria bassiana* wird gegen Kartoffelkäfer und Apfelwickler eingesetzt. Die Präparate (z. B. Beauverin) bestehen aus Sporen, die am Mycel in Submers- und Oberflächenkultur auf Ausgangsstoffen wie Melasse oder Kleie gebildet werden. Für den erfolgreichen Einsatz sind die ökologischen Bedingungen entscheidend, unter denen eine effektive Infektion erfolgt. Im Freiland sind entsprechende Bedingungen schwer voraussehbar. Daher wurden einige Präparate für den Einsatz in Gewächshäusern entwickelt. Auf insektenpathogene Viren wurde im Abschnitt 7.4. verwiesen.

24.2. Mutualistische Interaktionen

24.2.1. Mikrobielle Prozesse im Pansen

Der Pansen der Wiederkäuer ist ein sehr dicht besiedeltes mikrobielles Habitat von 100—2501 Volumen, in dem pro ml etwa 10^{10} Bakterien und 10^6 Protozoen vorkommen. Durch die Aktivitäten der im Pansen lebenden Bakterien werden die Cellulose und andere pflanzlichen Polysaccharide zu einem großen Teil zu organischen Säuren und Mikroorganismen-Bio-

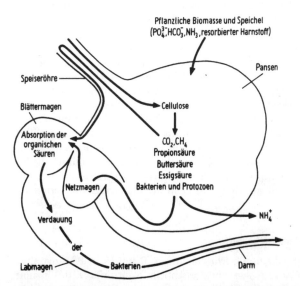

Abb. 24.4. Mikrobielle Prozesse im Pansen der Wiederkäuer. Anaerober Abbau der pflanzlichen Biomasse zu organischen Säuren und Methan sowie Bildung mikrobieller Biomasse.

masse überführt, die von dem Wiederkäuer aufgenommen werden. Die Wiederkäuer tragen durch die Zerkleinerung der pflanzlichen Biomasse, die Phosphat- und Bicarbonatzufuhr über den Speichel (100—200 l pro Tag) sowie die Gewährleistung der optimalen Temperatur von 38 °C zu der komplexen Symbiose bei. Im Pansen erfolgt eine kontinuierliche Kultur.

Im anaeroben Milieu des Pansens laufen die Reaktionen der Säuregärung und Biogasbildung ab, die im Abschnitt 22.3. und in der Abbildung 22.5. behandelt wurden. Sie werden jedoch durch andere Bakterienarten bewirkt, außerdem spielt die Säurebildung eine größere Rolle. In Abbildung 24.4. ist der Stofffluß im Pansen vereinfacht dargestellt. Cellulose und andere pflanzliche Polysaccharide werden durch *Bacteroides succinogenes*, *Ruminococcus albus*, *Butyrivibrio fibrisolvens* und andere Arten zu organischen Säuren, CO_2 und H_2 vergoren. Das Hauptprodukt ist Acetat (50—70%), es folgen Propionat (etwa 20%) und Butyrat (etwa 15%). Intermediär gebildetes Lactat und Succinat werden durch *Selenomonas ruminantium* und *Veillonella* sp. zu Propionat umgesetzt. Das Methan wird durch *Methanobacterium ruminantium* und *M. mobilis* gebildet. In dem anaeroben Milieu wachsen nur wenige Pilze, z. B. der Phycomycet *Neocallimastix frontalis*.

Endprodukte der mikrobiellen Umsetzungen sind neben den organischen Säuren H_2, CO_2, CH_4 und mikrobielle Biomasse. Sie dienen den Wiederkäuern als Nahrung. Die organischen Säuren werden durch den Pansen und Darm weitgehend resorbiert, die Bakterien- und Protozoen-Biomasse wird im Darm abgebaut und die Aminosäuren sowie andere Bausteine werden ebenfalls resorbiert. Pflanzliche Biomasse, z. B. Heu, enthält relativ wenig Stickstoffverbindungen. Die Wiederkäuer haben die Fähigkeit, den bei der Ammoniakentgiftung in der Leber gebildeten Harnstoff zu rezirkulieren. Ein beträchtlicher Teil des Harnstoffs wird über den ruminohepatitischen Kreislauf mit dem Speichel wieder in den Pansen zurückgeführt. Die Pansenbakterien vermögen Harnstoff und Ammonium als Stickstoffquelle zu nutzen. Ein Verlust an C- und Energiequellen tritt durch die Bildung von Methan ein, das von den Wiederkäuern ausgeschieden wird. Durch das Antibiotikum Monensin kann die Methanogenese vermindert werden.

24.2.2. Insekten-Symbiosen

Viele Insekten ernähren sich sehr einseitig, z. B. mit Holz, Pflanzensäften, Blut. Diesen Medien fehlen einige essentielle Nährstoffe, z. B. Vitamine. Am extremsten sind die Ernährungsbedingungen für holzfressende Insekten. Die Bestandteile, Cellulose und Lignin, sind für Insekten nicht abbaubar, der Gehalt an organischen Stickstoffverbindungen ist sehr gering.

Viele Insekten haben im Verlauf der Evolution mutualistische Symbiosen mit Mikroorganismen ausgebildet, die dem Substrataufschluß und der Nahrungssubstitution dienen. Diese Symbiosen haben einen verschiedenen Associationsgrad erreicht.

Bei den Holz verwertenden Insekten gibt es pilzzüchtende Arten. Die Borkenkäfer kultivieren in den Fraßgängen für jede Art spezifische Pilze (Ambrosiazüchter). Zur Überwinterung der Pilze besitzen diese Käfer spezielle Körperausstülpungen. Der Ulmensplintkäfer (*Scolytus*) überträgt den Erreger des Ulmensterbens, *Ceratocystis ulmi*. Der Pilz verstopft die dem Wassertransport dienenden Gefäße, der befallene Zweig welkt, später stirbt der Baum ab. Die Larven des Käfers können sich unter diesen Bedingungen gut entwickeln. Die im Mulm lebenden Larven des Rosenkäfers und des Hirschkäfers haben am Enddarm „Gärkammern", in denen modernde Holzpartikel mikrobiell abgebaut werden. Ähnliche Bildungen finden wir bei einigen Termiten (z. B. *Calotermes* sp.), die ebenfalls überwiegend von Cellulose enthaltender Nahrung leben. Der Enddarm ist stark erweitert und enthält große Mengen begeißelte Flagellaten, die Cellulose abbauen. Es gibt Hinweise, daß die Flagellaten Cellulasen bildende Bakterien enthalten. Die Flagellaten, die bei einigen Termiten nahezu die Hälfte des Körpergewichtes ausmachen, werden von den Termiten teilweise verdaut. Außerdem wurden bei Termiten N_2-bindende *Enterobacter*-Arten im Darmtrakt nachgewiesen.

Bei den im Holz lebenden Larven der Bockkäfer wie auch vieler anderer Käfer (Rüsselkäfer, Brotkäfer), treten spezifische Anhangsorgane des Darms, **Mycetome**, auf, in denen Mikroorganismen intrazellulär leben (Endosymbiose). Neben Bakterien wurden vielfach Hefen nachgewiesen. Viele Mikroorganismen, die symbiontisch in Insekten leben, können bisher nicht kultiviert werden. Die Coevolution hat offensichtlich zu einer starken gegenseitigen Abhängigkeit geführt. Die mikrobiellen Symbionten liefern Aminosäuren, Vitamine, Steroide. Verlust der Symbionten, wie er z. B. experimentell durch Antibiotika erreicht werden kann, führt zum Kümmerwuchs und Tod der Insekten. Vielfach treten mehrere mikrobielle Symbionten auf, bei Zikaden wurden bis zu neun verschiedene Arten gefunden. Das biochemische Potential dieser mikrobiellen Stoffwechselspezialisten ist bisher nicht erschlossen.

24.2.3.   Symbiosen mit Meerestieren

Leuchtsymbiose: Fische, Tunicaten und Mollusken haben Symbiosen mit Leuchtbakterien (z. B. *Photobacterium fisheri*) ausgebildet. Der bakterielle Leuchtprozeß hat für Fische zwei Funktionen, je nachdem, wo sich die

Leuchtorgane befinden. Liegt das Leuchtorgan neben dem Maul, so dienen sie als Lichtfalle für Beutetiere. Leuchtorgane an der Mittelinie und am After dienen wahrscheinlich dem Finden der Geschlechter und damit der Vermehrung. Der Fisch *Photoblepharon palpabratus* hat unter den Augen je ein bohnenförmiges Organ, in denen die Bakterien in Hauteinstülpungen (extrazellulär) leben. Die Meerestiere versorgen die heterotrophen Bakterien mit Nährstoffen und Sauerstoff. Der bakterielle Leuchtprozeß ist aerob, die Luciferase ist eine Monooxygenase. Die Reaktion erfordert neben Sauerstoff reduziertes FMN und einen langkettigen Aldehyd. Bei der enzymatischen FMN-Oxidation erfolgt die Lichtemission.

Endosymbiose zwischen Invertebraten und chemoautotrophen Bakterien: In der Tiefsee (2250 m) des Pazifiks wurden in der Nähe von Hydrothermalquellen dichte Tierbestände aus 1—3 m langen Röhrenwürmern (*Riftia pachyptila*) und 20—30 cm großen blauen und weißen Muscheln (*Bathymodiolus thermophilus, Calyptogena magnifica*) entdeckt. Diese Tiere leben in Symbiose mit Schwefel oxidierenden Bakterien, die als einzige Primärproduzenten wirken. Aus den Hydrothermalquellen wird H_2S freigesetzt, das nach dem in Abschnitt 11.1.1. (Abb. 11.1.) beschriebenem Prozeß der Chemolitotrophie zur Energiegewinnung oxidiert wird. Die CO_2-Assimilation erfolgt durch den Calvin-Cyclus (11.2., Abb. 11.5.). Bei den Muscheln leben die bisher nicht isolierbaren Bakterien in Zellen der Kiemen, den Bacteriocyten. Die großen Röhrenwürmer besitzen weder Mund noch Magen noch After. Die Körperhöhle ist mit einem Gewebe ausgefüllt, dem Trophosom, das vorwiegend aus Bakterienzellen besteht. Ein effektives Blutkreissystem umgibt diese Bakterienkultur und beliefert sie mit Sauerstoff und H_2S. Diese von dem Meeresmikrobiologen H. W. Jannasch 1985 gefundene Symbiose stellt eine neue Lebensform dar, die nicht von der Sonnenenergie, sondern von der geothermischen Energie des Erdinneren abhängig ist. Inzwischen wurden bei Mollusken und Bartwürmern (*Pogonophora*) Symbiosen vergleichbarer Art mit Methan oxidierenden endosymbiontischen Bakterien nachgewiesen.

25.   Boden-Mikrobiologie

Der Boden stellt ein komplexes System aus abiotischen und biotischen Komponenten dar. Abiotische Komponenten sind anorganische und unbelebte organische Bestandteile, Wasser und Luft. Zu den biotischen Komponenten gehören die Pflanzenwurzeln, Bodentiere, Algen, Pilze und Bakterien. Volumenmäßig setzt sich Wiesenboden zu etwa 45% aus anorganischen und zu 5% aus organischen Substanzen zusammen. Der verbleibende Anteil sind Hohlräume, die etwa je zur Hälfte mit Luft und Wasser gefüllt sind. Die organische Substanz besteht zu 85% aus Humus, zu 10% aus Wurzeln, zu 3—4% aus Mikroorganismen und zu 1—2% aus Bodentieren. Die Zusammensetzung unterliegt je nach Bodenart, Klimazone, Jahreszeit und Umweltbedingungen sehr großen Schwankungen. Boden entsteht durch Verwitterungsprozesse und mikrobielle Aktivitäten, an denen vor allem Flechten, Cyanobakterien und chemoautotrophe Bakterien beteiligt sind. Auf Grund der Bildungsprozesse weist der Boden ein Profil auf. Es hat folgenden Grundaufbau: Die aus noch nicht abgebauten Pflanzenmaterialien (Spreu) bestehende Schicht wird als O-Horizont bezeichnet. Darunter liegt der A-Horizont des Oberbodens (etwa 1—30 cm tief), der reich an Organismen und organischer Substanz ist. Er ist der landwirtschaftlich genutzte Horizont, die Bodenkrume. Die Rhizosphäre als Habitat mit hohen mikrobiellen Aktivitäten wurde in Abschnitt 23.2. behandelt. Der anschließende B-Horizont ist der Unterboden, in den gelöste Mineralstoffe und organische Säuren eingewaschen werden. Er ist arm an organischer Substanz und heller gefärbt. In sauren Böden kühlfeuchter Zonen lösen Huminsäuren Eisenverbindungen aus dieser Schicht (Bleicherde oder Podsole). Im unteren Bereich des Horizontes kommt es zur Ausfällung rostfarbener Eisen-Humus-Verbindungen, die zu Verfestigungen führen können (Ortstein). Der untere C-Horizont besteht aus Gesteinsmaterial des Untergrundes und eingewaschenen Stoffen.

Die Lebenszone des Bodens ist der O- und A-Horizont, in denen je nach Nährstoffangebot eine mehr oder weniger aktive Organismentätigkeit herrscht. Es ist der Bereich der Rhizosphäreneffekte (23.2.). Ein Waldboden unserer Breiten mit einem Laubfall von etwa 1000—2000 kg Trockensubstanz pro ha enthält größenordnungsmäßig (in Trockensubstanz) 40 kg

Bakterien, 400 kg Pilzmycel, 5 kg Insekten und 10 kg Regenwürmer. Anschaulicher sind die Keimzahlen und Trockengewichte für 1 g lufttrockenen Ackerboden: 10^9 bis 10^{10} Bakterien (0,4—4 mg Trockensubstanz) und 200 m Mycel (4 mg Trockensubstanz). Keimzahlen und Gewichte sagen noch nichts über die Aktivität aus. Die Mikroorganismen unterliegen einem Umsatz, sie wachsen und dienen anderen Organismen als Nährstoff. Die im Boden nachweisbaren Generationszeiten sind in der Regel wesentlich länger als im Labor, sie gehen in die Größenordnung von Tagen. Nährstofflimitation herrscht unter natürlichen Bedingungen vor. In Labor und Industrie eingesetzte Nährlösungen haben einen Kohlenhydratgehalt um $10 \, \mathrm{g} \cdot \mathrm{l}^{-1}$, in der Natur liegt die Konzentration um $10 \, \mathrm{mg} \cdot \mathrm{l}^{-1}$.

Der Boden ist ein heterogenes Medium, wie das Schema der Abbildung 25.1. zeigt. In der Nähe der Wurzeln oder abgestorbener organischer Substanz tritt eine höhere Substratkonzentration auf. Tonminerale haben sorptive Eigenschaften, sie binden Nährstoffe und wirken als Ionenaustauscher. Bakterien leben bevorzugt in kapillaren Poren, zum überwiegenden Teil durch Schleime an Oberflächen gebunden. Die Schleimbildung

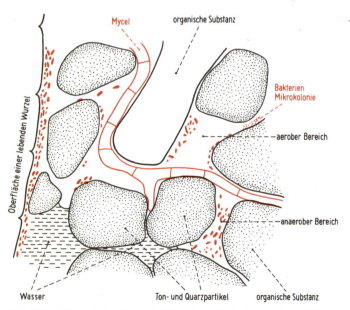

Abb. 25.1. Schematischer Querschnitt durch eine Bodenkrume, der die Heterogenität des Systems zeigt (rot Mikroorganismen).

und die Verflechtung der Bodenpartikel durch Mycelien führen zu einer
Krümelstruktur (Lebendverbauung), die für die Bodenbelüftung sowie
Wasserführung und damit für die Bodenfruchtbarkeit von großer Bedeutung ist. Auch wenn der Boden aus einer Vielzahl verschiedener Mikrohabitate besteht, wird er in den folgenden Ausführungen als System betrachtet, zu dem neben den Mikroorganismen die Pflanzen und Bodentiere gehören.

25.1.   Mineralisierung: Kohlenstoff- und Energiefluß

Durch die Primärproduktion der Pflanzen, in geringerem Maße auch durch
photo- und chemoautotrophe Bakterien, werden dem Boden organische
Stoffe zugeführt, die in ein **Nahrungsnetz und einen Energiefluß eingehen**
(Abb. 25.2.). Bodentiere tragen die Pflanzenteile in den Boden ein und
zerkleinern diese. Dadurch wird die Oberfläche vergrößert und der mikrobielle Abbau erleichtert. Abgestorbene Pflanzen und Tiere sowie Wurzel-

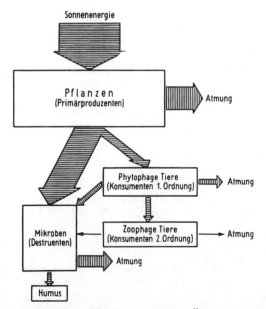

Abb. 25.2. Energiefluß durch ein Boden-Ökosystem. Die Breite der Pfeile deutet
das Ausmaß des Stoff- und Energieflusses an.

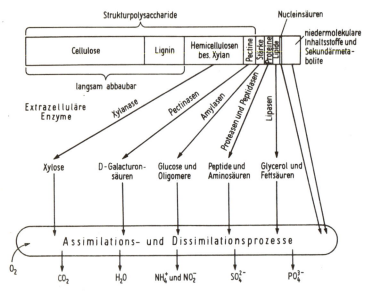

Abb. 25.3. Mikrobieller Abbau der pflanzlischen Biomasse. Die Makromoleküle werden durch extrazelluläre Enzyme in ihre Bausteine zerlegt, die durch Assimilations- und Dissimilationsprozesse mineralisiert werden.

exsudate dienen den Mikroorganismen als Nahrungs- und Energiequelle. Durch das große Spektrum von Abbauleistungen, das in Abbildung 25.3. zusammenfassend dargestellt ist, mineralisieren sie die Biomasse. Dabei werden die makromolekularen Komponenten der Biomasse durch extrazelluläre Enzyme zunächst in niedermolekulare Bausteine zerlegt und anschließend assimiliert und veratmet. Der zu mikrobieller Biomasse assimilierte Anteil wird in Folgeprozessen ebenfalls mineralisiert. Auch die unter anaeroben Bedingungen gebildeten Gärungsprodukte unterliegen einer Mineralisierung, wobei Methan als Endprodukt auftreten kann. Durch die Abbau- und Mineralisierungsprozesse, die im Teil II des Buches eingehender behandelt wurden, leisten die Mikroorganismen einen entscheidenden Beitrag zur Rezirkulation der Grundbausteine der Pflanzen.

Der Hauptanteil der in den Boden gelangenden Biomasse ist pflanzliche Substanz, die einen C:N-Quotienten um 40 bis 80 hat, d. h. der C-Anteil überwiegt stark gegenüber dem N-Anteil. Der C:N-Quotient der Mikroorganismen liegt um 5. Beim Einbringen von Pflanzenbiomasse, z. B. Stroh, führt das dazu, daß die Mikroorganismen den im Boden begrenzt verfügbaren Stickstoff in den Zellen festlegen. Diese zeitweilige Immobilisierung betrifft auch andere Mineralstoffe, z. B. Phosphat. Den Pflanzen stehen dadurch Mineralstoffe zeitweilig nicht zur Verfügung. Bei einer Herbstdüngung mit organischem Dünger kann durch die mikrobielle Festlegung die Auswaschung vermindert werden.

Humusbildung: Humus ist eine dunkel gefärbte kolloidale organische Substanz, die chemisch uneinheitlich ist. Die Hauptkomponente sind die Huminsäuren (MG 5000—60 000). Sie bestehen aus mono- und polycyclischen aromatischen Kohlenwasserstoffen, die miteinander sowie mit

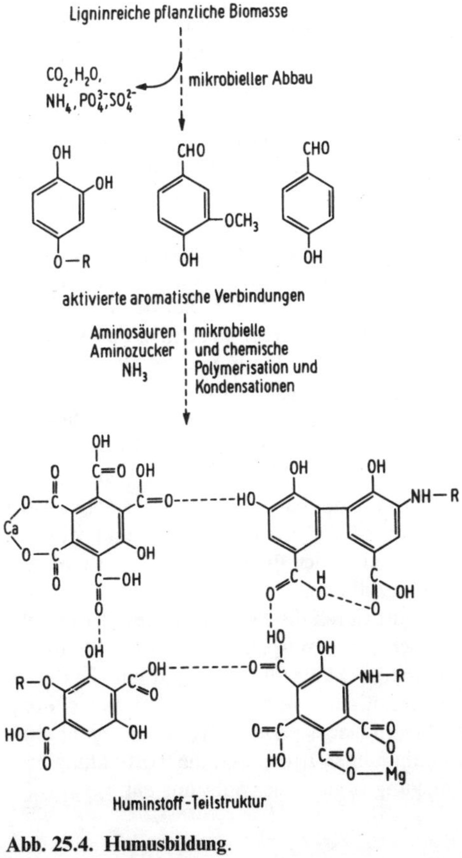

Abb. 25.4. Humusbildung.

Aminosäurederivaten verbunden sind (Abb. 25.4.). Humus hat einen C:N-Quotienten von etwa 10. Eine Quelle der Humussynthese sind aromatische Strukturen, die beim Ligninabbau anfallen (14.4., Abb. 14.8.). Eine zweite Quelle sind mikrobiell synthetisierte phenolische Verbindungen. Die Mikroorganismen bilden weiterhin die reaktiven Gruppen, die für die Kondensation zu dem komplexen Molekül notwendig sind.

Humus ist für die Erhaltung und Steigerung der Bodenfruchtbarkeit von wesentlicher Bedeutung. Durch reaktionsfähige Gruppen (Abb. 25.4.) besitzt er ein hohes Sorptionsvermögen für Mineralstoffe und Metalle. Er fungiert als Nährstoff- und Wasserspeicher. Die Struktur des Bodens, das lockere Gefüge, wird in starkem Maße durch Humus bestimmt. Er bildet mit Tonmineralen komplexe Strukturen. Humus wird über lange Zeiträume gebildet und ist schwer abbaubar. Die Humuszehrungsrate liegt je nach Bodenart und -bearbeitung bei $1-7\%$ pro Jahr. Dieser Verlust muß durch Zuführung von organischer Substanz und mikrobielle Humifizierung kompensiert werden. Sonst kommt es zu einer Abnahme der Bodenfruchtbarkeit. Die **Kompostbereitung** ist eine Form der Humusgewinnung. Die organischen Ausgangsstoffe ermöglichen eine hohe mikrobielle Aktivität. Es kommt zur Erwärmung und dadurch zu einer weiteren Beschleunigung des aeroben Verrottungsprozesses. Durch eine gute Belüftung wird verhindert, daß die organischen Stoffe zu organischen Säuren vergoren werden, welche das pflanzliche Wachstum hemmen. Bei der Kompostierung von Abfällen, z. B. Klärschlamm, ist darauf zu achten, daß sie keine toxischen Schwermetalle enthalten, da diese durch das hohe Bindungsvermögen des Kompostes mit in den Boden gelangen würden.

In Schwarzerdegebieten herrschen kalte Winter und trockene Sommer vor, die den Abbau der organischen Substanz verzögern, so daß es zur Anreicherung von Humus kommt, der in Trockenperioden zu stabilen Ton-Humus-Komplexen altert. Im tropischen Regenwald erfolgt keine Humusbildung, da die Abbauprozesse sehr schnell verlaufen und Mineralstoffe enthalten. Die Nährstoffe sind in der Biomasse gebunden und deshalb führt Waldrodung zur Wüstenbildung.

Der Kohlenstoffkreislauf verläuft durch die Mineralisierung der organischen Verbindungen zu CO_2 über die Atmosphäre. Durch die Photosynthese der Pflanzen und in geringem Maße durch autotrophe Bakterien erfolgt die CO_2-Fixierung zu organischer Substanz. Die Humusbildung bewirkt eine längerfristige Festlegung eines geringen Teils der organischen Substanz. Unter anaeroben Bedingungen tritt durch die Torfbildung eine stärkere und langfristige Festlegung organischer Substanz ein.

25.2. Stickstoffkreislauf

Die durch die pflanzliche Primärproduktion gebildete organische Substanz enthält Stickstoff in Form von Proteinen und Nucleinsäuren, die durch die mikrobiellen Abbauprozesse zu Ammonium mineralisiert werden. Diese als **Proteolyse** und **Ammonifizierung** bezeichneten Abbauprozesse verlaufen beim Eiweiß über Peptide und Aminosäuren, bei den Nucleinsäuren über Purine, Pyrimidine und Harnstoff. Sie erfolgen sowohl aerob als auch anaerob. Ammonium ist eine der Hauptstickstoffquellen der Pflanzen und wird wieder assimiliert. Es findet ein kurzgeschlossener Stickstoffkreislauf statt (Abb. 25.5.). Ammonium stellt zugleich die Energiequelle

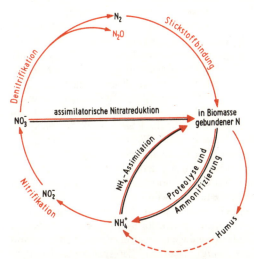

Abb. 25.5. Stickstoffkreislauf. Bakterielle Prozesse rot dargestellt.

der im Boden verbreiteten nitrifizierenden Bakterien dar (11.1.3., Abb. 11.3. u. 11.4.). Durch die **Nitrifikation** wird Nitrat gebildet, das ebenfalls von den Pflanzen assimiliert werden kann. Nitrifizierende Bakterien (Ammonium- und Nitritoxidierer) sind in Böden weit verbreitet. In landwirtschaftlich genutzten Böden werden etwa 90 % des Ammoniums zu Nitrat oxidiert. Damit sind Stickstoffverluste durch Auswaschung verbunden, da Nitrat wesentlich schwächer als Ammonium an Bodenkolloide gebunden wird. Auf leichten Böden können 20—50 kg N pro ha und Jahr ausgewaschen werden. Die Stickstoffdüngung liegt in der Größenordnung von 100 bis

200 kg N pro ha. Um diese Stickstoffverluste zu vermindern, werden Nitrifikationshemmer eingesetzt, z. B. N-Serve (2-Chlor-3-trichlormethylpyridin). Dadurch wird zugleich einer Belastung des Grundwassers mit Nitrat entgegengewirkt. In Wiesen- und sauren Waldböden ist das Ausmaß der Nitrifikation wesentlich geringer.

Unter anaeroben Bedingungen, z. B. bei stauender Nässe, wird Nitrat durch die **Denitrifikation** oder **Nitratatmung** zu elementarem Stickstoff und Distickstoffoxid (N_2O) reduziert (9.3. Nitratatmung). Im Boden verbreitete fakultativ anaerobe Bakterien, z. B. *Pseudomonas*-Arten, nutzen Nitrat als Wasserstoffacceptor. Auf diese Weise werden organische Substrate anaerob mineralisiert. Die Denitrifikation ist ein Beispiel für die Verflechtung von N- und C-Kreislauf. Sie führt zu Stickstoffverlusten des Bodens.

Im globalen Stickstoffkreislauf (Abb. 27.5.) werden die durch die Dentrifikation eintretenden Stickstoffverluste durch die **Luftstickstoffbindung** kompensiert. Im lokalen Bereich wird das erreicht, wenn der Boden mit Leguminosen bewachsen ist, die in Symbiose mit Knöllchenbakterien Stickstoff fixieren. Die Stickstoffbindung der freilebenden aeroben *Azotobacter*- und anaeroben *Chlostridium*-Arten liegt in der Größenordnung von 1—3 kg N pro ha und Jahr. Das geringe Ausmaß der Stickstoffbindung freilebender Stickstoffixierer ist auf den Mangel an C- und Energiequellen für diesen Prozeß zurückzuführen. Die dem Boden in der Regel zugeführte organische Substanz ermöglicht keine höhere Bindung. Für die Bindung von 1 g N_2 werden von *Azotobacter* etwa 1000 g Kohlenhydrate benötigt. Die Zahl der *Azotobacter*- und *Beijerinckia*-Keime pro g Boden liegt unter 1000, die der Chlostridien darüber. Eine Stickstoffversorgung von Ackerböden durch freilebende stickstoffbindende Bakterien würde mehr als den Ernteertrag der Fläche erfordern. Die symbiontische Stickstoffbindung der Leguminosen mit Rhizobien ist durch das hoch entwickelte Symbiosesystem (Kap. 13, Abb. 13.3. u. 13.4.) um Größenordnungen günstiger. Etwa 5 % der Assimilationsprodukte dienen der Energieversorgung der symbiontischen Bakterien. Das Ausmaß der Stickstoffbindung durch Symbiosen ist der Tabelle 13.1. zu entnehmen.

Der Stickstoffkreislauf ist in Abbildung 25.5. zusammengestellt. Es wird deutlich, daß bakterielle Aktivitäten (rote Pfeile) für die Rezirkulation verantwortlich sind. Die für die Aufrechterhaltung notwendige Energie kommt über Photosyntheseprodukte aus der Sonnenstrahlung.

25.3.   Phosphatkreislauf

Phosphor in Form von Phosphat ist für die Pflanzen und Bodenorganismen eines der limitierenden Substrate. Es unterliegt ebenfalls einer Rezirkulation.

Dabei tritt ein Wechsel von organischer und anorganischer Bindung und eine Immobilisierung ein. Phosphor ist ein Baustein der Nucleinsäuren und Phosphorlipide und spielt im Energiewechsel (ATP u. a. energiereiche Phosphate) eine wesentliche Rolle. Das in der Biomasse vorliegende Phosphat wird durch Phosphatasen als lösliches Orthophosphat freigesetzt, das sofort wieder assimiliert werden kann. Häufig tritt jedoch eine Immobilisierung in organischer oder anorganischer Form ein. Phytin, das Ca- oder Mg-Salz des Inositolpolyphosphates, und Fe- sowie Al-Verbindungen der Nucleotide stellen organische Immobilisierungsformen dar. Sie werden durch Phytasen und andere mikrobielle Phosphatasen langsam zu löslichem Phosphat abgebaut. Die anorganische Immobilisierung führt zu schwer löslichen Ca-, Mg- und Al-Salzen, vor allem Apatit. In dieser Form liegt der überwiegende Teil des Phosphats im Boden vor, nur etwa 5 % sind löslich und damit für die Organismen verfügbar. Die Mikroorganismen und Pflanzenwurzeln bilden CO_2 und organische Säuren (z. B. Citronensäure, 2-Ketogluconsäure), durch die ein geringer Anteil des schwer löslichen Phosphats in lösliche Form überführt wird. An der mikrobiellen **Mobilisierung** sind die Bakterien der Rhizosphäre (z. B. *Pseudomonas*- und *Bacillus*-Arten) sowie freilebende Pilze (z. B. *Aspergillus*-Arten) und Mykorrhiza-Pilze (23.2. beteiligt. Landwirtschaftlich genutzte Böden werden mit 5—40 kg P pro ha und Jahr gedüngt. Ein Teil wird mit dem Erntegut entnommen, ein nicht unbeträchtlicher Teil immobilisiert. Im Gegensatz zum Stickstoffdünger wird Phosphordünger nicht ausgewaschen. Durch die Düngung kommt es zu einer Erhöhung des Phosphatgehaltes der Böden, allerdings in einer nicht verwertbaren Form. Es wird daher versucht, durch den Einsatz Phosphate mobilisierender Mikroorganismen die Mobilisierungsrate zu erhöhen. Die Mykorrhiza trägt durch die Erschließung eines größeren Bodenvolumens zur wirksamen Phosphataufnahme bei. Sie erweitert gewissermaßen das Wurzelsystem. An der Entwicklung von Bakterienpräparaten, die eine hohe und durch lösliches Phosphat nicht reprimierbare Lösungskapazität besitzen, wird gearbeitet. Auch durch Förderung des Wurzelwachstums mittels Wuchsstoffe bildender Bakterien (23.2.) wird eine effektivere Phosphatdüngerverwertung und Solubilisierung angestrebt. Diese heterotrophen Bakterien benötigen organische Substrate.

Die Mikroorganismen tragen mit ihren Stoffwechselleistungen maßgeblich zum Phosphorkreislauf bei. Bei Überschuß an gut verwertbaren C- und N-Verbindungen legen sie Phosphat zeitweilig auch in ihrer Biomasse fest.

Boden als System: Die in den drei Teilen dieses Kapitels behandelten Kreisläufe des C, N und P sind aufs Engste untereinander und mit den Kreisläufen weiterer Elemente wie der Alkali- und Schwermetalle verknüpft. Weiterhin ist der Schwefelkreislauf in dieses Gefüge integriert. Da Schwefel im Boden kein limitierender Faktor ist, wird der Schwefelkreislauf in einem anderen Zusammenhang (26.3.) behandelt. Neben den für die Erhaltung und Steigerung der Bodenfruchtbarkeit positiven Leistungen der Mikroorganismen sind die negativen Effekte durch Pflanzenkrankheiten nicht aus dem Auge zu verlieren. Durch Monokulturen und Anreicherung von Mikroorganismen, die Phytotoxine bilden (23.1.), kommt es zu Erscheinungen von Bodenmüdigkeit. Bei der Neubepflanzung von Obstbaumanlagen sind sie besonders augenfällig. Während die älteren Pflanzen relativ widerstandsfähig waren, werden Jungpflanzen durch die noch nicht näher untersuchten Mikroorganismen und ihre Stoffwechselprodukte am Wachstum gehemmt. Die Bodenmikrobiologie ist eine Komponente der Bodenbiologie, der Grundlage der Bodenkultur.

26. Gewässer-Mikrobiologie

26.1. Seen als Ökosysteme

Unter den Gewässern sind die Seen die Ökosysteme, an denen sich die über-organisierte Einheit für einen Lebensraum am besten verdeutlichen läßt. Seen der gemäßigten Klimazonen weisen eine Schichtung auf (Abb. 26.1.). Die **Schichtung (Stratifikation)** geht auf die Eigenschaft des Wassers zurück, bei +4 °C die größte Dichte zu besitzen. Kühleres und wärmeres Wasser ist leichter und hat daher gegenüber Wasser von +4 °C einen Auftrieb. Das Dichtemaximum über dem Gefrierpunkt hat zur Folge, daß die Gewässer von der Oberfläche her zufrieren. Im Frühjahr kommt es beim Schmelzen der Eisdecke zu einer Temperaturangleichung der Wasserschichten, Wind vermag die Wassermassen umzuwälzen (Frühjahrszirkulation). Durch die Sonneneinwirkung erwärmen sich die oberen Schichten. Die als **Epilimnion** bezeichnete Oberschicht schwimmt auf Grund der geringeren Dichte auf den kälteren Wasserschichten. In der unter dem Epilimnion liegenden Schicht geht die Wassertemperatur sprunghaft zurück (**Sprungschicht oder Metalimnion**). Unter diese Übergangszone erfolgt kein Wärmetransport in die Tiefe, sodaß die Tiefenschicht, das **Hypolimnion**, eine Temperatur um 4 °C besitzt. Dadurch wird eine über den Sommer andauernde stabile Schichtung erreicht (Sommerstagnation). Erst mit der Abkühlung im Herbst kann der Wind die Wasserschichten wieder umwälzen. Durch die Herbst- und Frühjahrszirkulation wird nährstoffreiches Tiefenwasser in die oberen Schichten transportiert und mit Sauerstoff gesättigt. Im Winter bildet sich durch die Eisdecke eine erneute Schichtung aus. In Meeren erfolgt vor allem im Küstenbereich eine stärkere Umwälzung.

In Seen und anderen Gewässern reichern sich durch Zuflüsse anorganische Nährstoffe an, die eine zunehmende Produktion organischer Substanz durch die Photosynthese ermöglichen. Nährstoffarme oder **oligotrophe** Gewässer gehen dadurch allmählich in nährstoffreiche oder **eutrophe** Gewässer über. Unter **Eutrophierung** versteht man die Nährstoffanreicherung. Es ist ein natürlich ablaufender Alterungsprozeß von Gewässern, der jedoch durch anthropogene Einflüsse wie Abwässer und Düngerabschwemmung maßgeblich beschleunigt wird. In Gewässern findet ein Auf- und Abbau organischer

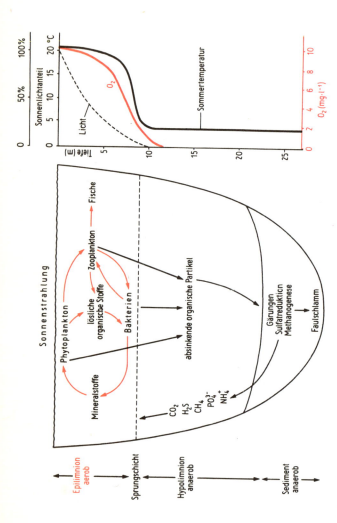

Abb. 26.1. Schematische Darstellung eines Sees als geschichtetes aquatisches Ökosystem. Rechts die im Sommer vorliegenden Milieubedingungen. Aerobe Zone rot, anaerobe schwarz.

Substanz statt. Am Anfang der in Abbildung 26.1. dargestellten Nahrungskette stehen als Primärproduzenten Algen, höhere Pflanzen und Cyanobakterien. Mikroorganismen spielen als Primärproduzenten in aquatischen
Ökosystemen eine beachtliche Rolle. Bei Stickstoffmangel und ausreichen-
dem Phosphatangebot ist die N_2-Bildung der Cyanobakterien von besonderer Bedeutung. Die im Wasser schwebenden Mikroalgen und Cyanobakterien werden als **Phytoplankton** bezeichnet. Es ist die Nahrungsquelle für
herbivore Konsumenten, z. B. Rotatorien und Daphnien. Diese dienen dem
carnivoren Zooplankten als Nahrung. Weitere Glieder der Nahrungskette
sind Insektenlarven, Würmer, Fried- und Raubfische. Wie in Abbildung 26.1.
angedeutet ist, stellt die Nahrungskette ein vernetztes System mit kurzge-
schlossenen Kreisläufen dar, Mikroorganismen treten als Produzenten,
Konsumenten und Destruenten auf. Heterotrophe Bakterien werden von
Zooplanktonorganismen als Nahrung aufgenommen.

Durch die Nahrungskette wird die anfangs gebildete Biomasse und die
darin fixierte Energiemenge schrittweise reduziert, da jedes Glied einen Teil
veratmet. Die. Atmung aller Organismen trägt zur Mineralisierung bei.
Durch die Fischwirtschaft nimmt der Mensch auf die Nahrungskette Einfluß. Der Fischfang wirkt der Eutrophierung entgegen. Die Mehrfachnut-
zung von Gewässern für die Fischereiwirtschaft, als Trinkwasserreservoir
und als Erholungsraum erfordert eine differenziertere Betrachtung der Eutrophierung, als sie in diesem Buch möglich ist. Nicht nur die Menge, sondern
auch die Art der zugeführten Stoffe ist zu berücksichtigen.

26.2.   Mikrobielle Abbauleistungen in Seen und Meeren

Der mikrobielle Abbau organischer Stoffe erfolgt im freien Wasser (Pelagial)
und in der Bodenzone (Benthal). Zur Bodenzone gehört das Sediment.

Aerobe Abbauprozesse im freien Wasser: Die oberen Wasserschichten sind
aerob. Dazu trägt neben dem Lufteintrag die Photosynthese des Phytoplanktons bei. Das Epilimnion ist die vom Licht durchdrungene Schicht
(Abb. 26.1. rechts). Gelöste organische Stoffe gelangen durch Ausscheidun-
gen der Primär- und Sekundärproduzenten sowie durch Autolyse der Plank-
tonorganismen in das Wasser. Zu diesen im See gebildeten autochthonen
Substanzen kommen die Zuflüsse mit zymogenen Stoffen. Die Gesamtheit
der gelösten Stoffe (DOM = dissolved organic matter) liegt bei oligotrophen Gewässern um $0,5-3$ mg C $\cdot$ l^{-1}, bei eutrophen Gewässern um 10 bis
20 mg C $\cdot$ l^{-1}. Der C-Gehalt wird als Bezugsgröße gewählt, da sehr verschiedene organische Verbindungen auftreten, Kohlenhydrate, Proteine, Peptide,
Aminosäuren. Neben diesen schnell verwertbaren Stoffen treten Phenole

und Polymere auf, die schwer abbaubar sind. Die in oligotrophen Gewässern vorliegenden geringen Substratkonzentrationen um 1 mg C $\cdot$ l^{-1} werden durch Bakterien verwertet, die an geringe Substratkonzentrationen adaptiert sind. Zu diesen **oligotrophen** oder **oligocarbophilen** Bakterien gehören *Nevskia*-, *Hyphomicrobium*-, *Beneckea* und *Cellvibrio*-Arten. Der Konzentrationsbereich um 10 mg C $\cdot$ l^{-1} wird durch Vertreter der Gattungen *Pseudomonas, Achromobacter, Flavobacterium* und *Chromobacterium* verwertet. Die Zahl der Bakterien in der Größenordnung von 10^6 bis $10^7 \cdot$ ml^{-1} sagt noch nichts über ihre Aktivität aus. Mit Hilfe der Bestimmung des heterotrophen Potentials (14-C-Glucose-Verwertung pro Zeiteinheit) wurde festgestellt, daß von der jährlichen Primärkonzentration (um $100\,g\,C \cdot m^{-2} \cdot a^{-1}$) 10—50% durch heterotrophe Mikroorganismen umgesetzt werden. Die bakterielle Aktivität heterotropher Bakterien (**heterotrophes Potential**) trägt durch die schnelle Assimilation und Dissimilation der löslichen organischen Stoffe im freien Wasser des Epilimnions und der Sprungschicht maßgeblich zur Produktion und zum Stoffumsatz der Gewässer bei.

Anaerobe Abbauprozesse im Sediment: Die tote partikuläre Substanz aus dem Phyto- und Zooplankton (**Detritus**) sinkt langsam nach unten und wird im Sediment teilweise mineralisiert. Weiterhin werden in das Sediment unlösliche organische Partikel aus Zuflüssen und dem Laubfall eingeschwemmt. Wesentliche Komponenten des Sediments sind Pflanzenbiomasse mit einem hohen Lignocelluloseanteil und Reste von Zooplankton und Insekten, die Chitin enthalten. Durch die aeroben Abbauprozesse der oberen Gewässerschichten wird der Sauerstoff in den Sommermonaten weitgehend verbraucht und diffundiert nicht nach. Die Sedimente tieferer Gewässer sind in der Regel anaerob. Wesentliche anaerobe Abbauprozesse sind die Methanogenese und die Sulfatreduktion. Der Anteil der beiden Prozesse ist vom Sulfatgehalt abhängig. In Süßwasserseen ist der Sulfatgehalt gering. Daher verläuft der anaerobe Abbau zum größten Teil über die in Abschnitt 22.3. (Abb. 22.4.) dargestellte **Methanogenese**. An diesem Prozeß sind Polymeren abbauende und gärende Bakterien, die acetogenen und methanogenen Bakterien, beteiligt. Das Endprodukt Methan steigt auf und ist ein Substrat für die aeroben methylotrophen Bakterien des Epilimnions und der Sprungschicht. In vielen Seen findet daher ein Methankreislauf statt (Abb. 27.3.). Ein Teil des Methans entweicht gasförmig in die Atmosphäre. In aufsteigenden Sumpfgasblasen nährstoffreicher Gewässer und Meere wird das sichtbar. Meeressedimente sind reich an Sulfat. Meerwasser enthält etwa 30 mmol Sulfat $\cdot$ l^{-1}. Im Meer verläuft die anaerobe Mineralisierung zum überwiegenden Teil über die **Sulfatreduktion**. Sulfat reduzierende Bakterien (z. B. *Desulfovibrio, Desulfotomaculatum, Desulfomonas*-Arten) konkurrieren erfolgreich um die durch Gärungen und Acetogenese gebildeten Fettsäuren,

Acetat und Wasserstoff (Abb. 26.2.). Die Sulfatreduktion verläuft energetisch günstiger als die Methanogenese. Sie wurde in Abschnitt 9.4. Abbildung 9.14. behandelt. Sulfatreduktion und Methanogenese schließen sich nicht gegenseitig aus. Sind Wasserstoff und Acetat reichlich vorhanden, coexistieren beide Organismengruppen. In tieferen Sedimentsschichten, die an Sulfat verarmt sind, kann die Methanogenese dominieren. Methanol, das beim Pectinabbau entsteht, kann nur durch methylotrophe Bakterien verwertet werden, ebenso Methylamine. Ein beachtlicher Teil der organischen Stoffe des Sedimentes wird nicht mineralisiert. Aromatische Verbindungen sind schwer abbaubar. Daher kommt es zur Anhäufung des durch FeS schwarz gefärbten Faulschlamms, der mehrere Meter dicke Ablagerungen bilden kann.

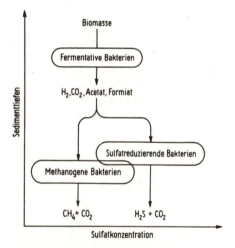

Abb. 26.2. Anaerober Abbau der organischen Substanz in Gewässersedimenten durch Sulfatreduktion und Methanogenese.

26.3.   Schwefel- und Phosphatkreislauf

Eine Reaktion des mikrobiellen Schwefelkreislaufs, die Sulfatreduktion, führt zur Phosphatmobilisierung in anaeroben Sedimenten. Phosphat ist ein wesentlicher limitierender Faktor für die Primärproduktion des Phytoplanktons. Nach dem von J. v. Liebig erkannten **Gesetz des Minimums** begrenzt der Nährstoff, der sich im Minimum befindet, das Wachstum der

Organismen. Andere Nährstoffkomponenten haben auf diesen Effekt keinen Einfluß, auch wenn sie im Überschuß vorliegen. Da das Wachstum der Organismen nicht nur von Nährstoffen, sondern auch von vielfältigen physikochemischen Faktoren wie Temperatur, Wasserstoffionenkonzentration und Redoxpotential abhängig ist, hat Shelford später die limitierende Wirkung auf einen Komplex ökologischer Faktoren erweitert (**Toleranzgesetz**). Das Wachstum eines Organismus bzw. einer Population ist nur innerhalb eines Toleranzbereiches von Umweltfaktoren möglich. Die Mobilisierung des Phosphats durch reduktive Prozesse und der Anstieg der Phosphatkonzentration im Epilimnion durch die Herbst- und Frühjahrszirkulation (26.1.) führen zu dem Massenauftreten des Phytoplanktons (Wasserblüte). Der Schwefelkreislauf wirkt als „Katalysator" des limnischen Stoffkreislaufes (Ohle). Wir haben damit ein Modellbeispiel für die Verknüpfung von zwei Stoffcyclen vor uns.

Schwefelkreislauf: In Gewässern und Sedimenten findet ein von der Sauerstoffkonzentration beeinflußter Schwefelkreislauf statt, an dem verschiedene Bakteriengruppen beteiligt sind. Dabei wird Sulfat zu Schwefelwasserstoff reduziert und dieser über elementaren Schwefel wieder zu Sulfat oxidiert. Bei der Behandlung der Sulfureten (22.3., Abb. 22.6.) wurde bereits auf diese Prozesse hingewiesen. Da die Schwefelverbindungen regeneriert werden, sind die Umsatzraten weniger von der Sulfatkonzentration, sondern

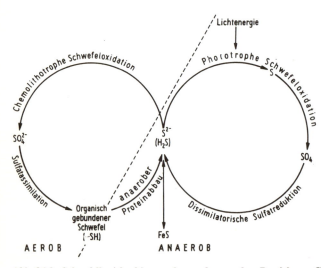

Abb. 26.3. Schwefelkreislauf im aeroben und anaeroben Bereich von Gewässern.

mehr von der Versorgung mit organischen Substraten und den Umweltbedingungen abhängig.

In Abbildung 26.3. ist der Cyclus entsprechend den Umweltbedingungen
eines Gewässers in einen aeroben und anaeroben Bereich unterteilt. Die
anaerob verlaufende **dissimilatorische Sulfatreduktion (Desulfurikation, Sulfatatmung)** wurde in Abschnitt 9.4., Abbildung 9.14. aus biochemischer
Sicht vorgestellt. Die obligat anaeroben sulfidogenen Bakterien nutzen
Sulfat als terminalen Wasserstoffacceptor, dabei wird H_2S gebildet. Die
unvollständigen Oxidierer, z. B. *Desulfovibrio*-Arten, überführen Lactat,
Ethanol oder Malat zu Acetat. Die vollständigen Oxidierer (z. B. *Desulfotomaculatum acetoxidans*) mineralisieren Acetat zu CO_2 und Wasserstoff,
der mit elementarem Schwefel zu H_2S reduziert wird. Wasserstoff wird auch
von vielen anderen Vertretern als Energiequelle genutzt. Eine dritte, neuerdings von Pfennig entdeckte Gruppe, führt eine Art von „anorganischer
Gärung" durch. *Desulfovibrio sulfodimutans* disproportioniert anorganische
Schwefelverbindungen. Thiosulfat und Sulfit fungieren als Wasserstoff-
donatoren und -rezeptoren:

$$S_2O_3^{2-} + H_2O \rightarrow SO_4^{2-} + HS^- + H^+$$
$$4\,SO_4^{2-} + H^+ \rightarrow 3\,SO_4^{2-} + HS^-$$

Dieses Bakterium lebt chemolithotroph. Acetat dient als C-, nicht als
Energiequelle. Ein Teil des von den Sulfat reduzierenden Bakterien gebildeten H_2S wird als Eisensulfid in den Sedimenten festgelegt.

Der aus dem Sediment aufsteigende Schwefelwasserstoff kann durch
zwei verschiedene bakterielle Prozesse metabolisiert werden, durch die
Photo- und Chemosynthese. Durch die **anoxigene Photosynthese** (11.3.1.)
der Schwefelpurpurbakterien (Chromatiaceae) werden in der anaeroben
Schwachlichtzone im Bereich der Sprungschicht reduzierte Schwefelverbindungen als Elektronendonator genutzt. Nährstoffreiche Seen, in denen
dieser Prozeß stattfindet, sind durch die Purpurbakterien zeitweilig rot gefärbt. Im Schwarzen Meer findet dieser Prozeß in einer etwa 30 m tiefliegen-
den Sprungschicht statt.

Im aeroben Epilimnion wird Schwefelwasserstoff durch **chemoautotrophe
Schwefeloxidierer** (11.1.1.) in Sulfat überführt. *Thiobacillus*-Arten und die
in nährstoffreichen Gewässern auftretenden filamentös wachsenden *Beggiatoa*-Arten·nutzen H_2S als Energiequelle. Die Energie dient u. a. der CO_2-
Assimilation.

Durch die **assimilatorische Sulfatreduktion** wird Sulfat zur Synthese
schwefelhaltiger Zellkomponenten, z. B. von Methionin und Cystein genutzt. Mikroorganismen und Pflanzen führen diese assimilatorische Sulfat-

reduktion durch, Tiere sind auf organische Schwefelverbindungen angewiesen.

Der **Abbau schwefelhaltiger organischer Substanz** erfolgt aerob zu Sulfat, anaerob zu H_2S. Der anaerobe Proteinabbau ist eine zweite Quelle des in Gewässersedimenten auftretenden H_2S. Etwa 5—10% des H_2S kommen aus dieser Quelle, 90—95% aus der dissimilatorischen Sulfatreduktion.

Schwefelwasserstoff ist toxisch, er reagiert u. a. mit dem Eisen der Cytochrome. Starke H_2S-Bildung kann zum Absterben aerober Organismen führen. Das tritt z. B. in Meeresbuchten bei Stürmen durch das Aufwirbeln von Sedimenten auf.

Phosphatkreislauf: Bei Gewässern, die einen natürlichen Phosphatkreislauf haben, wird das bei der Mineralisierung freigesetzte Phosphat bereits im Epilimnion wieder durch das Phytoplankton assimiliert. Nur ein geringer Teil gelangt mit dem partikulären Detritus in das Sediment. Durch Abwassereinleitungen kommt zeitweise Phosphor in aquatische Ökosysteme. Ein großer Teil des Phosphats stammt aus Waschmitteln kommunaler Abwässer. Diese Phosphatzufuhr trägt maßgeblich zur Eutrophierung bei. Bei der Ostsee hat sich die Orthophosphatkonzentration in den letzten Jahrzehnten verdreifacht. Mit der Erhöhung der Phosphatkonzentration steigen die Primärproduktion und der Sauerstoffverbrauch.

In aeroben Sedimenten oligotropher Gewässer erfolgt eine Festlegung (**Immobilisierung**) des Phosphats als Eisen-III-phosphat. Es bildet sich an der Sedimentoberfläche eine Sperrschicht aus (Abb. 26.4.). Unter anaeroben Bedingungen wird die Sperrschicht reduktiv „zerstört". Bei einem Redoxpotential unter 0,2 V wird Phosphat durch die Reduktion des Eisens **mobili-**

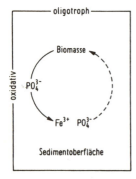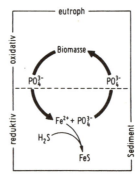

Abb. 26.4. Phosphatkreislauf in Gewässern. Immobilisierung im aeroben Sediment oligotropher Gewässer, Mobilisierung im anaeroben Bereich eutropher Gewässer.

siert. Eisen wird als Sulfid (FeS, FeS$_2$) festgelegt, Orthophosphat wird durch die Herbst- und Frühjahrszirkulation der Seen und die Umwälzung durch Meeresstürme in die oberen Wasserschichten transportiert. Hier ermöglicht es eine erhöhte Primärproduktion, die in dem Massenauftreten von Cyanobakterien und Algen sichtbar wird (Wasserblüte). Nach Phosphatverbrauch bricht die Massenentwicklung zusammen, das Phytoplankton sedimentiert, die Abbauprozesse verzehren den Sauerstoff, der durch die Zirkulation in die Tiefenschichten gelangte. Das Hypolimnion wird im Sommer anaerob. Aus 1 g Phosphor können 100 g organische Substanz gebildet werden, für deren aeroben Abbau 150 g Sauerstoff notwendig sind. Durch Sauerstoffmangel kann es zum „Umkippen" von aquatischen Ökosystemen kommen. Durch die Phosphatzirkulation verstärken sich Jahr für Jahr die Eutrophierungsphänomene.

Der Phosphatbelastung muß durch Reduzierung des Phosphateintrages durch Abwässer begegnet werden. Maßnahmen zur Seensanierung sind aufwendig und teuer. Bei der **Tiefenwasserbelüftung** wird durch Aggregate sauerstoffarmes Tiefenwasser entnommen, mit Luftsauerstoff gesättigt und rückgeführt. Durch **Orthophosphatfällung** mit Al$_2$(SO$_4$)$_3$ und anderen Mitteln kann Phosphat aus der belasteten Primärproduktionszone des Epilimnions in das Sediment verfrachtet werden. Die **Tiefenwasserableitung** nährstoffreichen Wassers wird mit der Bewässerung landwirtschaftlicher Flächen verbunden. Durch die **Entschlammung** wird das Phosphat mit nährstoffreichen Sedimenten als landwirtschaftlicher Dünger genutzt. Mittels Eingriffen in limnische Nahrungsketten wird versucht, durch Förderung der Konsumenten des Phytoplanktons die Verbesserung der Wasserqualität mit der Gewinnung von Edelfischen zu verbinden.

26.4.   Selbstreinigungspotential der Fließgewässer

Das klare Wasser der Gebirgsflüsse geht auf das hohe Selbstreinigungspotential der freilebenden und festsitzenden Mikroorganismen (Steinbewuchs) zurück. Die Inhaltsstoffe geringer Mengen häuslicher Abwässer sind wenige km nach der Einleitung durch heterotrophe Bakterien abgebaut. Dieses **Selbstreinigungspotential** wird durch die großen Mengen von Abwässern von Kommunen und Industrie überfordert. Der Abbau größerer Mengen häuslicher Abwässer führt zu einem Sauerstoffschwund (Abb. 26.5.). Mikroorganismen verwerten nur **gelösten Sauerstoff**. Die Löslichkeit des Sauerstoffs im Wasser ist sehr gering. Bei 20 °C und normalem Luftdruck sind 8,9 mg · l^{-1}, bei 10 °C 11,1 mg · l^{-1} Sauerstoff gelöst. Diese geringe Sauerstoffmenge wird von den heterotrophen Mikroorganismen, die organische

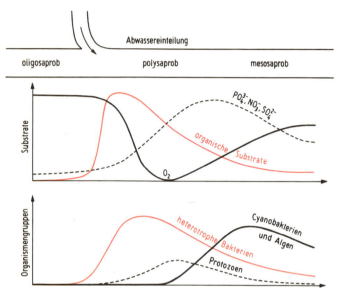

Abb. 26.5. Mikrobielle Abbauprozesse in einem Fließgewässer, in das Abwasser eingeleitet wird. Oben Substratgehalte, unten Sequenz der Organismengruppen nach der Einleitungsstelle.

Substrate verwerten, schneller aufgenommen als durch Diffusion nachgeliefert wird. Die langsam fließenden Gewässer werden anaerob, Anaerobier vermehren sich, Fäulnisprozesse mit Gärungsendprodukten kommen auf. Die Vermehrung der aeroben und anaeroben Bakterien und Pilze wird von dem Aufkommen von Protozoen und Tubificiden, die an der Sedimentoberfläche leben, begleitet. *Tubifex* wie auch das Bakterium *Spharotilus natans* sind **Indikatororganismen** für hoch verunreinigte polysaprobe Gewässer. Nach dem Grad der unter Fäulnisbedingungen lebensfähigen Organismen wurde ein **Saprobiesystem** (sapros = gr. faulend, bios lebend) aufgestellt, dessen Hauptklassen in Abbildung 26.5. oben angeführt sind. Mit fortschreitendem Abbau treten Mineralstoffe auf, die den mesosaprob lebenden Cyanobakterien ein verstärktes Wachstum ermöglichen. Dadurch kommt es nach der Abbauphase zu einer erneuten Bildung organischer Stoffe, die zu einer weiteren Eutrophierung beitragen. Um das begrenzte Selbstreinigungspotential der Flüsse nicht zu überlasten, werden Abwässer in Kläranlagen (Kap. 34) gereinigt, bevor sie in Gewässer eingeleitet werden. In diesen Anlagen muß auch eine Eliminierung der Mineralstoffe wie Ammonium,

Nitrat und Phosphat erreicht werden, um die Eutrophierung, die zu einer übermäßigen Entwicklung von Primärproduzenten führt, einzuschränken. Während Naturstoffe bei ausreichender Sauerstoffversorgung durch Mikroorganismen gut abgebaut werden, trifft das für viele Fremdstoffe (Xenobiotika) nicht zu. Zu dem Problem des großen Abwasseranfalls kommt die Belastung durch schwer abbaubare chemische Produkte und Abprodukte (Kap. 27, Abb. 27.2.). Es muß erreicht werden, daß nur gut und vollständig mineralisierbare Fremdstoffe in die Umwelt gelangen. Schwermetalle wie Quecksilber sind nicht mikrobiell abbaubar. Sie werden von Organismen transformiert und akkumuliert (27.2., Abb. 27.4.). Um schwer voraussehbaren Wirkungen dieser biotischen Transformations- und Akkumulationsprozesse vorzubeugen, sollten Schwermetalle nicht in die Umwelt gelangen.

27. Mikroorganismen und globale Stoffkreisläufe

Die Leistungen der Mikroorganismen in den globalen Stoffkreisläufen tragen in entscheidendem Maße zu dem Gleichgewicht bei, das sich in der Erdgeschichte zwischen Auf- und Abbauprozessen herausgebildet hat. Die Bewahrung dieses Gleichgewichtes ist die Voraussetzung für die Sicherung der Lebensbedingungen auf der Erde. Mit Zunahme der Weltbevölkerung und der Industrialisierung sind tiefgreifende Eingriffe in die Struktur der natürlichen Ökosysteme verbunden. Die Sicherung der Ernährung erfordert eine höhere Produktivität terrestrischer und aquatischer Systeme. Die Rohstoff- und Energieversorgung ist mit einem Verbrauch der nicht regenerierbaren Ressourcen verbunden, die sich in Jahrmillionen gebildet haben. Die Auswirkungen dieser Prozesse auf die globalen Stoffkreisläufe sind unzureichend erforscht. Es fehlt an Erkenntnissen, die vorausschauende Aussagen ermöglichen. Zum Verständnis des Gesamtsystems ist es erforderlich, daß jede Wissenschaftsdisziplin dazu ihren Beitrag leistet. An ausgewählten Beispielen soll die Rolle der Mikroorganismen in diesem Gefüge erläutert werden.

27.1. Der globale Kohlenstoffkreislauf der Natur- und Fremdstoffe

Im Kohlenstoffkreislauf gewährleisten die Mikroorganismen die Mineralisierung der durch Pflanzen und Tiere gebildeten organischen Substanzen. Diese Mineralisierung ist so ausgewogen, daß der **CO_2-Gehalt** der Atmosphäre konstant erschien. Messungen ergeben jedoch einen Anstieg. 1900 betrug der CO_2-Gehalt 0,0292, 1959 0,0313 und 1979 0,0333 Vol.%. Dieser Anstieg wird auf die zunehmende Verbrennung fossiler Energieträger wie Kohle und Erdöl zurückgeführt. Jährlich tritt dadurch eine zusätzliche CO_2-Bildung von $18 \cdot 10^9$ t ein (Abb. 27.1.). Offensichtlich wird dieser Anstieg nicht durch die Photosynthese und die Pufferkapazität der Ozeane kompensiert. Der Prozeß bedarf einer sorgfältigen Erforschung und Kontrolle, da mit der Erhöhung des CO_2-Anteils Klimaveränderungen und Verschiebungen der Vegetationszonen verbunden sein können (Treibhauseffekt).

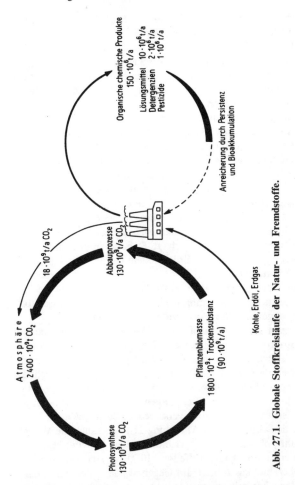

Abb. 27.1. Globale Stoffkreisläufe der Natur- und Fremdstoffe.

Die in Abbildung 27.1. wiedergegebenen Werte für die CO_2-Zirkulation, zu denen es auch abweichende Angaben gibt, sollen die Erschöpfbarkeit des CO_2-Gehaltes der Atmosphäre verdeutlichen. Die in Abbildung 27.1. wiedergegebenen Zahlen für die CO_2-Zirkulation sollen zeigen, daß die pflanzliche Primärproduktion bald zum Erliegen käme, wenn durch Atmungs- und mikrobielle Abbauprozesse keine Rücklieferung erfolgen würde. Die Landpflanzen verbrauchen jährlich mehr als 5 % des atmosphärischen CO_2, nach 20 Jahren wäre der Vorrat erschöpft. Von den jährlich freigesetzten etwa $130 \cdot 10^6$ t CO_2 stammen ungefähr 30% aus der Atmung, 70% aus mikrobiellen Abbauprozessen. Die Meere haben eine Primärproduktion, die wahrscheinlich der terrestrischen größenordnungsmäßig entspricht. Die Pflanzenbiomasse der Kontinente ist jedoch wesentlich größer als die der Meere. Das bedeutet, daß in den Ozeanen ein höherer Turnover als auf den Kontinenten stattfindet. Von dem Bestand der Organismen kann nicht auf die Produktivität geschlossen werden. Die Meere haben einen internen CO_2- bzw. Bicarbonat-Kreislauf. Über die Meeresoberfläche findet ein CO_2-Austausch statt.

Organische Naturstoffe werden aerob und anaerob mineralisiert. Auch Gärungsprodukte wie organische Säuren werden durch die Sulfatreduktion und Methanogenese anaerob mineralisiert. Ein weiterer wesentlicher **anaerober Mineralisierungsprozeß** ist die Denitrifikation. Die globalen Anteile der einzelnen Prozesse sind unzureichend geklärt. Außer CO_2 wird anaerob CH_4 als Endprodukt organischer Verbindungen gebildet. Einige Naturstoffe werden anaerob sehr langsam abgebaut. Daher kommt es in Mooren zur Torfanreicherung. In früheren Erdperioden wurde durch ähnliche Prozesse die Kohlebildung eingeleitet. Erdöl ist aus anaeroben Meeressedimenten entstanden. Vermutlich haben dabei die Archaebakterien eine besondere Rolle gespielt. Ihre Zellmembran enthält lange Kohlenwasserstoffketten, wie sie in abgewandelter Form im Erdöl vorkommen.

Der Abbau **organischer Fremdstoffe oder Xenobiotika** ist in starkem Maße von der Struktur abhängig. Zu den Xenobiotika gehören Waschmittel, Kunststoffe (Plaste), Weichmacher, Lösungsmittel, Pestizide, Farbstoffe und eine Vielzahl weiterer Stoffe, die von der Industrie synthetisiert werden. Sie gelangen als Produkte und Abprodukte in die Umwelt. Die jährliche Produktion organischer Chemikalien liegt um 150 Millionen t. Dabei handelt es sich um etwa 50 000 verschiedene Substanzen, zu denen jährlich 500 neue dazu kommen. In Abbildung 27.1. sind auch die Mengen der Stoffe angeführt, die auf Grund ihrer biologischen Aktivität besondere Aufmerksamkeit erfordern. Kunststoffe ($40 \cdot 10^6$ t) belasten zwar die Umwelt, sie sind jedoch biologisch inert. Im Gegensatz dazu sind einige darin enthaltene Weichmacher mit einem Anteil von 1—6% biologisch aktiv und damit toxikologisch bedenklich.

Die jährliche Produktion der Fremdstoffe liegt um drei Zehnerpotenzen unter der der Naturstoffe. Während jedoch die Naturstoffe weitgehend rezirkuliert werden, ist das für persistente Fremdstoffe nicht der Fall. Unter **Persistenz** versteht man die Widerstandfähigkeit gegen Abbau, unabhängig davon, ob er biologischer oder chemisch-physikalischer Art ist. Eine hohe Persistenz ist mit einer langen Verweilzeit in der Umwelt und damit einer

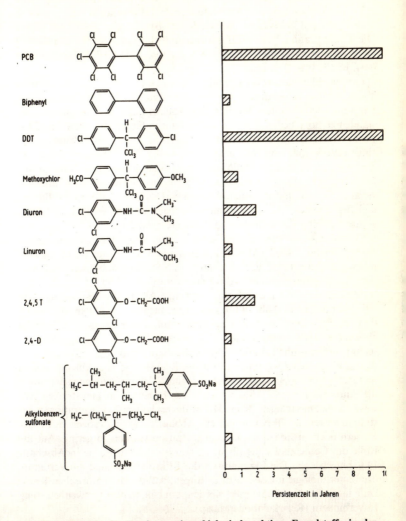

Abb. 27.2. Beispiele für Persistenzzeiten biologische aktiver Fremdstoffe in der Umwelt. Die Persistenzzeit gibt die Zeit an, nach der die Ausgangsverbindung noch in der Umwelt nachweisbar ist.

Anreicherung verbunden. Diese Anreicherung kann durch die Akkumulation über Nahrungsketten verstärkt werden (**Bioakkumulation**). Das trifft vor allem für lipophile Verbindungen zu. Dazu gehören die weitgehend verbotenen polychlorierten Biphenyle (PCB) und das Insektizid DDT. Die Konzentration dieses Stoffes würde in Nahrungsketten auf das 100 000 fache gesteigert (Meerwasser 0,000003, Phytoplankton 0,003, Zooplankton 0,04, Fische 0,5—2, Meeresvögel 25 ppm).

Um eine **Eliminierung** der Fremdstoffe zu gewährleisten, müssen sie völlig abgebaut, d. h. mineralisiert, werden. Ein unvollständiger Abbau, bei dem Derivate oder Zwischenprodukte des Abbaus anfallen, kann unter Umständen zu noch bedenklicheren Verbindungen führen. In Abbildung 27.2. werden Beispiele für Persistenzzeiten gegeben. Nach diesen Zeiten ist die eingesetzte Verbindung nicht mehr nachweisbar. Die Aufstellung zeigt, daß die Persistenz in starkem Maße von der Struktur abhängig ist. Naturstoffen ähnliche Verbindungen werden im allgemeinen leichter als Strukturen abgebaut, die nicht in der Natur vorkommen. Das ist darauf zurückzuführen, daß viele Fremdstoffe von Enzymen abgebaut werden, die auch im Naturstoffabbau eine Rolle spielen. Für das Herbizid 2,4-D (14.6.) wurde das in Abbildung 14.4. dargestellt. Das durch ein weiteres Chloratom substituierte Derivat 2,4,5-T (Abb. 27.2.) ist wesentlich persistenter, da die chemische Struktur durch die Substitution in 5-Stellung stabilisiert wird. Von den neuen Waschmitteln (Alkylbenzensulfonate, Abb. 27.2.) sind nur Strukturen zugelassen, die eine unverzweigte Alkankette besitzen, da diese abbaubar ist (14.3., Abb. 14.6.). Um zu vermeiden, daß es zur Akkumulation von Fremdstoffen in der Umwelt kommt, sollten nur noch vollständig abbaubare Verbindungen eingesetzt werden. Die mikrobiologische Forschung liefert Anhaltspunkte über abbaubare Strukturen. Es muß aber darauf hingewiesen werden, daß für die Realisierung von Abbaupotenzen bestimmte Voraussetzungen notwendig sind. Selektive Bedingungen fördern die Anreicherung von Abbauspezialisten. Daher ist in industriellen Abwasserreinigungsanlagen (Kap. 34), in denen höhere Konzentrationen bestimmter Fremdstoffe vorliegen, ein Abbau leichter zu erreichen. In Gewässern oder im Boden ist die Konzentration vielfach zu gering. Auf die Rolle des Cometabolismus für den Fremdstoffabbau wurde in Abschnitt 14.6. hingewiesen. Die Erkenntnisse der Mikrobiologie und die Verfahren der Biotechnologie müssen dazu beitragen, daß die zivilisatorischen Kreisläufe in die der Natur integriert werden, um eine weitere Umweltbelastung zu verhindern (Rezirkulationsprinzip).

27.2.   Methankreislauf und Quecksilberumsetzungen

Wesentliche Komponenten der anaeroben Mineralisierung von C-Ver-
bindungen sind Methan und CO_2. Durch die Methanogenese werden etwa
1 % der anfallenden organischen Stoffe mineralisiert. Jährlich entweichen
etwa $1 \cdot 10^9$ t CH_4 in die Atmosphäre. Davon stammen 75 % aus mikrobiellen Prozessen, weniger als 10 % sind industriellen Ursprungs (Ver-
brennungsprozesse, undichte Erdgaslager und -leitungen). Die mikrobielle
Methanbildung erfolgt zu je einem Drittel in Reisfeldern, Sümpfen und im
Wiederkäuerpansen. Eine beachtliche Rolle spielt die Methanogenese im
Darmtrakt der Termiten. Die Steigerung des Reisanbaus und der Rinder-
zucht führte zu einem Anstieg der Methanbildung. In Gewässern wird
ein Teil des im anaeroben Sediment gebildeten Methans durch die aeroben
methanogenen Bakterien des freien Wassers assimiliert. Es erfolgt der in
Abbildung 27.3. dargestellte kurzgeschlossene Kreislauf. Ein Teil entweicht
gasförmig in die Atmosphäre, wird dort photochemisch zu CO_2 oxidiert
und mündet in den CO_2-Kreislauf ein.

Quecksilber-Umsetzungen: Die methanogenen Bakterien und andere
Mikroorganismen bewirken eine erhöhte Toxizität des Quecksilbers durch
Methylierung. Darauf wurde man aufmerksam, als 1966 in Japan 46 Men-
schen an der Minamata-Krankheit starben. Sie war auf metallorganische
Quecksilberverbindungen zurückzuführen, die toxischer als anorganische
dissoziierte Quecksilberverbindungen sind. Die Toxizität von Schwerme-

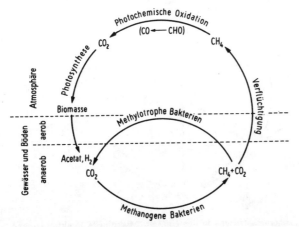

Abb. 27.3. Methan-Kohlendioxid-Cyclus.

tallen hängt nicht nur von der Konzentration, sondern auch von der Art der chemischen Bindung ab. In der Minimata-Bucht war aus Industrieabwässern Quecksilber in das aquatische Ökosystem gelangt. Es wurde durch bakterielle Prozesse methyliert und über Nahrungsketten akkumuliert. Zum Verzehr kommende Tiere lösten die Nervenerkrankung aus. Mikroorganismen sind zu folgenden umweltrelevanten Metallumsetzungen befähigt: Akkumulation, Methylierung, Reduktion und Oxidation anorganischer Verbindungen, Mineralisierung von Organometallverbindungen.

In Abbildung 27.4. sind die Hauptreaktionen der Quecksilberumsetzungen zusammengefaßt. Durch anthropogene Maßnahmen kommt Quecksilber durch Verbrennung von Kohle und Erdöl sowie als industrielle Produkte und Abprodukte (z. B. Chloralkalihydrolyse, Beizmittel, Farbzusätze) vermehrt in die Umwelt. Vor allem in Gewässern und Abwasseranlagen wird dissoziiertes metallisches Quecksilber durch methanogene Bakterien zu **Methylquecksilberverbindungen** methyliert. Diese werden z. T. von aquatischen Organismen aufgenommen, teilweise gelangen sie auf Grund der Flüchtigkeit in die Atmosphäre. In der Atmosphäre werden sie durch Photolyse zu **metallischem Quecksilber (Hg^0)** umgesetzt. Eine mikrobielle Demethylierung führt ebenfalls zu Hg^0. Ein dritter mikrobieller Weg führt durch Reduktion des metallischen Quecksilbers zu Hg^0. Dieses ist flüchtig, gelangt in die Atmosphäre und mit Niederschlägen wieder in die Ökosysteme.

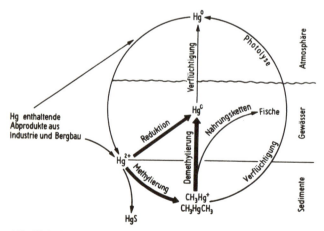

Abb. 27.4. Quecksilberumsetzungen in der Umwelt. Mikrobielle Reaktionen sind durch dicke Pfeile hervorgehoben.

Die Methylierung und Reduktion von dissoziiertem metallischen Quecksilber führt für Mensch und Tier zu toxischen Verbindungen, für Mikroorganismen stellen die gleichen Prozesse wahrscheinlich Detoxifikationsreaktionen dar. Durch die Bildung flüchtiger Verbindungen wird das dissoziierte Quecksilber von der Mikrobenzelle entfernt. Mit der Sulfidbildung (HgS) ist eine Festlegung von Quecksilber in Sedimenten verbunden. Ähnliche mikrobielle Umsetzungen wie bei Quecksilber treten auch mit anderen Schwermetallen wie Arsen, Selen und Blei ein. In der Vergangenheit wurden Arsenfarben bei Tapeten eingesetzt, die durch Pilze wie *Scopulariopsis brevica* zu dem flüchtigen und toxischen Di- und Trimethylarsen umgesetzt werden.

27.3.   Der globale Stickstoffkreislauf

Der natürliche Stickstoffkreislauf wird durch mikrobielle Aktivitäten gewährleistet (Abb. 25.5.). Mit der Stickstoffdüngerproduktion und den Verbrennungsprozessen zur Energiegewinnung greift der Mensch in den globalen Stickstoffkreislauf ein. Die Auswirkungen auf die globalen Kreisläufe sind schwer einschätzbar. Der Düngermitteleinsatz in terrestrischen Systemen zur Versorgung der Weltbevölkerung mit Nahrungsmitteln und Rohstoffen ist notwendig. Die damit verbundenen Auswirkungen des verstärkten Eintrages von Stickstoff in die Ozeane sind unklar. Die Gefährdung des Ozonschildes der Erde durch Stickoxide aus Verbrennungsprozessen und der mikrobiellen N_2O-Bildung durch Denitrifikation sind ernst zu nehmen.

Die wesentlichen Reaktionen der globalen Stickstoffkreisläufe sind in Abbildung 27.5. zusammengefaßt. Schon die großen Spannen der angegebenen Zahlenwerte zeigen, wie unzureichend die globalen Größenordnungen aufgeklärt sind. Im Bereich des Festlandes wie der Meere bewirkt die **bakterielle Luftstickstoffbindung** die wesentliche Zufuhr von gebundenem Stickstoff. Im terrestrischen Bereich ist sie etwa drei mal größer als die **chemische Weltstickstoffproduktion**. Stickstoff wird durch zwei Prozesse aus terrestrischen Systemen freigesetzt, durch **Denitrifikation** und **Ammoniumverflüchtigung**. Ein Teil des Ammoniumstickstoffs wird durch Niederschläge wieder zurückgeführt. In neuer Zeit wurde erkannt, daß der bei der industriellen Tierproduktion territorial gehäuft freigesetzte Ammoniak zu Waldschäden beiträgt. Die **Waldschäden** sind multifaktoriell und territorial unterschiedlich bedingt. SO_2 und NO_x aus Verbrennungsprozessen spielen dabei eine besondere Rolle.

Bei den Meeren ist die Denitrifikation die wesentliche Quelle der Stickstofffreisetzung. Für die Rückführung von Stickstoff ist neben der bio-

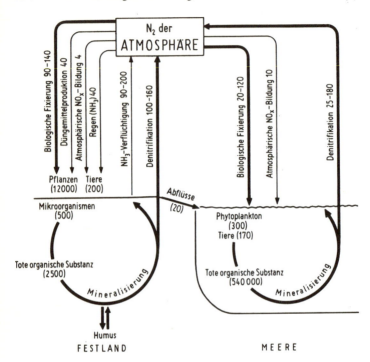

Abb. 27.5. Die globalen Stickstoffkreisläufe. Die Zahlen an den Pfeilen geben die Umsatzraten pro Jahr in 10^6 t N an, die Zahlen in Klammern die Poolgrößen in 10^6 t N.

logischen Stickstoffbindung die **Fixierung durch atmosphärische Prozesse** (Gewitter, UV) eine nicht zu vernachlässigende Größe. Etwa 10% des gebundenen Stickstoffs werden auf diesem Wege aus der Atmosphäre der Erdoberfläche zugeführt.

Die Erde verfügt über zwei sehr große Reservoire an Stickstoff, den Luftstickstoff der Atmosphäre und den in Sedimenten festgelegten Stickstoff. Auf die Rolle der Mikroorganismen für die Festlegung in den Sedimenten wurde bei der Humusbildung (25.1.) und Torfbildung (27.1.) hingewiesen. Ähnliche Prozesse gehen in Meeressedimenten vor sich.

Teil V. Mikrobielle Biotechnologie: Anwendungen

Unter **Biotechnologie** versteht man die Anwendung biologischer Leistungen in der industriellen Produktion und in anderen technischen Prozessen, z. B. der Abwasserreinigung. Sie ist die integrierte Anwendung von Mikrobiologie, Biochemie, Genetik und Verfahrenstechnologie mit dem Ziel, die technische Nutzung des Potentials von Mikroorganismen, Zell- und Gewebekulturen sowie Teilen davon (z. B. Enzymen) zu erreichen. Nach dieser auf die Europäische Föderation für Biotechnologie zurückgehenden Definition ist es ein interdisziplinäres Gebiet von Natur- und Technikwissenschaften.

In diesem Buch wird nur das Potential der Mikroorganismen berücksichtigt. Der Schwerpunkt der mikrobiologischen Behandlung liegt auf der **Funktion der Leistungen für den Mikroorganismus**. Diese Betrachtungsweise stellt die **theoretische Grundlage** für das Auffinden industrieller Mikroorganismen und die Optimierung der Leistungen dar. Dem entsprechend erfolgt auch die Gliederung des V. Teils des Buches.

Zu der schnellen Entwicklung der Biotechnologie haben Erkenntnisse der Grundlagenforschung, neue Methoden und gesellschaftliche Bedürfnisse beigetragen. Maßgebliche Faktoren sind:
— die Erkenntnisse der Molekularbiologie über den genetischen Code und die Stoffwechselregulation,
— die Erkenntnisse der Mikrobiologie über die Breite des Synthese- und Abbaupotentials und über die hohe Produktivität der Mikrobenzellen,
— neue biologische Techniken, vor allem der Gen-, Zell- und Immuntechnik,
— die Bioprozeßtechnik, die in Verbindung mit der Informations- und Rechentechnik die Optimierung und Steuerung von Hochleistungsprozessen ermöglicht,
— die Notwendigkeit, regenerierbare Naturstoffe verstärkt statt der begrenzten fossilen Rohstoffe in der industriellen Produktion einzusetzen und das Rezirkulationsprinzip in der Volkswirtschaft zu verwirklichen.

28. Prinzipien der Technischen Mikrobiologie

Die Technische Mikrobiologie stellt eine Teildisziplin der Mikrobiologie und der Biotechnologie dar. Es ist die Wissenschaft von den mikrobiellen Potenzen, Prozessen, Gesetzmäßigkeiten und Methoden, die durch biotechnologische Verfahren genutzt werden bzw. nutzbar gemacht werden können. Sie umfaßt die Erschließung, Optimierung und technologische Realisierung entsprechender mikrobieller Leistungen unter besonderer Berücksichtigung der ökonomischen Effektivität.

Bei der Entwicklung und Optimierung mikrobieller Produktionsprozesse ist zu beachten, daß Mikroorganismus, Rohstoff und Bioreaktor eine Einheit darstellen (Abb. 28.1.). Nur durch die optimale Gestaltung des Wir-

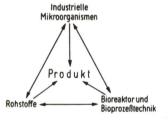

Abb. 28.1. Hauptfaktoren des Systems eines mikrobiellen Produktionsprozesses.

kungsgefüges zwischen Organismen, Substraten und Fermentationsbedingungen kann eine hohe Produktivität erreicht werden. Die Entwicklung eines mikrobiellen Produktionsprozesses, der in der älteren Literatur auch als Fermentation bezeichnet wird, umfaßt folgende miteinander verbundenen Aufgaben:

— **Isolierung**, Selektion und **genetische Optimierung** des industriellen Mikroorganismus. Als industrielle Mikroorganismen werden Organismen bezeichnet, die sich durch volkswirtschaftlich relevante Aktivitäten auszeichnen und unter industriellen Bedingungen einsetzbar sind.

— Ermittlung optimaler Produktbildungsbedingungen auf ökonomisch einsetzbaren Rohstoffen (Substraten). Dieser Arbeitsgang wird als **phänotypische Optimierung** bezeichnet.

— Entwicklung der **Bioprozeßtechnik**: Bioreaktorgestaltung, Substrataufbereitung, Prozeßkontrolle und -steuerung, Produktabtrennung und -reinigung, Abproduktverwertung bzw. -beseitigung. Die Übertragung vom Labormaßstab auf industrielle Dimensionen wird als **scale up** bezeichnet.

28.1.   Spezifische Stoffwechselleistungen: Funktion der Produkte

Das Ziel der Verfahrensentwicklung ist es, Mikroorganismen und Prozeßbedingungen zu finden, bei denen eine möglichst einseitige Ausrichtung des Stoffwechsels auf das angestrebte Produkt erfolgt. Die Zellen stellen in vielen Fällen den **komplexen Katalysator** dar, durch den aus einfachen Ausgangsstoffen komplizierte Produkte synthetisiert werden. Bei vielen Produktsynthesen ist die Gewinnung des komplexen Katalysators Zellen mit der Produktsynthese verbunden. Durch den Einsatz geeigneter Mikroorganismenarten und die Gestaltung der Prozeßbedingungen wird erreicht, daß der Stoffwechsel auf das gewünschte Produkt ausgerichtet ist. **Die angestrebte Einseitigkeit ergibt sich aus der Funktion des gewünschten Produktes für die Zelle.** In Tabelle 28.1. sind die Produktklassen unter diesem Aspekt zusammengestellt.

Eine nähere Erläuterung erfolgt in den diesen Produktklassen gewidmeten Abschnitten. In Abbildung 28.2. ist die Integration der Produktsynthesen in den Gesamtstoffwechsel dargestellt. Produktsynthesen sind mit der Synthese der Zelle als katalytischem System verbunden. In wenigen Fällen sind die Zellen das gewünschte Produkt, z. B. bei der Back- und Futterhefeproduktion. Bei vielen Prozessen (Gärungs-, Primär- und Sekundärprodukte) läßt man die Zellen zu einer optimalen Dichte heranwachsen und nutzt sie dann möglichst lange zur Produktion. Bei den Biotransformationen wird die Zellanzucht und Stoffwandlung getrennt. Durch Bindung der Zellen an Trägermaterialien (**Zellfixierung**) wird eine längere Wirksamkeit und leichtere Abtrennbarkeit der Produkte angestrebt. Sind nur eine oder wenige enzymatische Reaktionen an einer Produktsynthese beteiligt, so setzt man statt Mikroorganismen Enzyme ein (Kap. 32). Industrielle Mikroorganismen zeichnen sich nicht nur durch einen einseitigen Stoffwechsel, sondern auch durch die Unempfindlichkeit gegenüber Infektionen, Nutzung billiger Rohstoffe und gute Abtrennbarkeit der Produkte aus. Die natürliche Selektion hat mit der Adaptation an bestimmte Habitate zu spezifischen Leistungen geführt. Hochleistungsstämme sind jedoch in der Natur in der Regel nicht zu finden. Sie sind das Produkt einer genetischen Bearbeitung. Die Natur selektiert auf Überleben, nicht auf Produktivität.

Tab. 28.1. Einteilung mikrobieller Produktionsprozesse nach der stoffwechselphysiologischen Funktion

1.   Stoffwechselprodukte

> Substrate → Zellen + Produkte

1.1.   Endprodukte des heterotrophen Energiestoffwechsels
        (Gärungsprodukte) z. B. Ethanol, Milchsäure, Butanol-Aceton
1.2.   Produkte des autotrophen Energiestoffwechsels
        z. B. H_2SO_4 zur Metallaugung
1.3.   Primärmetabolite
        z. B. Aminosäuren, Citronensäure, Vitamine
1.4.   Sekundärmetabolite
        z. B. Antibiotika, Mutterkornalkaloide, Gibberelline
1.5.   Enzyme
        z. B. Amylasen, Proteasen, Penicillinacylase
2.   Biotransformationen

> Substrat $\xrightarrow{\text{Zellen}}$ Produkt

z. B. Sorbosebildung, Steroidtransformationen
3.   Zellen

> Substrat → Zellen

z. B. Bäckerhefe, Einzellerproteine,
Stickstoff bindende Bakterien, Biopestizide
4.   Abbauprozesse durch Mischkulturen

> Substrate → Zellen + Abbauprodukte

z. B. Abwasserreinigung, Biogasbildung

28.2.   Hohe Stoffwechselaktivitäten: Produktivität und Ertrag

Unter Produktivität versteht man Leistung pro Zeiteinheit. Die Produktivität, d. h. die pro Zeiteinheit gebildete Produktmenge kann auf das Reaktorvolumen oder die Zellkonzentration bezogen werden. In der Biotechnologie ist es vielfach üblich, das Bioreaktorvolumen als Bezugsgröße zu wählen.

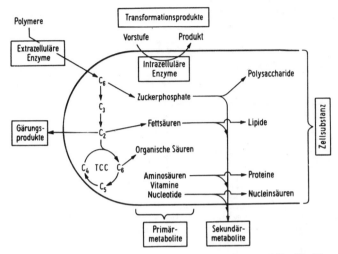

Abb. 28.2. Hauptgruppen mikrobieller Produktsynthesen und ihre Beziehungen zum Gesamtstoffwechsel.

Die sich daraus ergebende **volumetrische Produktbildungsrate** mit der Dimension $gp \cdot l^{-1} \cdot h^{-1}$ wird auch als Raum-Zeit-Ausbeute bezeichnet. Sie sagt, wie Abbildung 28.3. veranschaulicht, noch nichts über die Leistung der produzierenden Zellen. Vollbringen wenige Zellen die gleiche Leistung wie viele, so ist die spezifische Leistung der wenigen größer. Für das Verständnis und die Ökonomie ist die auf die Biomasse bezogene **spezifische Produktbildungsrate** $K_p = p/x$ mit der Dimension $gx \cdot gp^{-1} \cdot h^{-1}$ aussagefähiger. Eine weitere wichtige Größe für die Produktbildung ist die dafür verbrauchte Substratmenge. Der **Ertrag** (engl. yield) läßt sich aus der gebildeten Produktmenge pro verbrauchte Substratmenge s errechnen. Für die Biomasse ergibt sich der Ertragskoeffizient aus der Beziehung $Y = x/s$, für ein Produkt $Y = p/s$. Auf den Ertragskoeffizienten für das Wachstum auf einer C-Quelle wurde in Abschnitt 16.3. hingewiesen. Für Futterhefen (*Candida* sp.) liegt er bei Zucker um 0,5, für Kohlenwasserstoffe bei 1. Für eine Stickstoffquelle wie Ammonium erhält man ein Y um 6. Für das Antibiotikum Penicillin wird auf Glucose ein Y von 0,1 erreicht. Der Ertragskoeffizient ist dimensionslos. Er ist jedoch von der Entwicklungsphase der Kultur abhängig. Die Kinetik von Wachstum und Produktbildung muß in die Betrachtung einbezogen werden. Es tritt sowohl eine Kopplung von Wachstum und Produktbildung als auch eine Trennung beider Prozesse auf. Dazwischen liegen viele Übergangsbedingungen.

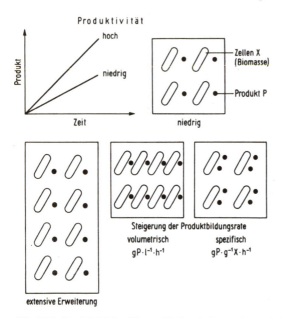

Abb. 28.3. Produktivität: Unterschied zwischen volumetrischer und spezifischer, d. h. auf den produzierenden Organismus bezogenen Produktbildungsrate.

Für die Ökonomie der Verfahren ist nicht nur die Produktivität und der Ertrag, sondern auch die Art der Substrate, die genutzt werden, von Bedeutung. Es wird der Einsatz möglichst billiger Rohstoffe angestrebt. Das sind komplexe Substrate mit wechselnder Zusammensetzung. So ist z. B. die Zuckerrübenmelasse je nach Herkunft (Bodenstandort) und Verarbeitungstechnologie unterschiedlich zusammengesetzt. Das trifft auch für andere industrielle Substrate wie Sojamehl oder Maisquellwasser zu und bereitet bei der Standardisierung der Medien Schwierigkeiten.

28.3.   Leistungen im technischen System: Bioprozeßtechnik

Die Nutzung mikrobieller Aktivitäten im industriellen Maßstab erfordert eine spezifische **Fermentations- oder Bioprozeßtechnik**. Für die Antibiotikaproduktion werden Bioreaktoren von 200 m³, für die Biomasseproduktion von Einzellerprotein von 1000 m³ und mehr eingesetzt. Ein klassischer

Fermentationsprozeß wie die Antibiotikaproduktion läßt sich in folgende Abschnitte gliedern:

Herstellung des Nährmediums

↓

Sterilisation des Nährmediums

↓

Anzucht des ⟶ Fermentation ⇌ Kontrolle und
Impfmaterials   Steuerung der
                                   Produktbildung

↓

Produktgewinnung

Bioprozeßablauf: Der aus der Selektion und genetischen Bearbeitung hervorgegangene Hochleistungsstamm wird durch Lyophilisierung oder Lagerung unter flüssigem Stickstoff konserviert. Von der Stammkonserve werden Abimpfungen gemacht und die Leistung geprüft. Die weitere Ver-

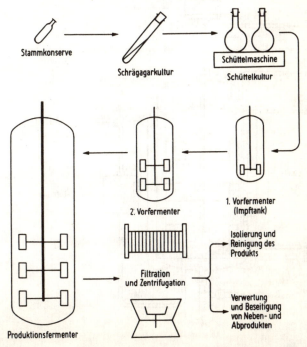

Abb. 28.4. Schematischer Ablauf eines mikrobiellen Produktionsprozesses.

mehrung des Impfmaterials erfolgt stufenweise über immer größere Bioreaktoren (Abb. 28.4.). Die herangewachsenen Kulturen werden zur **Beimpfung** in jeweils etwa 10mal größere Fermentoren gepumpt. Eine mikrobielle Produktionsanlage verfügt über mehrere Fermenter der einzelnen Größen. Die Zusammensetzung der Anzucht- und Produktionsmedien ist verschieden. Während der Fermentation erfolgt eine **Kontrolle und Steuerung der Produktbildung** (Zusätze von Nährstoffen, pH-Regulierung). Zum Zeitpunkt des Ertragsoptimums wird der Prozeß abgebrochen. Der Fermenterinhalt wird abgelassen. Zur **Isolierung von ausgeschiedenen Produkten** werden die Zellen abfiltriert oder separiert und die Kulturlösung aufgearbeitet. Liegen die Produkte in den Zellen vor, so werden diese nach Abtrennung extrahiert. Die Reinigung und Konfektionierung der Produkte und die Verarbeitung bzw. Beseitigung der Abprodukte sind sehr aufwendige weitere Arbeitsstufen.

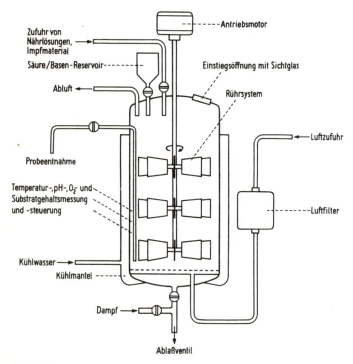

Abb. 28.5. Aufbau eines Bioreaktors (Fermenter).

Im **Bioreaktor oder Fermenter** finden das Wachstum und die Produktbildung unter Kulturbedingungen statt, die zu einer hohen Produktivität führen. Das erfordert eine entsprechende Fermenterausrüstung. Ein Beispiel für den klassischen Fermenter ist in Abbildung 28.5. schematisch dargestellt. Im Bioreaktor wird in der Regel das Ansetzen und die **Sterilisation** des Nährmediums vorgenommen. Durch Einleiten von überhitztem Dampf wird sterilisiert. Ein Kühlmantel oder eine Kühlschlange im Fermenter ermöglicht die Temperatursteuerung. Durch Überdruck während der Fermentation wird das Eindringen von Fremdkeimen verhindert. Der Fermenter wird zu etwa zwei Drittel mit Nährmedium gefüllt. Durch Belüftung mit steriler Luft und Rührung erfolgt die **Sauerstoffversorgung** der Zellen und die homogene Verteilung des Inhalts. Durch die Belüftung muß eine kontinuierliche Sauerstoffversorgung gewährleistet werden. Bei atmosphärischem Druck und 30 °C sind in belüfteten Nährmedien 4—5 ml $O_2 \cdot l^{-1}$ enthalten. Die bei mikrobiellen Produktionsprozessen vorliegenden Zelldichten von 20—50 g Biomassetrockensubstanz $\cdot l^{-1}$ verbrauchen 1000 bis 10 000 ml O_2 pro Stunde. In Bruchteilen einer Minute würde der Sauerstoff verbraucht sein, wenn nicht durch Luftzufuhr und Feinverteilung der Luftblasen eine dauernde Nachlieferung erfolgt.

Effektive Belüftungssysteme sind das Herzstück eines Bioreaktors. Es gibt eine Vielzahl von Bioreaktortypen. So werden statt Rührern für die Belüftung auch Strahldüsensysteme eingesetzt, die mit einem inneren (z. B. Strahldüsenschlaufenreaktor) oder äußeren Umlauf (z. B. Tauchstrahlfermenter) verbunden sind.

Für die **Prozeßkontrolle** und -steuerung hat die **Computerkopplung** entscheidende Fortschritte gebracht. Die optimale Prozeßführung so komplexer Prozesse, wie sie für biotechnologische Verfahren charakteristisch sind, ist nur mit Hilfe der Informations- und Rechentechnik möglich. Die kontinuierliche Parametererfassung erfolgt durch Sensoren.

Neben den diskontinuierlichen Chargenverfahren (engl. batch-Kultur) kommen in zunehmendem Maße Verfahren der **kontinuierlichen Kultur** (16.4.) zur Anwendung. Die Produktion von Einzellerproteinen (z. B. Futterhefe) wird auf diese Weise durchgeführt, ebenso die Abwasserreinigung. In der industriellen Praxis bereitet die sterile Durchführung einer langfristigen kontinuierlichen Kultur Schwierigkeiten. Auch findet bei der kontinuierlichen Kultur eine dauernde Selektion statt, die bei Verfahren mit Hochleistungsstämmen zu Leistungsminderungen führen kann.

Um bei diskontinuierlichen Prozessen bestimmte Nährstoffe dauernd in einer optimalen Konzentration zu halten, werden sie zugefüttert **(feeding-Technik, feed-batch-Verfahren)**.

29.   Gärungsprodukte

Gärungen sind anaerob verlaufende Prozesse der Energiegewinnung, bei denen die vom Substrat abgespaltenen Reduktionsäquivalente auf organische Acceptoren übertragen werden (Kap. 10). Der Begriff Gärungen sollte nur in diesem Sinne gebraucht werden, um ihn von dem der Fermentationen als mikrobiellen Produktionsprozessen abzugrenzen. Von der Vielzahl der Gärungen haben die Ethanol- und Milchsäuregärung große wirtschaftliche Bedeutung erlangt. Es ist zu erwarten, daß mit der verstärkten Nutzung regenerierbarer Ressourcen auch weitere Gärungen großtechnisch genutzt werden, z. B. die Aceton-Butanol- und Butandiolgärung. Auch das durch einen Nebenweg der alkoholischen Gärung gebildete Glycerol ist von Interesse.

29.1.   Ethanol-Gärung

Ethanol wird als Grundstoff für die chemische Industrie, als Kraftfahrzeugtreibstoff und als Genußmittel (Branntwein, Bier, Wein) in großem Umfang produziert. Bisher erfolgt die Gewinnung weitgehend mit der Hefe *Saccharomyces cerevisiae*. Jedoch gibt es unter den Ethanol bildenden Bakterien einige Arten, die sich durch höhere Produktivität und Thermophilie auszeichnen. Daher werden *Zymomonas mobilis* und thermophile Clostridien intensiv auf technische Einsatzmöglichkeiten überprüft. *Saccharomyces cerevisiae* wird sowohl zur Ethanol- als auch zur Backhefeproduktion eingesetzt. Die Ausrichtung auf das Hauptprodukt hängt von den Milieubedingungen ab. Beide Prozesse werden daher im Zusammenhang behandelt.

29.1.1.   Regulation von Gärung und Atmung — Backhefeproduktion

Saccharomyces cerevisiae ist bedingt fakultativ anaerob. Diese Hefe ist zu Atmung und Gärung befähigt, sie kann jedoch nur wenige Zellteilungen anaerob durchführen, da für die Synthese von Zellmembrankomponenten (Sterole, ungesättigte Fettsäuren) Sauerstoff erforderlich ist. Die Gärung ermöglicht der Hefe die Existenz unter anaeroben Bedingungen. Unter dem Aspekt der Substratnutzung ist die Gärung ein unökonomischer Prozeß, da die verwertete Zuckermenge weitgehend der Energiegewinnung dient, nur ein Anteil von etwa 2% wird assimiliert (Abb. 29.1.). Möchte man Backhefe herstellen, so kultiviert man aerob. Die Ethanolproduktion wird anaerob durchgeführt.

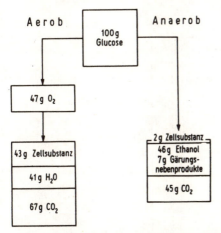

Abb. 29.1. Stoffbilanz von Atmung und Gärung von Saccharomyces cerevisiae (längerfristiges Wachstum ist nur aerob möglich).

Regulationsprozesse: Der in Abbildung 29.1. zum Ausdruck kommenden Ökonomie des Energiestoffwechsels liegen verschiedene Regulationsphänomene der alkoholischen Gärung zugrunde. Der bekannteste ist der **Pasteur-Effekt**. Man versteht darunter die Hemmung der alkoholischen Gärung durch Sauerstoff. Der Effekt beruht auf der unterschiedlichen ATP-Bildung bei Atmung und Gärung. Sie kommt im Energieladungszustand (engl. energy charge) der Zelle, dem Verhältnis von energiereichen zu energiearmen Adenylaten, zum Ausdruck. In Gegenwart von Sauerstoff atmet die Zelle. Über die Atmungskette wird viel ATP gebildet, das Verhältnis von energiereichen (ATP) zu energiearmen Adenylaten (AMP, ADP) ist zu Gunsten des ATP verschoben (Abb. 29.2.). ATP und das beim Ablauf des Tricarbonsäure-Cyclus gebildete Citrat wirken als allosterische Inhibitoren der Phosphofructokinase. Dieses Enzym übt eine Flaschenhalsfunktion im Fructose-1,6-bisphosphat-Weg aus und bewirkt durch Rückstau eine Verminderung der Glucoseaufnahme. Glucose wird bei

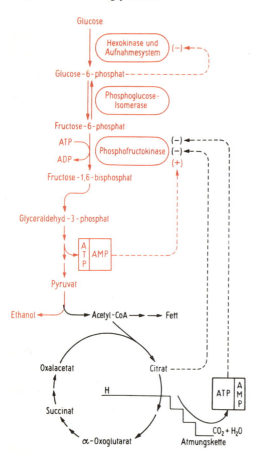

Abb. 29.2. Regulatorische Beziehungen zwischen Atmung (schwarz) **und Gärung** (rot),
die beim Pasteur-Effekt eine Rolle spielen. Die ATP-Anteile in den Kästchen
zeigen den Energieladungszustand an. Der aerob vorliegende hohe ATP-Spiegel
hemmt allosterisch die Phosphofructokinase. (—) hemmende, (+) fördernde Wirkung.

Saccharomyces durch erleichterte Diffusion aufgenommen. Dieses Auf-
nahmesystem wird wahrscheinlich durch den Glucose-6-phosphat-Anstau
gehemmt (Abb. 29.2.).

Anaerob vermindert sich der Energieladungszustand der Zelle. AMP
und ADP aktivieren die Phosphofructokinase. Die Folge ist die auf etwa

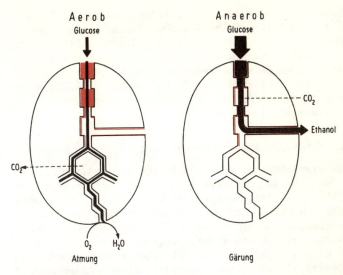

Abb. 29.3. Glucoseumsatz von Saccharomyces cerevisiae unter aeroben und anaeroben Bedingungen. Durch die Regulationsprozesse des Pasteur-Effektes (Abb. 29.2.) wird aerob die Enzymaktivität der einleitenden Enzyme allosterisch gehemmt. Rot: Enzyme der Gärung, allosterische Hemmung als Einengung des Fließsystems dargestellt.

das Vierfache gesteigerte Glucoseaufnahme und der Anstieg der Ethanolbildung (Abb. 29.3.). Zur Aufrechterhaltung des Zellstoffwechsels braucht die Zelle aerob und anaerob die gleiche ATP-Menge. Bei der Gärung wird pro Molekül Glucose wesentlich weniger ATP als bei der Atmung gebildet (Kap. 9 u. 10). Um die ATP-Bildung durch Substratkettenphosphorylierung zu steigern, hat die Hefezelle dieses Regulationssystem entwickelt. Es ist besonders in nicht wachsenden Zellen ausgeprägt. Dieses System bewirkt eine **hohe Ethanolbildung** unter anaeroben Bedingungen.

Für die Bäckerhefegewinnung ist der **Crabtree-Effekt** wichtig. Bei Zuckerüberschuß bewirkt er kurzfristig eine Umschaltung auf aerobe Gärung, langfristig ist damit eine Repression der Atmung verbunden. Dadurch kommt es unter aeroben Bedingungen zur Bildung von Ethanol, das nach Glucoseverbrauch als C- und Energiequelle assimiliert wird. Der kurzfristige Effekt beruht auf $NAD^+/NADH$-Redoxbalancen, der langfristige auf Repression von Enzymen des Tricarbonsäure-Cyclus und der Atmungskette. Die Erkenntnis, daß nur bei geringen Zuckerkonzentrationen (unter $0,25 \text{ g} \cdot 1^{-1}$) ein ausschließlicher Atmungsstoffwechsel stattfindet, wird bei der Backhefeproduktion durch das **Zulaufverfahren** genutzt. Darunter versteht man den kontinuierlichen Zulauf von Zuckerlösung in einer Konzentration, mit der der Schwellenwert zum Gärungsstoffwechsel nicht überschritten wird. Der gleiche Effekt kann durch eine entsprechend gesteuerte kontinuierliche Kultur erreicht werden. Als Rohstoff für die Backhefeproduktion wird Melasse unter Zugabe von NH_4^+- und PO_4-Salzen eingesetzt. Die sich an Vorkulturen anschließende Hauptfermentation bei 26—30 °C und pH 4,5 dauert etwa 12 h.

29.1.2.   Ethanolproduktion und Bierherstellung

Die **Ethanolproduktion** für industrielle Belange und als Genußmittel erfordert vergärungsfähige Substrate. *Saccharomyces cerevisiae* vergärt vorrangig Mono- und Disaccharide von Hexosegrundstruktur. **Zuckerhaltige Rohstoffe**, z. B. Melasse, sind nur in begrenztem Maße vorhanden. Als billiges Abfallprodukt wird die bei der Celluloseherstellung aus Nadelhölzern anfallende Sulfitablauge herangezogen, die mehr als 2 % Hexosen enthält. Größere Bedeutung haben stärkehaltige Rohstoffe wie Getreide und Kartoffeln. Diese Rohstoffe müssen zerkleinert und anschließend durch Amylasen verzuckert werden. Im klassischen Verfahren (Abb. 29.4.) erfolgt diese durch die Amylasen des Getreides. In zunehmendem Maße kommen mikrobielle Enzympräparate (Kap. 32) zum Einsatz. Für Cellulose und Lignocellulose aus pflanzlicher Biomasse werden Verfahren mit Cellulasen entwickelt.

Zur **Vergärung** wird die Hefe vorkultiviert und dem Zucker (14—16 %) enthaltenden Medium zugesetzt. Im diskontinuierlichen Verfahren verläuft die Gärung über drei Phasen, die Hefevermehrungsphase (12—24 h), die Hauptgärung (12—48 h) und die Nachgärung (48—72 h). Bei der Nachgärung werden schwer vergärbare Zucker und Oligosaccharide zu Ethanol umgesetzt. Die Gärung verläuft bei 35 °C und pH 4,5. Es schließt sich die aufwendige Destillation an, die für Genußmittel wiederholt wird (Rektifikation). Aus 1 kg Zucker werden etwa 0,6 l Ethanol gewonnen.

Von den verschiedenen Arten des **Trinkalkohols** (Branntweine) werden Kornbranntwein und Whisky aus Getreide, Wodka aus Getreide und Kartoffeln, Rum aus Zuckerrohr und Arrak aus Datteln hergestellt. Weinbrand wird durch Destillation aus Weinen gewonnen, Cognac aus Weinen einer bestimmten Region Frankreichs. Weiterhin werden verschiedene Frucht- und Obstarten zu „Geist" verspritet (z. B. Gin, Slibowitz).

Neue Gärungsorganismen: *Zymomonas mobilis* ist ein aus dem mexikanischen Getränk Pulque isoliertes Bakterium, das Ethanol über den Entner-Doudoroff-Weg (9.1.5.) bildet. Bei diesem Weg werden pro mol Glu-

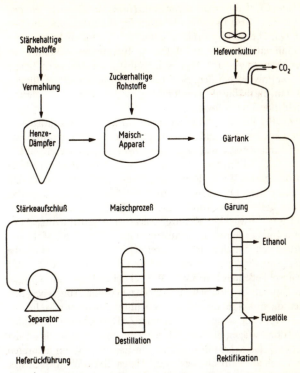

Abb. 29.4. Prozeßschema der Ethanolproduktion durch Saccharomyces cerevisiae.

cose ein mol ATP, nicht zwei wie bei der Hefegärung, gebildet. Das bedeutet, daß pro mol Glucose um die Hälfte weniger Biomasse gebildet wird, aber 5 % mehr Ethanol. Die Wachstumsrate ist höher als bei Hefen. Die spezifische und volumetrische Produktbildungsrate ist etwa 6—7 mal größer als bei Hefen. Wie *Saccharomyces* besitzt auch *Zymomonas* eine hohe Ethanoltoleranz. Beide Organismen stellen erst bei 12 % Ethanol die Gärung ein, da die Membranen geschädigt werden. *Zymomonas* enthält in der Zellmembran Hopanoide (Abb. 3.6.), die mit der Ethanoltoleranz in Zusammenhang stehen. Die Gärung kann kontinuierlich durchgeführt werden. Bisher ist die Technologie für die Ethanolproduktion mit diesem Organismus noch in der Entwicklung.

In den letzten Jahren wurden thermophile Bakterien isoliert, die Ethanol und andere Produkte aus Zuckern und auch Polysacchariden bilden, *Clostri-*

dium thermocellum, Cl. thermohydrosulfuricum, Thermoanaerobacter ethano-licus und *Th. brockii.* Diese Bakterien besitzen für die Ethanolproduktion einige Vorteile. Die Thermophilie (Gärung um 70 °C) ermöglicht eine kontinuierliche Ethanolabtrennung im Vakuum, Infektionen kommen bei hohen Temperaturen schwer auf. Das breite Substratspektrum ermöglicht die Vergärung von Polysacchariden. Nachteile sind die gleichzeitige Bildung organischer Säuren, die mäßige Ethanolbildung, die geringe Ethanoltoleranz (5 %) und die fehlende Technologie.

Bierherstellung: Bei Bier kommt es nicht so sehr auf den Alkoholgehalt, sondern auf die Geschmacks- und Aromaeigenschaften des Getränkes an. Die Gärung wird mit Rassen von *Saccharomyces cerevisiae* durchgeführt. Meistens werden sich absetzende untergärige Hefen verwendet (Pilsner Biere), seltener obergärige Hefen (Porter, Weißbier). Die Zuckerquelle sind eiweißarme Braugersten. Die Gerste wird 7—8 Tage angekeimt. Dabei werden die Stärke abbauenden Amylasen synthetisiert. Durch Gibberellin-säurezusatz $(0,1 \ g \cdot l^{-1})$ wird die Keimzeit verkürzt. Die Erhitzung (90—100 °C) und Trocknung (Darre) der gekeimten Gerste führt zum Malz, das geschrotet wird. Nach Mischen mit Wasser wird im Maischbottich die Stärke zu vergärbaren Zuckern abgebaut und im Läuterbottich der Extrakt geklärt. Durch anschließendes Kochen im Würzekocher werden aus Hopfen die Aroma- und Bitterstoffe extrahiert und der enzymatische Abbau beendet. Proteine werden dabei ausgefällt. Nach der Kühlung wird durch Hefezusatz die Gärung eingeleitet, die anfangs mit einer Zellvermehrung verbunden ist. Die in Tanks oder offenen Bottichen durchgeführte Hauptgärung erfolgt bei 6—10 °C etwa 7 Tage. Eine Nachgärung in Lagertanks von mehreren Wochen schließt sich an. Danach werden die Hefen abfiltriert. Das ausgereifte Bier enthält je nach Art um 3—4 % Ethanol, 3 % Kohlenhydrate, Bitter- und Aromastoffe, Vitamine und CO_2.

Weine werden durch Hefen (bes. *Saccharomyces* und *Kloeckera*-Arten), die mit den Trauben in den Most gelangen, vergoren. In zunehmendem Maße setzt man Reinzuchthefen (*Saccharomyces cerevisiae*-Rassen) zu. Rebenart, Standort, Klima und Heferasse bestimmen Sorte und Qualität der Weine.

29.2.   Milchsäure-Gärung

Milchsäure wird in großem Umfang für den Einsatz in der Lebensmittel- und Getränkeindustrie sowie für chemische Prozesse (z. B. Kunststoffherstellung) produziert. Sie wird als L (+)- oder und D (—)- Form gebildet. In der Lebensmittelindustrie setzt man vorrangig die L (+)-Form ein, da nur diese vom menschlichen Organismus verwertet wird. Wie in Abschnitt 10.2. ausgeführt wurde, wird Milchsäure über zwei verschiedene Fermentationswege gebildet, die homo- und die heterofermentative Milchsäure-Gärung. Milchsäurebakterien können im Gegensatz zu den Ethanol bildenden Hefen nur anaerob wachsen.

Für die industrielle Produktion wird die **homofermentative Gärung** durch *Lactobacillus delbrueckii* genutzt. Dieses sauerstoffempfindliche Bakterium vergärt die in Molke, Melasse und Stärkehydrolysaten enthaltenen Hexosen in 2—3 Tagen zu 90% zu Milchsäure. Milchsäurebakterien benötigen zum Wachstum Aminosäuren und Vitamine. Die Zucker werden in etwa 10%iger Konzentration eingesetzt. Da die sich anreichernde Milchsäure die Bakterien hemmt, wird sie durch $CaCO_3$-Zusatz als unlösliches Ca-Salz ausgefällt. Der pH-Wert wird dadurch um 5,5 gehalten. Die Gärungstemperatur 45—50 °C unterdrückt die Entwicklung von Infektionen. *Mucor-* und *Rhizopus*-Arten, die ebenfalls Milchsäure bilden, sind empfindlich gegen Infektionen und weniger produktiv.

Ein wesentliches Einsatzgebiet der Milchsäurebakterien ist die Konservierung von Nahrungs- und Futtermitteln und die Erzeugung von Milchprodukten. Ein Beispiel für die **Konservierung**, die Silofuttergewinnung, wurde in Abschnitt 22.1. besprochen. Eine Konservierung und Aromabildung bewirken die Milchsäurebakterien bei der Herstellung von **Sauermilcherzeugnissen** und Käse. Auf *Lactobacillus* und *Streptococcus*-Arten, die an diesen Prozessen beteiligt sind, wurde in Abschnitt 5.2.8. und in Tabelle 5.4. hingewiesen. Durch die Milchsäurebildung wird das Casein der Milch präzipitiert. Die Säure verursacht einen Calciumverlust der Caseinmizellen. Calciumlactat wird im Magen gut resorbiert, das ausgeflockte Casein leicht verdaut. Wichtige Produkte sind Sauermilch und Joghurt. Sterilisierte Milch wird mit **Starterkulturen** versetzt. Starterkulturen werden als Reinzuchten in kleinen Fermentationsanlagen gewonnen. Zur Sauermilchherstellung werden z. B. *Streptococcus cremoris* zugesetzt, zur Joghurtbereitung eine Mischkultur von *Streptococcus thermophilus* und *Lactobacillus bulgaricus*. Kefir enthält eine Mikrobenflora aus homo- und heterofermentativen Milchsäurebakterien sowie Lactose vergärenden Hefen (*Saccharomyces kefir*). Dieses symbiontische System bildet Klümpchen, die durch extrazelluläre Polysaccharide zusammengehalten werden (Kefirknöllchen).

Käse wird aus ausgefälltem Casein hergestellt, welches durch das proteolytische Labenzym aus dem Kälbermagen (Chymosin, Rennin) zu Untereinheiten zerlegt wird. Dadurch kommt es zur Abgabe eines Teiles der wäßrigen Phase, die als Molke dem Produkt entzogen wird. Labenzym ist teuer. Es werden daher auch Proteasen von *Mucor*-Arten eingesetzt. Mit Hilfe der Gentechnik entwickelt man eine mikrobielle Chymosingewinnung. Je fester ein Käseerzeugnis werden soll, desto mehr Labenzym wird eingesetzt. Quark und Harzer Käse werden durch Milchsäurebakterien und geringe Labzusätze hergestellt. Hartkäse, z. B. Schweizer Käse, wird mit verschiedenen Milchsäurebakterien, Labzusatz und Propionsäurebakterien (z. B. *Propionibacterium freudenreichii*) bereitet. Durch die Propionsäuregärung kommt es zur Bildung von Aromastoffen, das bei dieser Gärung gebildete CO_2 bewirkt die Löcher im Schweizer Käse. Bei der Camembert-Herstellung wird *Penicillium camembertii* zugesetzt. Der daraus entstehende Schimmelbezug führt zur Bildung von Aromastoffen und dem Weichwerden durch proteolytische Enzyme. Roquefort-Käse wird aus frischer Schafsmilch hergestellt. Als Starterkultur wird *Penicillium roqueforti* eingesetzt. Hauptphasen der Käsebereitung sind Pasteurisieren, Starterzugabe, Labzugabe, Caseinausfällung (Dicklegung) und Molkeentzug, Nachreifeprozesse mit einem Salzbad und Trocknung.

Auch bei der **Rohwurst**- und Schinkenherstellung werden Starterkulturen verwendet, z. B. von *Lactobacillus brevis*, *Staphylococcus simulans* und *Micrococcus aurantiacus*. Sie bilden Aromastoffe und Milchsäure, die konservierend wirkt. Auf der Oberfläche der ungarischen Salami wird *Penicillium nalgiovensis* angesiedelt.

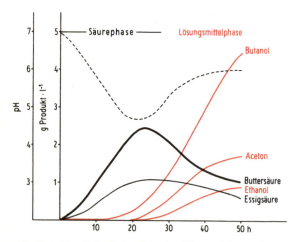

Abb. 29.5. Kinetik der Butanol-Aceton-Gärung. Schwarz Säure-, rot Lösungsmittelphase mit Anhäufung der Gärungsprodukte.

29.3.   Butanol-Aceton-Gärung

Bei diesem in Abschnitt 10.5. behandelten Gärungstyp entstehen organische Lösungsmittel, die mit der Verknappung der Petrochemikalien praktische Bedeutung erlangen können. Für diese z. Z. großtechnisch nicht betriebene Gärung ist ein breites Produkspektrum typisch (Abb. 10.7.), das von den Stämmen, den Milieubedingungen und der Kulturphase abhängig ist. *Clostridium acetobutylicum* bildet als Hauptprodukte Butanol und Aceton, *Cl. butylicum* an Stelle von Aceton 2-Propanol. Die **Phasenabhängigkeit** ist in Abbildung 29.5. dargestellt. In der Anfangsphase wird Buttersäure angehäuft, die ausschließlich als Wasserstoff-Acceptor fungiert und dabei zu Butanol reduziert wird. Bei einer auf die Lösungsmittelgewinnung ausgerichteten Fermentation ist diese Phasenabhängigkeit zu beachten. *Clostridium acetobutylicum* verwertet Polysaccharide wie Stärke (Maismehl). Die erzielten Produktmengen sind relativ gering, da die Anhäufung der Produkte den Produzenten hemmt. Der Prozeß muß anaerob durchgeführt werden. Die flüchtigen Produkte, zu denen auch Wasserstoff gehört, stellen eine Explosionsgefahr dar. Bei dieser wie auch bei anderen bakteriellen Fermentationen können Bacteriophageninfektionen die Produktion gefährden.

30. Primärmetabolite, Zellkomponenten und Zellbiomasse

30.1. Primärmetabolite: Citronensäure, Aminosäuren, Vitamine

Primärmetabolite sind niedermolekulare Bausteine der Zellsubstanz, z. B. Aminosäuren, Nucleotide und Vitamine. Weiterhin gehören zu dieser Stoffgruppe die Metabolite des Intermediärstoffwechsels, z. B. Citronensäure. Diese Produkte sind für die menschliche und tierische Ernährung von großer Bedeutung. Die Mikroorganismen bilden diese Metabolite in der Menge, die für den Aufbau der Zellsubstanz und das Wachstum notwendig ist. Eine **Überproduktion** findet bei den in der Natur vorkommenden Stämmen in der Regel nicht statt. In der Evolution wurden die in Abschnitt 15.5. vorgestellten Regulationssysteme entwickelt, die eine dem Bedarf gemäße Synthese steuern. Überproduzierende Stämme sind Mutanten, bei denen die Regulation defekt ist oder umgangen wird. Mit speziellen Techniken, z. B. dem Einsatz von Antimetaboliten, ist es möglich, solche regulationsdefekten Mutanten zu selektieren. Ein zweiter Weg, der zur Überproduktion von Primärmetaboliten führt, ist der extreme Mangel an bestimmten Nährstoffen, z. B. Eisen. Die folgenden Ausführungen geben Beispiele für Prinzipien, die zu Überproduktionen führen.

Citronensäure mit einer Weltproduktion von etwa 200 000 t pro Jahr wird ausschließlich mikrobiell produziert. Sie ist ein Intermediärprodukt des Tricarbonsäure-Cyclus (Abb. 9.5.). Sie wird zum großen Teil in der Lebensmittelindustrie eingesetzt, vor allem für nichtalkoholische Getränke. Die pharmazeutische und chemische Industrie sind weitere Einsatzgebiete (Bleich- und Waschmittelzusätze). Als Organismen kommen vor allem *Aspergillus niger*-Stämme zum Einsatz, die Melasse verwerten. Daneben wird auch die Hefe *Candida lipolytica* eingesetzt, die Alkane nutzt. Bei *Aspergillus niger* kommt es in der späteren Kulturphase durch Eisenmangel zu einer **Inaktivierung der Aconitase**. Dadurch wird Citronensäure angereichert und ausgeschieden. Gleichzeitig würde jedoch der Tricarbonsäure-Cyclus durch die Herausnahme eines Intermediären zum Stillstand kommen, wenn nicht durch auffüllende Reaktionen die Bereitstellung von C_4-Säuren für die einleitenden Kondensationsreaktionen gewährleistet wird. Diese zweite Voraussetzung wird bei Citronensäure überproduzierenden Stämmen

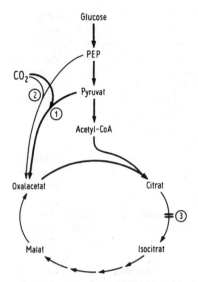

Abb. 30.1. Citronensäurebildung von Aspergillus niger. Rolle der anaplerotischen Sequenzen für die Überproduktion. (1) Pyruvatcarboxylase, (2) PEP-Carboxykinase, (3) Aconitase.

durch **anaplerotische Sequenzen** erreicht (15.3.). Sie verfügen über Carboxylierungsreaktionen, die Pyruvat und Phosphoenolpyruvat zu Oxalacetat carboxylieren (Abb. 30.1.). Weitere Reaktionen sind an diesem Prozeß beteiligt, der unzureichend aufgeklärt ist. Bei der Kohlenwasserstoff verwertenden *Yarrowia lipolytica* kommt es bei Wachstumsstillstand durch N-Mangel wahrscheinlich zu einer Erhöhung des Energieladungszustandes. Von ATP liegt ein hoher, von AMP und ADP ein niedriger Spiegel in der Zelle vor. AMP und ADP sind positive allosterische Effektoren der Isocitratdehydrogenase. Ihr Mangel bewirkt eine Inaktivierung der Isocitratdehydrogenase, Isocitrat und Citrat häufen sich an und treten aus der Zelle aus.

Mit *Aspergillus niger* kann Citronensäure sowohl in Emers- als auch Submerskultur gewonnen werden. Bei der **Oberflächen- oder Emerskultur** wird das Mycel als Pilzdecke auf einer großen flachen Schale mit Melasse enthaltender Nährlösung kultiviert. Die mit Sporen beimpften Schalen werden wie übereinander angeordnete Kuchenbleche in sterilisierbaren Gärkammern (Zellbrutschränke) inkubiert. Durch Behandlung der Melasse mit Kaliumferrocyanid werden Eisen und andere den Prozeß hemmende Schwermetalle ausgefällt. Es wird aus 10—15% Zucker enthaltenden Nährlösungen in 5—10 Tagen eine 70—80%ige Umsetzung zu Citronensäure erreicht. Die Myceldecken können wiederholt zur Produktion eingesetzt werden. Die Citronensäure wird als Ca-Salz abgetrennt. Der Aufwand für die Oberflächenkultur ist groß. Daher haben sich in zunehmendem Maße Submersverfahren im Fermenter durchgesetzt. Besonderheiten sind mit dem physiologischen Zustand des produzierenden Mycels verbunden. Mycelien sind inhomogene Systeme, die aus jungen und alten Zellen mit verschiedenen Stoffwechselzuständen bestehen. Der physiologische Zustand der produktiven Zellen ist unzureichend aufgeklärt.

Essentielle Aminosäuren wie L-Lysin, L-Threonin oder L-Methionin werden vom Menschen und vielen Nutztieren nicht synthetisiert. Die Versorgung erfolgt mit Nahrungs- und Futtermitteln. In pflanzlichen Nahrungsmitteln, z. B. Getreide, ist der Gehalt gering. Durch Supplementierung essentieller Aminosäuren kann der Nährwert wesentlich erhöht werden. Im Falle des Lysins wird eine bakterielle Großproduktion (etwa 40000 t · a^{-1}) mit Hochleistungsstämmen durchgeführt, für andere Aminosäuren ist sie in der Entwicklung.

L-Lysin wird mit Hilfe Homoserin auxotropher Mutanten von *Corynebacterium glutamicum* durchgeführt. Die **Überproduktion**, d. h. die über den Bedarf der Bakterien hinausgehende Produktion, beträgt mehr als das Zweihundertfache. Wie aus Abbildung 30.2. zu ersehen ist, benötigt die Zelle zum Aufbau der Proteine etwa 1% Lysin. Durch den Regulationsdefekt wird sie zu einem komplexen katalytischen System, das Zucker oder andere C-Quellen fast zur Hälfte in Lysin umsetzt. In Abbildung 30.2. sind die Stoffbilanzen dargestellt, die bei Fermentationen realisiert werden.

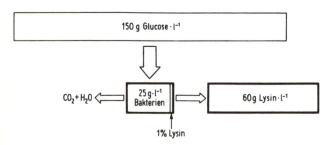

Abb. 30.2. Stoffbilanzen der Lysinüberproduktion durch Corynebacterium glutamicum. Die Bakterienzellen benötigen für den Aufbau des Zellproteins etwa 0,25 g Lysin, der Regulationsdefekt führt zu einer mehr als 200fachen Überproduktion.

L-Lysin ist eine Aminosäure der Aspartat-Familie und wird über einen verzweigten Stoffwechselweg synthetisiert, über den auch Homoserin, Methionin, Threonin und Isoleucin gebildet werden (Abb. 30.3.). Die Regulation der Biosynthese erfolgt in *Corynebacterium glutamicum* durch **multivalente Hemmung**. Darunter versteht man eine Feedback-Hemmung, bei der mehrere Endprodukte gemeinsam die Aktivität eines Schlüsselenzyms allosterisch hemmen. Die Aspartokinase dieser Bakterienart wird durch die gleichzeitige Gegenwart von Lysin und Threonin gehemmt. Bei der Homoserin bedürftigen Mutante wird die Aminosäuregabe so dosiert, daß Threonin nicht den Konzentrationsspiegel erreicht, welcher die multivalente Endprodukthemmung auslöst. Bereits ein einziger Eingriff in die Stoffwechselregulation bewirkt bei *Corynebacterium glutamicum* und *Brevibac-*

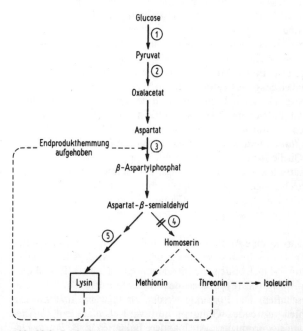

Abb. 30.3. Lysinüberproduktion durch eine Homoserin auxotroßphe Mutante von Corynebacterium glutamicum. Aufhebung der multivalenten Hemmung der (3) Aspartokinase durch die Verhinderung der Threonin-Accumulation. (1) EMP-Weg, (2) Tricarbonsäure-Cyclus, (4) Homoserin-Dehydrogenase, (5) Lysin-Biosyntheseweg, der nicht durch das Endprodukt reprimiert und allosterisch gehemmt wird.

terium-Arten die Überproduktion. Daher eignen sich diese Bakterien in besonderer Weise als industrielle Mikroorganismen. Bei anderen Bakterienarten, wie *E. coli*, sind die Regulationsprozesse komplexer und vielfältiger. Eine größere Zahl von Enzymen des in Abbildung 30.3 skizzierten Biosyntheseweges unterliegen der Regulation.

Die Lysinproduktion wird mehrstufig durchgeführt. In der Vorkultur wird durch Aminosäuregabe eine ausreichende Zellbiomasse erzeugt. Meist wird nicht Homoserin zugegeben, sondern ein billigeres Aminosäurehydrolysat, z. B. von Sojaschrot. In der Hauptkultur tritt etwa nach einer Verdopplung der Biomasse der Aminosäuremangel ein, welcher die Überproduktion auslöst. Die in Abbildung 30.2. angeführten Lysinausbeuten von $60-70$ g Lysin $\cdot$ l^- werden nach zwei Tagen erreicht.

Die Einstellung des Aminosäuremangels ist relativ aufwendig. Einen Fortschritt in der Entwicklung von Produktionsstämmen erzielte man mit Mutanten von *Brevibacterium*, deren Aspartokinase regulationsdefekt ist. Die Selektion entsprechender Mutanten gelang mit Hilfe der Antimetabolitmethode. Dazu wurde ein Strukturanalogon des Lysins, S-(2-Aminoethyl)-L-Cystein, eingesetzt. Einige Mutanten, die gegen diesen Antimetaboliten resistent sind, haben ein gegen Lysin unempfindliches allosterisches Zentrum der Aspartokinase. Die katalytische Aktivität des Enzyms bleibt erhalten. Daß der Stofffluß in Richtung Lysin verläuft, ist auf die Endprodukthemmung des Threonins auf die Homoserin-Dehydrogenase zurückzuführen. *Brevibacterium flavum* und *B. lactofermentum* nutzen auch Essigsäure und Ethanol als C-Quelle für die Lysinübdrproduktion.

Lysin wird aktiv ausgeschieden. Dazu ist ein intaktes Membransystem erforderlich, welches sich bei Biotinkonzentrationen über 30 µg $\cdot$ l^{-1} ausbildet. Bei Biotinmangel erfolgt eine Glutaminsäureüberproduktion.

L-Glutaminsäure ist eine Aminosäure, die in Form von Natriumglutamat (200000 t $\cdot$ a^{-1}) als Geschmacksverstärker produziert wird. Allein oder in Kombination mit 5'-Nucleotiden wie Inosinmonophosphat (IMP) und Guanosinmonophosphat (GMP) hat es dem Fleischraroma ähnliche Geschmackseigenschaften. Die Produkte werden als Gewürze und Zusätze zu Fertiggerichten verwendet. Glutaminsäure wird ebenfalls mit *Corynebacterium glutamicum* produziert. Auch andere Bakterien, z. B. *Brevibacterium flavum*, werden verwendet. Bei *Corynebacterium* werden aus Zuckern oder Acetat Ausbeuten um 50% erreicht, $80-90$ g $\cdot$ l^{-1} werden in 2 Tagen gebildet.

Im Gegensatz zur Lysinproduktion wird nicht durch eine Defektmutante, sondern durch **Biotinmangel** die Überproduktion erreicht. Dieser Mangel

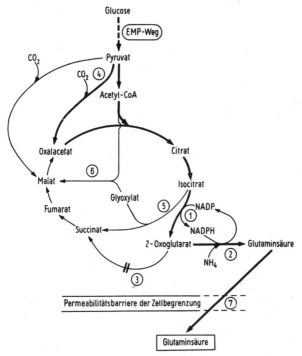

Abb. 30.4. Glutaminsäure-Überproduktion und Ausscheidung durch Corynebacterium glutamicum. Die dicken Pfeile zeigen die Hauptwege der Produktbildung an. (1) NADP-Isocitrat-Dehydrogenase, (2) NADP-Glutaminsäure-Dehydrogenase, (3) 2-Oxoglutarat-Dehydrogenase, (4) anaplerotische Reaktionen zur Bildung von Dicarbonsäuren durch CO_2-Bindung, (5) Isocitrat-Lyase, (6) Malat-Synthase, (7) gestörte Permeabilität.

wirkt sich auf die Membranpermeabilität aus. Die Zelle wird durch Biotinmangel $(2—4 \ \mu g \cdot l^{-1})$ „leck". Dieser Permeabilitätsdefekt kann auch durch Penicillin oder Detergentienzusatz erreicht werden. Die Überproduktion erfordert jedoch weitere Voraussetzungen, die in Abbildung 30.4. zusammengefaßt sind:

— hoher Gehalt einer NADP-spezifischen Glutaminsäuredehydrogenase, die in Verbindung mit einer ebenfalls NADP-spezifischen Isocitrat-Dehydrogenase die Glutaminsäuresynthese katalysiert,

— fehlende Oxoglutarat-Dehydrogenase, so daß 2-Oxoglutarat im Tricarbonsäure-Cyclus nicht weiter metabolisiert wird,

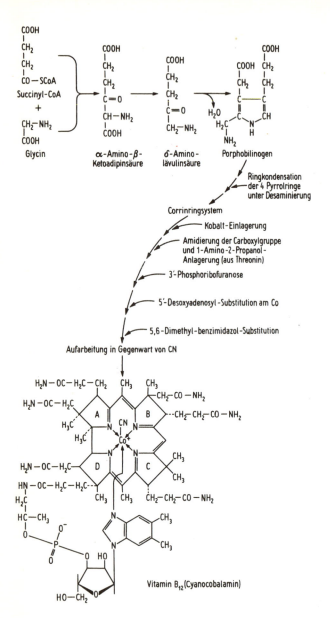

Abb. 30.5. Hauptschritte der Vitamin B₁₂(Cyanocobalamin)-Synthese.

— anaplerotische Sequenzen zum Auffüllen der Intermediären des Tricarbonsäure-Cyclus. Daran sind sowohl Pyruvat carboxylierende Enzyme als auch die Reaktionen des Glyoxylsäure-Cyclus beteiligt.
Vitamine: Mikrobiell werden vor allem Vitamin B_{12} und Riboflavin hergestellt. Riboflavin wird mit den Pilzen *Ashbya gossypii* oder *Eremothecium ashbyii* produziert, die 5—10 g · l^{-1} Riboflavin ausscheiden. Bei *Candida*- und *Pichia*-Hefen tritt bei Eisenmangel eine Riboflavinüberproduktion (0,5 g · l^{-1}) ein. β-Carotin, die Vorstufe des Vitamin A, kann mit *Blakeslea trispora* und *Rhodotorula*-Stämmen gewonnen werden.

Die **Vitamin-B_{12}** (Cobalamin)-Produktion hat größere wirtschaftliche Bedeutung. Es kann als Nebenprodukt der Streptomycin-Produktion gewonnen werden. Eine **gezielte Produktion** wird mit *Propionibacterium shermanii* und anderen Propionsäurebakterien durchgeführt. Diese Bakterien benötigen für die in Abschnitt 10.3. vorgestellte Propionsäure-Gärung ein B_{12}-Coenzym. Es ist nicht mit Vitamin B_{12} identisch. Dieses entsteht beim Aufarbeitungsprozeß aus dem Corrinoid-Coenzym. Nach einer über mehrere Tage verlaufenden zunächst anaeroben und dann aeroben Fermentation werden durch Extraktion aus den Zellen 50 mg Vitamin B_{12} · l^{-1} gewonnen. Das Vitamin wird zur Therapie der perniziösen Anämie eingesetzt. Zellbiomasse, die das Vitamin enthält, wird als Tierfutterzusatz verwendet.

Die Hauptschritte der Biosynthese sind in Abbildung 30.5. zusammengefaßt. Sie sind zugleich ein Beispiel für die Corrinringsynthese. Als Zentralatom wird Cobalt eingebaut. Bei der Aufarbeitung wird aus dem B_{12}-Coenzym durch Ansäuerung und KCN-Zusatz Cyanocobalamin, das eigentliche Vitamin B_{12}, gebildet. Das Molekül enthält das Nucleotid 5,6-Dimethylbenzimidazol. Die Zugabe dieser Verbindung als Precursor führt zu einer Ausbeutesteigerung.

30.2.   Reservestoffe: Poly-β-Hydroxybuttersäure

Poly-β-Hydroxybuttersäure (PHB) ist ein bei Bakterien sehr verbreiteter Reservestoff (3.8.). Dieses Biopolymere findet als natürlicher Kunststoff zunehmendes Interesse. PHB wird aus regenerierbaren Rohstoffen gebildet, sie kann zu Fasern, Folien und Flaschen verarbeitet werden und ist biologisch abbaubar.

Bakterien, die besonders viel PHB bilden, sind *Alcaligenes eutrophus* sowie *Azotobacter*-Arten. Vorrangig wird *Alcaligenes eutrophus* bearbeitet. Dieses Bakterium kann heterotroph und autotroph wachsen, es nutzt Glucose, Ethanol, H_2 und CO_2 als Energie- und C-Quelle. Da der industrielle Einsatz von H_2 als Rohstoff mit Explosionsgefahr verbunden ist, wird z. Z. Zuckern der Vorrang gegeben. Aus 100 g Zucker können 30 g PHB gewonnen werden, aus 100 g Ethanol 50 g.

PHB ist ein Speicherstoff, der bei Überschuß der C-Quelle, aber Mangel an N- und P-Quellen in den Zellen als Granula abgelagert wird. Der Anteil an der Zelltrockensubstanz kann 70 % und mehr erreichen. In einem **nicht ausbalanciertem Medium** mit C-Überschuß wird der Stoffwechsel auf PHB-Synthese ausgerichtet, Wachstum ist auf Grund des N- oder P-Mangels nicht möglich. In Abbildung 30.6. sind die wesentlichen Stoffwechselprozesse der PHB-Bildung zusammengefaßt. Im Regulationsgeschehen nimmt der Spiegel an freiem Coenzym A eine Schlüsselstellung ein. In einem ausbalancierten Medium, in dem der CoA-Gehalt hoch ist, hemmt dieses allosterisch die Acetyl-CoA-transferase. In einem nicht ausbalanciertem

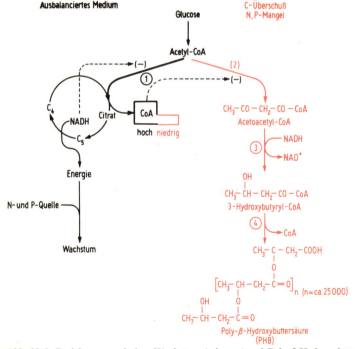

Abb. 30.6. Beziehungen zwischen Wachstum (schwarz) **und Poly-β-Hydroxybuttersäuresynthese** (rot). (1) Citrat-Synthase, (2) Acetyl-CoA-Acetyltransferase, (3) Acetoacetyl-CoA-Reductase, (4) β-Hydroxybutyryl-CoA-Synthase.

Medium mit C-Überschuß kommt es durch einen hohen NADH-Spiegel zur Hemmung der Citratsynthetase und damit des Tricarbonsäure-Cyclus. Die Folge ist der Anstau von Acetyl-CoA, verbunden mit einer Erniedrigung des freien CoA-Spiegels. Acetyl-CoA wird in den Syntheseweg der PHB geleitet (Abb. 30.6.).

Bei der bisher in Pilotanlagen betriebenen Herstellung setzt man Phosphat in einer das Wachstum limitierenden Konzentration ein. Nach Abschluß des Wachstums erhält man durch Zufütterung von Saccharose oder Melasse nach 4 Tagen Zellen, die mit PHB-Granula vollgepfropft sind. Ein Heteropolymer der PHB mit einem Polyhydroxyvaleriansäureanteil hat noch günstigere Verarbeitungseigenschaften als das Homopolymere. Die Synthese des Heteropolymeren kann man durch kontinuierliche Zufütterung von Propionsäure erreichen. Die Propionsäurekonzentration im Medium darf 0,1 % nicht überschreiten, sonst tritt eine toxische Wirkung ein.

Für die Aufarbeitung wurde ein Verfahren entwickelt, bei dem nicht mit teuren Lösungsmitteln, sondern mit enzymatischem und mechanischem Zellaufschluß gearbeitet wird. Die von Zellbestandteilen befreite PHB bleibt als Pulver zurück und kann zu Chips gepreßt werden. Derzeitig wird PHB für wenige Spezialfälle eingesetzt, z. B. auf Grund der guten Gewebeverträglichkeit als chirurgisches Nähmaterial. Die Verwendung als Depoteinbettungsmittel für Arznei- und Pflanzenschutzmittel wird geprüft. Die Ökonomie des Verfahrens wird durch den Rohstoffpreis bestimmt.

30.3.   Extrazelluläre Polysaccharide und Biotenside

Die in Abschnitt 3.6. behandelten Schleimstoffe, für die in Tabelle 3.2. Beispiele angeführt sind, haben ein breites Anwendungsspektrum. Das als Blutplasmaersatzmittel eingesetzte Dextran wurde zum Ausgangspunkt der Molekularsieb-Gele (z. B. Sephadex), die vielfältige Anwendung in der Trenn- und Analysentechnik finden. Xanthan wird als Spülmittel bei Erdbohrungen sowie als Zusatzstoff für Farben und Rostschutzmittel eingesetzt. Inzwischen sind in der Lebensmittelindustrie und Pharmazie Xanthan, Dextran, Alginat, Curdlan (Succinoglucan) und das von der Hefe *Pullularia pullulans* gebildete Pullulan als Dickungs-, Binde-, Quell-, Füll- und Geliermittel zugelassen. Alginate und andere Polysaccharide sind für die Zellfixierung von biotechnologischer Bedeutung.

Mikroorganismen synthetisieren extrazelluläre Polysaccharide auf zwei Wegen, extrazellulär und zellulär. Die **extrazelluläre Synthese** tritt nur bei **Dextranen** und **Lävanen** auf. Dextran (Abb. 30.7.) wird mit *Leuconostoc mesenteroides* hergestellt. Dieses Milchsäurebakterium scheidet Dextran-

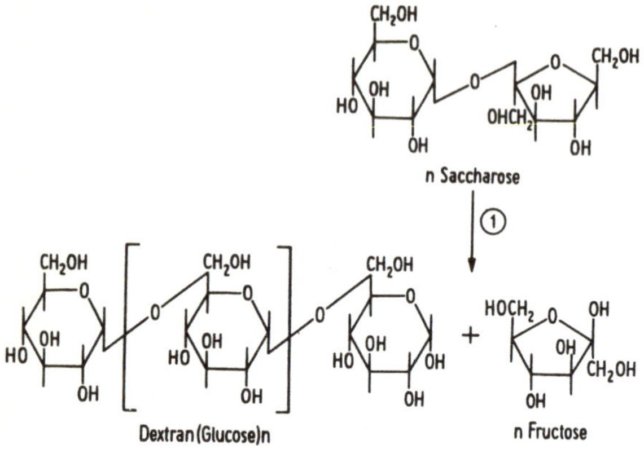

Abb. 30.7. Extrazelluläre Synthese des Polysaccharids Dextran. (1) Dextransaccharase.

Saccharose aus, die Saccharose in Glucose und Fructose spaltet und gleichzeitig die Glucose zu Dextran polymerisiert. Die Polymerisation erfolgt mit Hilfe der in der Glycosidbindung der Saccharose enthaltenen Energie. An ein Acceptormolekül werden Glucoseeinheiten nacheinander in 1,6-Bindung angefügt. Durch 1,4- und 1,3-Bindung entstehen verzweigte Moleküle. Auf diese Weise werden Dextrane mit Molekulargewichten zwischen 15000 und 50000 gebildet. Die Molekülgröße kann durch die Anzahl der Acceptormoleküle gesteuert werden. Das natürliche Acceptormolekül ist Saccharose. In der Produktion werden als Acceptormoleküle niedermolekulare Dextrane eingesetzt, die durch Hydrolyse gewonnen werden (gelenkte Synthese). Zur Fermentation setzt man eine einfache Nährlösung mit 10% Saccharose ein. Da die Viskosität der Kulturlösung technische Probleme bereitet, geht man zur enzymatischen Synthese über. Die Lävansynthese erfolgt in analoger Weise. Auf ein Starter-Saccharosemolekül werden die Fructosen der im Medium vorliegenden Saccharose übertragen, Glucose bleibt zurück.

Bei der **zellulären Synthese** erfolgen die ersten Schritte, die Bildung von Zuckernucleotiden, intrazellulär. Das Syntheseprinzip gleicht der im Abschnitt 15.4.1. behandelten Peptidoglucanbildung. Für die Synthese des von *Azotobacter vinelandii* und *Pseudomonas aeruginosa* gebildeten Alginates sind die Hauptschritte in Abbildung 30.8. dargestellt. Sie umfassen die Zuckeraktivierung und den Membrantransfer durch Bindung an einen **Lipidcarrier**. Anschließend erfolgt an der äußeren Membran die schritt-

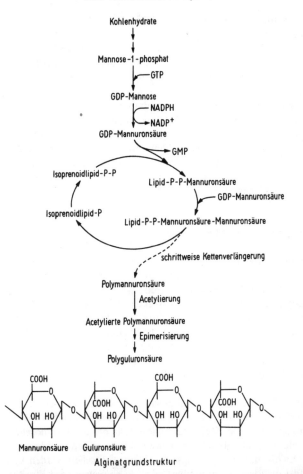

Abb. 30.8. Hauptschritte der Biosynthese des Polysaccharides Alginat. Bei den Reaktionen mit dem Isoprenoidlipidcarrier erfolgt mit dem Membrantransfer der Übergang der Synthese vom Cytoplasma in den periplasmatischen Raum und die äußere Membran. GM(D, T)P = Guanosinmono(di, tri)phosphat.

weise Polymerisation durch Glycosyltransfer sowie Substitution und Epimerisierungen. Die bakterielle Alginatgewinnung befindet sich in der Entwicklung. Xanthan wird bereits großtechnisch mit *Xanthomonas campestris* durchgeführt. Da dieser Organismus phytopathogen ist, muß sehr sorgfältig darauf geachtet werden, daß keine lebensfähigen Bakterien in die Umwelt gelangen.

Biotenside: Einige Bakterien und Pilze bilden besonders bei Wachstum auf lipophilen Substraten wie Kohlenwasserstoffen **ober- und grenzflächenaktive Stoffe**, die an der Zelloberfläche verbleiben oder ausgeschieden werden. Die Verbindungen gehören Stoffklassen an, die strukturell Beziehungen zu Zellwandkomponenten haben. Lipopolysaccharide, Lipoproteine und Peptidlipoide treten auf. Für die Moleküle ist ein hydrophiler (Zucker, Aminosäuren) und ein lipophiler (langkettige Fettsäuren) Molekülteil charakteristisch. *Pseudomonas*-Arten bilden extrazelluläre Rhamnolipide, Hefen Sophoroselipide. Auf Grund ihrer Wirksamkeit als Detergentien und der biologischen Abbaubarkeit finden sie zunehmendes Interesse für verschiedene Anwendungsgebiete.

30.4.   Zellbiomasse: Einzellerproteine

Der Begriff **Einzellerproteine** (engl. single cell protein, SCP) wird für eiweißreiche Mikrobenzellen verwendet, die gegenwärtig vor allem in der Tierernährung in Form von **Futterhefen** eingesetzt werden. Für diese Anwendung ist der Begriff Einzeller-Biomasse korrekter, da die gesamte Zelle verfüttert wird, nicht nur das Protein. Als Beitrag zur Bewältigung der Welternährungsprobleme wird der Einsatz für die menschliche Ernährung angestrebt. Dazu ist die Isolierung des Proteins und die Verarbeitung zu Lebensmitteln notwendig. Durch den direkten Einsatz würden die Transformationsverluste, die bei dem Weg über die Tierproduktion auftreten, vermieden.

Bei der Futterhefegewinnung handelt es sich um eine Massenproduktion, bei der die Verfügbarkeit von billigen Rohstoffen entscheidend ist. Billig sind Abprodukte wie die Sulfitablauge. Diese fällt bei der Celluloseherstellung aus Holz an. Laubholzsulfitablauge enthält neben geringen Mengen Hexosen 3% Xylose und 1,5% Essigsäure. Diese C-Quellen werden von der Futterhefe *Candida utilis* assimiliert. Auf diese Weise wird die Abwasserreinigung mit der Wertstoffgewinnung verbunden. Allerdings werden auf diesem Wege nicht alle Inhaltsstoffe der Sulfitablauge verwertet. Die Ligninsulfonsäure (6% Anteil) ist schwer abbaubar. Weitere Abprodukte, aber auch billige Rohstoffe wie Methanol werden für die Einzellerproteinproduktion eingesetzt. In Tabelle 30.1. sind Substrate und Mikroorganismen, die diese mit hoher Produktivität in Biomasse umsetzen, angeführt. Von den **Kohlenhydraten** werden Mono- und Disaccharide aus Hexosen und Pentosen verwertet. Polysaccharide müssen zunächst chemisch

Tab. 30.1. Auswahl von Substraten und Mikroorganismen, die zur Einzellerproduktion eingesetzt oder erprobt werden

Substrate	Organismen
Sulfitablauge	*Candida utilis* *Paecilomyces varioti*
Molke	*Kluyveromyces fragilis*
Abwässer der Kartoffel- industrie nach Stärkehydrolyse	*Candida utilis*
Ethanol	*Candida utilis*
Methanol	*Methylophilus methylotrophus* *Methylomonas clara* *Candida boidinii*
n-Paraffine oder Erdöldestillate	*Candida lipolytica* *Candida tropicalis*
CO_2 und Lichtenergie	*Spirulina maxima* *Chlorella pyrenoidosa*

oder enzymatisch hydrolysiert werden. Der Einsatz des Stärke hydrolysierenden Pilzes *Endomycopsis fibuliger* in Kombination mit der Hefe *Candida utilis*, die die anfallenden Zucker assimiliert, wurde erprobt (Symba-Verfahren). An der enzymatischen Hydrolyse von Cellulose (Papier, Stroh- und Holzabfälle) wird gearbeitet. Von den **Kohlenwasserstoffen** werden Erdölfraktionen eingesetzt, die reich an n-Alkanen der Kettenlänge C_{10}-C_{20} sind. Sie werden von Hefen verwertet. Der Stoffwechsel wurde in Abschnitt 14.3. behandelt. Aus Erdgas oder Kohle wird Methanol hergestellt. Es wird durch Bakterien und Hefen assimiliert (Methylotrophie, 12.2.). Bei der Massenproduktion von Biomasse, die in Anlagen mit einer Produktion der Größenordnung von 100 000 Jahrestonnen ($t \cdot a^{-1}$) gewonnen wird, bestimmen die Rohstoff- und Energiekosten die Ökonomie des Prozesses. Durch das Wachstum wird das Substrat mit hoher Produktivität und Ausbeute in eine Zellbiomasse umgesetzt, die reich an hochwertigem Protein und arm an toxikologisch bedenklichen Begleitstoffen ist. Die Produktion wird kontinuierlich in Fermentern von $1000 \, m^3$ und mehr durchgeführt.

Mikroorganismen haben bei Wachstum mit hoher Wachstumsrate einen Proteingehalt von 50—70%. Die Abhängigkeit des Proteingehaltes von der Wachstumsrate ist in Abbildung 30.9. für ein Bakterium dargestellt. Bei der kontinuierlichen Kultur kann die Wachstumsrate durch die Durchflußrate gesteuert werden (16.4., Abb. 16.6.). Der Proteingehalt von Bak-

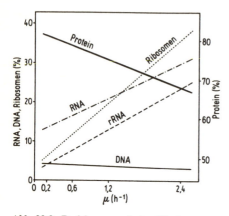

Abb. 30.9. Beziehungen zwischen Wachstumsrate und Zellzusammensetzung bei dem Bakterium Salmonella typhimurium. Aus Bergter 1983, nach Maaloe u. Ksjelgaard 1966.

terien ist höher als der von Hefen. Da jedoch die großen Hefezellen mit geringerem Energieaufwand separiert werden können, gibt man vielfach den Hefen den Vorzug. Die Proteine der zur Biomasseproduktion eingesetzten Mikroorganismen sind hochwertig, d. h. sie zeichnen sich im Vergleich zu vielen pflanzlichen Proteinen durch einen hohen Gehalt an vielen essentiellen Aminosäuren aus. Außerdem sind die mikrobiellen Biomassen reich an Vitaminen (Thiamin, Riboflavin, Nicotinsäure, Panthotensäure), die als Cofaktoren von Enzymen vorkommen. Die Proteine sind scheinbar schwer verdaulich, da sie von einer Hefe- oder Bakterienzellwand umgeben sind, die von Nutztieren schwer abbaubar ist. Die Biomasseproduktion auf CO_2-Basis durch phototrophe Mikroorganismen wird vor allem in äquatorialen Zonen praktiziert. Da die Lichtabsorption der limitierende Faktor ist, wird die Produktion in flachen Becken durchgeführt. Das Cyanobacterium *Spirulina* wird bevorzugt eingesetzt. Dieser fädige Organismus kann mechanisch gut separiert werden. Außerdem wird er in der Tschadregion Afrikas seit Jahrhunderten zur menschlichen Ernährung genutzt. Daraus ist zu schließen, daß der Verzehr toxikologisch unbedenklich ist.

31. Sekundärmetabolite: Produkte des organismenspezifischen Stoffwechsels

Sekundärmetabolite sind niedermolekulare Stoffwechselprodukte, die im Gegensatz zu den Primärmetaboliten nicht von allen Organismen gebildet werden. Die Bildung von Vertretern dieser sehr heterogenen Stoffgruppe ist organismenspezifisch. Das bringt der Begriff **Idiolite** (idios gr. eigen) zum Ausdruck. Er assoziiert nicht die Vorstellung, daß diese Metabolite von sekundärer Bedeutung sind. Mikroorganismenstämme können zwar die Fähigkeit zur Sekundärstoffbildung verlieren, ohne jedoch die Lebensfähigkeit unter Laborbedingungen einzubüßen. Ob dies für die Existenz unter natürlichen Bedingungen zutrifft, ist ungenügend untersucht. Es mehren sich Befunde, daß Sekundärmetabolite eine **ökologische Funktion** haben. So wurden **Siderophore**, die der Eisenaufnahme dienen (15.1., Abb. 15.1.), bei allen daraufhin untersuchten Mikroorganismen nachgewiesen. Verschiedene chelatbildende Strukturen übernehmen diese Funktion. Bei der Pathogenese von Insektenerkrankungen, die durch Bakterien und Pilze verursacht werden, spielen Toxine wie das von *Bacillus thuringiensis* gebildete δ-Endotoxin (24.1.2., Abb. 24.3.) eine Rolle. Die von vielen phytopathogenen Mikroorganismen gebildeten Phytotoxine haben eine Funktion für die Besiedlung der Wirtspflanzen (23.1., Abb. 23.5.). Im Mykorrhizabereich wurden antagonistische Interaktionen zwischen Mikroorganismen nachgewiesen, bei denen Antibiotika eine Rolle spielen. So bilden *Pseudomonas fluorescens*-Stämme Pyoluteorin und Pyrrolnitrin, die Bodenpilze hemmen (22.2.). Erst bei der Erforschung der natürlichen Lebensbedingungen im Bereich des Mikrohabitats sind die Funktionen der Sekundärmetabolite nachweisbar. Als endogene Effektoren der Cytodifferenzierung wurden bei *Bacillus*-Arten Antibiotika (z. B. Gramicidine, Tyrocidine) und bei Streptomyceten spezifische Signalmetabolite (z. B. A-Faktor = autoregulating factor) erkannt. Auch die Sexualprozesse einiger Pilze werden durch Sekundärmetabolite gesteuert (6.2.2., Abb. 6.4.).

Die ökologische Funktion muß nicht mit dem Anwendungsgebiet in der Praxis übereinstimmen. Das Auffinden einer biologischen Aktivität ist vom Test abhängig. Viele aktive Stoffe wurden durch die leicht durchführbaren Antibiotikateste auf der Grundlage der Hemmung des mikrobiellen Wachstums nachgewiesen. So wurde z. B. Adriamycin (Abb. 31.7.)

als Antibiotikum gefunden. Heute kommt es in der Krebstherapie zur Anwendung. Auch Cyclosporin, das als Immunosuppresivum eingesetzt wird,
wurde als fungizide Substanz gefunden. Die biologische Aktivität ist vielfach nicht sehr spezifisch. **Viele, aber nicht alle Sekundärmetabolite sind
biologisch aktiv.** Die Evolutionsprozesse erfordern „Spielräume". Nicht
alle Prozesse und die dabei gebildeten Produkte können eine Funktion
haben.

Zum tiefen Verständnis des Sekundärstoffwechsels ist neben der stoffwechselphysiologischen die ökologische Funktion am natürlichen Standort
zu berücksichtigen. Erst dann wird das Wesen dieses Stoffwechsels deutlich, der unter spezifischen Umweltbedingungen ebenso lebensnotwendig
sein kann wie der Primärstoffwechsel. **Der Sekundärstoffwechsel ist ein
Bestandteil des organismenspezifischen ökophysiologischen Stoffwechsels.**

Für Sekundärmetabolite sind folgende Eigenschaften charakteristisch:
— **Begrenzte taxonomische Verbreitung** der spezifischen Stoffwechselwege
  und Produkte,
— Bildung nur unter **bestimmten Kulturbedingungen,**
— Bildung vielfach nur in **bestimmten Entwicklungsphasen** der Kultur,
— Keine Funktion im Grundstoffwechsel,
— Vielfach **exogene oder endogene Effektoren** für die Existenz in natür-
  lichen Ökosystemen.

Sekundärmetabolite werden von allen Mikroorganismen gebildet. Einige
Gruppen zeichnen sich jedoch durch einen sehr ausgeprägten Sekundärstoffwechsel aus. Viele Arten bilden mehrere Sekundärmetabolite. Für die
im Abschnitt 31.2. behandelten Antibiotika wurden umfangreiche Untersuchungen zur Verbreitung angestellt. Von den etwa 5000 bekannten Antibiotika werden 50% von den Actinomyceten, 20% von Pilzen, 10% von
Bakterien gebildet. Der verbleibende Anteil entfällt auf Pflanzen und Tiere.
Unter den Actinomyceten finden wir in der Gattung *Streptomyces*, unter
den Pilzen in der Gattung *Penicillium* und unter den Bakterien in den Gattungen *Bacillus* und *Pseudomonas* besonders zahlreiche Antibiotikapro-
duzenten.

31.1.   Beziehungen zwischen Primär- und Sekundärstoffwechsel

Die Sekundärmetabolite werden aus den gleichen Primärmetaboliten wie
die Makromoleküle der Zellsubstanz aufgebaut (Abb. 31.1.). Daher können
Syntheseprozesse des Wachstums und des Sekundärstoffwechsels um die
gleichen Bausteine konkurrieren. Wildstämme bilden allerdings in der
Regel sehr geringe Mengen von Sekundärmetaboliten (ppm-Bereich). Bei

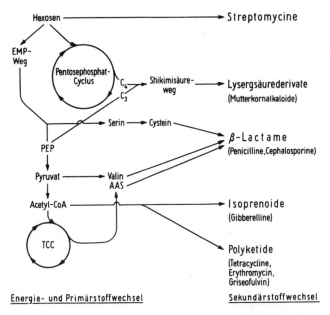

Abb. 31.1. Beziehungen zwischen Primär- und Sekundärstoffwechsel. Die Produkte des Sekundärstoffwechsels gehen aus einem oder verschiedenen Metaboliten des Primärstoffwechsels hervor.

Hochleistungsstämmen, die Sekundärmetabolite überproduzieren, tritt eine Konkurrenzsituation ein. Das ist eine Ursache dafür, daß viele Sekundärmetabolite erst nach Abschluß des Wachstums und in nicht ausbalancierten Medien (z. B. P-Mangel) gebildet werden. Im folgenden Abschnitt 31.2. ist das für Penicillin dargestellt (Tropho- und Idiophase). Die Synthese der Sekundärmetabolite erfolgt durch spezifische Enzyme, die vielfach erst nach Abschluß des Wachstums gebildet werden. Sie unterliegen verschiedenen Regulationsmechanismen.

Für ausgewählte Klassen von Sekundärmetaboliten sind die Beziehungen zum Grundstoffwechsel in Abbildung 31.1. wiedergegeben. Wichtige Vertreter dieser Klassen sind aus Abbildung 31.2. zu ersehen.

Peptidderivate sind aus Aminosäuren aufgebaut, die häufig in besonderer Weise miteinander verknüpft sind. Ein Beispiel dafür stellen die β-Lactame dar (Cephalosporin in Abb. 31.2., Penicillin Abb. 31.3.). Bei vielen Derivaten treten ungewöhnliche Aminosäuren auf (z. B. Cyclosporin Abb. 31.7.).

Zuckerderivate, z. B. die Streptomycine (Abb. 31.2.), gehen aus Hexosen hervor, die durch spezifische Biosynthesewege abgewandelt und substituiert werden. Überwiegend sind es Oligosaccharide.

Polyketide werden ähnlich wie Fettsäuren durch Kopf-Schwanz-Kondensation aus aktivierten C_2- oder C_3-Ketosäuren aufgebaut. Ein Beispiel dafür stellt die Synthese von Tetracyclin (Abb. 31.6.) dar. Bei den Makroliden wird die Polyketidkette durch eine Esterbindung zu einem großen Lactonring geschlossen. Zu den Makroliden gehören Erythromycin (Abb. 31.2.) und das in Abbildung 4.5. dargestellte Amphotericin B. Die Makrolide sind häufig mit Aminozuckern substituiert.

Isoprenoide werden ebenfalls aus aktivierten Acetateinheiten aufgebaut. Als wichtiges Intermediärprodukt wird die in Abbildung 31.8. dargestellte Mevalonsäure gebildet, welche unter CO_2-Abspaltung zum aktivierten C_5-Derivat Isopentenylpyrophosphat umgesetzt wird. Bei den als pflanzliche Wachstumsregulatoren wirkenden Gibberellinen (Abb. 31.9.) werden vier Isopentenylpyrophosphat-Einheiten zum Gibbangerüst zusammengefügt, bei den Mutterkornalkaloiden (Abb. 31.8.) wird eine C_5-Einheit mit Tryptophan zur Lysergsäure verbunden.

Die Mutterkornalkaloide sind zugleich ein Beispiel dafür, daß Sekundärmetabolite aus Primärmetaboliten verschiedener Stoffklassen aufgebaut werden. In den folgenden Ausführungen werden die Sekundärmetabolite nach Anwendungsgebieten gegliedert. Es darf jedoch nicht außer Acht gelassen werden, daß zu den Sekundärmetaboliten auch die sehr toxischen Mycotoxine gehören. Aber auch toxische Verbindungen können als Arzneimittel Bedeutung erlangen, wie die in Abschnitt 31.3. behandelten Mutterkornalkaloide zeigen. **Mycotoxine** sind niedermolekulare biologisch aktive Sekundärstoffwechselprodukte von Pilzen, die für Mensch und Tier in geringer Konzentration toxisch sind. Sie wurden 1960 entdeckt, als in England ein Truthahnsterben einsetzte. Es war auf die Fütterung von Erdnüssen zurückzuführen, die mit *Aspergillus flavus* infiziert waren. Einige Stämme dieses Pilzes bilden Aflatoxine, die im Körper zu hochwirksamen Leberkarzinogenen umgesetzt werden. Inzwischen wurden eine große Zahl weiterer Mycotoxine (z. B. Ochratoxine, Citrinin) nachgewiesen, die vor allem von *Aspergillus*-, *Penicillium* und *Fusarium*-Arten gebildet werden.

31.2.   Antibiotika

Antibiotika sind von Organismen gebildete niedermolekulare Substanzen, die in geringer Konzentration das Wachstum von Mikroorganismen hemmen oder sie abtöten (biostatische oder biozide Wirkung). Die Erforschung der Antibiotikawirkung hat wesentlich zur Aufklärung biochemischer Prozesse beigetragen. Von den über 5000 bekannten Antibiotika werden etwa 50 für verschiedene Einsatzgebiete hergestellt. Weltweit werden pro Jahr etwa 25 000 t für die Therapie und 30 000 t für die Tierernährung produziert. Die Penicilline zur Therapie von Infektionskrankheiten nehmen mit einem Produktionsumfang von 17 000 t die Spitzenposition ein. Jährlich werden etwa 400 neue Antibiotika gefunden, von denen 2—4 in die Produktion gelangen. Die Entwicklungskosten liegen um 100 Millionen Dollar, die Entwicklungszeit um 10 Jahre. Die Zahlenangaben geben Größenordnungen wieder. Mit der Einführung der Antibiotika haben viele bakterielle und pilzliche Infektionskrankheiten ihre Schrecken verloren. Die Therapie von Virus- und Krebserkrankungen ist ein weitgehend ungelöstes Problem.

Hauptgruppen der Antibiotika: In der Übersicht auf Tabelle 31.1. sind die Antibiotika nach den charakteristischen Bausteinen bzw. der Grundstruktur gegliedert. Die chemische Struktur wichtiger Vertreter ist aus Abbildung 31.2. zu ersehen. Eine Zuordnung der Stoffgruppen zu bestimmten Organismengruppen ist nicht möglich. Früher glaubte man, daß die für die Penicilline und Cephalosporine typische β-Lactamstruktur nur von Pilzen gebildet wird. Heute weiß man, daß auch Bakterien diese Ringstruktur synthetisieren. Einige Gram-negative Bakterien bilden die Monobactame, Streptomyceten die Clavulansäure (Abb. 31.7. a). Der Syntheseweg der einzelnen Organismengruppen ist verschieden. Streptomyceten besitzen sehr ausgeprägte Fähigkeiten zur Synthese von Polyketid-, Makrolid- und Polyenstrukturen. Auf die Wirkung von Antibiotika wurde bei der Behandlung einzelner Stoffwechselprozesse hingewiesen (Penicilline 15.4.1. Peptidoglucansynthese, Tetracyclin, Streptomycin u. Erythromycin 15.4.2. Proteinsynthese).

Prinzipien der Antibiotikaproduktion: Am Beispiel der Penicilline als der wichtigsten Gruppe werden im folgenden wesentliche Aspekte der Antibiotikaproduktion erläutert.

Selektion von Hochleistungsstämmen: Der 1928 von Fleming isolierte *Penicillium notatum*-Stamm bildete in Emerskultur etwa 6 mg Penicillin $\cdot$ l^{-1}. Bei der Suche nach weiteren Stämmen fand man einen *Penicillium chrysogenum*-Stamm, der 60 mg $\cdot$ l^{-1} synthetisierte. Aus diesem Stamm wurden in mehr als 40jähriger Arbeit Hochleistungsstämme gezüchtet, die etwa 30 g $\cdot$ l^{-1} produzieren. Diese 500fache Leistungssteigerung wurde durch schrittweise Erzeugung und Selektion von Mutanten sowie durch Hybridisierung erreicht. Verschiedene Mutagene wurden eingesetzt und jeweils eine riesige Zahl von Isolaten auf ihre Leistung getestet (sreening). Nicht jede Züchtungslinie führte zu weiteren Leistungssteigerungen, so daß

Tab. 31.1. Wichtige Antibiotika, ihre Produzenten und Wirkung

Antibiotikum	Produzent	Wirkungsbereich bzw. Einsatz
Aminosäure- und Peptid-Antibiotika		
Penicillin G	*Penicillium chrysogenum*	Gram-positive Bakterien
Cephalosporin C	*Acremonium chrysogenum*	Gram-positive u. -negative Bakterien
	(syn. *Cephalosporium acremonium*)	(penicillinaseresistent)
Bacitracin	*Bacillus subtilis*	Gram-positive Bakterien u. Ergotropicum
Kohlenhydrat-Antibiotika (Aminoglycoside)		
Streptomycin	*Streptomyces griseus*	Gram-positive u. -negative Bakterien
Gentamycin	*Micromonospora purpurea*	Gram-positive u. -negative Bakterien
Polyketid- und Makrolid-Antibiotika		
Chlortetracyclin	*Streptomyces aureofaciens*	Gram-positive u. -negative Bakterien
Oxytetracyclin	*Streptomyces rimosus*	Gram-positive u. -negative Bakterien
Adriamycin	*Streptomyces peuceticus*	tumorhemmend
Griseofulvin	*Penicillium griseofulvum*	Hautpilze
Erythromycin	*Streptomyces erythreus*	Gram-positive Bakterien u. Mycobakterien
Polyen-Antibiotika		
Nystatin	*Streptomyces noursei*	Pilze
Amphothericin B	*Streptomyces nodosus*	Pilze
Nucleosid-Antibiotika		
Blasticidin S	*Streptomyces griseochromogenes*	phytopathogene Pilze
Polyoxin	*Streptomyces cacaoi*	phytopathogene Pilze

sich das Züchtungsschema vielfach verzweigt, nur wenige Äste enden mit Hochleistungsstämmen. Durch die Züchtung wurde nicht nur die Produktivität und der Ertrag erhöht, sondern der Übergang von der Emers- zur Submerskultur erreicht und störende Begleitstoffe eliminiert.

Biosynthese des Penicillin G: *Penicillium chrysogenum* bildet mehrere Penicilline, die alle den gleichen Grundkörper haben, die 6-Amino-penicillansäure. Das therapeutisch wirksamste Derivat ist das Penicillin G (Abb. 31.3.). Es unterscheidet sich von den anderen natürlichen Penicillinen

α-Aminoadipinsäure   **L-Cystein** L-Valin   **Acetat**

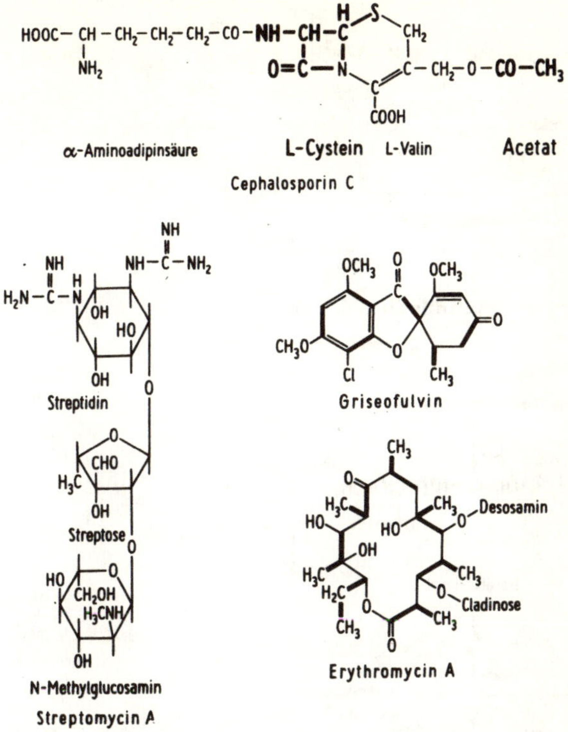

Cephalosporin C

Streptidin

Griseofulvin

Streptose

N-Methylglucosamin

Streptomycin A

Erythromycin A

Abb. 31.2. Beispiele für den Aufbau von Sekundärmetaboliten mit antibiotischer Wirkung. Aminosäure- und Peptidderivate: β-Lactam Cephalosporin C, Zuckerderivate: Aminoglycosid Streptomycin A, Polyketide: Griseofulvin (Acetatbausteine durch dicke Linie hervorgehoben), Makrocyclisches Lacton oder Makrolid Erythromycin A (Propionyleinheiten durch dicke Linie hervorgehoben).

durch die Phenylacetat-Seitenkette. In Abbildung 31.3. ist gezeigt, daß die Penicillinbildung eine besondere Art der Peptidsynthese darstellt. Zwei Aminosäuren und die α-Aminoadipinsäure werden an einer Synthetase zu einem **Tripeptid** verbunden, in dem anschließend durch eine **Cyclase** Ringschlüsse zum Isopenicillin N katalysiert werden. An diesem Intermediären wird durch eine **Acyltransferase** die α-Aminoadipinsäure durch Phenylessigsäure substituiert. Sekundärmetabolite werden durch spezifische Enzyme gebildet, deren Synthese und Aktivität komplizierten Regulationsmechanismen unterliegen. Für die Penicillinproduktion ist die Erkenntnis

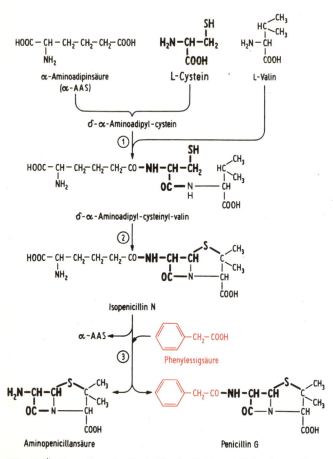

Abb. 31.3. Biosynthese des Penicillin G. (1) Trıpeptid-Synthase, (2) Isopenicillin N-Cyclase, (3) Acyltransferase.

wichtig, daß durch Zugabe der Phenylessigsäure als **Precursor** die Produktion wesentlich gesteigert werden kann. Dieser Precursor-Effekt trifft nur für wenige Bausteine zu. Die Zugabe von anderen Vorstufen führt in einigen Fällen zur Repression der endogenen Synthese.

Physiologie der Produktbildung: Die Penicillinbildung erfolgt nach der Wachstumsphase (Abb. 31.4.). Diese **Phasenabhängigkeit** hat zur Unterscheidung einer Wachstums- oder **Trophophase** und einer Produktbildungs-

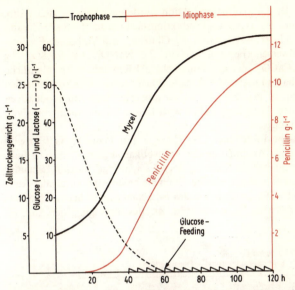

Abb. 31.4. Kinetik von Wachstum und Penicillinsynthese. Der durch Wachstum gekennzeichneten Trophophase folgt die Phase der spezifischen Produktbildung (Idiophase). Zur Vermeidung einer Zuckerkonzentration, die die Catabolitrepression auslöst, wird ständig Glucose zugefüttert (engl. feeding).

oder **Idiophase** geführt. Sie wurde auch bei anderen Antibiotikasynthesen beobachtet. Da in einem Mycel wachsende und nicht wachsende Zellen vorliegen, tritt eine Übergangsphase auf (Abb. 31.4.). Erst in der Übergangsphase sind die Enzyme des Sekundärstoffwechsels nachweisbar. Die Antibiotikabildung setzt erst bei Phosphat-, Stickstoff- und Zuckerlimitation ein. Offensichtlich unterliegen die Enzyme einer **Phosphat-, Stickstoff- und Catabolitrepression.** Die Synthese der Antibiotika erfordert jedoch C- und Energiequellen. Um die durch gut verwertbare C-Quellen wie Glucose bewirkte Repression zu unterbinden, wurde früher für das Produktionsmedium eine langsam fließende C-Quelle wie Lactose oder Stärke eingesetzt. Die Freisetzung der Zucker aus diesen Verbindungen läßt sich schwer steuern. Heute ist man zur **Feeding- oder Zufütterungstechnik** von Glucose übergegangen. Durch die kontinuierliche oder schrittweise Zugabe (Abb. 31.4.) werden die Zellen ausreichend mit einer Energie- und C-Quelle versorgt, aber gleichzeitig die reprimierende Konzentration vermieden.

Der Ablauf der Antibiotikaproduktion wurde im Abschnitt 28.3. (Abb. 28.4.) geschildert. Ein typisches Produktionsmedium hat folgende Zusammensetzung pro Liter: 40 g Lactose, 5 g Glucose, nach Verbrauch Feeding, 35 g Maisquellwasser (Festbestandteile), 3 g $NaNO_3$, 1 g Na_2SO_4, 4 g KH_3PO_4, 10 g $CaCO_3$ oder kontinuierliche pH-Regulation, 2 g pflanzliche Öle als Antischaummittel und C-Quelle. Phenylacetat wird kontinuierlich zugegeben. Man ist bestrebt, das Mycel möglichst lange im produktiven Zustand zu halten. Die Fermentation wird 180—220 h in Bioreaktoren von 100—200 m^3 durchgeführt.

Halbsynthetische Penicilline: Die Therapie mit Penicillin G führte in wenigen Jahren zur Ausbreitung der **Antibiotikaresistenz.** Pathogene Bakterien, die die Fähigkeit zur Spaltung des β-Lactamringes durch β-Lactamasen (Penicillinasen) besitzen, werden durch die breite Anwendung der Antibiotika selektiert. Die Lokalisation des β-Lactamasegens bei vielen Stämmen auf übertragbaren Plasmiden trägt zur Beschleunigung der Ausbrei-

Bezeichnung	Substituent an der 6-Aminopenicillansäure	Eigenschaften
Methicillin	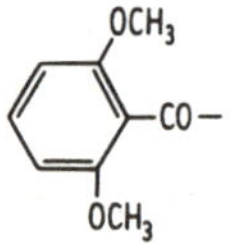 OCH₃ / —CO— / OCH₃	β-Lactamase-resistent Hemmung Gram-positiver Bakterien säureempfindlich
Oxacillin	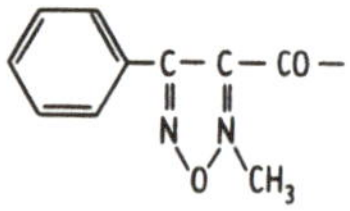 —C—C—CO— / N O N CH₃	β-Lactamase-resistent Hemmung Gram-positiver Bakterien säurestabil
Ampicillin	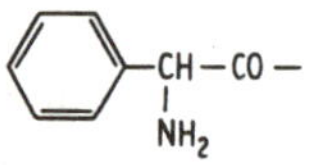 —CH—CO— / NH₂	β-Lactamase-empfindlich Hemmung Gram-positiver und Gram-negativer Bakterien säurestabil
Carbenicillin	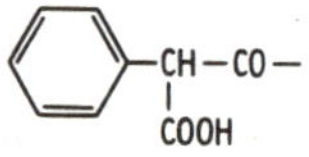 —CH—CO— / COOH	β-Lactamase-empfindlich Breitbandwirkung auch gegen Pseudomonas aeruginosa säureempfindlich

Abb. 31.5. Struktur und Eigenschaften halbsynthetischer Penicilline. 6-Aminopenicillansäure wird aus Penicillin G (Abb. 31.3.) mittels Penicillinacylase gewonnen. Dieses Enzym spaltet die Amidbindung und setzt Phenylacetat frei. Die durch chemische Synthese hergestellten variierten Seitenketten werden auf chemischem Weg substituiert.

tung bei. Zur Bekämpfung resistenter Stämme werden drei Maßnahmen angewendet:

— Einsatz anderer β-Lactam-Antibiotika wie Cephalosporine (Abb. 31.2.),
— Kombination von Penicillin mit β-Lactamase-Inhibitoren wie Clavulansäure (31.3.),
— Entwicklung und Einsatz von chemisch variierten Penicillinen, die an Stelle der Phenylacetatseitenkette eine „sperrige" Struktur haben, die den Angriff der β-Lactamasen verhindert.

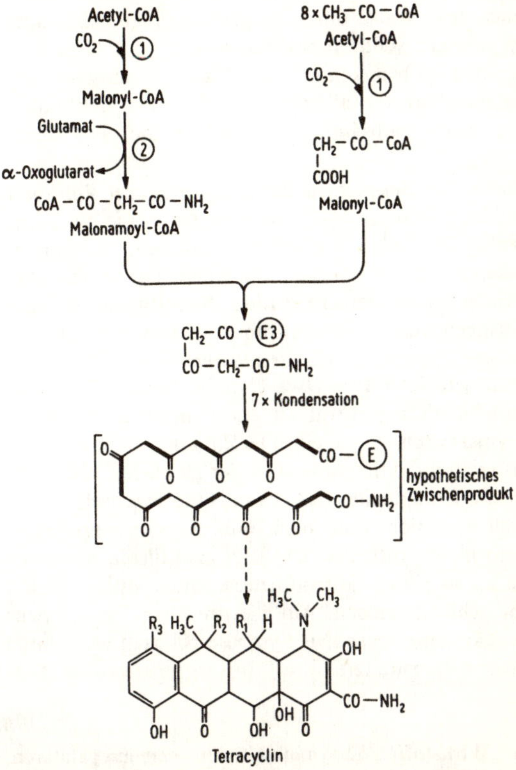

Abb. 31.6. Stark vereinfachtes Schema der Tetracyclinbiosynthese. (1) Acetyl-CoA-Carboxylase, (2) Transaminase, (3) Anthracensynthase. E: Enzym.
Tetracyclin: $R_1 = H$, $R_2 = OH$, $R_3 = H$
Oxytetracyclin: $R_1 = OH$, $R_2 = OH$, $R_3 = H$
Chlortetracyclin: $R_1 = H$, $R_2 = OH$, $R_3 = Cl$.

Zur chemischen Variation der Penicillinstruktur spaltet man von Penicillin G die Seitenkette vom Ringsystem ab. Das erfolgt enzymatisch mit der Penicillinacylase (Penicillinamidase), die mit Hilfe von *E. coli* produziert wird (32.1.). Dieses Enzym katalysiert die Spaltung der Peptidbindung zwischen Phenylacetat und 6-Aminopenicillansäure. Die so gewonnene 6-Aminopenicillansäure wurde durch eine Vielzahl von Seitenketten substituiert (chemische Teilsynthese). Einige Produkte erwiesen sich als penicillinaseresistent. Eine Auswahl von halbsynthetischen Penicillinen, die in der Medizin eingesetzt werden, ist in Abbildung 31.5. zusammengestellt. Einige der Derivate widerstehen dem Abbau durch Magensäure (Säurestabilität). Sie werden nicht mehr injiziert, sondern oral verabreicht (z. B. Oxacillin). Auch gegen Gram-negative Problemkeime wurden halbsynthetische Penicilline entwickelt (Carbenicillin), die allerdings β-Lactamase empfindlich sind. Die Entwicklung neuer halbsynthetischer β-Lactame wird weiter bearbeitet.

Tetracyclin-Biosynthese: Als Beispiel für die Biosynthese der **Polyketidantibiotika** ist in Abbildung 31.6. in stark vereinfachter Weise die Tetracyclinsynthese dargestellt. Die Abbildung soll verdeutlichen, daß Polyketide ähnlich wie Fettsäuren durch Kopf-Schwanz-Kondensation von aktivierten C_2- oder C_3-Einheiten aufgebaut werden. Nachträglich erfolgen die Verknüpfung zu Ringen und vielfältige Substitutionen. An der Synthese der Tetracycline aus Glucose durch *Streptomyces aureofaciens* sind insgesamt etwa 300 Gene beteiligt, davon etwa 70 im Bereich des Sekundärstoffwechsels. Diese Kalkulation geht auf Untersuchungen an Mutanten zurück und bezieht regulatorische Gene ein. Die Zahl der direkt oder indirekt beteiligten Stoffwechselreaktionen liegt in der gleichen Größenordnung und verdeutlicht die Komplexität des Sekundärstoffwechsels.

Mutasynthese: Durch Mutation kann man Stämme erzeugen, die bestimmte Vorstufen nicht mehr synthetisieren. Setzt man diesen Mutanten modifizierte Vorstufen zu, so bilden sie modifizierte Endprodukte, die auf natürliche Weise nicht gebildet werden. Auf diesem Wege wurden neue Aminoglycosid-Antibiotika gewonnen. Das Synthesespektrum wird durch diese Mutasynthese beachtlich erweitert.

31.3.   Medizinische Wirkstoffe: Enzyminhibitoren, Immunregulatoren, Mutterkornalkaloide

Aus der Antibiotikaforschung haben sich neue Applikationsgebiete für bioaktive mikrobielle Sekundärmetabolite entwickelt. An wenigen Beispielen werden diese neuen Anwendungsgebiete erläutert.

Enzyminhibitoren: Bereits die klassischen Penicilline wirken als Enzyminhibitoren, sie hemmen die Transpeptidasen der Peptidoglucansynthese. Enzyminhibitoren und Antibiotika können also identische Verbindungen sein. Auch in anderen Fällen überlagern sich die Begriffe. Für die Penicillinanwendung ist die **Clavulansäure** von besonderer Bedeutung. Diese von *Streptomyces clavuligerus* gebildete β-Lactam-Verbindung mit Sauer-

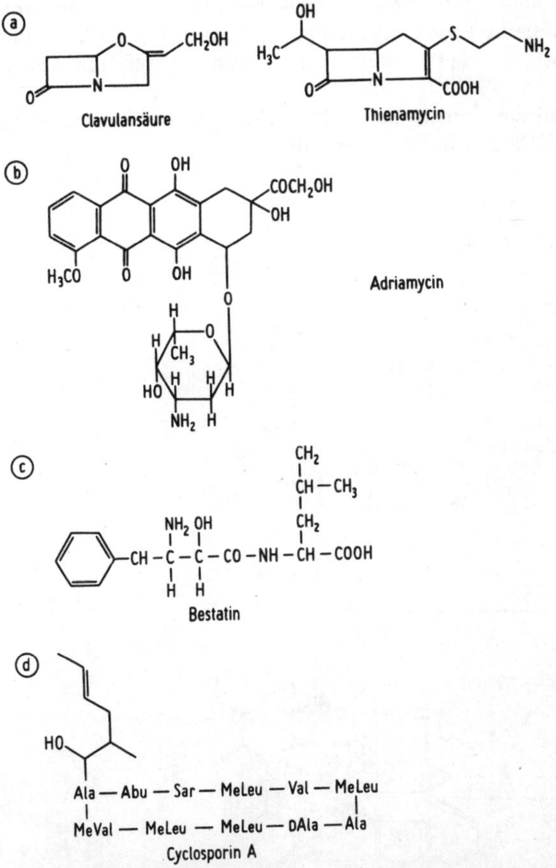

Clavulansäure   Thienamycin

Adriamycin

Bestatin

Cyclosporin A

Abb. 31.7. In der Medizin eingesetzte Sekundärmetabolite. a. β-Lactamase-Inhibitoren, b. Cancerostaticum, c. Aminopeptidase-Inhibitor und Cancerostaticum, d. Immunsuppressivum (Me = Methylsubstituenten, Abu = Aminobuttersäure).

stoff statt Schwefel im Fünfring ist antibiotisch wenig wirksam, sie geht aber eine feste Bindung mit dem aktiven Zentrum der β-Lactamasen (Penicillinasen) ein und inaktiviert diese. Kombinationspräparate von Clavulansäure und einem Penicillin (z. B. Amoxicillin) führen zu Mitteln, die die β-Lactamase empfindlichen Penicilline vor dem Abbau schützen. Auf diese Weise können Gram-negative Problemkeime wirksam bekämpft werden.

Unter den 200 bisher bekannt gewordenen Enzyminhibitoren hat der von *Streptomyces olivoreticuli* gebildete Aminopeptidase-Inhibitor **Bestatin** (Abb. 31.7.c) praktische Bedeutung erlangt. Es wirkt in Kombination mit anderen Cancerostatica über Einflüsse auf das Immunsystem tumorhemmend.

Als **Cancerostaticum** werden die Anthracyclin-Antibiotika Adriamycin (Abb. 31.7.b) und Daunorubicin angewandt.

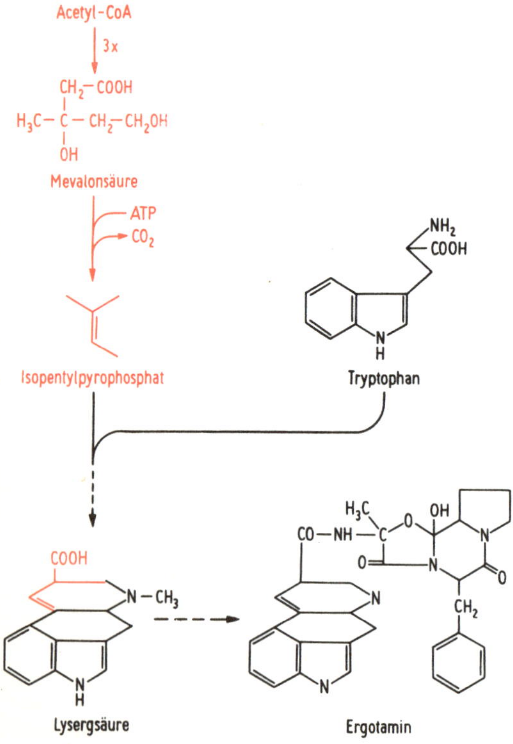

Abb. 31.8. Stark vereinfachtes Schema der Mutterkornalkaloidsynthese.

Immunsuppressiva werden bei Organtransplantationen eingesetzt. Sehr wirksam ist das von dem Pilz *Tolypocladium inflatum* gebildete **Cyclosporin.**

Mutterkornalkaloide, die von *Claviceps purpurea* (6.2.3., Abb. 6.5.) gebildet werden, finden seit Jahrzehnten als Pharmaka breite Anwendung. Im Mittelalter verursachten die Wirkstoffe, die durch Verzehr von Getreide, das mit Mutterkornsklerotien verunreinigt war, in den Körper gelangten, schwere Erkrankungen (Brandseuche, Antoniusfeuer, Krampfseuche, Kriebelkrankheit). Der Pilz bildet ein breites Wirkstoffspektrum. Je nach Struktur werden die Wirkstoffe zur Geburtshilfe (Wehenmittel), zur Blutdruckregulation und Migränetherapie und bei Störungen des vegetativen Nervensystems eingesetzt. Das Ergolingrundgerüst, welches in der Lysergsäure (Abb. 31.8.) vorliegt, wird durch Substitution an der Carboxylgruppe mit einem tricyclischen Peptidanteil zu den hochwirksamen Ergopeptiden, z. B. Ergotamin, umgesetzt. Den Aufbau der Lysergsäure durch Kondensation von Isopentenylpyrophosphat mit Tryptophan zeigt Abbildung 31.8. Die Produktion erfolgte in der Vergangenheit durch Feldanbau auf Roggen (parasitisch). Inzwischen ist man zur saprophytischen Submerskultur übergegangen. Diese Verbindungsklasse ist ein Beispiel dafür, wie aus Giften hochwirksame Arzneimittel entwickelt wurden.

31.4. Wirkstoffe für die Landwirtschaft: Ergotropika, Biopestizide, pflanzliche Wachstumsregulatoren

Bioaktive mikrobielle Sekundärstoffe finden zunehmende Anwendung in der Tier- und Pflanzenproduktion. In der Tierernährung werden als Futterzusätze **nutritive Antibiotika (Ergotropika)** eingesetzt. Die von Streptomyceten gebildeten Antibiotika Flavomycin, Virgiamycin und Nourseotricin stabilisieren bei Schweinen die Darmflora und verbessern die Nährstoffresorption. Das bei Wiederkäuern eingesetzte Monensin verschiebt den Kohlenhydratabbau von der Methanogenese zur Propionsäurebildung. Letztere wird als Nährstoff resorbiert. Um zu gewährleisten, daß durch Ergotropika keine Resistenzen gegen therapeutisch eingesetzte Antibiotika ausgelöst werden, sind nur Mittel zugelassen, die nicht in der Therapie verwendet werden.

Biopestizide: Die als **Insektizide** eingesetzten *Bacillus thuringiensis*-Präparate wurden im Abschnitt 24.1.2. behandelt. Als hochwirksame **Antiparasitica** gegen Nematoden und Milben haben sich die von *Streptomyces avermitilis* gebildeten Avermectine (Abb. 31.9.d) erwiesen. **Biofungizide** wie Blasticidin S (*Streptomyces griseochromogenes*), Kasugamycin (*Str. kasu-*

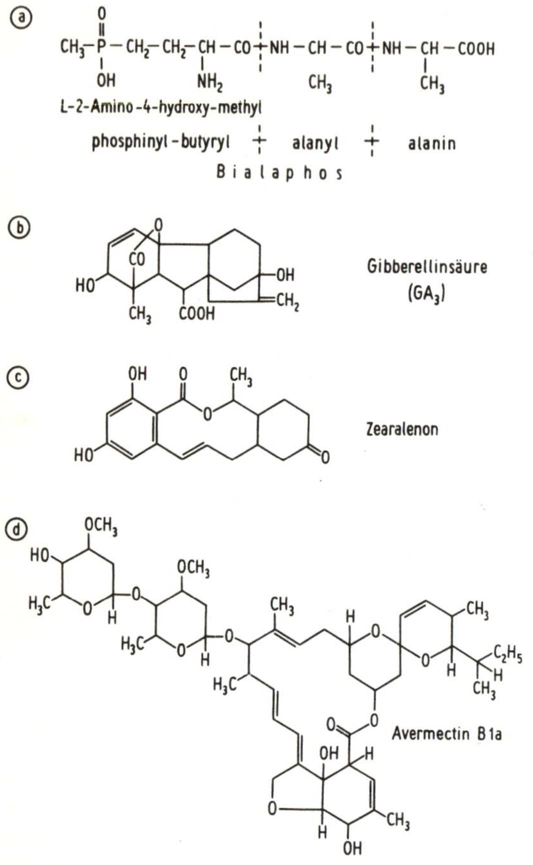

(a)

CH₃—P—CH₂—CH₂—CH—CO⊦NH—CH—CO⊦NH—CH—COOH

L-2-Amino-4-hydroxy-methyl

phosphinyl-butyryl + alanyl + alanin

B i a l a p h o s

(b)

Gibberellinsäure
(GA₃)

(c)

Zearalenon

(d)

Avermectin B1a

Abb. 31.9. In der Pflanzen- und Tierproduktion eingesetzte Sekundärmetabolite:
a. Herbizid, b. Pflanzlicher Wachstumsregulator, c. Anabolikum — tierischer
Wachstumsregulator, d. Antiparasitikum (u. a. gegen Nematoden).

gaensis) und Polyoxine (Str. cacaoi) werden im Reisanbau gegen phytopathogene Pilze in großem Umfang eingesetzt. Nikomycine sind Chitin-
synthetaseinhibitoren, die als Fungizide verwendet werden. Einige **Bioherbi-
zide** sind in der Entwicklung (z. B. Herbicidine von Str. saganoensis, Herbi-
mycine von Str. hygroscopicus). Das ebenfalls von Str. hygroscopicus und
Str. viridochromogenes-Stämmen gebildete Bialaphos (Abb. 31.9.a) kommt

als Herbizid zur Anwendung. Es ist ein Inhibitor der Glutaminsynthetase. Durch die Hemmung wird Ammonium in der Pflanze angehäuft, das die Photosynthese hemmt. Ein Baustein des Bialaphos, das Phosphinotricin, ist der eigentliche Wirkstoff. Er diente dem Chemiker als Modell für die Entwicklung der chemischen Produktion des umweltfreundlichen Herbizides.

Als **pflanzliche Wachstumsregulatoren** werden die von *Fusarium moniliforme* gebildeten Gibberelline eingesetzt. Vor allem mit Gibberellinsäure (GA$_3$) werden im Obst- und Gemüsebau Ertragssteigerungen und verkürzte Entwicklungszeiten erreicht. Das von *Fusicoccum amygdali* synthetisierte Fusicoccin ist eine membranaktive Substanz mit wachstumsregulatorischen Eigenschaften. Der Einsatz dieses und weiterer Wirkstoffe wie die Hemmstoffe der pflanzlichen Ethylensynthese Aminoethoxyvinylglycin und Rhizibitoxin wird erprobt. In der Pflanzenproduktion steht die Einführung bioaktiver mikrobieller Metabolite am Anfang. Natürliche Wirkstoffe haben gegenüber vielen chemischen Produkten den Vorzug, da sie vollständig abbaubar sind. Dadurch werden sie nach dem Einsatz aus der Umwelt eliminiert.

32. Enzymproduktion und Biotransformationen

32.1. Extra- und intrazelluläre Enzyme

Die Produktion und der Einsatz von Enzymen befindet sich in einem schnellen Aufwärtstrend. Das ist auf den Bedarf an „weichen" und spezifischen Stoffwandlungen (engl. soft technology) und auf die Entwicklung neuer Techniken zurückzuführen, der Enzymimmobilisierung und der Cofaktorenregeneration. Mit der Erforschung thermophiler Bakterien sind thermostabile Enzyme zugängig geworden. Neue Einsatzgebiete wie Diagnostika und Biosensoren (Enzymelektroden) sind dazu gekommen. Gegenwärtig werden über $1200 \, t \cdot a^{-1}$ Enzyme produziert. Davon entfallen $500 \, t$ auf bakterielle Proteasen für Waschmittel und je $300 \, t$ auf bakterielle α-Amylase und pilzliche Glucamylase zur Verzuckerung von Stärke. Auch Kleinproduktionen bestimmter Enzyme sind von beachtlicher Bedeutung.

Extrazelluläre Enzyme: Mikroorganismen bilden extrazelluläre Enzyme zur Hydrolyse von Polymeren wie Proteinen, Stärke, Pectinen und Cellulose (Kap. 14). Diese Enzyme haben als Waschmittelzusätze, zur Erschließung regenerierbarer Rohstoffe und zur Stoffwandlung und -veredlung vielfältige Anwendungen gefunden. Tabelle 32.1. gibt dazu einen Überblick.

Am Beispiel der **Proteasen** werden einige Prinzipien der Enzymproduktion erläutert. Die von *Bacillus subtilis* und *B. licheniformis* gebildeten Proteasen haben als Waschmittelzusätze (etwa 0,02%) große Bedeutung erlangt. Das pH-Optimum im alkalischen Bereich (pH 8–11) und die Hitzestabilität bis 70 °C führen dazu, daß diese Serinproteasen (Subtilisine) in alkalischen Waschmitteln eiweißhaltige Verschmutzungen abbauen. Pilze (*Aspergillus*- und *Mucor* sp.) bilden „saure" Proteasen, die bei der Käseherstellung, Brotbereitung und in begrenztem Maße als Zartmacher von Fleisch eingesetzt werden. Die Mikroorganismen, die Enzyme ausscheiden, haben spezifische Systeme der Proteinsynthese. Bakterien synthetisieren diese Proteine an Ribosomen, die der Membran anliegen. Die Proteine werden bei der Kettenverlängerung durch die Membran geschoben. Sie enthalten eine Signalsequenz, an der eine Signalpeptidase außerhalb der Membran aus dem langen Precursorprotein das Enzym „herausschnei-

Tab. 32.1. Industriell bedeutsame Enzyme, ihre Produzenten und Einsatzgebiete

Enzyme	Produzenten	Einsatz (Beispiele)
Alkalische Protease	*Bacillus licheniformis,* *B. subtilis,* *B. amyloliquefaciens*	Waschmittelzusätze zur Schmutzentfernung (z. B. Subtilisin)
Saure Protease	*Aspergillus niger*	Backindustrie, Weizenkleberabbau
Lab-Enzym (Rennet)	*Mucor miehei, M. pusillus*	Käseherstellung (Caseinkoagulation)
Amylasen	*Bacillus amylolique-* *faciens, B. licheniformis* *Aspergillus oryzae, A. niger*	Stärkeverflüssigung zu Zuckern (Endohydrolyse)
Glucamylase	*Aspergillus niger* *Rhizopus niveus*	Glucoseherstellung aus Stärke (Exohydrolyse)
Pullunase	*Aerobacter aerogenes* *Bacillus polymyxa*	Stärkeabbau, Hydrolyse der -1,6-Bindung d. Verzweigung
Cellulase-Komplex (aus Endo-β-1,4-glucanase und β-Glucosidase)	*Trichoderma reesei* *Aspergillus niger* *Aspergillus niger*	Obst- u. Gemüsehydrolysate, Rohstoffaufschluß z. B. für die Alkoholherstellung
Pectinase-Komplex aus Polymethylgalacturonase und Polygalacturonase	*Aspergillus niger* *Trichoderma reesei*	Fruchtsaftklärung durch Polygalacturonsäure-Hydrolyse
Glucose-Oxidase	*Aspergillus niger*	Glucose-Analytik, Sauerstoffentfernung aus Getränken und Lebensmittelkonserven
Glucose-Isomerase	*Bacillus coagulans* *Streptococcus* sp.	Isosirup-Herstellung zur Süßkraftverstärkung
Invertase	*Saccharomyces cerevisiae* *Saccharomyces fragilis*	Süßwarenindustrie, Zuckerverflüssigung durch Saccharosespaltung
β-Galactosidase	*Aspergillus oryzae*	Verdauungshilfsmittel bei Lactoseunverträglichkeit, Molkeverwertung
Penicillinacylase	*Escherichia coli*	Herstellung halbsynthetischer Penicilline
Streptokinase	*Streptococcus* sp.	Thrombosetherapie (Blutgerinnselabbau)
L-Asparaginase	*Erwinia caratovora*	tumorhemmend (Leukämie)

det". Leistungsstämme zeichnen sich durch eine konstitutive Enzymsynthese aus, die weder einer Induktion noch Repression unterliegt. Durch Vervielfältigung der Genkopien (Genamplifikation) wird eine höhere Ausbeute erzielt.

Die bakterielle Proteaseproduktion wird submers auf Medien mit Getreide- und Sojaschrot durchgeführt. Enzyme werden während der Wachstums- und stationären Phase gebildet. Vielfach werden neben Proteasen auch Amylasen synthetisiert. Bei der Enzymproduktion mit Pilzen werden sowohl Submers- als auch Emersverfahren angewandt. Die Emersverfahren werden auf Festsubstraten wie Kleie unter Zusatz von Nährsalzen in rotierenden Trommeln unter Belüftung durchgeführt.

Intrazelluläre Enzyme: Unter den intrazellulären Enzymen hat die **Glucose-Isomerase** große Bedeutung erlangt. Dieses Enzym wird zur Umwandlung von Stärke in Fructose-Glucose-Isosirup eingesetzt. Fructose zeichnet sich durch eine höhere Süßkraft als Saccharose aus und wird zum Süßen von Getränken, Süßwaren und Lebensmitteln verwendet. Bei dem Prozeß (Abb. 32.1.) kommen nacheinander α-Amylase aus *Bacillus subtilis*, Glucamylase aus *Aspergillus*-Arten und Glucose-Isomerase aus *Bacillus coagulans*, *Streptomyces*- oder *Actinoplanes*-Arten zur Wirkung. Die Glucose-Isomerase wird an Träger fixiert in einem Festbettreaktor eingesetzt, durch den kontinuierlich Glucose-Sirup mit einer Verweilzeit von 0,5—5 h geleitet wird.

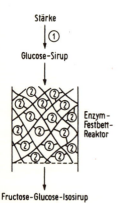

Abb. 32.1. Enzymatische Herstellung von stark süßendem Isosirup aus Stärke mittels (1) Glucamylase sowie (2) Glucoseisomerase, die in einem Reaktor an einem Träger immobilisiert ist.

Die Möglichkeit, Cofaktoren wie NAD$^+$ enzymatisch zu regenerieren, hat in Kombination mit der Membranreaktortechnik einen technischen Zugang zur **enzymatischen Synthese von L-Aminosäuren** aus α-Ketosäuren eröffnet. (Abb. 32.2.) Bei dieser Technik werden die beteiligten Enzyme durch Ultrafiltrationsmembranen in einer kontinuierlich durchströmten Kammer zurückgehalten, die niedermolekularen Substrate durchdringen die Membran und werden enzymatisch umgesetzt. Damit das niedermolekulare NAD$^+$/NADH die Membran nicht durchdringen kann, wird es an Polyethylenglykol gebunden. Dieses Prinzip erweitert den Enzymeinsatz von den bisher überwiegend genutzten hydrolytischen Enzymen auf Cofaktoren abhängige Synthetasen.

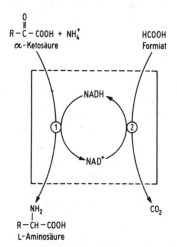

$$R - \overset{\overset{\text{O}}{\|}}{C} - COOH + NH_4^+$$
α-Ketosäure

HCOOH
Formiat

NADH

①   ②

NAD$^+$

NH$_2$
|
R−CH−COOH
L-Aminosäure

CO$_2$

Abb. 32.2. Enzymatische L-Aminosäuresynthese in einem Membranreaktor. Durch eine semipermeable Membran werden (1) L-Aminosäure-Dehydrogenase und die die NAD$^+$-Regenerierung katalysierende (2) Formiat-Dehydrogenase in einer kontinuierlich durchströmten Kammer zurückgehalten. Durch Bindung des NAD$^+$ an Polyethylenglykol wird erreicht, daß dieses Molekül die Membran nicht passieren kann.

32.2.   Biotransformationen von Steroiden

Biotransformationen sind Stoffwandlungen, die mit Zellen durchgeführt werden. Es sind Reaktionen, die ein oder mehrere enzymatische Schritte umfassen und bisher mit Enzymen ökonomisch nicht durchgeführt werden können. Für Biotransformationen werden freie oder immobilisierte, d. h. in Trägermaterialien wie Alginat eingebettete Zellen eingesetzt. Auch permeabilisierte Zellen, deren Membran durch Lösungsmittel durchlässig gemacht wird, finden Anwendung. Ein Vorteil der Biotransformation gegenüber enzymatischen Reaktionen ist die Regeneration von Cofaktoren durch den Zellstoffwechsel. Von Nachteil ist, daß man mit der Zellkultur ein komplexes System hat, das die Abtrennung der Reaktionsprodukte erschwert und zu unerwünschten Nebenreaktionen führt.

Steroidhormone und ihre Derivate sind als Therapeutika zur Behandlung von Entzündungen, Arthritis und Allergien von großer Bedeutung. Die chemische Synthese des Steroidmoleküls ist schwierig. Man geht daher von pflanzlichen und tierischen Steroiden aus. Nur wenige dieser als Membranbausteine und Sekundärmetabolite vorkommenden Verbindungen haben eine Struktur, die für eine ökonomisch vertretbare weitere Stoffwandlung einsetzbar ist. Es sind dies das Diosgenin, der Inhaltsstoff der mexikanischen Pflanze *Dioscora composita*, Stigmasterin aus Sojabohnen und Sitosterol, das als Nebenprodukt bei der Herstellung pflanzlicher Fette sowie von Cellulose anfällt. Diese Phytosterole haben eine Seitenkette aus 10 C-Atomen, die entfernt werden muß. Der mikrobielle Abbau von Steroiden wird von vielen Mikroorganismen durchgeführt. Einen **spezifischen Seitenkettenabbau** führen nur wenige Arten durch.

Es wurden Mutanten von Mycobakterien isoliert, die nur die Seitenkette nach dem Prinzip des Fettsäureabbaus (β-Oxidation, 14.2.) angreifen. Man erhält 4-Androsten-3,17-dion (AD) und 1,4-Androstendien-3,17-dion (ADD). Aus diesen Verbindungen wird auf chemischen Wege die Reichstein-Substanz S, der Ausgangsstoff für weitere Synthesen (Abb. 32.3.) hergestellt.

Mikroorganismen können zahlreiche regio- und steriospezifische Reaktionen am Steroidmolekül durchführen. Einige davon sind für die Synthese der Steroidpharmaka Cortison und Prednison von großer praktischer Bedeutung. Durch **11 β-Hydroxylierung** mit den Pilzen *Curvularia lunata* oder *Cunninghamella blakesleeana* wird Reichstein-Substanz S in Cortisol überführt. Diese Verbindung kann chemisch leicht in das hochwirksame **Cortison** umgesetzt werden. Die Biotransformation führt zu einer sehr effektiven Herstellung des Wirkstoffes. In den Anfangsphasen der Steroidforschung wurde Cortison aus Desoxicholsäure durch 37 chemische Reaktionen mit 0,2 % Ausbeute hergestellt. Die Therapie mit Cortisol führt zu Nebenwirkungen (Wassereinlagerung in Gewebe). Durch eine zweite mikrobielle Reaktion, die **Dehydrierung in 1,2-Position** wird Prednison gewonnen. Diese Verbindung (Abb. 32.3.) bewirkt keine Nebeneffekte. Mit *Corynebacterium simplex* ist eine stereospezifische Dehydrierung mit mehr als

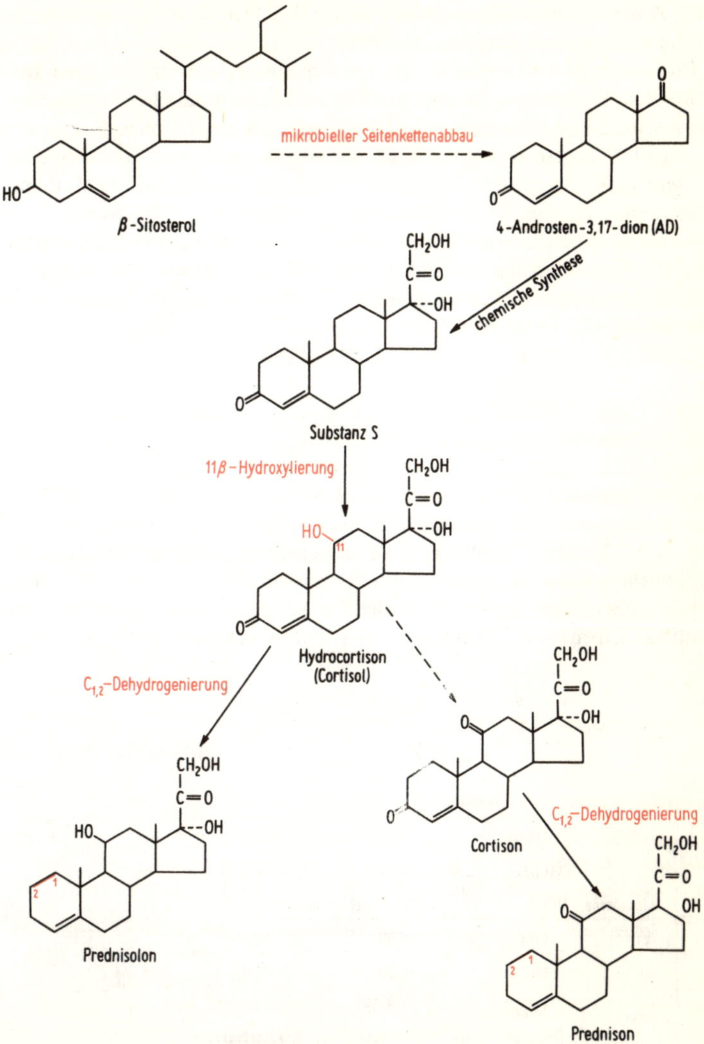

Abb. 32.3. Industriell genutzte Steroidbiotransformationen. Seitenkettenabbau durch *Mycobacterium* sp., 11-β-Hydroxylierung durch *Curvularia lunata*, C_1, C_2-Dehydrierung durch *Corynebacterium* (*Arthrobacter*) *simplex*.

90 % Ausbeute zu erreichen. Auch die direkte Dehydrierung von Cortisol zu Prednisolon wird durchgeführt (Abb. 32.3.).

Für Biotransformationen werden die Organismen zunächst in einem Medium ohne Steroide angezogen. Am Ende der logarithmischen Wachstumsphase wird die zu transformierende Verbindung in einer Konzentration von $1-2 \text{ g} \cdot \text{l}^{-1}$ zugesetzt. Da Steroide schwer wasserlöslich sind, wird als Lösungsvermittler ein mit Wasser mischbares Lösungsmittel wie Methanol oder Dimethylsulfoxid verwendet. Die Biotransformationen dauern 24 bis 48 h. Durch Abtrennen der Zellen und Extraktion wird das Produkt gewonnen. Die Ausbeuten liegen zwischen 60 und 90 %. Die Steroidtransformation erfordert die Gegenwart einer anderen C- und Energiequelle. Es sind cometabolische Prozesse (Cometabolismus, 14.5.).

32.3.   Biotransformationen zur Herstellung von chemischen Zwischenprodukten

Biotransformationen ermöglichen Reaktionen, die auf chemischen Wege nur über komplizierte Umwege oder nicht möglich sind. Dazu gehört eine Stufe der **Vitamin C-Synthese**, die regioselektive Oxidation von **D-Sorbit zu L-Sorbose** (Abb. 32.4.). Diese Reaktion wird mit *Acetobacter suboxidans* durchgeführt. Der Stoffwechsel der Essigsäurebakterien wurde im Abschnitt 9.2. behandelt. Diese Bakterien führen eine unvollständige Oxida-

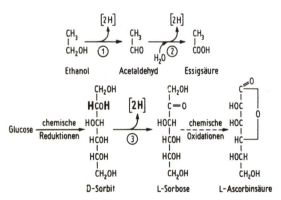

Abb. 32.4. Energiestoffwechsel und Biotransformation des Essigsäurebakteriums Acetobacter suboxidans. Die Ethanoloxidation dient der Speiseessigherstellung, die regioselektive Oxidation von Sorbit zu Sorbose der Vitamin C-Gewinnung. (1) Alkoholdehydrogenase, (2) Aldehyddehydrogenase, (3) Sorbitdehydrogenase.

tion von Ethanol zu Essigsäure durch. Nur ein sehr geringer Anteil des Substrates wird assimiliert, der weitaus überwiegende Teil wird oxidiert. Auf diesem Wege wird **Speiseessig** aus minderwertigen Weinen hergestellt. Bei dem klassischen Schnellessig- oder Fesselverfahren wachsen die Bakterien auf Buchenholzspänen, die sich in einem Holzzylinder (Generator) befinden. An den Bakterien rieselt die alkoholhaltige Lösung vorbei. Die in die Schleimschicht eingebetteten Bakterien sind auf natürlichem Wege immobilisiert. Essigsäurebakterien vermögen ein breites Spektrum von Zuckern und Alkoholen zu den entsprechenden Säuren oder Ketosäuren zu oxidieren, z. B. **Glucose zu Gluconsäure, Gluconsäure zu 5-Ketogluconsäure.**

Cis, cis-Muconsäure ist ein Zwischenprodukt des Abbaus aromatischer Kohlenwasserstoffe durch *Pseudomonas putida*. Durch eine Mutante, deren cis, cis-Muconsäure-Abbau blockiert ist, kommt es zur Anreicherung des Zwischenproduktes (Abb. 32.5.). Auf diesem Wege kann aus Toluen cis, cis-Muconsäure hergestellt werden. Auf chemischen Wege wird diese in Adipinsäure überführt, dem Baustein der Polyamid-Kunststoffe.

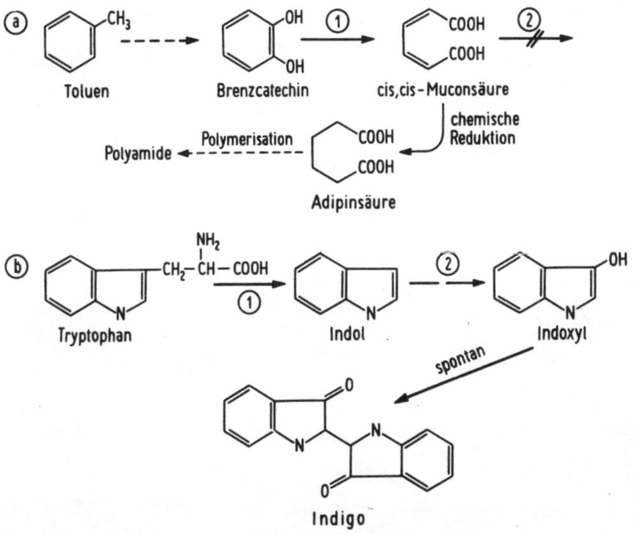

Abb. 32.5. Einsatzmöglichkeiten von Biotransformationen zur Synthese chemischer Zwischenprodukte. a. Adipinsäure aus Toluen durch *Pseudomonas putida*. (1) Brenzcatechin-1,2-Dioxygenase, (2) Muconat lactonisierendes Enzym (defekt); b. Indigo aus Tryptophan durch *E. coli*-Stamm mit gentechnisch klonierter (2) Naphthalin-Dioxygenase aus *Pseudomonas* sp. (1) Tryptophanase.

Abschließend sei auf die in Abbildung 32.5. dargestellte Indoxyl- bzw. **Indigosynthese** aus Tryptophan oder Indol verwiesen. Diese Beispiele zeigen, daß Mikroorganismen über ein breites Biotransformationspotential verfügen. Die durch Enzyme und Biotransformationen möglichen Stoffwandlungen eröffnen der Synthesechemie zahlreiche neue Möglichkeiten. Es wird angenommen, daß für die meisten chemischen Reaktionen auch enzymatische Mechanismen existieren. Vor allem das Bestreben, bei der Pharmakasynthese nur eine der enantiomeren Formen herzustellen, wird zu einem verstärkten Einsatz biotechnologischer Systeme in der Chemie führen.

33. Anorganische Mikrobiologie: Metallgewinnung, Kohleentschwefelung, Korrosionen

Sowohl autotrophe als auch heterotrophe Bakterien spielen bei der Metallgewinnung und Kohleentschwefelung eine Rolle. Die Untergliederung auch dieses Kapitels erfolgt nach der Funktion der Leistungen für die Mikroorganismen, da sie die Basis für Optimierungen darstellen. Der mikrobielle Metabolismus anorganischer Verbindungen wird auf der einen Seite volkswirtschaftlich genutzt, auf der anderen verursacht er Korrosionsschäden. Daher werden im 4. Abschnitt Beispiele für Korrosionsprozesse dargestellt.

33.1. Chemolithotrophie: Metallaugung und Kohleentschwefelung

Eine Grundlage beider Prozesse ist die Fähigkeit der *Thiobacillus*-Arten, Schwefel- und Eisen-II-Verbindungen zur Energiegewinnung zu oxidieren und CO_2 als C-Quelle zu assimilieren. Der Stoffwechsel dieser Bakterien, zu denen *Thiobacillus thiooxidans*, *Th. ferrooxidans*, *Leptospirillum ferrooxidans* und die thermophilen *Sulfolobus*-Arten gehören, wurde im Abschnitt 11.1. behandelt.

Die **mikrobielle Erzlaugung** (engl. leaching) ermöglicht die Metallgewinnung aus bestimmten erzarmen Gesteinen, die auf klassischem Wege nicht verhüttet werden können. Sie wird vor allem zur Kupfer- und Uranlaugung angewandt, aber auch Zink, Nickel, Molybdän, Kobalt, Chrom, Vanadium, Gold und Silber lassen sich auf diesem Wege erschließen. Neben der großtechnisch betriebenen Haldenlaugung (Abb. 33.1.), durch die etwa 20 % der Kupfer-Weltproduktion gewonnen werden, wird auch eine Untertagslaugung in nicht mehr betriebenen Bergwerken durchgeführt. Auch die in situ-Laugung von Gesteinsschichten, die auf Grund der geringen Schichtdicke bergbautechnisch nicht zugängig sind, wird erforscht. Erfolge wurden auch bei der Laugung von Asche und anderen Industrieabfällen erzielt.

Die Laugung mit *Thiobacillus ferrooxidans* hat sich besonders bei sulfidischen Kupfererzen, die gleichzeitig Eisen enthalten (z. B. $CuFeS_2$ — Kupferkies oder Chalkopyrit) oder mit Pyrit (FeS_2) durchsetzt sind, bewährt. Eine **direkte Laugung** kupferhaltiger Sulfide ist von untergeordneter Rolle, da die dafür geeigneten Erze selten vorkommen. Bei diesem Prozeß tritt nur eine bakterielle Oxidation auf. Bedeutsamer ist die **indirekte Laugung**, bei der bakterielle Oxidationen und die chemische Oxidoreduktion mit Ferrisulfat $Fe_2(SO_4)_3$ beteiligt sind. $Fe_2(SO_4)_3$ ist ein starkes Oxidans, das ein breites Spektrum an Metallsulfiden löst. Bei der **bakteriellen Oxidation** erfüllt *Thiobacillus ferrooxidans* zwei Funktionen, die Oxidation sulfidischer Erze zu löslichen Sulfaten und die Oxidation des zweiwertigen zum dreiwertigen Eisen:

$$2\,FeS_2 + 2\,H_2O + 7\,O_2 \rightarrow 2\,FeSO_4 + 2\,H_2SO_4$$

$$2\,FeSO_4 + 1/2\,O_2 + H_2SO_4 \rightarrow Fe_2(SO_4)_3 + H_2O$$

Gleichzeitig findet folgende chemische Oxidoreaktion statt:

$$FeS_2 + Fe_2(SO_4)_3 \rightarrow 3\,FeSO_4 + 2\,S$$

Die Gesamtbilanz lautet:

$$3\,FeS_2 + 2\,1/2\,O_2 + 3\,H_2O \rightarrow 3\,FeSO_4 + 3\,H_2SO_4$$

Das bakteriell gebildete $Fe_2(SO_4)_3$ wirkt in einer **chemischen Laugungsreaktion** auf ein breites Spektrum von Metallsulfiden ein:

$$CuFeS_2 \text{ (Chalcopyrit)} + 2\,Fe_2(SO_4)_3 \rightarrow CuSO_4 + 5\,FeSO_4 + 2\,S$$

$$UO_2 + Fe_2(SO_4)_3 + 2\,H_2SO_4 \rightarrow UO_2(SO_4)_3 + FeSO_4$$

$$Cu_2S \text{ (Chalcocit)} + 2\,Fe_2(SO_4)_3 \rightarrow 2\,CuSO_4 + 4\,FeSO_4 + S$$

$$CuS \text{ (Covellit)} + Fe_2(SO_4)_3 \rightarrow CuSO_4 + 2\,FeSO_4 + S$$

In Abbildung 33.1. ist die Halden- und Aufschüttungslaugung mit der Sequenz der dabei ablaufenden Prozesse schematisch dargestellt. Nach der Kupferabtrennung findet die bakterielle Regeneration des Ferri-Ions im Oxidationsbecken statt. Die Bakteriensuspension wird in einem cyclischen Prozeß umgepumpt. Für die Aufschüttungen werden natürliche Bodensenken genutzt, deren Untergrund undurchlässig ist. Je nach Gesteinsart, Partikelgröße und Klimazone erfordert die Auslaugung Monate bis Jahre. Durch Gesteinszerkleinerung kann der Prozeß beschleunigt werden. Neben kupferresistenten *Th. ferrooxidans*-Stämmen kommen Mischkulturen mit dem sehr säureresistenten *Leptospirillum ferrooxidans* zum Einsatz.

Die **Kohleentschwefelung** beruht auf den gleichen Stoffwechselleistungen wie die Erzlaugung. Dieser Prozeß wird intensiv erforscht, um die mit der Kohleverbrennung verbundene SO_2-Emission zu vermindern. Die SO_2-Emission ist eine Ursache von Waldschäden (Saurer Regen) und Smogbelastungen. Mit den in der Entwicklung befindlichen Verfahren wird eine Entschwefelung vor der Verbrennung angestrebt. Kohle enthält je nach

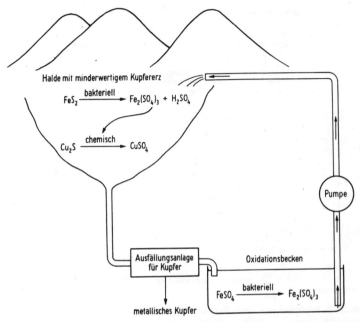

Abb. 33.1. Bakterielle Kupferlaugung durch Thiobacillus ferrooxidans. Die Bakterien bilden Fe^{3+} und Schwefelsäure, welche die Kupfererzlösung bewirken.

Herkunft 0,5—5 % anorganischen Schwefel in Form von **Pyrit** und Marcasit (FeS_2 verschiedener Kristallstruktur). Daneben enthalten Kohle und Erdöl organisch gebundenen Schwefel, vor allem in cyclischen Strukturen wie Thiophenen und Dibenzylsulfid. Auch die mikrobielle Eliminierung organischer S-verbindungen wird bearbeitet.

Zur Erprobung der Pyritentfernung werden Versuchsanlagen betrieben, von denen in Abbildung 33.2. der Prozeßablauf skizziert ist. Der Prozeß basiert auf der Fähigkeit von *Thiobacillus ferrooxidans* und *Sulfolobus acidocaldarius*, den Schwefel des Pyrits zu löslichem Sulfat bzw. Schwefelsäure zu oxidieren. Die bakteriellen Oxidationen entsprechen denen, die im vorhergehenden Abschnitt für die indirekte Laugung von *Thiobacillus ferrooxidans* dargestellt sind. Produkte der FeS_2-Oxidation sind das in der Gesamtbilanz angegebene lösliche $FeSO_4$ und Schwefelsäure. Elementarer Schwefel entsteht bei der chemischen Oxidoreaktion. Der Verfahrensablauf ist Abbildung 33.2. zu entnehmen. Mit der mechanischen Zerkleinerung

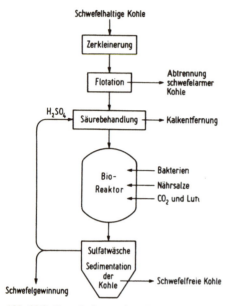

Abb. 33.2. Prozeßschema einer Versuchsanlage zur Entschwefelung von Kohle mit *Thiobacillus ferrooxidens* und *Sulfolobus acidocaldarius*.

wird eine größere Angriffsfläche geschaffen. Die Schwefelsäure, die im Prozeß entsteht, wird zur Carbonatentfernung teilweise zurückgeführt. Der bakterielle Prozeß erfordert einen pH-Wert von 2—3. Im Bioreaktor wird eine 50%ige Kohlepartikelsuspension mit Nährstoffen versetzt und mit Luft und CO_2 begast. Bei Einsatz von *Sulfolobus calcidocaldarius* wird der Prozeß bei 60—75 °C durchgeführt. Eine Kühlung ist nicht notwendig. Dieses Bakterium verwertet auch organische S-Verbindungen. Es wird eine etwa 90%ige Entschwefelung an organischem Schwefel erreicht. Der technologische und energetische Aufwand ist beträchtlich und setzt der großtechnischen Durchführung Grenzen.

33.2.   Heterotrophe Metallaugung und Rohstoffaufbereitung

Carbonatreiche Gesteine, wie sie z. B. in vielen Kupfererzen Mitteleuropas vorliegen, sind durch die acidophile *Thiobacillus*-Laugung schwer zu erschließen. Eine kontinuierliche Ansäuerung wäre notwendig. Ebenso können Metalle aus sulfidfreien Silikatgesteinen durch die autotrophe Laugung nicht gewonnen werden. Hierfür bietet die **heterotrophe Laugung** Möglichkeiten. Darunter versteht man den Einsatz von heterotrophen Bakterien und Pilzen, die organische Säuren und Chelatoren bilden, welche Metalle in Lösung bringen. Die heterotrophen Mikroorganismen benötigen im Gegensatz zu den chemolithotrophen Bakterien organische C- und Energiequellen, z. B. Melasse oder Gewässersedimente, die reich an organischer Substanz sind. Als Organismen werden *Bacillus-* und *Pseudomonas*-Arten sowie *Aspergillus-* und *Penicillium*-Arten erprobt. Wirksame Stoffwechselprodukte sind Citronen-, Glucon- und Oxalsäure, weiterhin organische Chelatkomplexbildner. Mit *Penicillium* wurde aus Laterit Nickel gewonnen.

Die Säurebildung heterotropher Mikroorganismen ist auch für die **Rohstoffreinigung** von Quarzsanden, Kaolin und Tonen von Interesse, die in der Glas- und Keramikindustrie eingesetzt werden. Auf diese Weise kann Eisen und Aluminium aus diesen Mineralstoffen entfernt werden. Das legt den Gedanken an eine Aluminiumgewinnung nahe.

33.3.   Mikrobielle Akkumulation und Sorption von Metallen

Für die Rückgewinnung und Eliminierung von Metallen wie Silber, Quecksilber, Uran und anderen Nucliden aus Industrie- und Bergbauabwässern werden zwei mikrobielle Prozesse erprobt, die Bioakkumulation und die Biosorption.

Die **Bioakkumulation** ist ein stoffwechselabhängiger Prozeß, der mit lebenden Zellen durchgeführt wird. Bioakkumulationsprozesse von Metallen sind verbreitet. Die technische Anwendung wird erforscht.

Mit einer Mischkultur aus *Pseudomonas maltophila, Staphylococcus aureus* und anderen Bakterien wurde mit einer an Silberionen adaptierten Kultur bis zu 300 mg Silber pro 1 g Zelltrockensubstanz angereichert. Die Anreicherung erfolgte aus einer 1—10 mM Silberlösung.

Die **Biosorption** ist ein vom Stoffwechsel unabhängiger Prozeß, der mit toten Zellen durchgeführt wird. Mikrobielle Zellstrukturen sind in der Lage, Schwermetalle spezifisch zu binden. *Rhizopus arrhizus, Penicillium chrysogenum* und *Aspergillus niger* wurden zur Sorption von Uran, Radium und anderen Nucliden eingesetzt. Mit einer Aufnahme von 180 mg $\cdot$ g^{-1} Trokkensubstanz übertreffen diese biologischen Materialien die Aufnahmekapazität von chemischen Austauschern. Als Bindungsstellen werden OH- und Aminostickstoffgruppen des Chitins und Prezipitationen an Zellwandoberflächenstrukturen angesehen. Die Biosorbentien können eluiert und wiederholt verwendet werden. Das Bakterium *Zoogloea ramigera* bildet ein extrazelluläres Polysaccharid mit hoher Bindungskapazität für Cadmium und Kupfer. 0,1—0,3 g Metall pro g Polysaccharid wurden gebunden. Säurebehandlung führt zur Desorption. Auch dieses Material kann wiederholt eingesetzt werden. Einige der als Biosorbentien untersuchten Organismen fallen als Abprodukte bei biokatalytischen Prozessen an und ermöglichen die Kopplung von Abproduktnutzung mit Wertstoffgewinnung und Abwasserreinigung.

33.4.   Korrosion von Eisen und mineralischen Baustoffen

Unter die Erde verlegte Rohrleitungen aus Eisen und Stahl korrodieren stark. Die Hauptursache ist die **anaerobe Korrosion des Eisens** durch **Sulfat reduzierende Bakterien**. Diese obligat anaeroben Bakterien, deren Energiestoffwechsel im Abschnitt 9.4. behandelt wurde, nutzen organische Säuren, vor allem Acetat und H_2 als Substrate, Sulfate fungieren als H-Acceptoren. Wichtige Vertreter sind *Desulfovibrio-, Desulfotomaculatum-, Desulfobulbus* und *Desulfobacter*-Arten. Sie leben mit anderen Bakterien als Film auf der Metalloberfläche der Rohrleitungen. Aerobe Begleitbakterien verbrauchen den Luftsauerstoff, Gärungsorganismen liefern Produkte wie Acetat und H_2. Eisen ist normalerweise durch einen Wasserstoffilm vor Korrosion geschützt:

$$4\,Fe + 8\,H^+ \rightarrow 4\,Fe^{2+} + 4\,H_2$$

Die Sulfat reduzierenden Bakterien verwerten den Wasserstoff und bewirken eine kathodische Depolarisation:

$$4\,H_2 + SO_4^{2-} \rightarrow H_2S + 2\,OH^-$$

Die Reaktionsprodukte bewirken eine Eisenfällung, die in einem Abblättern von rostigen und schwarz gefärbten Eisenplättchen sichtbar wird:

$$4\,Fe^{2+} + H_2S + 2\,OH^- + 4\,H_2O \rightarrow FeS + 3\,Fe(OH)_2 + 6\,H^+$$

Die **Betonkorrosion** von Abwasserrohren der Kanalisation und Abwasseranlagen wird durch das Zusammenwirken von anaerober Sulfatreduktion und aerober Schwefeloxidation durch *Thiobacillus*-Arten verursacht. Der komplexe Prozeß, der zur Schwefelsäurebildung an der Oberseite der Rohre führt, ist in Abbildung 33.3. dargestellt. Die Schäden werden durch das Einbrechen der Rohrleitungen an der Oberseite sichtbar.

An **Gebäuden** und Kunstwerken aus Natursteinen (Sand- und Kalkstein, Marmor) aber auch an Betonbauten treten in zunehmendem Maße Korrosionsschäden auf, die auf vielfältige Umweltbelastungen zurückgehen. Neben chemischen und physikalischen sind daran auch mikrobielle Pro-

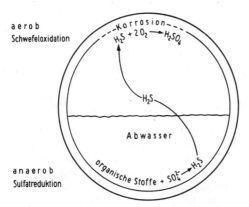

aerob
Schwefeloxidation

anaerob
Sulfatreduktion

Abb. 33.3. Mikrobielle Korrosion von Kanalisationsabwasserrohren aus Beton. Durch die anaeroben heterotrophen Sulfatreduzierer wird H_2S gebildet, der von den aeroben autotrophen Schwefeloxidierern zu Schwefelsäure oxidiert wird. Diese bewirkt die Korrosion.

zesse beteiligt. Sie sind eng miteinander verflochten, synergistische Effekte treten auf. Flüchtige Umweltverunreinigungen wie Kohlenwasserstoffe liefern den heterotrophen Mikroorganismen, die die Gebäudeoberflächen besiedeln, Nährstoffe. Neben den heterotrophen Bakterien und Pilzen, die organische Säuren und Chelatoren bilden, sind die autotrophen S-oxidierenden und nitrifizierenden Bakterien von Bedeutung. Die Rolle der Cyanobakterien ist zu wenig untersucht.

Die Oxidation von Ammonium und Nitrit erfolgt durch *Nitrosomonas*- und *Nitrosobacter*-Arten (11.1.3.). Kalkhaltige Gesteine und Bindemittel werden durch die Bildung von Salpetersäure aufgelockert. Es entsteht lösliches Calciumnitrat. Die Auswaschung von Calciumnitrat führt dazu, daß die Zuschlagstoffe wie Sand und Kies nicht mehr zusammengehalten werden. Nitrifizierende Bakterien sind in einigen Baumaterialien sehr verbreitet. Vorherrschend sind Vertreter der Gattungen *Nitrosovibrio* und *Nitrosospira*. Luftverunreinigungen von Ammoniak und Stickoxiden stellen Substrate für diese Bakterien dar.

Die Anteile der einzelnen mikrobiellen Prozesse an Bauschäden ist von der Art des Baumaterials und den Luftverunreinigungen abhängig. Die Besiedlungsdichte von Bauwerken mit Mikroorganismen ist sehr hoch. Das Gestein ist etwa 5 cm tief mit Mikroorganismen besiedelt. An Steinen des Kölner Doms wurden 100000 Mikroorganismen pro cm^3 ermittelt.

34. Abbauleistungen: Abwasserreinigung und Umweltschutz

Die Zunahme der Bevölkerung, des Lebensstandards und der Industrialisierung führen zu einem Abwasser- und Abproduktanfall, dem das Selb-
reinigungspotential der Gewässer (26.4.) nicht mehr gewachsen ist. Mit den
Abwasserreinigungsanlagen werden daher Bedingungen geschaffen, welche
die Abbauleistungen der Mikroorganismen fördern.

Abwässer fallen im kommunalen Bereich, in der Landwirtschaft und in
der Industrie an. In zunehmendem Maße gelangen schwer abbaubare Fremdstoffe aus industriellen Produkten und Abprodukten in die Abwässer. Sowohl die Menge als auch die Art der Abwasserinhaltsstoffe ist zu beachten.
Als Maß für die mikrobiell abbaubaren Stoffe wird der **Biochemische Sauerstoffbedarf (BSB)** verwendet. Bei der Bestimmung wird die Situation simuliert, die auch bei der Einleitung von Abwässern in eine Kläranlage eintritt.
Mikroorganismen veratmen und assimilieren organische Stoffe und verbrauchen dabei O_2. In der Laborpraxis wird der Sauerstoffverbrauch in
geschlossenen Flaschen, die Abwassermikroben enthalten, nach 5 Tagen
bestimmt (BSB_5). Für die vollständige Oxidation von organischen Stoffen
werden pro 1 g Substrat folgende Sauerstoffmengen (g O_2) verbraucht: Glucose 1,07, Essigsäure 0,94, Proteine 1,46, Triglyceride 2,85, Phenol 2,39,
Methan 4. Für kommunales Abwasser, das vor allem Kohlenhydrate und
Proteine enthält, läßt sich ein Umrechnungsfaktor von BSB auf organische
Substanz von 1,3 kalkulieren. Der Abbau ist jedoch nach 5 Tagen nicht abgeschlossen. Daher liegt der Umrechnungsfaktor von BSB_5 auf organischer
Substanz im Bereich um 0,7. In der Abwasserpraxis wird mit diesem Faktor
nicht gearbeitet. Er vermittelt jedoch eine Vorstellung von der Größenordnung der Abwasserbelastung. Bei dieser Betrachtung ist zu berücksichtigen,
daß auch die Nitrifikation von Ammonium zu Nitrat Sauerstoff verbraucht.

Nicht alle oxidierbaren Inhaltsstoffe von Abwässern sind mikrobiell abbaubar. Zur Ermittlung des für die vollständige Oxidation aller organischer
Stoffe notwendigen Sauerstoffs wird daher der **Chemische Sauerstoffbedarf
(CSB)** mit Hilfe von Oxidationsmitteln (z. B. Kaliumdichromat oder Kaliumpermanganat) bestimmt. Der Vergleich von CSB und BSB gibt den Anteil
mikrobiell abbaubarer Inhaltsstoffe an der Gesamtmenge oxidierbarer
Stoffe wieder. Bei chemischen Industrieabwässern ist der CSB meist wesent-

lich höher als der BSB. Industrieabwässer haben ein CSB zu BSB-Verhältnis von 2 und mehr, kommunale Abwässer von 1—1,5.

Der Anfall von Kommunalabwasser wird in **Einwohnergleichgewichten (EWG)** ausgedrückt. Pro Einwohner fallen etwa 60 g BSB_5 pro Tag an. Sie sind in 150—200 l Abwasser enthalten. Auf Grund des BSB_5 und der EWG läßt sich der Abwasseranfall im Kommunalbereich mit dem der Landwirtschaft und Industrie vergleichen. Bei der modernen **Tierhaltung** fallen pro Großvieheinheit (GV = 500 kg Lebendgewicht) etwa folgende Abwässer pro Tag (Gülle) an:

— 1 GV Rind   45 l   870 g BSB_5 16 EWG
— 1 GV Schwein   35 l   750 g BSB_5 14 EWG

In der Industrie ist der Abwasseranfall in starkem Maße von Produkt und Verfahren abhängig. Bei einem Schlachthof, auf dem 100 Schweine täglich verarbeitet werden, fällt Abwasser von 2700 EWG an. Bei der Produktion von 1 t Papier fallen je nach Papierqualität Abwässer in der Größenordnung von 180—1000 EWG an. In großen chemischen Industriebetrieben kann der Abwasseranfall in EWG dem einer Millionenstadt entsprechen. Das Leistungsvermögen der Abwasserreinigungsanlagen muß diesem Anfall genügen.

34.1. Aerober Abbau und Abwasserreinigung

Ziel der Abwasserreinigung ist die Rückgewinnung von sauberem Wasser durch Eliminierung der Inhaltsstoffe. Die Eliminierung erfolgt durch die **Atmung**. Bei der Abwasserreinigung wird ein möglichst geringer Ertrag an Zellen, aber eine hohe Atmungs- und Mineralisierungsrate angestrebt. Da Atmung mit Wachstum und eine hohe Atmungsrate mit einer hohen Zelldichte verbunden sind, lassen sich die beiden Prozesse nicht entkoppeln. Bei der Abwasserreinigung fallen Biomasse und Mineralisierungsprodukte wie CO_2, H_2O, NH_3^+, PO_4^{3-} und SO_4^{2-} an. Die für eine hohe Atmungsrate notwendige Belüftung erfordert den Einsatz von Energie, bei der Atmung wird Energie ohne ökonomischen Gewinn freigesetzt.

Den Aufbau einer dreistufigen Abwasserreinigungsanlage zeigt Abbildung 34.1. Der mechanischen folgt die **biologische Reinigungsstufe**, in der die Inhaltsstoffe assimiliert und dissimiliert werden. Es werden verschiedene Typen von Abwasserreinigungsreaktoren eingesetzt. Ein klassisches System stellen die **Tropfkörper** dar. Es sind zylindrische Bauten von 3—5 m Höhe und 10—15 m Durchmesser, die mit Schlacken gefüllt sind. Auf den Schlacken siedelt sich ein Bakterienrasen an. Protozoen, Rotatorien und Nematoden weiden den Rasen ab und schaffen Besiedlungsflächen für nachwachsende Bakterien. Von oben rieselt das Abwasser auf den Tropfkörper, von unten steigt durch Öffnungen Luft durch das locker gepackte Hohlraumsystem nach oben. Durch das Beregnungssystem wird das Abwasser mit Luft gesättigt. Mit dem gereinigten Abwasser werden einige Zellen ausge-

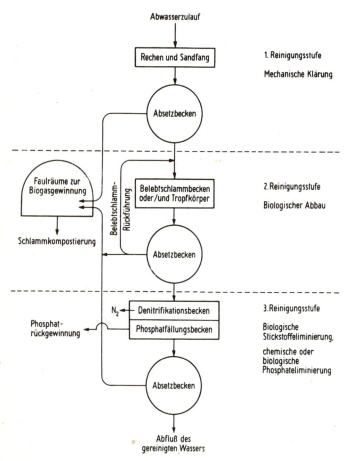

Abb. 34.1. Prozeßschema einer Abwasserreinigungsanlage mit zwei biologischen Reinigungsstufen und einer Biogasanlage zur Schlammfaulung und Energiegewinnung.

spült, so daß bei richtiger Prozeßführung der Tropfkörper nicht zuwächst. Mit diesem System wird der Mikrobenbewuchs eines Fließgewässers simuliert. Tropfkörper werden bei schwach belasteten kommunalen Abwässern (unter 1 g $BSB_5 \cdot l^{-1}$) eingesetzt.

Für die Reinigung von stärker belasteten Abwässern (über 1 g $BSB_5 \cdot l^{-1}$) ist ein intensiverer Abbau notwendig. Er wird mit belüfteten Systemen erreicht. Am häufigsten wird das **Belebtschlammbecken** angewandt. Der Lufteintrag erfolgt durch Belüftungskreisel von oben oder durch Belüftungsrohre von unten. Die Mikroorganismen aggregieren zu **Belebtschlammflokken**. Die Flocken stellen eine Mikrobenbiozönose dar, die durch eine Schleimschicht zusammengehalten wird. Häufige Vertreter sind *Pseudomonas-*, *Achromobacter-*, *Alcaligenes-* und *Flavobacterium*-Arten. Protozoen, die von Bakterien leben, tragen zur Reduktion der Biomasse bei. In die Schleimschicht werden Schmutzpartikel eingeschlossen und mit dem Belebtschlamm sedimentiert. Mit dem Belebtschlammbecken werden die Bedingungen in einem Fließgewässer nachgeahmt. Durch Rückführung von Belebtschlamm aus dem nachgeschalteten Absatzbecken wird die Abbauleistung erhöht. Abbauraten von 5—10 kg $BSB_5 \cdot m^{-3}$ und Tag werden erreicht.

Durch den Einsatz von Bioreaktoren kann man die Abbauprozesse weiter intensivieren. Beim Tauchstrahlfermenter erzielt man durch intensive Belüftungstechnik eine hohe Zelldichte. Die Intensivverfahren sind platzsparend, aber energieaufwendig. Durch Hoch- und Turmreaktoren von 20—30 m Höhe wird durch den langen Steigweg der Luft eine hohe Sauerstoffausnutzung erreicht.

In der biologischen Abbaustufe fällt Biomasse in Form von Belebtschlamm an, der durch die anaerobe Biogasgewinnung weiter behandelt werden kann (34.2.). Das beim Abbau gebildete Nitrat und Phosphat wird in der 3. Reinigungsstufe (34.3.) eliminiert.

Die in Industrie- und Haushaltsabwässern vorkommenden organischen **Fremdstoffe** werden bei Intensivverfahren zu einem beachtlichen Teil abgebaut. Einige Abprodukte, vor allem toxische Substanzen, erfordern eine Spezialbehandlung, bevor sie in die Abwasserreinigungsanlage geleitet werden. **Chlorphenole**, die z. B. bei der Papierbleichung entstehen, können durch die Kombination von einem anaeroben Festbettreaktor und einem intensiv belüfteten Bioreaktor abgebaut werden. Auf den mit Rindenpartikeln beschickten Festbettreaktor wachsen Abbauspezialisten, die eine Dechlorierung der Phenole bewirken. Diese werden in der aeroben Stufe mineralisiert (14.5.). Spezialstämme, die schwer abbaubare Verbindungen angreifen, werden mit Hilfe der Gentechnik konstruiert. Für die Detoxifikation von Nitrilen und Cyaniden wurden Enzympräparate mit immobilisiertem Nitrilasen und Cyanidasen entwickelt. Es ist entscheidend, daß giftige Substanzen und Fremdstoffe dort eliminiert werden, wo sie anfallen. Nach der Einleitung in Gewässer können sie in so geringen Konzentrationen vorliegen, daß die zum Abbau befähigten Mikroorganismen nicht selektiert und die Abbauenzyme nicht induziert werden.

Die **Abluft** aus der Tierintensivhaltung und anderen Quellen, die mit geruchsintensiven Stoffen belastet ist, wird durch Bodenfilter, in denen sich Abbauspezialisten ansiedeln, gereinigt. Auch in Belebtschlammanlagen wird Abluft zur Desodorierung und Reinigung eingeleitet. Dieses Prinzip ist für weitere Inhaltsstoffe der Abluft ausbaubar.

34.2.   Anaerober Abbau und Biogasbildung

Bei der aeroben Abwasserreinigung fallen Biomasse und langsam abbaubare Stoffe wie Lignocellulose an, die in den Absatzbecken (Abb. 34.1.) sedimentieren. Dieser Faulschlamm wird direkt kompostiert oder der **anaeroben Faulung** unterzogen, die mit der Biogasbildung verbunden ist. Der nach der Biogasbildung verbleibende Schlamm kann zu hochwertigem Kompost verarbeitet werden. Die Biochemie der Methanbildung wurde im Abschnitt 12.1.2., die Ökologie im Abschnitt 22.3. behandelt.

Die **Biogasgewinnung** ist eine Form der Abwasserreinigung, die sich nicht nur durch Energiegewinn, sondern durch den geringen Anfall von Biomasse auf Grund der weitgehenden Umsetzung der organischen Substanz zu CH_4 und CO_2 auszeichnet.

Diese Vorteile sind mit einem relativ langsamen Prozeßablauf verbunden, der sehr umfangreiche Reaktoren (**Faulräume** Abb. 34.2.) erfordert. Eine erfolgreiche Intensivierung dieses Verfahrens hat zu Versuchen geführt, die Biogasgewinnung zu einer unmittelbaren Form der anaeroben Abwasserreinigung ohne aerobe Stufen auszubauen. Sie bietet sich vor allem für hochbelastete Abwässer (um $10 \, g$ Feststoffgehalt $\cdot \, l^{-1}$) an, wie sie in der Lebensmittelindustrie (Zucker- und Stärkefabriken) und der Landwirtschaft (Gülle) anfallen. Diese **anaeroben Intensivverfahren** der Abwasserreinigung befinden sich im Entwicklungsstadium. Es werden **anaerobe Festbettreaktoren** (Abb. 34.2.) erprobt, die mit Trägerstoffen (Kies, Kunststoffschnitzel) gefüllt sind, auf denen sich die Mikrobengesellschaft ansiedelt. Sie werden von unten nach oben durchströmt, oben fließt das weitgehend gereinigte Abwasser ab, das Biogas wird aufgefangen. Beim **anaeroben Säulenreaktor**, z. B. in Form des sogenannten USB (Upflow Sludge Blankett)-Prozesses, wird ohne Trägerstoffe gearbeitet. Die Bakterien liegen als Schlammflocken vor, durch die das Abwasser von unten gedrückt wird. Die

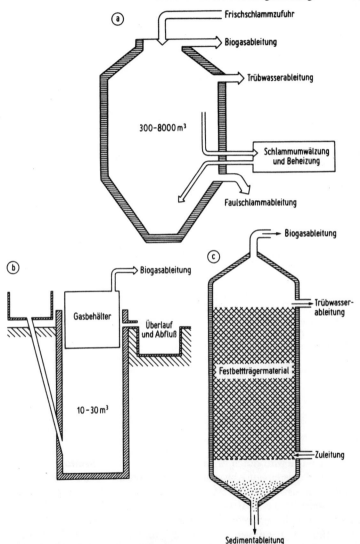

Abb. 34.2. Biogasreaktoren. a. Faulturm oder Faulbehälter für eine Abwasser-reinigungsgroßanlage, b. Indische Kleinanlage für bäuerliche Betriebe (Village-Technology), c. Anaerober Festbettreaktor mit Trägermaterial zur Bakterienbe-siedlung.

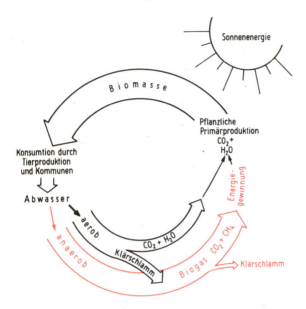

**Abb. 34.3. Aerober und anaerober Weg der Abwasserreinigung und Abproduktver-
wertung.** Durch die Einbeziehung des anaeroben Weges (rot) wird durch die Biogasbildung Energie gewonnen und der Klärschlammanfall entscheidend reduziert.
Die Breite der Pfeile verdeutlicht die Stoffbilanz des Kohlenstoffs. Der anaerobe
Nebenschluß führt zu einer Rezirkulation, die mit einer Energiebereitstellung verbunden ist.

Bioschlammasse wird durch den Abwasserstrom in der Schwebe gehalten.
Oben wird das gereinigte Abwasser abgeleitet und das Gas aufgefangen. Mit
Reaktoren dieser Art werden Abbauleistungen von $1 \text{ g CSB} \cdot \text{g}^{-1}$ Biomasse
und Tag erreicht, die Belastung kann etwa $20 \text{ g CSB} \cdot \text{l}^{-1}$ Abwasser betragen. Etwa 90% der organischen Substanz werden zu Biogas umgesetzt. Die
weitere Entwicklung dieser anaeroben Intensivbiologie stellt eine wichtige
Perspektive der Verbindung von Abwasserreinigung und Wertstoffgewinnung dar. Das damit realisierbare Prinzip der Rezirkulation in Verbindung
mit der Energiegewinnung in Form von Biogas ist in Abbildung 34.3. zusammengefaßt.

34.3. Denitrifikation und Phosphatakkumulation

Das beim biologischen Abbau der organischen Stoffe anfallende Wasser enthält Mineralstoffe wie Ammonium, Nitrat und Phosphat, die nicht in die Gewässer eingeleitet werden sollen. Sie führen zur Eutrophierung (26.1.). Abwasserreinigungsanlagen sollen daher mit einer 3. **Reinigungsstufe** ausgerüstet werden, in der die **Stickstoff- und Phosphoreliminierung** erfolgt.

Stickstoff kann durch die **Dentrifikation** als gasförmiger Stickstoff freigesetzt werden (9.3., Nitratatmung). Dazu ist vorher die Oxidation von Ammonium zu Nitrat durch die Nitrifikation erforderlich. Sie erfolgt in Abwasserreinigungsanlagen, die nicht zu hoch belastet sind. Gegebenenfalls kann sie auch in einer nachgeschalteten Stufe erreicht werden. Die Dentrifikation des Nitrats zu molekularem Stickstoff ist ein anaerober Prozeß, der eine organische C- und Energiequelle erfordert. Für den Prozeß müssen spezifische Bedingungen geschaffen werden. Sie können durch anaerobe Tropfkörper oder anaerobe Belebtschlammbecken herbeigeführt werden. Eine große Rolle spielt die C-Quelle und deren Dosierung. Da das Abwasser der 3. Reinigungsstufe nicht mehr ausreichend organische Substanz enthält, muß zudosiert werden. Dafür kommt die Zuleitung eines Teiles des noch ungereinigten Abwassers in Frage. Häufig wechselt dessen Zusammensetzung zu sehr, so daß Instabilitäten bei der Denitrifikation eintreten. Daher setzt man definierte C-Quellen zu, z. B. Methanol. Der Denitrifikationsprozeß ist aufwendig. Er führt zur Reinigung des Wassers, aber auch zum Verlust an gebundenem Stickstoff. Die Entwicklung von Verfahren, mit denen der gebundene Stickstoff zurückgewonnen wird, ist erforderlich.

Die **mikrobielle Phosphateliminierung** beruht auf der Fähigkeit bestimmter Bakterien des Belebtschlammes, lösliche Phosphate zeitweilig in Form von Polyphosphat zu speichern. Die obligat aeroben *Acinetobacter*-Arten können wahrscheinlich in dieser Form Energie speichern, die unter anaeroben Bedingungen in ATP umgesetzt wird (3.8. Polyphosphatgranula). Die Speicherung erfolgt aerob, der Abbau anaerob. Der mit dem Milieuwechsel verbundene Streß löst die Speicherung aus. Der Einsatz des Verfahrens erfordert Anlagen mit aeroben und anaeroben Zonen. Technisch ist das ohne Aufwand realisierbar. Das aerob in den Zellen gespeicherte Phosphat kann auf zwei Wegen als Dünger genutzt werden. Man verwendet den Belebtschlamm, der etwa 7 % Phosphat enthält. Beim zweiten Weg überführt man den Belebtschlamm in ein anaerobes Becken, in dem die Zellen das Phosphat abgeben (Phosphatstrip-Prozeß). Das so angereicherte Phosphat kann mit Carbonat gefällt und als Dünger eingesetzt werden.

34.4. Rezirkulation und Umweltschutz

Die ökologisch notwendige Abwasserreinigung wird gegenwärtig mit unökonomischen Prinzipien betrieben. Um sauberes Wasser zu gewinnen, werden Inhaltsstoffe des Abwassers mit hohem Energieaufwand beseitigt, nicht verwertet. Mit der Biogasgewinnung und Phosphatakkumulation wurden Beispiele für die Verwertung und Rezirkulation vorgestellt. Bisher werden diese Prozesse wenig genutzt. Das ist auf die scheinbare Störanfälligkeit komplexer biologischer Systeme zurückzuführen. Die Kenntnis der Stoffwechselprozesse und die Anwendung der biologischen Meß- und Steuerungstechnik ermöglichen eine Intensivierung und stabile Durchführung. Das **Prinzip der Abproduktverwertung und Rezirkulation** muß umfassend eingeführt werden. Vor allem in der Landwirtschaft sind mittels biotechnologischer Prozesse möglichst kurzgeschlossene Kreisläufe zu schaffen. Die Naturstoffe bieten die Voraussetzung dafür.

Komplizierter ist die Anwendung biologischer Potenzen bei industriellen Rezirkulationsprozessen. Sowohl bei Produkten als auch bei Abprodukten

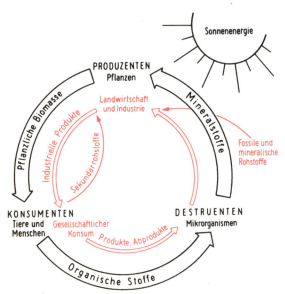

Abb. 34.4. Integration des zivilisatorischen und industriellen Kreislaufes (rot) in den natürlichen Stoffkreislauf.

sind viele Verbindungen zu finden, die biologisch nicht abbaubar und rezirkulierbar sind. Es wurden an verschiedenen Stellen des Buches Beispiele für die Herstellung **biogener Produkte** angeführt, z. B. mikrobielle Pflanzenschutzmittel und Kunststoffe. Die Notwendigkeit, verstärkt regenerierbare Ressourcen zu nutzen, führt zur entsprechenden Rohstoffbasis. Die biogene Synthese wird nicht immer eine ökonomische Variante darstellen. Aber auch die chemische Synthese nach natürlichen Modellen führt zu **umweltgemäßen Produkten**. Auch für die Akkumulation und Rezirkulation von Metallen können Mikroorganismen eingesetzt werden.

Die mikrobielle Biotechnologie schafft damit wesentliche Voraussetzungen für die **Integration** der industriellen und zivilisatorischen Kreisläufe in den natürlichen Stoffkreislauf (Abb. 34.4.). Die verstärkte Nutzung natürlicher Ressourcen führt zu tieferen Eingriffen in die Natur. Nur durch die Wahrung des Rezirkulationsprinzips kann die Natur, der wir angehören, erhalten werden.

Literatur

Allgemeine Lehr- und Handbücher, Periodika

Brock, T. D., Brock, K. M., and Ward, D. V.: Basic Microbiology with Applications. Prentice Hall, Englewood Cliffs 1986.

Davis, B. D., Dulbecco, R., Eisen, H. N., and Ginsberg, H. S.: Microbiology. 3. Aufl. Harper & Row, New York 1980.

Gunsalus, I. C., and Stanier, R. Y. (Eds.): The Bacteria. Vol. 1—10. Acad. Press, New York 1960—1986.

Hudson, H. J.: Fungal Biology. E. Arnold, London 1986.

Kleber, H.-P., und Schlee, D. (Hrsg.): Biochemie. Teil I: Allgemeine und funktionelle Biochemie. Teil II: Spezielle und angewandte Biochemie. G. Fischer Verl., Jena 1987 u. 1988.

Laskin, A. I., and Lechevalier, H.: Handbook of Microbiology. 2. Aufl. CRC Press, Boca Raton 1987.

Müller, E., und Löffler, W.: Mykologie. 4. Aufl. G. Thieme Verl., Stuttgart 1982.

Müller, G. (Hrsg.): Wörterbücher der Biologie. Mikrobiologie. G. Fischer Verl., Jena 1980.

Norris, J. R., and Ribbons, D. W. (Eds.): Methods in Microbiology. Vol. 1—21. Acad. Press, New York u. London 1969—1988.

Schlegel, H.-G.: Allgemeine Mikrobiologie. 6. Aufl. G. Thieme Verl., Stuttgart 1985.

Stanier, R. Y., Adelberg, E. A., and Ingraham, J. L.: General Microbiology. 4. Aufl. Mac Millan, London 1978.

Starr, M. P., Stolp, H., Trüper, H. G., Balows, A., und Schlegel, H. G. (Eds.): The Prokaryotes. Vol. 1 u. 2. Springer-Verl., Berlin u. a. 1981 u. 1984.

Thimann, K. V.: Das Leben der Bakterien. G. Fischer Verl., Jena 1964.

Weide, H., und Aurich, H.: Allgemeine Mikrobiologie. G. Fischer Verl., Jena 1979.

Periodika

Advances in Applied Microbiology
Advances in Biotechnological Processes
Advances in Microbial Ecology
Advances in Microbial Physiology
Annual Review of Microbiology

Developments in Industrial Microbiology
Progress in Industrial Microbiology

Teil I. Cytologie und Taxonomie

Alberts, B., Bray, D., Lewis, J., Raff, M., Roberts, K., und Watson, J. D.: Molekularbiologie der Zelle. VCH Verlagsgesellschaft mbH, Weinheim 1986.

Buchanan, R. E., and Gibbon, N. E. (Eds.): Bergey's Manual of Determinative Bacteriology. Williams & Wilkins, Baltimore 1974.

Carlile, M. J., Collins, J. F., and Mosely, B. E. B. (Eds.): Molecular and Cellular Aspects of Microbial Evolution. 32. Symp. Soc. Gen. Microbiol. Cambridge Univ. Press, Cambridge 1981.

Cavalier-Smith, T. (Ed.): The Origin and Early Evolution of the Eukaryotic Cell. Cambridge Univ. Press, Cambridge 1981.

Clayton, R. K., and Sistrom, W. R. (Eds.): The Photosynthetic Bacteria. Plenum Press, New York 1978.

Deacon, J. W.: Introduction to Modern Mycology. Blackwell Sci. Publ., Oxford 1984.

Esser, K.: Kryptogamen. Cyanobakterien, Algen, Pilze, Flechten. 2. Aufl. Springer-Verl., Heidelberg 1986.

Fraenkel-Conrat, H.: Chemie und Biologie der Viren. G. Fischer Verl., Stuttgart 1974.

Geissler, E. (Hrsg.): BI Lexikon Virologie. Bibliogr. Inst., Leipzig 1986.

Gooday, G. W., Lloyd, D., and Trinci, A. P. J. (Eds.): The Eukaryotic Microbial Cell. 30. Symp. Soc. Gen. Microbiol. Cambridge Univ. Press, Cambridge 1980.

Goodfellow, M., Brownell, G. H., and Serrano, J. A. (Eds.): The Biology of the Nocardiae. Acad. Press, London 1976.

Itersen, W. van (Ed.): Outer Structures of Bacteria. Van Nostrand Reinhold Comp., New York u. a. 1984.

Kelly, D. P., und Carr, N. G. (Eds.): The Microbe 1984. Prokaryotes and Eukaryotes. Cambridge Univ. Press, Cambridge 1984.

Kleinig, H., und Sitte, P. Zellbiologie. 2. Aufl. G. Fischer Verl., Stuttgart New York 1986.

Krieg, N. R., and Holt, J. G. (Eds.): Bergey's Manual of Systematic Bacteriology. Vol. I. Williams & Wilkins, Baltimore 1984.

Quayle, J. R., and Bull, A. T. (Eds.): New Dimensions in Microbiology: Mixed Substrates, Mixed Cultures and Microbial Communities. Phil. Trans. R. Soc. London B **297** (1982): 445—639.

Ratledge, C., and Stanford, J. (Eds.): The Biology of the Mycobacteria. Vol. 1 u. 2. Acad. Press, London u. a. 1982 and 1983.

Rose, A. H., and Harrison, J. S. (Eds.): The Yeasts. Vol. 1—3. 2. Aufl. Acad. Press London u. New York 1989.

Schleifer, V. H., and Stackebrandt, E. (Eds.): Evolution of Prokaryotes. Acad. Press, London 1985.

Smith, J. E., and Berry, D. R. (Eds.): The Filamentous Fungi. Vol. 1—3. E. Arnold, London 1975—1978.
Sokatch, J. R. (Ed.): The Biology of *Pseudomonas*. Acad. Press, Orlando 1986.
Webster, J.: Pilze. Springer-Verl., Berlin 1983.
Woese, C. R.: Bacterial Evolution. Microbiol. Rev. **51** (1987): 221—271.
Woese, C. R., and Wolfe, R. S. (Eds.): Archaebacteria. Acad. Press, Orlando u. a. 1985.

Teil II. Physiologie und Biochemie

Bergter, F. Wachstum von Mikroorganismen. 2. Aufl. G. Fischer Verl., Jena 1983.
Brock, T. D. (Ed.): Thermophiles. J. Wiley and Sons, New York u. a. 1986.
Broughton, W. J., and Pühler, A. (Eds.): Nitrogen Fixation. Molecular Biology. Vol. 4. Clarendon Press, Oxford 1986.
Dawes, E. A. Microbial Energetics. Blackie, Glasgow u. London 1986.
Dubourguier, H. C., Albagnac, G., Montreuil, J., Romond, C., Sautiere, P., and Guillaume, J.: Biology of Anaerobic Bacteria. Elsevier, Amsterdam 1986.
Gibson, D. T. (Ed.): Microbial Degradation of Organic Compounds. Marcel Dekker Inc., New York u. Basel 1984.
Gottschalk, G.: Bacterial Metabolism. 2. Aufl. Springer-Verl., New York u. Basel 1986.
Hecker, M., und Babel, W. (Hrsg.): Physiologie der Mikroorganismen. G. Fischer Verl., Jena 1988.
Horikoshi, K., and Akiba, T.: Alkalophilic Microorganisms. A new Microbial World. Japan Sci. Soc. Press u. a., Tokyo u. a. 1982.
Ingraham, J. L., Maaloe, O., and Neidhardt, F. C.: Growth of the Bacterial Cell. Sinauer Ass. Inc., Sunderland 1983.
Jones, C. W.: Bacterial Respiration and Photosynthesis. Nelson, Walten-on-Thames 1982.
Kushner, D. J.: Microbial Life in Extreme Environments. Acad. Press, London u. a. 1978.
Large, P. J.: Methylotrophy and Methanogenesis. Van Nostrand Reinhold (UK), New York 1983.
Leisinger, T., Hütter, R., Cook, A. M., and Nüesch, J. (Eds.): Microbial Degradation of Xenobiotics and Recalcitrant Compounds. Acad. Press, London u. a. 1981.
Malek, I., and Fencl, Z.: Theoretical and Methodological Basis of Continuous Culture of Microorganisms. Publ. House Czechoslovak Acad. Sci, Prague 1966.
Mandelstam, J., McQuillen, K., and Dawes, J. (Eds.): Biochemistry of Bacterial Growth. 3. Aufl. Blackwell Sci. Publ., Oxford 1982.
Postgate, J. R.: The Sulphate-Reducing Bacteria. 2. Aufl. Cambridge Univ. Press, Cambridge u. a. 1979.
Postgate, J. R.: The Fundamentals of Nitrogen Fixation. Cambridge Univ. Press, Cambridge 1982.

Schönborn, W. (Ed.): Microbial Degradations. Biotechnology Vol. 8. VCH-Verl. Ges., Weinheim u. a. 1986.

Veldkamp, H.: Continuous Culture in Microbial Physiology and Ecology. Meadowfield Press, Durham 1976.

Teil III. Genetik

Bielka, H. (Hrsg.): Molekularbiologie. G. Fischer Verl., Jena 1985.

Birge, E. A.: Bakterien- und Phagengenetik. Springer-Verl., Berlin 1984.

Esser, K., and Kuenen, R: Genetik der Pilze. Springer-Verl., Berlin u. a. 1967.

Esser, K., Kück, U., Lang-Hinrichs, C. Lemke, P., Osiewacz, H. D., Stahl, U., und Tudzyuski, P.: Plasmids of Eukaryotes. Springer-Verl., Berlin u. a. 1986.

Gassen, H. G., Martin, A., und Bertram, S. (Hrsg.): Gentechnik. G. Fischer Verl., Jena 1985.

Glover, D. M.: Gene Cloning., Chapman and Hall, London u. a. 1984.

Günther, E.: Lehrbuch der Genetik. 4. Aufl. G. Fischer Verl., Jena 1984.

Hagemann, R.: Allgemeine Genetik. 2. Aufl. G. Fischer Verl., Jena 1986.

Hardy, K. G. (Eds.): Plasmids: A Practical Approach. IRL Press, Oxford u. Washington 1987.

Helinski, D. R., Cohen, S. N., Clewell, D. B., Jackson, D. A., and Hollaender, A. (Eds.): Plasmids in Bacteria. Plenum Press, New York u. a. 1985.

Kaudewitz, F.: Molekular- und Mikroben-Genetik. Heidelberger Taschenbücher Bd. 115. Springer-Verl., Berlin 1973.

Lewin, B.: Genes. 3. Aufl. J. Wiley and Sons, New York u. a. 1987.

Maniatis, T., Fritsch, E. F., and Sambrook, J.: Molecular Cloning. Laboratory, Cold Spring Harbor 1982.

Miller, J., and Reznikoff, W.: The Operon. Laboratory, Cold Spring Harbor 1980.

Timberlake, W. E. (Ed.): Molecular Genetics of Filamentous Fungi. Alan R. Liss Inc., New York 1985.

Tschäpe, H.: Plasmide. WTB-Band 233. Akademie-Verl., Berlin 1987.

Watson, J. D., Tooze, J., und Kurtz, D. T.: Rekombinierte DNA. Eine Einführung. Spektrum-der-Wissenschaft-Verl. Ges., Heidelberg 1985.

Winnacker, E.-L.: From Genes to Clones. VCH Verl. Ges., Weinheim 1987.

Teil IV. Ökologie

Aaronson, S.: Chemical Communication at the Microbial Level. Vol. 1 u. 2. CRC Press Inc., Boca Raton 1981.

Alexander, M.: Introduction to Soil Microbiology. J. Wiley and Sons, New York u. London 1961.

Alexander, M.: Microbial Ecology. J. Wiley and Sons, New York u. a. 1971.

Atlas, R. M., and Bartha, R.: Microbial Ecology: Fundamentals and Applications. Addisc,, Wesley, Reading 1981.

Buchner, P.: Tiere als Mikrobenzüchter. Springer-Verl., Berlin u. a. 1960.

Bull, A. T., and Slater, J. H. (Eds.): Microbial Interactions and Communities Acad. Press, London 1982.

Burns, R. G., and Slater, J. H. (Eds.): Experimental Microbial Ecology. Blackwell Sci. Publ., Oxford 1982.

Campbell, R.: Mikrobielle Ökologie. WTB-Band 272. Akademie-Verl., Berlin 1981.

Campbell, R.: Plant Microbiology. E. Arnold, London 1985.

Curl, E. A., and Truelove, B.: The Rhizosphere. Springer-Verl., Berlin u. a. 1986.

Deacon, J. W.: Microbial Control of Plant Pests and Diseases. Van Nostrand Reinhold (UK), New York 1983.

Ellwood, D. C., Hedger, J. N., Latham, M. J., Lynch, J. M., and Slater, J. H.: Contemporary Microbial Ecology. Acad. Press, London u. a. 1980.

Fletcher, M., Gray, T. R. G., and Jones, J. G. (Eds.): Ecology of Microbial Communities. 41. Symp. Soc. Gen. Microbiol. Cambridge Univ Press, Cambridge 1987.

Fokkema, N. J., and Vandenheuvel, J. (Eds.): Microbiology of the Phyllosphere. Cambridge Univ. Press, Cambridge 1986.

Franz, J. M., und Krieg, A.: Biologische Schädlingsbekämpfung. 2. Aufl. Parey, Berlin u. Hamburg 1976.

Fritsche, W.: Umwelt-Mikrobiologie. Akademie-Verl., Berlin 1985.

Grant, W. D., and Long, P. E.: Environmental Microbiology. Blackie, Glasgow u. London 1981.

Horsch, F.: Allgemeine Mikrobiologie und Tierseuchenlehre. G. Fischer Verl., Jena 1984.

Horsfall, J. G., and Cowling, E. B. (Eds.): Plant Disease. An Advanced Treatise. Vol. 1—5. Acad. Press, New York u. a. 1977—1980.

Hungate, R. E.: The Rumen and its Microbes. Acad. Press, New York u. London 1966.

Klug, M. J., and Reddy, C. A. (Eds.): Current Perspectives in Microbial Ecology. Am. Soc. Microbiol., Washington D. C. 1984.

Knoke, M., und Bernhard, H.: Mikroökologie des Menschen. Mikroflora bei Gesunden und Kranken. Akademie-Verl., Berlin 1985.

Köhler, W., und Mochmann, H.: Grundriß der Medizinischen Mikrobiologie. 5. Aufl. G. Fischer Verl., Jena 1980.

Kurstak, E. (Ed.): Microbial and Viral Pesticides. Marcel Dekker, New York 1982.

Leadbetter, E. R., and Poindexter, J. S. (Eds.): Bacteria in Nature. Vol. 1 u. 2. Plenum Press, New York 1985 u. 1986.

Lynch, J. M.: Soil Biotechnology. Blackwell Sci. Publ., Oxford 1983.

Lynch, J. M., and Poole, N. J. (Eds.): Microbial Ecology. Blackwell Sci. Publ., Oxford u. a. 1979.

Mount, M. S., and Lacy, G. H. (Eds.): Phytopathogenic Prokaryotes. Vol. 1 u. 2. Acad. Press, New York u. a. 1982.

Rheinheimer, G.: Mikrobiologie der Gewässer. 4. Aufl. G. Fischer Verl., Jena 1985.

Schlee, D.: Ökologische Biochemie. G. Fischer Verl., Jena 1986.

Schwoerbel, J.: Einführung in die Limnologie. 6. Aufl. G. Fischer Verl., Jena 1987.

Stephen, J., and Pietrowski, R. A.: Bacterial Toxins. Van Nostrand Reinhold (UK), New York 1981.

Tate III, R. L. (Ed.) Microbial Autecology. A Method for Environmental Studies. J. Wiley and Sons, New York 1986.

Uhlmann, D.: Hydrobiologie. 3. Aufl. G. Fischer Verl., Jena 1988.

Werner, D.: Pflanzliche und mikrobielle Symbiosen. G. Thieme Verl., Stuttgart 1987.

Teil V. Mikrobielle Biotechnologie. Anwendungen.

Bulock, J. D., Nisbet, L. D., and Winstanley, D. J. (Eds.): Bioactive Microbial Products: Search and Discovery. Acad. Press, London 1982.

Bulock, J., and Kristiansen, B. (Eds.): Basic Biotechnology. Acad. Press, London 1987.

Crueger, W., und Crueger, A.: Biotechnologie — Lehrbuch der Angewandten Mikrobiologie. 3. Aufl. R. Oldenbourg, München u. Wien 1989.

Dellweg, H.: Biotechnologie. Grundlagen und Verfahren. VCH Verl. Ges., Weinheim 1987.

Demain, A. L., and Solomon, N. A. (Eds.): Biology of Industrial Microorganisms. The Benjamin/Cummings Publ. Comp. Inc., London u. a. 1985.

Demain, A. L., and Solomon, N. A. (Eds.): Manual of Industrial Microbiology and Biotechnology. Am. Soc. Microbiol., Washington D. C. 1986.

Ehrlich, H. L.: Geomicrobiology. Marcel Dekker, New York u. Basel 1981.

Fritsche, W.: Biochemische Grundlagen der Industriellen Mikrobiologie. G. Fischer Verl., Jena 1978.

Goodfellow, M., Williams, S. T., and Mordarski, M. (Eds.): Actinomycetes in Biotechnology. Acad. Press, New York u. a. 1988.

Gottschalk, G.: Biotechnologie. Studienprogramm des ZDF. VGS, Köln 1986.

Gruss, P., Herrmann, R., Klein, A., und Schaller, H.: Industrielle Mikrobiologie. Spektrum der Wissenschaft Verl.-Ges., Heidelberg 1984.

Hänel, K.: Biologische Abwasserreinigung mit Belebtschlamm. G. Fischer Verl., Jena 1986.

Kieslich, K.: Microbial Transformations. G. Thieme Verl., Stuttgart u. New York 1976.

Krumbein, W. E. (Ed.): Microbial Geochemistry. Blackwell Sci. Publ., Oxford u. a. 1983.

Moo-Young, M. (Ed.): Comprehensive Biotechnology. Vol. 1—4. Pergamon Press, Oxford u. a. 1985.

Müller, G.: Grundlagen der Lebensmittelmikrobiologie. 4. Aufl. Fachbuchverl., Leipzig 1979.

Präve, P., Faust, U., Sittig, W., and Sukatsch, D. A. (Eds.): Fundamentals of Biotechnology. VCH, Weinheim u. a. 1987.

Rehm, H.-J.: Industrielle Mikrobiologie. 2. Aufl. Springer-Verl., Berlin u. a. 1980.

Rehm, H.-J., and Reed, G. (Eds.): Biotechnology — A Comprehensive Treatise. Vol. 1—8. Verl. Chemie, Weinheim u. a. 1981—1987.

Rose, A. H. (Ed.): Economic Microbiology. Vol. 1—6. Acad. Press, London u. a. 1978—1981.

Stanbury, P. F., and Whitaker, A.: Principles of Fermentation Technology. Pergamon Press, Oxford u. a. 1984.

Vandamme, E. J. (Ed.): Biotechnology of Industrial Antibiotics. Marcel Dekker, New York u. Basel 1984.

Weide, H., Paca, J., und Knorre, W.: Biotechnologie. G. Fischer Verl., Jena 1987.

Nach Abschluß des Manuskriptes erschienene Literatur

Berry, D. R. (Ed.): Physiology of Industrial Fungi. Blackwell Scientific Publ., Oxford 1988.

Brock, T. D., and Madigan, M. T.: Biology of Microorganisms. 5. Ed. Prentise Hall International Inc., Englewood Cliffs 1988.

Cole, J. A., and Ferguson, S. J. (Eds.): The Nitrogen and Sulphur Cycles. 42. Symp. Soc. Gen. Microbiol., Cambridge Univ. Press, Cambridge 1988.

Fletcher, M., Gray, T. R. G., and Jones, J. G. (Eds.): Ecology of microbial communities. 41. Symp. Soc. Gen. Microbiol., Cambridge Univ. Press, Cambridge 1987.

Holt, J. G. (Ed. in chief): Bergeys Manual of Determinative Bacteriology. Vol. 2 1986, Vol. 3 1989. Williams and Wilkins, Baltimore.

Ketchum, P. A.: Microbiology. Concepts and Applications. John Wiley, New York 1988.

Krieg, A., und Franz, J. M.: Lehrbuch der biologischen Schädlingsbekämpfung. Verl. P. Parey, Berlin u. Hamburg 1989.

Lynch, J. M., and Hobbie, J. E. (Eds.): Micro-organisms in action: concepts and applications in microbial ecology. Blackwell Scientific Publ., Oxford 1988.

Schlegel, H. G., and Bowien, B. (Eds.): Autotrophic Bacteria. Science Tech. Publ. Madison, Springer-Verl. Berlin 1989.

Stolp, H.: Microbial Ecology: Organisms, Habitats, Activities. Cambridge Univ. Press, Cambridge 1989.

Wartenberg, A.: Einführung in die Biotechnologie. Gustav Fischer Verl., Stuttgart 1989.

Sachregister